DAXUE WULI SHIYAN
大学物理实验

主　编　邓剑平
副主编　王春香　李良国

中国海洋大学出版社
·青岛·

图书在版编目(CIP)数据

大学物理实验/邓剑平主编. —青岛:中国海洋大学
出版社,2009.2(2021.1重印)
ISBN978-7-81125-222-4

Ⅰ.大… Ⅱ.邓… Ⅲ.物理学－实验－高等学校－教材
Ⅳ.04-33

中国版本图书馆 CIP 数据核字(2008)第 204937 号

出版发行	中国海洋大学出版社	
社　　址	青岛市香港东路 23 号	**邮政编码** 266071
网　　址	http://www.ouc-press.com	
电子信箱	book@ouc.edu.cn	
订购电话	0532-82032573(传真)	
责任编辑	冯广明	**电　话** 0532-85902469
印　　制	日照报业印刷有限公司	
版　　次	2009 年 2 月第 1 版	
印　　次	2021 年 1 月第 8 次印刷	
成品尺寸	185 mm×260 mm	
印　　张	21.5	
字　　数	460 千字	
定　　价	38.00 元	

前　言

物理学是一门实验科学。物理实验在整个物理学科的发展过程中发挥了决定性的作用，任何物理理论的发展和物理模型的建立都离不开相应实验测量数据的支持。作为培养学生科学素养和科技创新能力一个实践教学环节，大学物理实验课程除了教授学生正确地用各项开设的实验去验证经典物理和近代物理的科学知识外，还担负着规范学生实验操作，培养学生科学实验能力，科学准确地处理实验数据的能力的任务。

本书是依据教育部颁发的《物理实验课程教学基本要求》，针对理工科院校（非物理专业）《大学物理实验》课程涉及的力学、热学、电磁学、光学和近代物理学实验的内容，以及一些与工程专业相关的应用物理实验的内容编写的一本大学物理实验教材。为了更好地适应实验教学的实际需要，本书添加了大量的物理实验仪器的图片和仪器使用说明。每个实验又由实验目的、实验原理、实验方法、实验数据处理等几部分组成。

本书由青岛理工大学物理实验中心邓剑平主编，邓剑平、王春香、殷式发、王淑梅、马鸿洋、李冉、陈畅、李宏升、王众臣、李良国、库建国、孙瑛、叶帆、张常莲、李爱武、兰秀玲等编写，特请李宏升审读了全部内容，本书中的部分原理图由刘美萍负责编辑整理。

本书的出版得到了青岛理工大学 2007 年教材建设专项资金的重点资助。

本书中物理公式除特别说明外，均采用国际单位制单位。

限于编者水平，书中不足及错漏之处在所难免，恳请读者批评指正！

编者

2008 年 8 月 27 日于青岛

前言

目　　录

绪　论

一、物理实验的地位和作用

物理学是自然科学的基础,是研究物质运动最一般的规律和物质的基本结构的科学。物理规律的发现与物理概念的确立都来源于实验的观察和研究。例如:"开普勒三定律"是依据弟谷所积累的大量观测资料总结出来的;在伽利略、开普勒、胡克等人的实验观测及其工作的基础上,牛顿总结归纳出"万有引力定律",建立了经典力学体系;电磁学中的一系列定律如"库仑定律"、"欧姆定律"、"安培定律"、"毕奥-萨伐尔定律"、"法拉第电磁感应定律"等都是对相应实验的科学总结;氢原子光谱中的"巴尔末公式"和"里德堡公式"也是从大量的摄谱实验数据中分析归纳得出的。

物理理论的建立以物理实验为基础,并受到实验的检验。麦克斯韦在大量实验的基础上,于 1873 年就建立了电磁场理论,但直到 1887 年赫兹的电磁波实验才使"麦克斯韦电磁场理论"获得普遍承认;1956 年著名物理学家李政道、杨振宁以 K 介子衰变事实为依据,提出了"在弱相互作用中宇称不守恒理论",1957 年这个理论被吴健雄等人用"β 放射实验"证实后,才得到物理学界的公认,从而获得了 1957 年诺贝尔物理学奖。

现代物理实验技术的飞速发展,不断揭示和发现各种新的物理现象,日益加深了人们对自然世界变化规律的认识,从而推动了整个物理学体系的发展。在实验技术的发展过程中还产生了许多影响人们生活方式的重大发明创造,因此,一批国际著名的科学实验室也成为历史上许多重大技术革命的发源地。

科学实验是科学理论的源泉,是工程技术的基础。作为培养德、智、体全面发展的高级工程技术人才的高等工科院校,不仅要培养学生掌握较深广的理论知识,还要培养学生具有较强的从事科学实验的能力,这样才能适应科学技术的不断进步和社会建设的需要。

物理实验是学生入学后接受系统的实验方法和实验技能训练的开端。同时,物理实验又是一系列后续专业实验课的重要基础。

二、物理实验课的目的和任务

物理实验课是学生接受系统的科学实验方法教育和实验技能训练的一门基础课程,设置物理实验课的目的和任务是:

1. 学习并初步掌握物理实验的基本知识、基本方法和实验操作的基本技能,具体包括:

(1)熟悉基本物理量的测量原理及常用的测量方法。

(2)熟悉常用仪器的基本原理和性能,掌握仪器的使用方法,包括安装、调节、正确操作和读取实验数据。

(3)掌握实验数据记录和处理、实验结果分析判断的一般方法,以及实验报告书写的基本要求。

2.培养和提高学生观察、分析实验现象的能力。通过对实验中特定的物理现象的反复观察、定量测量和数值分析,加深对相关物理概念和物理规律的理解。

3.培养和提高学生的科学实验素养。培养学生理论联系实际和实事求是的科学态度,严肃认真的工作作风,主动研究的探索精神和爱护公物、遵守纪律、团结合作的优良品德。

上述任务是物理理论课教学所不能完成的。所以物理实验作为一门重要的基础课独立开设。

三、物理实验课的规则和要求

物理实验课是在教师的指导下,学生独立进行物理实验的学习过程。因此,要求学生在实验的整个过程中都要有意识地培养和锻炼自己的独立工作能力,这将为学生在今后的实际工作中,独立地设计实验方案,选择、使用新的测量仪器,解决新的理论或应用课题打下一定的基础。

上好物理实验课要认真掌握以下三个环节:

(一)课前预习

课前预习是物理实验的准备环节。实验操作能否顺利进行,整个实验能否得到预期的结果,很大程度上取决于预习的质量。因此,要求每个同学必须在实验操作前认真阅读有关教材及相关资料,要求做到:

1.明确该实验项目的实验目的、实验要求,掌握实验的物理理论依据。

2.要了解为达到实验目的所采用的具体操作方法的物理原理。

3.对本次实验具体要测量的物理量、使用的测量仪器及测量过程等问题要做到心中有数。

预习时要仔细阅读实验讲义,重点抓住实验的物理方法、控制物理过程的关键因素,以及必要的实验条件。预习后要写出预习报告。预习报告包括实验报告中的"实验目的"、"实验原理"、"实验方法及其原理"、"实验步骤"及"注意事项"等项目,并要事先设计好"实验数据记录表格"。

学生的实验预习报告经实验指导教师检查合格后方能进行该实验项目的实验操作。

(二)实验操作

这是学生在实验室中动手操作、调试实验仪器,观察物理现象,测取实验数据的过程,是物理实验的主要环节。

物理实验是一种有目的的科学实践活动,因而严格遵守实验室的有关规定和要求是保证物理实验正常进行所必不可少的。学生进入物理实验室后要自觉遵守实验室规章制度,听从实验指导教师的安排。

1.进入实验室要按事先排定的组次对号入座,对照"实验登记卡"检查本组仪器是否完备。

2.认真听取实验指导教师的讲解,进一步明确本次实验的要求、操作要领及注意事项等。

3.安装调试实验仪器是实验成败的关键。要合理安排、细心调试,调试过程中必然会遇到各种困难和问题,这就要求利用所学过的知识,结合实验的实际情况加以分析判断,找出解决问题的办法,将所用实验仪器装置调整到最佳工作状态。调试过程有时要占去大部分的实验时间,这是十分正常的,因此必须耐心、细心,而且调试过程中既要勤于动手,也要勤于动脑。在特殊情况下,即使仪器不能正常使用,也不应私自拆卸实验仪器,这时必须向指导教师请示解决。

4.测取实验数据:在实验操作过程中,要仔细观察物理现象并进行分析,应及时地、准确地读取实验数据。测取实验数据的过程中,必须正确地使用实验仪器,必须采用正确的读数方法。测取实验数据后必须将实验原始数据及时、准确地记录在预先设计好的"实验数据记录表格"内。

实验原始数据不可随意涂改,更不许随意编造。遇有可疑之处要反复测试,加以验证。遇有反常现象,必须通过推理分析找出其原因,排除各种因素对实验测量的干扰,必要时应请实验指导教师帮助解决。

5.凡是与实验结果有关的数据和现象都必须准确地记录下来,这些实验数据对分析实验结果是必不可少的。

6.操作实验完毕,"实验原始数据"经过实验指导教师审阅认可后,将实验仪器和用具整理摆放整齐,并逐项填写"实验设备使用记录本",而后方能离开实验室。

（三）实验报告

书写实验报告的过程就是对实验数据进行科学处理,对实验结果进行综合分析,对实验工作进行分析总结的过程,是培养学生独立从事科学实验工作能力的一个重要环节,因此要求物理实验课后要及时完成物理实验报告,并在指定的时间内交实验指导教师批阅。

实验报告要用统一格式的实验报告纸书写,数据要齐全,处理要准确,叙述讨论要简要,字迹要清晰、整洁。严格禁止抄袭他人实验报告的行为。实验报告的内容主要包括:

1.实验目的。

2.实验仪器:要注明该实验所使用的主要实验仪器的规格、型号及编号。

3.实验原理和方法:原理应写得简明扼要,如列出实验所依据的主要公式,说明式中各物理量的意义及公式的适用条件等,包括实验用仪器的原理图、电路图、光路图,以及必要的实验操作说明。

4.数据记录及处理:数据一定要列表记录,原始数据要齐全,处理数据一定要列出计算式(主要公式),写出计算过程(列出数字式),并按要求绘制必要的实验图线等。

5.分析与讨论或回答实验问题:分析实验中的误差,讨论实验中观察到的异常现象,对实验方法或实验装置进行改进的建议,回答教师指定的思考题等。

四、物理实验室实验学生守则

1.物理实验课前,学生必须认真预习,并按要求写好"预习报告"。预习不合格者不得进行实验操作。

2.严格遵守实验室纪律,不迟到、不早退,学生请假必须由所在系出具证明。实验学生应听从实验指导教师的安排,并按时上交物理实验报告。

3. 讲文明、讲礼貌，不大声喧哗、不打闹嬉戏，保持实验室安静，不随地吐痰、不乱扔纸屑、不乱涂乱画，实验室严禁吸烟。参加实验的学生应注意保持实验室整洁，每次课后都要安排值日，作好实验室的清洁工作。

4. 严格遵守实验操作规程，确保人身及仪器设备的安全。非本组本次实验所用仪器，不得随便动用。准许使用的仪器，必须严格按规程操作，严禁乱扳硬扭。仪器发生故障，要立即报告实验指导教师。损坏仪器设备要填写"仪器设备损坏报审表"，听候处理。

5. 凡是涉及用电的实验项目都必须经实验指导教师检查同意后才可接通电源。在实验操作过程中发现不正常的现象(如打火、冒烟、出焦味等)时，应立即切断电源，并向实验指导教师报告情况。

6. 实验测试完毕，实验原始数据经实验指导教师审核合格后，再将仪器设备整理复原，并认真填写"实验设备使用记录本"，请实验指导教师检查认可后方可离开实验室。

第一章　误差和数据处理的基本知识

一、测量及其误差

(一)物理测量的概念

我们进行普通物理实验时,不仅要定性地观察各种物理变化的过程,而且还要测定相关物理量的数值,以便于定量地研究各相关物理量之间的变化关系。为了使我们的测量结果具有普遍意义,在进行实际测量中我们必须采用统一的单位作为确定各个物理量的标准。按照现行国家标准,物理实验中物理单位采用"国际单位制":国际单位制中质量的单位为千克(kg),时间的单位为秒(s),长度的单位为米(m),电流的单位为安培(A)等。

物理测量就是观测者将待测物理量与选作为标准单位的物理量进行比较的过程。

测量的结果就是得出待测物理量是标准单位物理量的多少倍,这个倍数注明标准单位就构成实验测量数据。

(二)物理测量的分类

按照获得实验测量数据方式的不同,一般物理测量过程可分为直接测量和间接测量。

1. 直接测量。直接测量就是观测者将待测物理量直接与测量工具或测量仪器上的标准单位物理量相比较,获得实验测量数据的过程。

例如:用米尺测量物体的长度;用物理天平称量物体的质量;用温度计测定物体的温度;用电流表测量流过导体的电流等。在这些测量过程中所用的测量仪表都是按照标准国际单位或其倍数设置度盘刻度的,待测物理量的大小可以从测量仪表上的度盘上直接读出。

2. 间接测量。大多数待测物理量无法或不便于直接与标准单位物理量进行比较,即不能通过测量仪表直接测出。因此,只能利用物理公式、物理定律和计算关系,通过间接的方法进行定量测量。

例如:测定一个圆柱体的体积 V 时,我们可以利用游标卡尺测量其高度 H 和直径 D,再根据圆柱体体积的计算关系:

$$V = \frac{\pi}{4} H D^2$$

求得圆柱体体积 V,像这样一类的测量过程就称为"间接测量"。

对一个特定的物理量而言,我们所使用的测量方法并不是一成不变的。随着科学技术的发展,物理实验仪器的功能也在不断完善,一些原来只能利用间接测量方法测量的物理量,现在也可以直接用测量工具或仪器进行直接测量了,例如:电阻阻值 R 的测量,以前要使用电流表、电压表,利用伏安法关系:

$$R = \frac{U}{I}$$

来间接测量获得电阻阻值 R,而现在则可以使用电阻表直接测量电阻阻值 R。

(三)测量误差的定义和分类

物理测量是我们定量研究客观世界中物质运动规律和物质相互作用的唯一的手段,所以物理测量是否准确,将直接影响到我们对客观世界的认识水平。

1.误差的定义。任何待测物理量都有其自身所特有的物理性质,反映这些特性的物理量所具有的客观的真实数值称为**真值**。物理实验测量的目的就是希望通过实验来确定待测物理量的真值。

但是,在实验测量中,由于受到测量仪器、测量方法、测量时间、观测者的感觉器官的分辨率以及环境条件的限制,测量的结果都只能是被测物理量的近似值,也就是说物理量的测量值和真值之间总存在差异。

我们把测量值 N_i 与被测物理量的真值 N_0 之差的绝对值 ΔN_i 定义为测量的绝对误差,简称误差。即:

$$\Delta N_i = |N_0 - N_i|$$

2.误差的分类。根据在实际测量过程中对测量误差来源的综合分析,我们将测量误差分为系统误差和偶然误差两类:

(1)系统误差。系统误差的特点:在相同条件下(指观测者、测量仪器和测量方法等完全相同),多次测量同一待测物理量时,测量的误差始终保持恒定,或按照一定的规律变化。

系统误差的主要来源有:

1)仪器误差:由于实验仪器本身的设计缺陷,或没有严格按规定条件使用仪器,而给测量结果带来的误差。例如:在电学实验中仪器仪表的刻度不准、零点失准;在"刚体转动实验"中,计时器基准的偏差;在"欧姆定律的应用"实验中,安培表接错位置。

2)理论或方法误差:由于测量所依据的理论公式本身的近似性,或实验条件和测量方法不能达到理论所规定的要求而给测量结果带来的误差。例如,在"测重力加速度"实验中,单摆的周期公式:

$$T = 2\pi\sqrt{\frac{L}{g}}$$

的成立条件是摆角趋于零,这在实际测量过程中是无法达到的,而在小角度摆角的情况下,以上关系式只是一个近似公式,因此,测出的重力加速度 g 也只能是一个近似值。

在"欧姆定律的应用"实验中,利用了欧姆定律的关系式:

$$R = \frac{U}{I}$$

如果没有考虑电流表和电压表的内阻的影响,测得的电阻就会存在一定的系统误差。

3)环境误差:测量过程中,由于测量工作现场周围的温度、气压、电磁场等环境条件发生变化(偏离规定条件)而产生的误差。例如:在"电位差计及其使用"实验中,在20℃时标定的标准电池,在非标准情况下使用。

4)人身误差:由于测量者缺乏必要的基本训练、实验经验不足或不正确的心理习惯而给测量结果带来的误差。例如:在"刚体转动实验"中,用秒表测定砝码的下落时间时,有人总习惯于提前(或滞后)按表;在一些实验中,测量读数时,有人总习惯性地把实验数据读得偏大(或偏小)。

实验中系统误差的发现和清除有时比较简单,有时又相当复杂和困难,但原则上讲总可以通过改善(或校准)仪表、改进测量方法、修正测量结果、改善实验环境以及通过训练纠正观测者本身的习惯偏向等方法来减少系统误差,直到其对实验测量结果的影响可以忽略不计为止。

(2)偶然误差。在实验中即使消除了系统误差,实验者在相同条件下对同一物理量进行多次测量时,各次测量值之间也往往不相同,即测量值仍存在误差。

这类误差主要是由于观测者在对测量数据进行接近于、或低于测量工具最小分辨率的一位估读时,感官分辨能力有限,以及环境条件无规律的起伏变化所造成的。尽管,低于测量工具最小分辨率的一位估读的数值是不准确的,但是,这一位估读的测量数值却是有着特殊意义的。

偶然误差的特点是:对多次测量中某一次测量值而言,测量结果的绝对误差的大小完全不可预料,即完全是偶然的(随机的),因而也将这类误差称为随机误差。

对一个特定物理量的测量过程而言,偶然误差的"偶然性"并不意味着测量结果是完全无规律的。当进行多次测量时,由偶然误差影响产生的测量结果服从统计规律,因此可用概率统计的方法来处理偶然误差。

对大多数物理实验而言,多次测量结果的偶然误差呈正态分布。如图 1-1 所示。

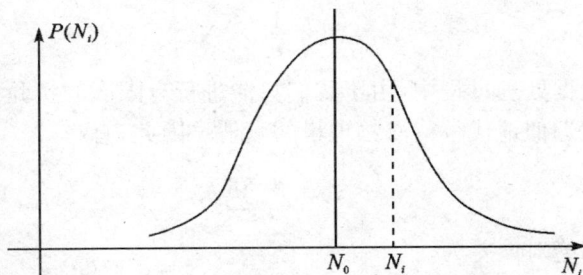

图 1-1　多次测量结果概率分布的偶然误差特征

图中横坐标表示测量结果 N_i,纵坐标表示测量结果 N_i 出现的相对概率密度 $P(N_i)$,由图可知偶然误差遵从如下规律:

1)单峰性:绝对值小的误差出现的概率比绝对值大的误差出现的概率大。

2)对称性:绝对值相等的正负误差出现的概率基本相等。因而当测量次数 $n \to \infty$ 时将多次测量的偶然误差相加,则正负误差将成对抵消,误差总和趋于零,即当 $n \to \infty$ 时

$$\sum_{i=1}^{\infty} \Delta N_i = 0$$

3)有界性:绝对值很大的误差出现的概率趋于零,即在一定条件下,误差的绝对值不超过一定限度。

由于偶然误差是由某些不能完全控制的偶然因素所引起的,所以不能通过改善仪器、改进测量方法等办法来减小和消除它,但由于其遵从上述统计规律,可采取适当增加测量

次数取其算数平均值的方法使测量值更接近真值。

（四）误差的表述形式

误差又分为绝对误差和相对误差两种表述形式。

1.绝对误差。根据前面的叙述，我们把测量值 N_i 与被测物理量的真值 N_0 之差的绝对值 ΔN_i 定义为测量的绝对误差。即：

$$\Delta N_i = |N_0 - N_i|$$

由于从原则上讲，可以通过改善（或校准）仪表、改进测量方法、修正测量结果、改善实验环境以及纠正观测者本身的习惯倾向等方法来减少系统误差，使其对实验测量结果的影响可以忽略不计。而偶然误差遵从统计规律，故可采取适当增加测量次数取其算数平均值的方法使测量值更接近真值。

如果在相同实验条件下对某个待测物理量 N_0 进行了 n 次重复测量，其测量值分别为 $N_1, N_2, N_3, \cdots, N_n$，用 $\overline{N}$ 表示平均值，则

$$\overline{N} = \frac{1}{n}(N_1 + N_2 + N_3 + \cdots + N_n) = \frac{1}{n}\sum_{i=1}^{n} N_i$$

根据误差的统计理论，在一组 n 次测量的实验数据中，算术平均值 $\overline{N}$ 最接近于真值，称为测量的**近真值。**

假定系统误差可忽略不计，当测量次数无限增加时，算术平均值就将无限接近于真值，即

$$N_0 = \lim_{n \to \infty} \frac{1}{n}\sum_{i=1}^{n} N_i$$

在实际的实验数据处理过程中，由于我们只能进行有限次的实验测量，所以只能用测量结果的算术平均值近似地代替待测物理量的真值。因此，有

$$N_0 \Rightarrow \overline{N} = \frac{1}{n}\sum_{i=1}^{n} N_i$$

而每一次测量数据的绝对误差为

$$\Delta N_i = |N_0 - N_i| \doteq |\overline{N} - N_i|$$

平均绝对误差为

$$\overline{\Delta N} = \frac{1}{n}\sum_{i=1}^{n} |\overline{N} - N_i|$$

由高斯误差理论对正态分布曲线的分析可以证明，在相同实验条件下进行的多次测量中，任一测量结果 N_i 出现在 $(\overline{N} - \overline{\Delta N})$ 到 $(\overline{N} + \overline{\Delta N})$ 范围内的概率约为 57.5%，而真值 N_0 在这一区间内的概率就更大了。所以实验测量结果最后表示为：

$$N = \overline{N} \pm \overline{\Delta N}（单位）$$

2.均方根误差（标准误差）。如果在相同条件下对某物理量 N 进行了 n 次重复测量，其测量值分别为 $N_1, N_2, N_3, \cdots, N_n$，则算术平均值 $\overline{N}$ 均方根误差（标准误差）的定义是

$$\sigma = \sqrt{\frac{1}{n \cdot (n-1)}\sum_{i=1}^{n}(\overline{N} - N_i)^2}$$

实验测量结果最后表示为：

$$N = \overline{N} \pm \sigma (单位)$$

对正态分布曲线的分析可以证明,在相同实验条件下进行的多次测量中,任一测量结果 N_i 出现在 $(\overline{N}-\sigma) \sim (\overline{N}+\sigma)$ 的概率为 68.3%。而测量数据出现在 $(\overline{N}-3\sigma) \sim (\overline{N}+3\sigma)$ 的概率高达 99.7%,因此我们又称 $\pm 3\sigma$ 为极限误差。在我们进行的有限次测量中,如果某个测量值的误差超过了 $\pm 3\sigma$,则我们可以判定该测量值为非正常值,并予以剔除。

绝对误差中算术平均误差与均方根误差都可作为确定测量结果误差的量度,它们都表明了在一组多次测量的实验数据中各个测量数据之间的分散程度。

3. 相对误差。为了评价一个实验测量结果的优劣,不仅需要确定测量数据的绝对误差的大小,还需要看被测物理量本身的大小。为此,我们引入相对误差的定义:

$$E_r = \frac{\Delta N}{N} \times 100\%$$

为了说明相对误差的物理意义,下面举例:在"长度测量"实验中,我们分别用游标卡尺和螺旋测微计测量一金属片的边长 L,得出如下的测量结果:

$$L_{用游标卡尺} = 18.36 \pm 0.02 \text{ mm}$$

$$L_{用螺旋测微计} = 18.356 \pm 0.005 \text{ mm}$$

则其相对误差分别为

$$E_{用游标卡尺} = \frac{0.02}{18.36} \times 100\% \approx 0.1\%$$

$$E_{用螺旋测微计} = \frac{0.005}{18.356} \times 100\% \approx 0.02\%$$

通过二者的分析对比,我们应该认识到测量结果的相对误差与实验所使用的测量工具的测量范围和测量最小分辨率相关。

二、误差的估算

实验中过失和错误应该完全避免,系统误差原则上可以设法减小到可以忽略不计,因而在此只讨论偶然误差的估算。

(一)单次直接测量量误差的估算

在物理实验中,由于实验条件不许可,或对测量准确度要求不高等原因,对一个物理量 N_0 只进行了一次测量,测量结果为 N。这时,我们应该根据实际情况,对测量值的误差进行具体合理的估算。

在一般情况下,对于偶然误差很小的测量值,可按仪器仪表上注明的仪器精度等级 K,并利用精度等级 K 的定义:

$$K = \frac{|\Delta N_{max}|}{N_{量程}} \times 100$$

来估计测量结果的误差 $\Delta N \approx \Delta N_{max}$,测量结果可以表示为:

$$N = N \pm \Delta N (单位)$$

例题:在"欧姆定律的应用"实验中,用精度级数 $K=0.5$ 级的 C31-V 型直流电压表的 15 V 量程测量电阻两端的电压为 12.50 V,测量的绝对误差为:

$$\Delta U = \frac{1}{100} \times K \times U_{量程} = 0.075\ \text{V} \approx 0.08\ \text{V}$$

测量的最后结果为：

$$U = U \pm \Delta U = 12.50 \pm 0.08 (\text{V})$$

注意：在测量结果的最后表达式中，绝对误差只能保留一位有效数字，而测量近真值的最低一位应与绝对误差保留位取齐。

对于没有特别注明精度等级的测量工具和仪表，也可以取测量工具最小刻度的一半作为单次测量的误差来估计。

例题：在"长度测量"实验中，用最小刻度为 1 mm（毫米）的钢尺，测量金属片的边长 L 一次，测量结果为 7.58 cm，测量的绝对误差为：

$$\Delta L = \frac{1}{2} \times N_{最小刻度} = 0.5\ \text{mm} = 0.05\ \text{cm}$$

测量的最后结果为：

$$L = L \pm \Delta L = 7.58 \pm 0.05 (\text{cm})$$

注意：一般情况下，测量结果必须要估读到测量工具最小刻度的 1/10 位，在测量结果的最后表达式中，绝对误差只能保留一位有效数字，而测量近真值的最低一位应与绝对误差保留位取齐。

（二）多次测量量误差的估计

在一般情况下，我们总是采用增加测量组数的方法来减小实验测量结果的偶然误差。

如果在相同实验条件下对某个待测物理量 N_0 进行了 n 次重复测量，其测量值分别为 $N_1, N_2, N_3, \cdots, N_n$，用 $\overline{N}$ 表示多次测量结果的平均值，则

$$\overline{N} = \frac{1}{n}(N_1 + N_2 + N_3 + \cdots + N_n) = \frac{1}{n}\sum_{i=1}^{n} N_i$$

当测量次数足够多时，算术平均值就将接近于真值，即

$$N_0 \Rightarrow \overline{N} = \frac{1}{n}\sum_{i=1}^{n} N_i$$

每一次测量数据的误差为

$$\Delta N_i = |\overline{N} - N_i|$$

平均绝对误差为

$$\overline{\Delta N} = \frac{1}{n}\sum_{i=1}^{n} |\overline{N} - N_i|$$

严格来讲，误差是测量值与真值之差，而测量值与平均值之差称为偏差，这两者是有差别的。当测量次数很多时，多次测量的平均值 $\overline{N}$ 最接近于真值，因此各次测量值与 $\overline{N}$ 的偏差也就很接近于它们与真值的误差。这样，我们就不去区分偏差与误差的细微区别，我们把多次测量值的结果表示为

$$N = \overline{N} \pm \overline{\Delta N} \quad (\text{单位})$$

这组测量数据的相对误差为

$$E_r = \frac{\overline{\Delta N}}{\overline{N}} \times 100\%$$

例题:在"长度测量"实验中,用游标卡尺将一待测金属圆柱体的直径 D 测量 5 次,得到的测量值分别列入表 1-1。

表 1-1　测量金属圆柱体的直径　　　　　　　　　　　　　　　　　游标卡尺精度:0.02 mm

次　　数	$D(\text{cm})$	$\Delta D(\text{cm})$
1	3.998	0.001 2
2	4.002	0.002 8
3	3.996	0.003 2
4	3.996	0.003 2
5	4.004	0.004 8
平　　均	3.999 2	0.003 04

则这组测量数据的平均值为

$$\overline{D}=\frac{1}{5}\times(3.998+4.002+3.996+3.996+4.004)=3.999\ 2(\text{cm})$$

由于多次测量可以提高实验数据的测量精度,所以,计算结果应多保留一位。根据误差理论中偶然误差的特征,令

$$D_0\approx\overline{D}$$

根据测量数据的绝对误差的定义

$$\Delta D_i=|\overline{D}-D_i|$$

则各次实验测量的绝对误差分别为

$$\Delta D_1=|3.999\ 2-3.998|=0.001\ 2(\text{cm})$$
$$\Delta D_2=|3.999\ 2-4.002|=0.002\ 8(\text{cm})$$
$$\Delta D_3=|3.999\ 2-3.996|=0.003\ 2(\text{cm})$$
$$\Delta D_4=|3.999\ 2-3.996|=0.003\ 2(\text{cm})$$
$$\Delta D_5=|3.999\ 2-4.004|=0.004\ 8(\text{cm})$$

平均绝对误差为

$$\overline{\Delta D}=\frac{1}{5}\sum_{i=1}^{5}\Delta D_i=\frac{1}{5}\times(0.001\ 2+0.002\ 8+0.003\ 2+0.003\ 2+0.004\ 8)$$
$$=0.003\ 04\ \text{cm}$$

所以,待测金属圆柱体的直径可表示为

$$D=\overline{D}\pm\overline{\Delta D}=3.999\pm0.003(\text{cm})$$

注意:在测量结果的最后表达式中,平均绝对误差只能保留一位数字,测量的近真值保留的最低一位应与误差保留位取齐。

金属圆柱体直径的测量相对误差为

$$E_r=\frac{\overline{\Delta D}}{\overline{D}}\times100\%=\frac{0.003}{4.0}\times100\%=0.075\%\approx0.08\%$$

（三）间接测量量误差的估计

由于间接测量的测量结果，是由一些直接测量量代入特定的物理定律、物理公式和数学计算关系通过数学计算得出来的，既然计算关系中所包含的直接测量量都是存在误差的，那么间接测得量也必然有误差。

设 N 为一间接测量量，而 $A,B,C,\cdots$ 则分别为直接测量量，它们之间满足一定数学计算关系，即 $N=f(A,B,C,\cdots)$。

如果各直接测量量可以表示为：$A=\overline{A}\pm\overline{\Delta A},B=\overline{B}\pm\overline{\Delta B},C=\overline{C}\pm\overline{\Delta C}\cdots\cdots$ 将这些测量结果代入计算公式，便可求得

$$N=\overline{N}\pm\overline{\Delta N}$$

$$E_r=\frac{\overline{\Delta N}}{\overline{N}}\times100\%$$

其中，将各直接测量量的近真值直接代入计算关系 $N=f(A,B,C,\cdots)$，便可以得出间接测量的近真值 $\overline{N}=f(\overline{A},\overline{B},\overline{C},\cdots)$，当测量次数无限增多时，此近真值与 N 的算术平均值是一致的。

但是，间接测量量平均绝对误差 $\overline{\Delta N}$ 的估算是比较麻烦的，在这里我们要借助高等数学多元函数求微分的处理方法：

一般运算关系的间接测量量平均绝对误差 $\overline{\Delta N}$ 计算公式可用微分法求得。设

$$N=f(A,B,C,\cdots)$$

其数学全微分形式为

$$dN=\frac{\partial f(A,B,C,\cdots)}{\partial A}dA+\frac{\partial f(A,B,C,\cdots)}{\partial B}dB+\frac{\partial f(A,B,C,\cdots)}{\partial C}dC+\cdots$$

其中

$$\frac{\partial f(A,B,C,\cdots)}{\partial A},\frac{\partial f(A,B,C,\cdots)}{\partial B},\frac{\partial f(A,B,C,\cdots)}{\partial C},\cdots$$

为 $N=f(A,B,C,\cdots)$ 对各自变量 $A,B,C,\cdots$ 的一阶偏导数。

在考虑到对一般测量数据而言，测量绝对误差远小于测量值的实际情况，将多元函数全微分公式转化为间接测量量绝对误差传递公式

$$\Delta N=\left|\frac{\partial f(A,B,C,\cdots)}{\partial A}\right|\Delta A+\left|\frac{\partial f(A,B,C,\cdots)}{\partial B}\right|\Delta B+\left|\frac{\partial f(A,B,C,\cdots)}{\partial C}\right|\Delta C+\cdots$$

式中，分别用 $\Delta N,\Delta A,\Delta B,\Delta C,\cdots$ 代替原公式中的 $dN,dA,dB,dC,\cdots$，在考虑到函数 $f(A,B,C,\cdots)$ 对各自变量求偏导数时会出现负值的情况，估算误差应考虑可能出现的最大值，因此，对该表达式的右方各项均取绝对值。

相对误差公式可写为

$$E_r=\frac{\Delta N}{N}=\frac{1}{N}\left[\left|\frac{\partial f(A,B,C,\cdots)}{\partial A}\right|\Delta A+\left|\frac{\partial f(A,B,C,\cdots)}{\partial B}\right|\Delta B+\left|\frac{\partial f(A,B,C,\cdots)}{\partial C}\right|\Delta C+\cdots\right]$$

$$=\left|\frac{\partial\ln f(A,B,C,\cdots)}{\partial A}\right|\Delta A+\left|\frac{\partial\ln f(A,B,C,\cdots)}{\partial B}\right|\Delta B+\left|\frac{\partial\ln f(A,B,C,\cdots)}{\partial C}\right|\Delta C+\cdots\cdots$$

为了方便大家的使用，现将常用运算关系的误差传递公式列入表 1-2 中，以供查找。

表 1-2　常用运算关系的误差传递公式

运算关系 $N=f(A,B,C,\cdots)$	绝对误差 ΔN	相对误差 $E_r=(\Delta N/\overline{N})\times100\%$
$N=A+B+C+\cdots$	$\Delta N=\Delta A+\Delta B+\Delta C+\cdots$	$\dfrac{\Delta A+\Delta B+\Delta C+\cdots}{\overline{A}+\overline{B}+\overline{C}+\cdots}$
$N=A-B-C-\cdots$	$\Delta N=\Delta A+\Delta B+\Delta C+\cdots$	$\dfrac{\Delta A+\Delta B+\Delta C+\cdots}{\overline{A}-\overline{B}-\overline{C}-\cdots}$
$N=A\cdot B$	$\Delta N=\overline{B}\Delta A+\overline{A}\Delta B$	$\dfrac{\Delta A}{\overline{A}}+\dfrac{\Delta B}{\overline{B}}$
$N=A\cdot B\cdot C$	$\Delta N=\overline{B}\,\overline{C}\Delta A+\overline{A}\,\overline{C}\Delta B+\overline{A}\,\overline{B}\Delta C$	$\dfrac{\Delta A}{\overline{A}}+\dfrac{\Delta B}{\overline{B}}+\dfrac{\Delta C}{\overline{C}}$
$N=A^n$	$\Delta N=n\cdot\overline{A}^{n-1}\cdot\Delta A$	$n\cdot\dfrac{\Delta A}{\overline{A}}$
$N=\dfrac{A}{B}$	$\Delta N=\dfrac{\overline{B}\Delta A+\overline{A}\Delta B}{\overline{B}^2}$	$\dfrac{\Delta A}{\overline{A}}+\dfrac{\Delta B}{\overline{B}}$
$N=\sin A$	$\Delta N=(\cos\overline{A})\cdot\Delta A$	$(\cot\overline{A})\cdot\Delta A$
$N=\cos A$	$\Delta N=(\sin\overline{A})\cdot\Delta A$	$(\tan\overline{A})\cdot\Delta A$

例题：在"长度测量"实验中，用游标卡尺测得一金属圆柱体的直径为 $D=25.86\pm0.02(\mathrm{mm})$，利用 $S=\dfrac{1}{4}\pi D^2$ 计算该金属圆柱体的横截面积 $S=\overline{S}\pm\Delta S$?

解：$\overline{S}=\dfrac{1}{4}\pi\overline{D}^2=\dfrac{1}{4}\times3.142\times25.86^2=525.29(\mathrm{mm}^2)$

$\overline{\Delta S}=\dfrac{1}{4}\pi(2\overline{D}\Delta D)=\dfrac{1}{4}\times3.142\times(2\times25.86\times0.02)=0.81(\mathrm{mm}^2)$

所以，该金属圆柱体的横截面积

$$S=\overline{S}\pm\overline{\Delta S}=525.3\pm0.8(\mathrm{mm}^2)$$

测量金属圆柱体的横截面积的相对误差为

$$E_r=\frac{\overline{\Delta S}}{\overline{S}}\times100\%=\frac{0.81}{525}\times100\%=0.001\,54\times100\%=0.2\%$$

例题：在"欧姆定律的应用"实验中，分别用精度级数为 0.5 级的电压表的 15.00 V 量程测得电阻两端的电压为 $U=12.50$ V，用精度级数为 0.5 级的电流表的 15.00 mA 量程测得流过电阻的电流为 $I=8.54$ mA，利用 $R=\dfrac{U}{I}$ 计算该电阻的阻值 $R=\overline{R}\pm\overline{\Delta R}$?

解：首先利用精度级数 K 的定义：$K=\dfrac{|\Delta N_{\max}|}{N_{量程}}\times100$

分别求出绝对误差

$$\Delta U = \frac{1}{100} \times K \times V_{量程} = \frac{1}{100} \times 0.5 \times 15.00 \approx 0.08(\text{V})$$

$$\Delta I = \frac{1}{100} \times K \times I_{量程} = \frac{1}{100} \times 0.5 \times 15.00 \approx 0.08(\text{mA})$$

所以

$$U = 12.50 \pm 0.08(\text{V}); \quad I = 8.54 \pm 0.08(\text{mA});$$

$$\overline{R} = \frac{\overline{U}}{\overline{I}} = \frac{12.50}{8.54} = 1.463(\text{k}\Omega)$$

估算误差

$$\overline{\Delta R} = \frac{\overline{U}\Delta\overline{I} + \overline{I}\Delta\overline{U}}{\overline{I}^2} = \frac{12.50 \times 0.08 + 8.54 \times 0.08}{8.54^2} = 0.023(\text{k}\Omega)$$

所以待测电阻的阻值

$$R = \overline{R} \pm \overline{\Delta R} = 1.46 \pm 0.02(\text{k}\Omega)$$

待测电阻的相对误差

$$E_r = \frac{\overline{\Delta R}}{\overline{R}} \times 100\% = \frac{0.02}{1.46} \times 100\% = 1.37\% \approx 1.4\%$$

在此我们要再次强调：在测量结果的最后表达式中，平均绝对误差只能保留一位有效数了，测量的近真值保留的最低一位应与误差保留位取齐；一般情况下，相对误差的结果如果大于等于1%，保留两位有效数字，相对误差的结果如果小于1%，则保留一位有效数字。

另外，对于本例题，由于函数属于乘除关系，所以也可以先计算相对误差

$$E_r = \left(\frac{\Delta\overline{I}}{\overline{I}} + \frac{\Delta\overline{U}}{\overline{U}}\right) \times 100\% = \left(\frac{0.08}{8.54} + \frac{0.08}{12.50}\right) \times 100\% = 1.57\% \approx 1.6\%$$

$$\overline{\Delta R} = \overline{R} \cdot E_r = 1.46 \times 1.57\% = 0.023(\text{k}\Omega)$$

$$R = \overline{R} \pm \overline{\Delta R} = 1.46 \pm 0.02(\text{k}\Omega)$$

我们注意到，当采用不同的次序求测量结果的相对误差时，得出的结果略有差别，这是由于我们在推导间接测量量的误差传递公式时，用增量 $\Delta N, \Delta A, \Delta B, \Delta C, \cdots$ 代替原微分计算公式 $\mathrm{d}N, \mathrm{d}A, \mathrm{d}B, \mathrm{d}C, \cdots$ 这一近似估算造成的，而在实际的数据处理中，这种处理方法对测量结果的影响并不大。

间接测量量的误差传递公式是在考虑各项误差同时出现最不利情况时，即对各分项都取绝对值相加而得到的。实际上，出现这种情况的几率是不大的，因而有些夸大了间接测量值的误差。但是在我们后面所作的实验中，为了对误差进行粗略的估计全部采用算术平均误差的计算公式，因为这样可以大大简化实验数据处理的计算工作。

从以上的例题分析还可看到：当间接测量量的函数关系中只含加减运算时，先计算绝对误差，后计算相对误差较为方便；而当函数关系中含有乘、除、乘方或开方运算时，则先计算相对误差，后计算绝对误差较为方便。

三、有效数字及其运算

在实验数据处理中，确定有效数字是一个重要问题，初学者往往会发生错误，因而在

此作一详细讨论。

（一）有效数字

正确而有效地表示测量和实验结果的数字，称为有效数字。

有效数字是由若干位准确数字和一位欠准数字（最末一位）构成的。

测量结果的有效数字位数的多少，是与测量过程中所使用的测量工具密切相关的。

"1.352 6 cm"这一数据一定不是用米尺测量的，而可能是用螺旋测微计测量的；"1.35 cm"则可能是用米尺测定的。

在实际测量过程中，有效数字的最末一位虽然是欠准的（对测量工具的最小刻度1/10位数值所作的估读），但它在一定程度上反映了被测量的实际大小，因此也是有效的，是必不可少的。例如：1.35 的有效数字是三位，632 991.399 的有效数字是九位，1.230 的有效数字是四位。

有效数字的位数与十进制单位的变换无关，即与小数点的位置无关。因此，用以表示小数点位置的"0"不是有效数字。例如，1.35 cm 换成以毫米为单位时为 13.5 mm，以米为单位时，则为 0.013 5 m，这三种表示法完全等效，均为三位有效数字。

当"0"不是用作表示小数点位置时，0 和其他数码 1,2,3,…具有同等地位，都是有效数字。例如：1.003 5 cm 有效数字为 5 位，1.0 cm 有效数字是 2 位；1.000 0 cm 有效数字是 5 位等。显然，测量数据最后的"0"既不能随便加上，也不能随便去掉。

（二）确定测量结果的有效数字的方法

根据有效数字在实验测量中的特定含义，有效数字的最后一位是欠准的。因此，我们还可以这样定义有效数字，即：从测量误差所在位算起，包括这一位及以上的数字位都是有效数字，这与前面所讲的是一致的。

由于测量误差只是我们在测量过程中，对测量结果出现的概率达到一定比率的一个范围的估计，因此，在一般情况下，误差的有效数字一般只取一位，两位和两位以上的误差是没有意义的。在本书以后的叙述中，我们一律取偶然误差为一位有效数字。

将有效数字的定义和偶然误差取一位结合起来，便能写出测量结果的数值，即：任何测量结果，其数值的最后一位要与误差所在的这一位取齐，例如：$L=1.00\pm0.02$（cm）是正确有效的，而 $I=360\pm0.5(\mu A)$，$g=980.125\pm0.03(cm/s^2)$ 表达都是错误的。

由测量的绝对误差决定测量结果的有效数字的位数，这是处理一切有效数字问题的依据。当写出测量结果的误差时是这样，不写误差时也是这样。

因此，用测量工具进行测量读数时，必须记读到估读位，即测量工具的最小刻度1/10的位。例如：用最小刻度值对应为 0.01 mm 的螺旋测微计测金属片的厚度 D 时，要记录到估读的 1/1 000 mm 位，最后结果为：$D=12.854$ mm。

我们要养成习惯，在写下测量结果时，最后一位便是误差所在位。看到其他人写出的测量结果时也应这样理解。

（三）有效数字与测量相对误差的关系

根据有效数字的物理含义，有效数字的最后一位就是测量误差所在位。因此，大体上说，有效数字位数越多，测量的相对误差就越小；有效数字位数越少，测量的相对误差就越大。例如：测量结果 $N=1.35\pm0.01$（cm）的有效数字为 3 位，测量的相对误差 $E_r\approx$

0.7%；$N=1.350\,0\pm0.000\,1$(cm)的有效数字是 5 位,测量的相对误差 $E_r\approx0.007\%$。

一般来说,两位有效数字对应于 $1/10\sim1/100$ 的测量相对误差,三位有效数字对应 $1/100\sim1/1\,000$ 的相对误差,其余类推。因此,我们在进行测量数据精度评价时,有时讲测量相对误差有多大,而有时讲测量结果有几位有效数字,两者之间是密切相关的。

（四）测量结果的科学表达方式

如果一个测量数据的数值很大,而有效数字位数又不多,则测量数据数值的数学表示就会与有效数字位数发生矛盾。这时,必须将测量数据用科学表示法表示为:

$$N=\square.\,\square\square\square\overline{\square}\times10^n\,(单位)$$

准确数　　　　欠准确数（估读数）

例如,测量数据 $L=0.000\,623\pm0.000\,003$(m)可以写成 $L=(6.23\pm0.03)\times10^{-4}$(m)。这种科学表示法的写法不仅简洁明了(尤其是当数值很大或很小时),而且可使数字计算及测量结果的有效数字的定位更加科学准确。

（五）测量结果有效数字的计算规则

在对测量数据进行数学运算时,参加运算的分量可能很多,各分量数值的大小及有效数字位数也不尽相同。在运算过程中,经常会遇到计算数字的位数越来越多,或在除法运算中出现除不尽的情况,这将使我们的实验数据的处理不胜繁复。即使用计算器,也会遇到中间数的取位问题。对测量数据进行的任何数学运算,我们的要求是:首先要考虑到测量数据欠准位对计算结果的影响,在不影响测量结果的有效数字位数的前提下,尽量简化运算的数据量。因此,与一般的数学运算要求不同,我们规定对实验测量有效数字的计算必须遵循以下的运算规则:

测量结果的有效数字中准确数与准确数之间的运算结果仍是准确数;

测量结果的有效数字中欠准数与准确数之间的运算结果是欠准数,但是,其运算进位的数将是准确数;

在最后的运算结果中,只能保留一位欠准数。

在舍去第二位及以后的欠准数时,我们要遵守尾数舍取法则,对于第二位欠准数而言,“大于 5 则入,小于 5 则舍去,等于 5 则应将保留的最末一位(第一欠准位)凑成偶数”。另外,我们要按照这一法则一次性舍取至所需的位置,而不可经多次舍取至所需的位置。

举例说明如下(其中数字有上画线的为欠准数):

$$367.\overline{2}$$
$$+1854.4\overline{5}$$
$$\overline{}$$
$$2221.\overline{6}\,\overline{5}$$
$$N=2221.\overline{6}$$

$$792.8\overline{0}$$
$$-316.4\overline{5}$$
$$\overline{}$$
$$476.3\overline{5}$$
$$N=476.3\overline{5}$$

从以上两个例子可以看出:测量数据之间作加减运算时,最后结果的小数点后的位数与参与运算的各数据中小数点后位数最少的相同。

$$25.\overline{6}\times 3\overline{2}=8\overline{19.2}=8.\overline{2}\times 10^2$$
$$49.\overline{1}\div 2\overline{3}=2.\overline{134}=2.\overline{1}$$
$$84.\overline{6}\times 4\overline{8}=40\overline{60.8}=4.0\overline{6}\times 10^3$$

从以上例子也可以看出：测量数据之间作乘除运算时，最后结果的有效数字的位数与参与运算的数据中有效数字的位数最少的相同。但是，如果参与运算的有效数字之间存在最高位的进位或借位时，计算结果的有效数字位数会增加一位或减少一位。

尾数舍取举例：

$$12.4\overline{3}\ \overline{5}=12.4\overline{4}=1.24\overline{4}\times 10 \qquad 11.\overline{7}\ \overline{4}\ \overline{9}\ \overline{9}=11.\overline{7}=1.1\overline{7}\times 10$$
$$1.\overline{4}\ \overline{5}\ \overline{0}\ \overline{1}=1.\overline{5} \qquad 10\overline{6}\ \overline{0}\ \overline{8}=1.0\overline{6}\times 10^4$$

（六）间接测量量的有效数字的运算

一般情况下，间接测量量也是按照有效数字的运算法则计算得出的。但是，由于各参与运算的误差项的积累作用，将使最后的运算结果的误差增大，所以间接测量量的近真值的有效数字位数应由其相应的绝对误差位来决定。

1. 加减法运算步骤：先计算间接测量量的绝对误差：将参与运算的各直接测量量的绝对误差取绝对值相加，计算时舍去小于分量中最大绝对误差 1/10 的误差，以简化运算，在误差运算过程中取两位有效数字，最后结果取一位有效数字。

计算间接测量量：将参与运算的各直接测量量的近真值的各分量位数取到比误差所在位数低一位进行运算。用间接测量量的绝对误差来决定间接测量量的有效数字位数。

例如：已知 $N=A+B-C+D$，其中：$A=71.3\pm0.5(\text{cm}^2)$，$B=6.262\pm0.002(\text{cm}^2)$，$C=0.753\pm0.001(\text{cm}^2)$，$D=271\pm1(\text{cm}^2)$。

求：$N=N\pm\Delta N(\text{cm}^2)$

解：$\Delta N=\Delta A+\Delta B+\Delta C+\Delta D=1.5\approx2(\text{cm}^2)$

$N=71.3+6.3-0.8+271=347.8(\text{cm}^2)$

以上算得的误差在个位数上，运算时各分量保留到小数点后面一位，N 暂时也保留到小数点后面一位。

$$N=N\pm\Delta N=348\pm2(\text{cm}^2)$$

如果各分量没有给出误差，则以其中有效数字的最后一位位数最大的为准，在运算过程中保留到比它低一位，在最后结果中与它取齐。

2. 间接测量量近真值的乘除法运算步骤：确定参与计算的各个直接测量量中有效数字位数最少的分量，将其他各分量（包括常数）都取到有效数字比上述分量多一位，代入运算关系算出间接测量量的近真值，其结果也比有效数字最少的分量先多保留一位。

计算绝对误差：计算时可以舍去小于分量中最大相对误差 1/3 的误差项，最后求绝对误差。绝对误差在运算过程中取两位数字，最后结果中只能取一位有效数字。

由间接测量量的绝对误差确定计算间接测量量的近真值有效数字位数。

例如：在"单摆测重力加速度"实验中，已测得：摆长 $L=1.100\pm0.001(\text{m})$，单摆周期 $T=2.106\pm0.002(\text{s})$，利用公式 $g=\dfrac{4\pi^2\times L}{T^2}$，求：$g=\overline{g}\pm\overline{\Delta g}(\text{m/s}^2)$。

解：各分量中 T，L 取四位有效数字，π 保留五位有效数字，计算结果先保留五位有效数字。

计算近真值：$\overline{g}=\dfrac{4\pi^2\times\overline{L}}{\overline{T}^2}=\dfrac{4\times3.141\,6^2\times1.100}{2.106^2}=9.791\,3(\text{m/s}^2)$

计算相对误差：$E_g=E_L+2E_T=\dfrac{\Delta L}{L}+2\dfrac{\Delta T}{T}=0.28\%\approx0.3\%$

计算绝对误差：$\overline{\Delta g}=E_g\overline{g}=0.3\%\times9.8=0.027\approx0.03(\text{m/s}^2)$

最后结果为：$g=\overline{g}\pm\overline{\Delta g}=9.79\pm0.03(\text{m/s}^2)$

四、实验数据的处理方法

实验数据处理是指从原始数据的记录、整理，到应用有效数字和误差理论计算得出实验结果，并分析判断结果的准确程度这一完整的过程。把实验数据所反映的物理现象的内在规律提炼出来，就是物理实验中数据处理的最终目的。

（一）列表法

1. 列表的作用。在记录和处理测量数据时，我们常常将数据列成表格形式，数据列表可以简单而明确地表示出有关物理量之间的对应关系，便于随时检查测量结果是否合理，及时发现和分析实验中存在的各种问题。

数据列表还可以提高处理数据的效率，减少和避免错误。根据需要，把计算的某些中间项列出来，可以随时从对比中发现运算是否有错，随时进行有效数字的简化，避免不必要的重复运算，利于计算和分析误差，以后必要时可对原始数据和计算数据随时查对。

2. 列表法的基本要求：

（1）栏目要简明：便于记录和处理实验原始数据，便于确定有关物理量之间的数学关系。

（2）分栏要全面清楚：便于填写中间计算量、实验结果和复核实验数据。

（3）单位：测量物理量的单位要写在标题栏中，一般不要重复地记在各个记录数据上。一般在名称栏中标入测量符号的同时，对于数值过大或过小的测量数据应以 10^n 或 10^{-n} 表示。

（4）数据要真实：表中的实验数据必须是原始记录数据（即直接从实验测量工具上读出的数据），要正确地记录测量结果的有效数字位数，实验原始数据不得随意涂改，更不得随意编造。

（5）必要时加以文字说明。

实例：在"长度测量"实验中，用螺旋测微计测金属片的厚度 5 次，列数据记录表格（如表 1-3）。

表 1-3　测量金属片的厚度　　　　　　螺旋测微计精度:0.01 mm　　　初读数 $n_0 =$ ＿＿＿＿ mm

次　数 ＼ 测　量　项　目	$D(mm)$	$\Delta D(mm)$
1	3.998	
2	4.002	
3	3.996	
4	3.996	
5	4.004	
平　　均		

(二)图示法

图示法就是把一组具有特定对应关系的测量数据用图线直观地描绘出来,从图线可以看出物理量之间的变化规律、找出对应函数关系,求得经验公式。

1. 图示法的优点。图示法的最大优点是能直观地显示相关物理量之间的对应关系。图示法中的实验图线是依据大量的实验数据,按一定的规则绘制而成的,所以图线本身就具有多次测量求平均的作用,并可帮助我们发现和剔除个别的误差特别大的可疑数据。对于某些特定的情况,我们可以由实验图线直接推测出没有进行实际测量的其他部分的数据。

2. 作图规则:

(1)选用合适的坐标纸。作图必须使用规定的标准坐标纸,我们最常用的是线性坐标纸,其他还有双对数型、单对数型和极坐标型坐标纸。

所使用坐标纸的大小是根据测量数据的有效数字位数及测量数值的范围而确定的,一般原则是要保持实验原始数据的有效数字位数,并能包括所有的测量数据点。在允许的情况下,也可以适当放大比例。

(2)确定坐标轴及其分度值。通常以横轴表示自变量,纵轴表示因变量。画出坐标轴的方向、标明其代表的物理量的符号和物理量的单位,并在坐标轴上标明等间距的分度值。

选取坐标分度值时要注意:①坐标分度值的有效数字位数不低于实验测量值的有效数字的位数。②为了便于在坐标图上读数,标定坐标分度时,应取 10 个、20 个、50 个小格代表该物理量的一个分度单位,而凡取 3,6,7,9 个小格代表一个分度单位或用测量数据标定分度单位都是错误的。③尽量使实验图线能充满整个图纸,以提高整个坐标图的分辨率,而不要使实验图线偏于坐标图的一边或一角。除特定需要外,各坐标的原点不必选为 $(x=0, y=0)$ 点。

(3)标定实验数据点。一定要用符号 $(+, \times, \odot, \cdots)$ 将测量数据点准确地标定在已确定坐标轴及其分度值的坐标图纸上,代表实验点的符号 $(+, \times, \odot, \cdots)$ 要用直尺、细硬铅笔仔细画出,并使测量数据点准确地落在"＋"、"×"的交叉点处。

在一张图纸上要画数条实验曲线时,各条曲线应用不同形式的符号标点以示区别。

不能只用"·"来标定实验数据点,因为,在绘制实验曲线时,用"·"来标定的实验数据点会被覆盖!

（4）绘制实验曲线。绘制实验曲线要用直尺、曲线板、细硬铅笔，根据不同情况把测量点连成代表物理实验规律的直线、折线或光滑曲线，要使所画的实验图线穿过尽可能多的测量数据点，不在线上的测量数据点也应均匀地分布在所绘实验曲线的两侧，对于个别偏离实验曲线较大的测量数据点，可以视情况舍弃或重新测量核对该测量数据点，更重要的是不能因为只照顾了极个别的测量误差较大的测量点，而忽略了大多数测量点所代表的实验规律。

（5）实验图线的名称。注明实验图线的名称，并用文字加以适当的说明。

作图法实例： 在"欧姆定律的应用"实验中，用伏安法测量高值电阻的阻值。下面用作图法绘出电阻上电压与电流的实验关系曲线，电压表和电流表的测量值如表 1-4 所示。

表 1-4　电压表和电流表的测量值

	1	2	3	4	5	6	7
$U(V)$	0.00	1.00	2.00	3.00	4.00	5.00	6.00
$I(mA)$	0.00	0.49	1.05	1.59	2.00	1.57	3.09

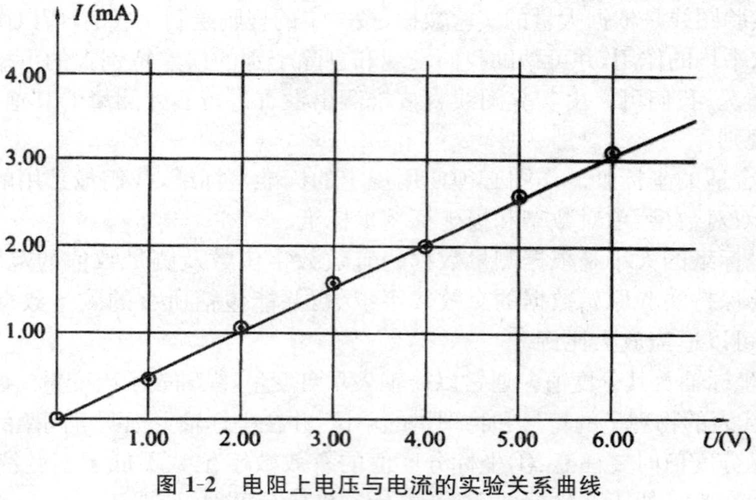

图 1-2　电阻上电压与电流的实验关系曲线
（此图中原有毫米分度线，为清晰起见将其略去）

（三）图解法

利用根据作图法绘制的实验图线，我们还可以用解析几何的方法，进一步求出实验曲线的方程和某些有关的物理参数，这种方法称为图解法。

1. 直线型实验曲线的图解。实验关系曲线中最简单的形式为直线，如果从实验数据画出的实验曲线是一直线，则说明自变量 x 与因变量 y 之间的关系为：

$$y = kx + c$$

其中，k，c 为常量。

（1）求斜率 k：在实验数据线（直线）上两端任选两点 (x_1, y_1)，(x_2, y_2)（注意，一定不能用测量数据点！），其 x 坐标值最好是整数（即应选在实验数据线与坐标线交点处的点），用与数据点不同的符号标明，并在旁边注明其坐标值。为了减小相对误差（使结果得到足够多的有效数字位数），所选两点相距应尽量远些。这样所求斜率为：

$$k = \frac{y_2 - y_1}{x_2 - x_1}$$

其单位由相应的被测物理量 x,y 的单位来决定。

（2）求截距 c：假如实验数据线的 x 坐标的原点取为"0"，则将所作的直线延长令其与 y 轴相交，该交点的 $y_0 = c$。

若 x 轴原点不是"0"，则可由下式计算出截距：

$$c = y|_{x=0} = \frac{x_2 y_1 - x_1 y_2}{x_2 - x_1}$$

图解法实例：用上一作图法绘出电阻上电压与电流的实验关系曲线，再用图解法求出高值电阻的阻值？

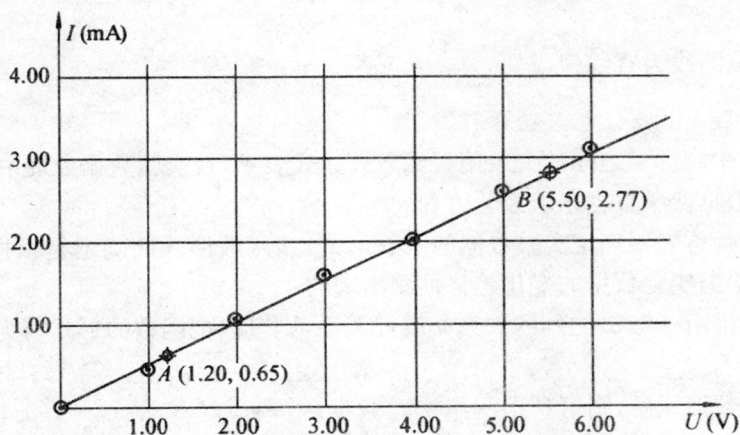

图 1-3　电阻上电压与电流的实验关系曲线
（此图中原有毫米分度线，为清晰起见将其略去）

在实验图线上取 $A(1.20, 0.65)$ 和 $B(5.50, 2.77)$ 两点，得

$$R = \frac{U}{I} = \frac{1}{k} = \frac{x_2 - x_1}{y_2 - y_1} = \frac{5.50 - 1.20}{2.77 - 0.65} = 2.10(\text{k}\Omega)$$

2. 实验数据线的曲线改直。在物理实验中，许多物理量之间的关系是非线性的，由此而直接作出的关系图线将是各种各样的曲线型实验数据线。对曲线型实验数据线而言，无论是在作图，还是在分析及计算上都要比直线型繁杂和困难，所以遇到这种情况，一般都要通过适当的变换，使实验数据线变成为线性关系（即把曲线改直），然后再进行必要的图示和图解。

（1）指数型实验数据线：

$$y = ax^b \quad （其中：a, b 为常数）$$

对两边取对数，得：

$$\log y = \log a + b \log x$$

以 $x'=\log x$ 为横轴，$y'=\log y$ 为纵轴，作 $\log y$-$\log x$ 关系图线，该关系为一直线型，其斜率即为 b，截距为 $\log a$。

（2）幂指数型实验数据线：

$$y=ae^{-bx} \quad (其中：a，b 为常数)$$

对两边取自然对数，得

$$\ln y=\ln a-bx$$

作 $\ln y$-x 图线，该图线为一直线型，其斜率为 $-b$，截距为 $\ln a$。

（3）二次曲线型实验数据线：

$$s=v_0 t+\frac{1}{2}at^2 \quad (其中：a，v_0 为常数)$$

对两边同除以 t，得：

$$\frac{s}{t}=v_0+\frac{1}{2}at$$

作 $\dfrac{s}{t}$-t 图线，该图线为直线型，斜率为 $\dfrac{1}{2}a$，截距为 v_0。

（四）利用最小二乘法求经验方程

为将实验中物理量之间的关系用一函数表达式表示，在实验数据处理中，还经常利用最小二乘法，根据实验数据来求经验方程。

求经验方程首先要确定实验数据的函数形式，该函数形式的确定是根据物理理论分析的推断，或根据实验数据的变化趋势推测出来的。

如果我们推断 y 和 x 之间的关系是线性关系，则可以把函数的形式写为：

$$y=kx+c$$

确定了函数形式后，则可利用一组实验数据 $(x_1，y_1)，(x_2，y_2)，\cdots，(x_i，y_i)，\cdots，(x_n，y_n)$ 来确定上列方程的各个待定常数。

根据最小二乘法列方程组：

$$\left(\sum_{i=1}^{n}y_i\right)=\left(\sum_{i=1}^{n}x_i\right)\times k+nc$$

$$\left(\sum_{i=1}^{n}y_i\times x_i\right)=\left(\sum_{i=1}^{n}x_i^2\right)\times k+\left(\sum_{i=1}^{n}x_i\right)n\times c$$

求出经验方程的参数：

$$k=\frac{n\left(\sum\limits_{i=1}^{n}y_i\times x_i\right)-\left(\sum\limits_{i=1}^{n}y_i\right)\times\left(\sum\limits_{i=1}^{n}x_i\right)}{n\left(\sum\limits_{i=1}^{n}x_i^2\right)-\left(\sum\limits_{i=1}^{n}x_i\right)\times\left(\sum\limits_{i=1}^{n}x_i\right)}$$

$$c=\frac{1}{n}\left[\left(\sum_{i=1}^{n}y_i\right)-\left(\sum_{i=1}^{n}x_i\right)\times\frac{n\left(\sum\limits_{i=1}^{n}y_i x_i\right)-\left(\sum\limits_{i=1}^{n}y_i\right)\times\left(\sum\limits_{i=1}^{n}x_i\right)}{n\left(\sum\limits_{i=1}^{n}x_i^2\right)-\left(\sum\limits_{i=1}^{n}x_i\right)\times\left(\sum\limits_{i=1}^{n}x_i\right)}\right]$$

相关系数为：

$$r=\frac{\frac{1}{n}(\sum\limits_{i=1}^{n}y_i\times x_i)-(\frac{1}{n}\sum\limits_{i=1}^{n}y_i)\times(\frac{1}{n}\sum\limits_{i=1}^{n}x_i)}{\sqrt{\dfrac{(\sum\limits_{i=1}^{n}x_i^2)-(\frac{1}{n}\sum\limits_{i=1}^{n}x_i)\times(\sum\limits_{i=1}^{n}x_i)}{n}\times\dfrac{(\sum\limits_{i=1}^{n}y_i^2)-(\frac{1}{n}\sum\limits_{i=1}^{n}y_i)\times(\sum\limits_{i=1}^{n}y_i)}{n}}}$$

练　习

1. 利用物理天平测量某物体的质量 5 次，得 $m_1=218.33$ g，$m_2=218.31$ g，$m_3=218.35$ g，$m_4=218.32$ g，$m_5=218.34$ g，求：物体的质量 $m=\overline{m}\pm\overline{\Delta m}$(g)及相对误差 E_m。

2. 利用钢尺测一正方形金属片的边长 5 次，得 $a_1=2.01$ cm，$a_2=2.00$ cm，$a_3=2.04$ cm，$a_4=1.98$ cm，$a_5=1.97$ cm。求：正方形金属片的周长 $L=\overline{L}\pm\overline{\Delta L}$，面积 $S=\overline{S}\pm\overline{\Delta S}$，以及相对误差 E_L，E_S。

3. 在"单摆"实验中，已知单摆摆长 $L=L'+\frac{1}{2}D$，现测得摆线长度 $L'=96.74\pm0.05$ cm，摆球直径 $D=3.614\pm0.004$ cm。求：摆长 $L=\overline{L}\pm\overline{\Delta L}$。

4. 在"单摆"实验中，已知计算关系为 $g=4\pi^2\dfrac{L}{T^2}$，现测得单摆摆长 $L=25.00\pm0.05$ cm，单摆周期 $T=1.00\pm0.01$ s，求 $g=\overline{g}\pm\overline{\Delta g}$ 及相对误差 E_g。

5. 已知 $A=\overline{A}\pm\overline{\Delta A}$，$B=\overline{B}\pm\overline{\Delta B}$，$C=\overline{C}\pm\overline{\Delta C}$，写出下列各函数式的绝对误差和相对误差的表达式：

(1) $N=A+B-2C$

(2) $N=\frac{1}{4}(A^2+B^2)$

(3) $N=A-\frac{1}{2}B^3$

(4) $N=\dfrac{A+C}{\frac{\pi}{6}\times B^3}$

6. 根据误差理论和有效数字的计算规则改正以下数字表达式中的错误。

(1) $L=2.034\pm0.018$ cm

(2) $M=0.002\,48\pm0.000\,4$ g

(3) $T=20\,500\pm100$ ms

(4) $34.470+10.28-1.003\,6=43.746\,4$

(5) $12.34+1.23+0.012\,34=13.582\,34$

(6) $12.34\times0.002\,34=0.028\,875\,6$

(7) $(0.022\,1)^2=0.000\,488\,41$

(8) $\dfrac{400\times1\,500}{12.60-11.6}=600\,000$

7. 利用有效数字的科学表示法变换下列各测量量的单位：

(1) $m=1.650\pm0.001$ kg=(_____±_____)×10⁽___⁾ g

(2)$h=8.64\pm0.02$ cm=(_____$\pm$_____)$\times10^{(\underline{\quad})}$km

　　　=(_____$\pm$_____)$\times10^{(\underline{\quad})}$mm

(3)$t=1.08\pm0.01$ min=(_____$\pm$_____)$\times10^{(\underline{\quad})}$s

8.用有效数字运算规则计算下列各式：

(1)$12.27+0.013\,24+11.046\,5$

(2)$2.13\times3.141\,59-668.82$

(3)$2.5\times10^2-27$

(4)$200\times4.00+30\times1.00+20\times0.1$

(5)123×456

(6)$\pi\times(4.2)^2$

(7)$\dfrac{76.00}{4\,000-2.0}+3.9$

(8)$\dfrac{8.042}{6.038-6.034}+3\,019\times0.01$

9.求下列各间接测量量的结果：$N=\bar{N}\pm\Delta N=?$　　$E_N=?$

(1)$N=A+B+\dfrac{1}{3}C$　　　　其中：　$A=0.576\,8\pm0.000\,2$ cm

　　$B=85.07\pm0.02$ cm　　　　　　　$C=3.247\pm0.003$ cm

(2)$N=\dfrac{1}{X}$　　　　　　　其中：　$X=1\,000\pm1$ cm^3

(3)$R=\dfrac{a}{b}\cdot R_0$　　　　　其中：　$a=60.00\pm0.05$ cm

　　$b=40.00\pm0.05$ cm　　　　　　　$R_0=1\,250\pm1$ Ω

(4)$S=\dfrac{1}{4}\pi D^2$　　　　　其中：　$D=2.50\pm0.05$ cm

(5)$\rho=\dfrac{4M}{\pi HD^2}$　　　　　其中：　$M=123.12\pm0.02$ g

　　$D=2.345\pm0.005$ cm　　　　　　$H=8.21\pm0.02$ cm

10.练习：利用图解法处理表 1-5 的实验数据，求出

$$K=\frac{\Delta X}{\Delta U}(\text{cm/V})$$

表 1-5　实验数据

X 偏转(cm)	0.00	0.50	1.00	1.50	2.00	2.50	3.00	3.50	4.00	4.50	5.00
偏转电压 U_X(V)	−51.0	−42.2	−30.2	−20.5	−9.7	+0.6	+11.1	+21.5	+32.3	+42.0	+50.6

要求：(1)按照作图法要求(参见图示法中作图规则)，绘制实验曲线。

(2)在实验曲线上取两个点 A,B(非实验数据点)，代入两点式计算：

$$K=\frac{\Delta X}{\Delta U_X}=\frac{X_B-X_A}{U_{XB}-U_{XA}}=\underline{\qquad}(\underline{\qquad})_\circ$$

(3)注意绘图过程中有效数字位数和单位。

(4)实验室提供：150 mm×125 mm 的标准坐标纸。

第二章 力学热学实验

实验一 长度的测量

【实验目的】

1. 学习米尺、游标卡尺和螺旋测微计的原理及使用方法。
2. 学习一般测量仪器的读数原则。
3. 熟悉测量误差和有效数字的基本概念及其计算。

【仪器用具】

米尺、游标卡尺、螺旋测微计、待测金属片、待测金属圆柱体。

【实验原理】

长度是最基本的物理量之一,长度测量是最基本的物理测量。

虽然各种各样的仪器,其原理构造各不相同,但其标度却大都是按照一定的长度来划分的。例如,测量温度,实际上就是测定水银柱在温度标尺上的高度。测量(除去部分数字化仪表)大都归结为长度的测量。所以,长度测量是一切其他测量的基础,是最基本的测量。

最常用的测量长度的仪器是米尺、游标卡尺和螺旋测微计,而后两者又是最常用的测量微小长度的仪器,本实验将着重学习其原理和使用方法。

(一)米尺

一般米尺的最小分度值为 1 mm,因此用米尺测量时,可准确读到毫米位,而毫米以下的一位则需凭借测量者的视力和判断力来估读。

图 2-1 用米尺测量待测金属片的长度

例如(图 2-1),用米尺测量一待测金属片的长度,若起点位置的读数是 0.00 cm,终点位置的读数是 9.22 cm,则 $L=9.22-0.00=9.22$(cm)。在起点和终点的最后的一位,即毫米以下的一位数"0"与"2"则是估读的、欠准的,亦即误差所在的一位。这位数的数值虽然不准确,但是却具有参考价值,因而不能随意忽略掉。

我们在实际测量过程中,在测量仪器上读取测量数据时,一般要估读到最小分度值的 1/10 位,这是实验测量读数的基本原则。

由于米尺有一定厚度,测量时应尽量使尺子刻度面贴紧待测物,以避免视差对实验数据的影响。视差的产生主要是由于待测物与米尺的刻度面不能有效地贴紧,以致观测者从不同角度看去会得到不同的测量读数而造成的。

在测量中,消除视差最有效的方法是:在测量读数时始终保持视线与测量工具刻度面相垂直。一定要注意尽量避免或设法减小视差。

对于个别端边磨损的米尺,而刻度零点也从端边开始,测量时一般不选端边为长度测量的起点,以免由于端边的磨损而带来系统误差。

考虑米尺刻度的不均匀性,测量时可选不同起点进行多次测量(即用尺子的不同部位进行测量),再通过求平均值来减小误差。

(二)游标卡尺

游标卡尺是一种比米尺测量更加精密的长度测量工具。在米尺上附加一个能够滑动的、带有刻度的游标,构成游标卡尺。

1. 游标卡尺的结构

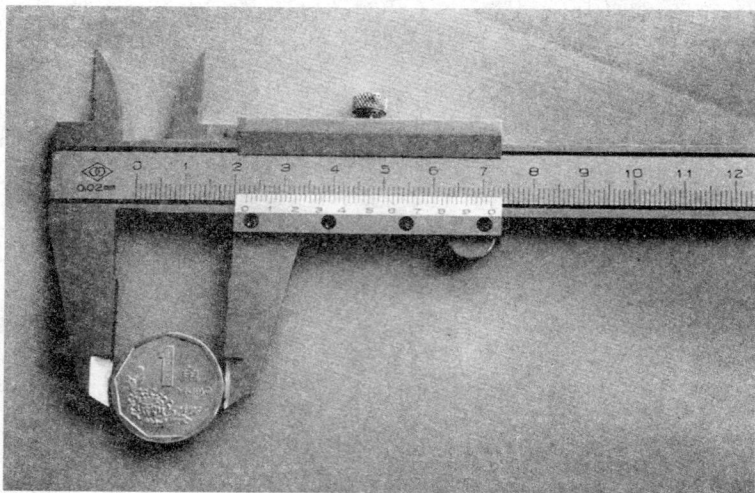

图 2-2 用游标卡尺测量待测物的直径

游标卡尺的外形如图 2-2 所示,主尺是一根钢制的毫米刻度尺,主尺左端下方有钳口,上方有刀口。主尺上套有一个带刻度的滑动标尺(游标)。游标上也有钳口和刀口,钳口用来测量物体的长度或圆柱体的外径,刀口用来测管柱的内径,与游标联动的深度探针用来测量孔的深度。测量结果由游标读数和主尺读数两部分组成,游标上部有固定游标位置而用的止动螺钉。

2. 游标卡尺的测量原理

游标卡尺在构造上的主要特点:游标上的 n 个分格的总长与主尺上 $(n-1)$ 个分格总长度相等。

设主尺上每个分格长度为 a,游标上每个分格长度为 b,则有:

$$n \cdot b = (n-1) \cdot a$$

主尺上一个分格与游标上一个分格的长度之差为

$$\delta = a - b = \frac{1}{n} \cdot a$$

δ 是由主尺刻度值与游标刻度值之差给出的。它是游标卡尺能读到的最小值,亦是游标卡尺的最小分度值。

以我们在实验中实际使用的游标卡尺为例:游标上 50 个分格的总长与主尺上 49 个分格的总长相等,$n=50$,$a=1.0$ mm,则

$$\delta = a - b = \frac{1}{n} \cdot a = \frac{1}{50} \times 1.0 = 0.02 \text{(mm)}$$

当钳口合拢时,游标的"0"线与主尺的"0"线对齐。测量时,将被测物夹持在钳口之间,这时游标"0"线与主尺"0"线之间的距离即被测物的长度。长度毫米以上的整数部分 x,由游标"0"线在主尺上的位置可以直接读出。毫米以下部分 x',则需仔细找出游标上哪一条刻线与主尺上的刻线对齐,再由这条刻线的序数 m 及游标的最小分度值 $\delta = a - b = \frac{1}{n} \cdot a$ 算出,即 $x' = m\delta$。

如图 2-2 中所示,$x=22$ mm,而游标上的第 23 条刻线与主尺刻线对齐,因而有 $x' = m\delta = 23 \times 0.02 = 0.46 \text{(mm)}$。所以待测金属片的长度为

$$L = x + x' = 22.46 \text{(mm)}$$

由此可见,使用游标可以提高读数的准确程度,游标卡尺的估读误差主要体现在我们判断游标刻线与主尺毫米刻线对齐的过程中,由于在这个相邻区域内有数条刻线都几乎对齐,在具体确定哪一条刻线时,存在着一定的主观判断。我们要取这些刻线中靠近中间部位的刻线来读出测量结果。

用游标卡尺进行测量之前,应检查零点,即当钳口合拢时,游标"0"与主尺"0"线是否对齐。如不对齐,应记下游标"0"刻线与主尺"0"刻线的间距,即零点读数 L_0(注意,零点读数 L_0 可为正,也可为负)。若用此卡尺测量一物体的长度时得读数 L',则该物体的实际长度为 $L = L' - L_0$,这就是零点修正。

使用任何测量仪器都要注意校正零点或做零点修正。

游标卡尺是常用的精密量具,使用时要注意保护,推游标时不要用力过大、过猛,只要将被测物夹住即可,测量时要注意不要弄伤刀口、钳口,不要用来测量粗糙的坚硬物体,更不允许把夹紧的物体在钳口中挪动。用完后,钳口之间稍留缝隙,并随手将其放入盒内,不允许随便放在桌上。

(三)螺旋测微计

螺旋测微计又称千分尺,是一种比游标卡尺更精密的长度测量工具,实验中常用来测小球、细丝的直径和薄板的厚度,最常用的一种如图 2-3 所示,它的量程是 25 mm,最小分

度值是 0.01 mm。

　　螺旋测微计其主要部分是装在一弓形尺架上的固定套管（螺纹在固定套管内）、测微螺杆（后端装有沿圆周刻有 50 个等分格的微分筒）及测力装置。测微螺杆的螺距是 0.500 mm，当微分筒相对于固定套管转过一周时，测微螺杆就沿轴线方向前进或后退 0.500 mm，而当微分筒转过一个分格时，则测微螺杆沿轴线移动 $\frac{0.500}{50}=0.010$ mm，这就是该螺旋测微计的最小分度值。

图 2-3　用螺旋测微计测量金属片的厚度

　　为了读出测微螺杆移动的毫米数，在固定套管上刻有毫米和半毫米分度标尺（沿水平基准线上下分别刻有毫米刻度线、半毫米刻度线，上下刻线间错开 0.500 mm）。

　　当转动测微螺杆使其测砧刚好与固定在弓形尺架上的测砧的端面接触时，微分筒边沿应与固定套管上的"0"刻线对齐，同时微分筒上的"0"刻线则应与固定套管上的水平基准线对齐。这时的测量读数应是 0.000 mm。

　　实际测量时先将微分套筒旋开，将待测物件放在固定测砧和活动测砧之间，旋动微分套筒后部与微分套筒联动的测力装置，将物体夹住，以听到测力装置发出"嗒"、"嗒"声为准。测量结果半毫米以上的部分，从固定套管标尺上读取（要读到 0.500 mm），小于半毫米的部分从微分套筒上读取，要读到最小刻度后再估读一位，即 1/1 000 mm 位。

　　使用螺旋测微计测量读数时，经常会发生判断与微分套筒边沿十分靠近的毫米刻线是否该记入测量数据的情况。这时，我们要根据微分套筒上的读数的大小（相对 0.000 mm 或 0.500 mm）来加以判断：如果微分套筒上的读数相对较小（接近于 0.000 mm），则该毫米刻线对应的 0.500 mm 就要记入实验数据；如果微分套筒上的读数相对较大（接近于 0.500 mm），则该毫米刻线对应的 0.500 mm 就不能记入实验测量数据。

　　使用螺旋测微计时的注意事项：

　　实际测量时（以及读取螺旋测微计初读数时），必须轻轻转动微分筒后的测力装置来夹紧被测物，当它以一定的作用力将物体夹好后，可以听到"嗒"、"嗒"声，这时再扭动测力装置时开始空转，即与微分套筒联动的螺杆不再转动，以保护螺杆上的精密螺纹。读数时，先拨动锁紧把手将与微分套筒联动的螺杆锁住，然后再读数。

　　用螺旋测微计进行实际测量时，应先读出其初读数 L_0。转动测力装置使与螺杆连接的测砧与固定测砧接触(听到"嗒"、"嗒"声)。这时,微分套筒上的读数应为 0.000 mm。否则,应将此时的读数 L_0 记录下来,以便对实际测量结果进行修正(零点修正)。

　　每次使用完螺旋测微计后,要使螺杆连接的测砧与固定测砧之间留一空隙,以免受热膨胀时损坏螺杆。

【实验内容】

1. 用米尺测待测金属片的长度 1 次,并记录测量结果。
2. 用游标卡尺测量待测金属圆柱体的直径与高度各 5 次,并计算其体积。
3. 用螺旋测微计测量待测金属片的厚度 5 次。

【数据表格及数据处理】

1. 测量金属片的长度 1 次,测量误差按单次直接测量处理;

待测金属片的编号:_____;

待测金属片的长度:$L =$ _____ $\pm$ _____ (cm);

测量结果的相对误差:$E_L =$ _____ %。

2. 通过测量金属圆柱体的直径和高度各 5 次,计算该圆柱体的体积,测量误差按间接测量处理,待测金属圆柱体的编号:_____。

表 2-1　实验数据记录表格　　　　　　　游标卡尺精度:0.002 cm　　初读数 $L_0 =$ _____ cm

次数 n	D'(cm)	ΔD(cm)	H'(cm)	ΔH(cm)
1				
2				
3				
4				
5				
平均值				

　　测量数据处理:

$$D = (\overline{D'} - L_0) \pm \overline{\Delta D} = \underline{\quad\quad} \pm \underline{\quad\quad} \text{(cm)}$$

$$E_D = \frac{\overline{\Delta D}}{\overline{D}} \times 100\% = \underline{\quad\quad} \%$$

$$H = (\overline{H'} - L_0) \pm \overline{\Delta H} = \underline{\quad\quad} \pm \underline{\quad\quad} \text{(cm)}$$

$$E_H = \frac{\overline{\Delta H}}{\overline{H}} \times 100\% = \underline{\quad\quad} \%$$

$$\overline{V} = \frac{1}{4}\pi \overline{D}^2 \overline{H} = \underline{\quad\quad} \text{(cm}^3\text{)}$$

$$E_V = 2E_D + E_H = \underline{\quad\quad} \%$$

$$\overline{\Delta V} = E_V \overline{V} = \underline{\quad\quad} \text{(cm}^3\text{)}$$

$V=\overline{V}\pm\overline{\Delta V}=$＿＿＿＿$\pm$＿＿＿＿（cm³）

3.测量金属圆柱体的厚度 5 次,测量误差按多次测量处理:

表 2-2　实验数据记录表格　　　　螺旋测微计精度:0.01 mm　　初读数 $L_0=$＿＿＿＿ mm

次数 n	1	2	3	4	5	平均值
D'_i(mm)						
ΔD_i(mm)						

测量数据处理:

$D=(\overline{D'}-L_0)\pm\overline{\Delta D}=$＿＿＿＿$\pm$＿＿＿＿（mm）

$E_D=\dfrac{\overline{\Delta D}}{\overline{D}}\times100\%=$＿＿＿＿%

【实验后记】

【思考题】

1.试确定下列几种游标卡尺的测量准确度,并填入表 2-3 中。

表 2-3　游标卡尺的测量准确度

游标分度数	10	10	20	20	50
游标总长对应主尺长(mm)	9	19	19	39	49
分度值 δ(mm)					

2.一个角游标,主尺 29 度(29 个格)对应游标 30 个格,问此角游标尺的分度值 δ 是多少?

3.若用米尺、游标卡尺和螺旋测微计分别测量直径约 4 mm 的铜丝 1 次,则各测量工具所得的测量结果分别有几位有效数字? 相对误差各约为多少?

实验二　物体密度的测定

【实验目的】

1. 通过本实验掌握物理天平的使用方法。
2. 掌握几种测定物体密度的方法。

【实验仪器和用具】

物理天平、不规则形状的固体金属待测物、烧杯及适量的水。

【实验原理】

根据物质密度的定义,若一物体的质量为 M,体积为 V,则其密度 ρ 定义为

$$\rho = \frac{M}{V} \tag{1}$$

若待测物为一规则形状的物体,则可由几何尺寸计算其体积 V,用天平称量其质量 M,代入上式即可计算出该物体的密度。

若待测物为不规则形状的固体或液体时,则需用流体静力称衡法来测量其密度。

流体静力称衡法的原理:根据阿基米德定律,浸没在液体中的物体会受到液体向上的浮力作用,浮力的大小等于物体排开液体的重力。这样,若测得待测物体在空气中的重力为 W_1,而将其浸没在水中测得的"重力"为 W_2,则有:

$$W_1 - W_2 = \rho_水 Vg \tag{2}$$

其中,$\rho_水$ 为水的密度,V 为物体的体积(也就是排开水的体积),g 为重力加速度。而

$$W_1 = \rho_{待测物} Vg \tag{3}$$

所以待测物体的密度为

$$\rho_{待测物} = \frac{W_1}{Vg} = \frac{W_1}{g} \cdot \frac{\rho_水 \; g}{W_1 - W_2} = \frac{W_1}{W_1 - W_2} \rho_水 \tag{4}$$

若再将该物体完全浸入待测密度为 $\rho_{液体}$ 的液体中,称得此时重力为 W_3,则物体受到该待测液体的浮力为:

$$W_1 - W_3 = \rho_{液体} Vg \tag{5}$$

所以待测液体的密度为:

$$\rho_{液体} = \frac{W_1 - W_3}{W_1 - W_2} \rho_水 \tag{6}$$

【实验装置及其使用】

物理天平是利用杠杆原理制成的,其结构如图 2-4。

图 2-4　物理天平的结构

物理天平有一个可以调节水平的金属底座,在底座中央固定一立柱,立柱上端放置一铝合金的横梁。铝合金的横梁上装有三个刀口,中间的主刀口(向下)置于支柱顶端的玛瑙刀承平台上,两侧的刀口(向上)各悬挂一个载物盘。横梁中部固定一指针,当横梁摆动时,指针的尖端就在支柱下方的标尺前摆动,用以观测物理天平的平衡状态。立柱底部的制动旋钮可使支柱顶端的玛瑙刀承平台升降:顺时针旋动制动旋钮,刀承升起将水平横梁顶起来,物理天平处于测量工作状态;逆时针旋动制动旋钮,刀承落下,横梁被制动架托住,天平止动,横梁的主刀口离开刀承得以保护刀刃。水平横梁两端装有平衡螺母,用于天平空载时调节天平横梁的平衡状态。横梁上还有骑码,用于在物体质量的称衡过程中,物理天平的精细调平。横梁上自左向右刻有 50 个分度,骑码每向右移动一个分度等于在右边砝码盘内放置 0.02 g 的砝码。

在支柱左边有一支杆,一托盘固定在它上面,当把托盘转至载物盘上部时则可在它上面放置实验器材(例如,用流体静力称衡法测物体的密度时,可将盛水的烧杯放在托盘上,以便把物体浸在水中进行称衡)。

天平的称量和感量是它的两个主要参数。称量是天平允许称衡的最大质量。感量是指在天平平衡时,为使指针偏转 1 个小分格,所需增添砝码的质量,感量的倒数,称为天平的灵敏度。

物理天平的操作步骤如下:

1. 调节底座水平调节螺旋使底座水平、立柱铅直,这可由底座上装有的水准泡来检查。

2. 调整横梁的水平状态:把骑码拨到"0"刻度,将载物盘和砝码盘分别挂在横梁左右两端的刀口上。顺时针旋动制动旋钮,刀承升起将水平横梁顶起来。如果天平指针作等幅摆动时(实际是等减幅摆动),天平即达到了平衡,否则,可调整平衡调节螺母使天平平衡。

3. 称衡：将待测物体放在左边的载物盘内，砝码则放在右边的砝码盘内。为了有效地加快测量过程，在添加砝码时应遵循由"大质量砝码到小质量砝码逐一添加"的原则进行。改变砝码使天平达到平衡，这时被测物体的质量就等于砝码盘上的砝码总质量再加上骑码的示值。

4. 每次称衡完毕，旋动制动旋钮，放下横梁。

为了保证正确使用物理天平，保护物理天平不受损坏，使用物理天平必须遵守以下规则：

1. 物理天平的荷载不得超过其称量，以避免损坏刀口或压弯横梁。

2. 为避免刀口受冲击而损坏，在取放物体、取放砝码、调节水平平衡螺母、拨动骑码以及称衡完毕时，都必须将物理天平横梁止动。而只在判断物理天平是否平衡时才将天平启动。物理天平的启动、止动动作要轻缓。止动时应在天平指针接近标尺中间刻度时进行。

3. 为了避免手上的汗液腐蚀砝码、骑码，所以均不得直接用手拿砝码、骑码，只准用镊子夹取和拨动，从砝码盘上取下砝码应立即放入砝码盒内，不许随便乱放。

4. 物理天平的各部分以及砝码都要注意防锈、防蚀。高温物体、液体及带腐蚀性的化学药品不得直接放在载物盘内称衡。

【实验内容】

(一)规则金属圆柱体密度的测定

用精度为 0.02 mm 的游标卡尺，在金属圆柱体的不同部位测量其直径 D 和高度 H 各 5 次填入表格中，并求出 $D=\overline{D}\pm\overline{\Delta D}, H=\overline{H}\pm\overline{\Delta H}, V=\overline{V}\pm\overline{\Delta V}$。

用物理天平称其质量 M 3 次填入表格中，求出：$M=\overline{M}\pm\overline{\Delta M}$，若 $\overline{\Delta M}$ 小于天平感量的一半(0.01 g)，则取天平感量的一半作为测量质量的绝对误差。

利用间接测量的误差传递公式，求出 $\rho=\overline{\rho}\pm\overline{\Delta\rho}$ 及 $E_\rho=\dfrac{\overline{\Delta\rho}}{\overline{\rho}}\times100\%$。

(二)利用流体静力称衡法，测量固体及液体的密度

使用实验内容(一)中的金属圆柱体(也可以使用不规则形状的固态物体)，利用前面称得的质量 M 为 M_1，则其在空气中的重力 $W_1=M_1g$。

将盛水烧杯放在托盘上，置于载物盘的上方，将金属圆柱体用细线吊在载物盘上方的挂钩上，金属圆柱体浸入蒸馏水中。然后，调节托盘的高低及烧杯的位置，使圆柱体全部浸入水中，且不与杯底、杯壁接触，测量其在水中的等效重力：

$$W_2=M_2g$$

再将该圆柱体按上述方法浸入待测密度的液体中，称得其在待测液体中的等效重力：

$$W_3=M_3g$$

将上述结果填入实验数据表格中，并以天平感量的一半作为各测量量的绝对误差，利用(4)式和(6)式计算该金属圆柱体的密度 $\rho_{待测物}$ 和待测液体的密度 $\rho_{液体}$。

【数据表格及数据处理】

表 2-4　圆柱体的体积　　　　　　　　　　游标卡尺精度：0.002(cm)　　　$L_0 =$ _____(cm)

次　数(n)	D'(cm)	ΔD(cm)	H'(cm)	ΔH(cm)
1				
2				
3				
4				
5				
平均值				

实验数据处理：

$D = \overline{D} \pm \overline{\Delta D} = (\overline{D}' - L_0) \pm \overline{\Delta D} =$ _____ $\pm$ _____(cm)

$H = \overline{H} \pm \overline{\Delta H} = (\overline{H}' - L_0) \pm \overline{\Delta H} =$ _____ $\pm$ _____(cm)

$\overline{V}_1 = \dfrac{1}{4} \pi \cdot \overline{D}^2 \cdot \overline{H} =$ _____(cm^3)

$E_V = 2E_D + E_H =$ _____%

$\overline{\Delta V_1} = E_V \cdot \overline{V}_1 =$ _____(cm^3)

$V_1 = \overline{V}_1 \pm \overline{\Delta V_1} =$ _____ $\pm$ _____(cm^3)

表 2-5　测量金属圆柱体的质量　　　　　　　　　　　　　天平感量：_____(g)

次　数 n	M_1(g)	ΔM_1(g)
1		
2		
3		
平均值		

实验数据处理：

$M_1 = \overline{M}_1 \pm \overline{\Delta M_1} =$ _____ $\pm$ _____(g)

$\overline{\rho}_{待测物} = \dfrac{\overline{M}_1}{\overline{V}_1} =$ _____(g $\cdot$ cm^{-3})

$E_\rho = E_{M_1} + E_{V_1} =$ _____%

$\overline{\Delta \rho} = E_\rho \cdot \overline{\rho}_{待测物} =$ _____(g $\cdot$ cm^{-3})

$\rho_{待测物} = \overline{\rho}_{待测物} \pm \overline{\Delta \rho} =$ _____ $\pm$ _____(g $\cdot$ cm^{-3})

表 2-6　流体静力称衡法测量数据　　　　　　　　　　　　天平感量：_____(g)

金属圆柱体在空气中的质量 M_1(g)	
金属圆柱体在纯水中的质量 M_2(g)	
金属圆柱体在待测液体中的质量 M_3(g)	
实验室环境温度 t(℃)	
纯水在 t℃时的密度 $\rho_{水}$(g·cm^{-3})	
金属圆柱体的密度 $\rho_{待测物}$(g·cm^{-3})	
待测液体的密度 $\rho_{液体}$(g·cm^{-3})	

【实验后记】

【原理应用思考题】

　　用于金饰品加工的 K 金，一般是由纯金加入了适量的白银而制成的。请设计一实验，来检验一标定为 14 K 的金饰品是否合格。〔注：24 K 金的黄金含量视为 100%（质量），即纯金。〕

实验三　用单摆测定重力加速度

【实验目的】

1. 掌握使用单摆测重力加速度的方法。
2. 研究单摆振动的周期与摆长和摆角之间的关系。

【实验仪器和用具】

J-LD33 型单摆、秒表、钢卷尺、游标卡尺。

【实验原理】

将一个金属小球拴在一根细线上,如果细线的质量与小球的质量相比很小,球的直径与细线的长度相比也很小,则此装置在重力作用下摆动就构成单摆(数学摆)。

当单摆的摆角很小($\theta < 5°$)时,单摆的摆动周期为

$$T = 2\pi \sqrt{\frac{L}{g}}$$

式中,L 是单摆的摆长,即悬点到小球球心的距离,g 是本地的重力加速度。

对某一实验地点而言,g 是常量,上式可写成

$$g = 4\pi^2 \frac{L}{T^2}$$

在单摆摆角 θ 不是很小时,根据振动理论分析,单摆周期 T 与摆角 θ 的关系为

$$T = 2\pi \sqrt{\frac{T}{g}} \left(1 + \frac{1}{4} \cdot \sin^2 \frac{\theta}{2} + \cdots \right)$$

取二级近似,有

$$T = 2\pi \sqrt{\frac{L}{g}} \left(1 + \frac{1}{4} \sin^2 \frac{\theta}{2} \right) \approx 2\pi \sqrt{\frac{L}{g}} \left(1 + \frac{1}{16} \theta^2 \right)$$

当摆长一定时,T 显然随 θ 的增大而增大,但它们之间并不是线性关系。

【实验仪器说明】

J-LD33 型单摆结构如图 2-5 所示。

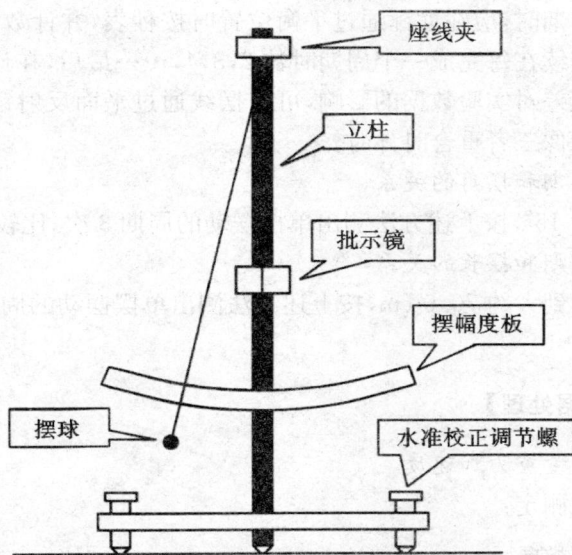

图 2-5　J-LD33 型单摆结构图

【实验步骤】

（一）J-LD33 型单摆的调节

首先调节立柱的铅直：把单摆放下作校准垂线用，调节水平螺丝直到在前方看时整条摆线处于立柱的正中，在侧面看时摆线与立柱平行时为止。

再调节单摆摆幅度板的高度：使摆幅度板上弧边中点离上座线夹的下平面间的距离为 50.0 cm 并固定，摆幅度板平面应竖直。

在摆幅度板上方固定指示镜：指示镜平面应与摆幅度板平行，指示镜的中轴线如不在仪器的对称线上，可在镜框中稍微左右移动镜片位置以使其处于中心位置。

（二）单摆摆长的测定

用钢卷尺测量单摆摆长：取摆长约 50.0 cm，拉出尺头嵌在上座前端线夹的槽内，把尺弯头钩在上座的上平面上并用右手按住，用左手握住尺壳往上推，使刀口靠住线夹平面，读出数值 L_1，再把尺拉下到刀口对准摆球下面刚接触位置，读数值 L_2，再用螺旋测微计量出摆球直径 d，则摆长：

$$L=L_2-L_1-\frac{d}{2}$$

将上式中的各物理量各测 3 次，再求 $L=\overline{L}\pm\overline{\Delta L}$。

（三）单摆周期的测量

在摆角 θ 小于 5° 的情况下，用秒表测量单摆连续摆动 50 个周期的时间 6 次，求出平均值 T，由

$$g=4\pi^2\frac{L}{T^2}$$

即可测量出当地重力加速度 g。

用秒表测单摆周期时,应在摆锤通过平衡位置时按秒表,并计数"0"。在完成一个周期时计数"1",以后继续在每完成一个周期时数 2,3,4,……最后,在计数到"50"的同时停止秒表。为了避免视差对实验数据的影响,可在摆线通过平面反射镜的过程中,摆线、镜刻线和摆线在镜中的像三者重合时计时。

(四)单摆摆动周期和摆角的关系

将单摆摆角增为 15°,按上述方法测出单摆摆动的周期 3 次,比较实验结果。

(五)单摆摆动周期和摆长的关系

将单摆摆长增长到大约 70.0 cm,按上述方法测出单摆摆动的周期 3 次,比较实验结果。

【数据表格及数据处理】

(一)利用单摆测量重力加速度

1.重力加速度的测定:

表 2-7　单摆摆长的测量数据

次　数(n)	L_2(cm)	L_1(cm)	d(cm)	L(cm)	ΔL(cm)
1					
2					
3					
平均值					

实验测量结果:
$$L=\overline{L}\pm\overline{\Delta L}=\underline{\qquad}\pm\underline{\qquad}\text{(cm)}$$

2.单摆摆动周期的测量:

表 2-8　单摆摆动周期的测量数据

次　数(n)	50 个周期所用时间 t(s)	T(s)	ΔT(s)
1			
2			
3			
4			
5			
6			
平均值			

实验数据处理:
$$T=\overline{T}\pm\overline{\Delta T}=\underline{\qquad}\pm\underline{\qquad}\text{(s)}$$

3.重力加速度 g 的计算及误差估计:

$$\bar{g}=4\pi^2\frac{\bar{L}}{\bar{T}^2}=\underline{\hspace{3cm}}(m\cdot s^{-2})$$

$$E_g=E_L+2E_T=\underline{\hspace{2cm}}\%$$

$$\overline{\Delta g}=E_g\bar{g}=\underline{\hspace{2cm}}(m\cdot s^{-2})$$

$$g=\bar{g}\pm\overline{\Delta g}=\underline{\hspace{2cm}}\pm\underline{\hspace{2cm}}(m\cdot s^{-2})$$

(二)研究单摆周期与摆角、摆长之间的关系

1. 单摆周期与摆角之间的关系,并将所得周期结果与前表中结果比较。

表 2-9　$\theta=15°$摆角时周期的测量数据

次数(n)	50 个周期所用时间 $t_{\theta=15°}$(s)	$T_{\theta=15°}$(s)	$\Delta T_{\theta=15°}$(s)
1			
2			
3			
4			
5			
6			
平均值			

实验数据处理:

$$\bar{g}=4\pi^2\frac{\bar{L}}{\bar{T}^2}=\underline{\hspace{3cm}}(m\cdot s^{-2})$$

$$E_g=E_L+2E_T=\underline{\hspace{2cm}}\%$$

$$\overline{\Delta g}=E_g\bar{g}=\underline{\hspace{2cm}}(m\cdot s^{-2})$$

$$g_{\theta=15°}=\bar{g}\pm\overline{\Delta g}=\underline{\hspace{2cm}}\pm\underline{\hspace{2cm}}(m\cdot s^{-2})$$

2. 单摆摆动周期与摆长间的关系,并将所得周期结果与前表中结果比较。

表 2-10　当 $L=$ _____(>70.0 cm)时,单摆摆动周期的测量数据

次数(n)	50 个周期所用时间 $t_{L>70}$(s)	$T_{L>70}$(s)	$\Delta T_{L>70}$(s)
1			
2			
3			
4			
5			
6			
平均值			

测量数据处理:

$$\overline{g}=4\pi^2\,\frac{\overline{L}}{\overline{T}^2}=\underline{\hspace{3cm}}(\text{m}\cdot\text{s}^{-2})$$

$$E_g=E_L+2E_T=\underline{\hspace{3cm}}\%$$

$$\overline{\Delta g}=E_g\overline{g}=\underline{\hspace{3cm}}(\text{m}\cdot\text{s}^{-2})$$

$$g_{L>70}=\overline{g}\pm\overline{\Delta g}=\underline{\hspace{2cm}}\pm\underline{\hspace{2cm}}(\text{m}\cdot\text{s}^{-2})$$

（三）将测量结果与当地重力加速度标准值进行比较

当地重力加速度标准值（依据本地区海拔高度确定）

$$g_{标}=9.798\ \text{m}\cdot\text{s}^{-2}$$

将实验结果与其进行比较

$$E=\frac{\left|g_{\theta=15°}-g_{标}\right|}{g_{标}}\times100\%=\underline{\hspace{3cm}}\%$$

$$E=\frac{\left|g_{L>70}-g_{标}\right|}{g_{标}}\times100\%=\underline{\hspace{3cm}}\%$$

【实验后记】

【思考题】

1. 测量单摆摆动周期时，为什么不直接测量往返一次摆动的周期？

2. 测量单摆摆动周期时，为什么一般要选择通过最低点位置时开始计时？

3. 重力加速度

$$\overline{g}=4\pi^2\,\frac{\overline{L}}{\overline{T}^2}$$

成立的条件有哪些？在实验中如何实现？

实验四　气轨上测滑块的速度和加速度

【实验目的】

1. 观察物体的匀速直线运动,掌握测量滑块运动速度的方法。
2. 掌握测量滑块加速度的方法,验证牛顿第二定律。
3. 学习气垫导轨和数字毫秒计的使用方法。

【实验仪器和用具】

QG-5 型气垫导轨、气源、滑块、数字毫秒计。

【实验原理】

(一)滑块直线运动速度的测定

当质点所受的合外力为零时,质点将保持静止或匀速直线运动状态。一个自由地飘浮在水平放置的平直气轨上的滑块,其所受的合外力为零。因此,滑块将在气轨上保持静止状态,或以一定速度做匀速直线运动。

在滑块上安装一块挡光板,当滑块经过设置在某一位置的光电门时,挡光板将遮挡住光电门中照在光敏管上的光线(有的光电门中的光线是红外线)。当挡光板上的宽度一定时,挡光时间的长短与滑块通过光电门时的速度成反比。测出挡光板的宽度 Δx 和挡光的时间 Δt,根据平均速度的公式,就可以算出滑块通过光电门的平均速度:

$$\bar{v}=\frac{\Delta x}{\Delta t} \tag{1}$$

由于 Δx 比较小,在 Δx 范围内滑块的速度变化也较小,故可以把滑块通过光电门的平均速度 $\bar{v}$ 近似看成是滑块经过光电门时的瞬时速度 v。

显然,如果滑块做匀速直线运动,则瞬时速度与平均速度的数值应完全一样。滑块通过设置在任何位置的光电门时,毫秒计显示的挡光时间均应相等。但在实验中,由于存在微弱的空气阻力或轨道不可能完全水平等原因,数字毫秒计显示的挡光时间将只是近似相等。

(二)滑块直线运动加速度的测定

若滑块在水平方向上受一恒力 F 作用,则它将作匀加速直线运动。在气轨中间选一段间距 S,在 S 的两端各设置一光电门,分别测出该滑块通过 S 两端的始末速度 v_1 和 v_2,则滑块的加速度的大小为

$$a=\frac{v_2^2-v_1^2}{2S} \tag{2}$$

（三）验证牛顿第二定律

在水平气轨上，用一系有砝码盘的细线跨过一定滑轮，挂在滑块上，如图 2-6 所示，若滑块的质量（包括挡光板、缓冲弹簧）为 m_1，砝码盘与砝码质量为 m_2，细线张力为 T，则在忽略空气阻力、滑轮摩擦阻力和滑轮质量的情况下，对 m_1，m_2 建立动力学方程

$$m_2 g - T = m_2 a$$
$$T = m_1 a$$

所以 　　　　　$$m_2 g = (m_1 + m_2) \cdot a$$
令 　　　　　$$M = m_1 + m_2 \qquad F = m_2 g$$
有 　　　　　$$F = Ma$$

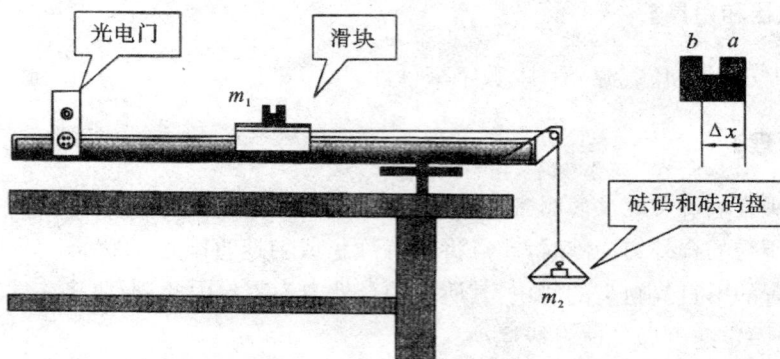

图 2-6　验证牛顿第二定律实验装置

滑块运动的加速度 a 可由（2）式求出。通过改变砝码的质量来改变 F，测量出相应的滑块运动的加速度 a，以验证牛顿第二定律：物体质量一定时，质点运动的加速度 a 与质点所受的合外力 F 成正比；而当质点所受的合外力 F 一定时，质点运动的加速度 a 与质点系统的总质量 M 成反比。

【实验内容及步骤】

将两个光电门固定在距离气轨两端约 30 cm 处，实验前先用挡光片遮挡光敏管，练习用数字毫秒计测量挡光时间。数字毫秒计选用 0.1 ms 挡。

将数字毫秒计的工作状态选在"光控"挡，在滑块上装一块如图 2-6 所示的凹形挡光板。当挡光板的前片的前沿 a 挡光时，数字毫秒计开始计时；而当挡光板的后片的前沿 b 再次挡光时，数字毫秒计停止计时；于是数字毫秒计就可以测量出 Δx（挡光板前片的前沿与后片的前沿间的距离）这段长度通过光电门所用的时间间隔 Δt。

然后按下述方法将气轨调整至水平：接通气源后，将滑块放置在气垫导轨上，使滑块浮起。轻轻推一下滑块，使之获得一定的初始速度，令其顺序通过两个光电门，从毫秒计上先后读出滑块的挡光板通过第一个光电门所用的时间 Δt_1，和挡光板通过第二个光电门所用的时间 Δt_2，若 Δt_1 与 Δt_2 两者相差不超过 5%，且 Δt_1 始终小于 Δt_2，便可以认为滑

块做匀速直线运动,导轨已调至水平状态。否则,可仔细调节水平调节螺栓,直到达到上述要求为止。

(一)观测匀速直线运动

1.接通气源,观察滑块在气轨上的运动情况(包括与气轨两端缓冲弹簧碰撞的情况)。

2.轻轻推动滑块一下,分别记下挡光板通过两个光电门的时间间隔,测出挡光板上 ab 之间的距离 Δx,按式(1)算出速度 v_1 和 v_2,填入数据表格 2-11。比较 v_1 和 v_2 的数值,如果两者相差较大,应仔细分析其原因。

3.用稍大的力推动滑块,使滑块获得较高的初始速度,重新测量,并比较两者的差值。

(二)验证恒定质量的物体在恒力作用下作匀加速直线运动

1.将系有砝码盘的细线经定滑轮与滑块相连,将滑块移至远离滑轮的一端,使滑块从静止状态开始,释放后可看到滑块开始作匀加速直线运动。

2.使两光电门之间的距离依次为 40.0 cm,50.0 cm,60.0 cm,分别测出滑块上挡光板通过两光电门所用的时间 Δt_1 和 Δt_2,以及对应的两光电门之间的距离 S。

3.计算出 v_1,v_2 和 a 的各次数值,填入数据表格 2-13,如果各次测得的加速度 a 的数值近似相等(因为在实验过程中有各种偶然因素的影响),就可以证明滑块以恒定加速度 a 作匀加速直线运动。

(三)验证牛顿第二定律

1.将系有砝码盘的细线经定滑轮与加有砝码的滑块相连,将滑块自远离滑轮端释放,使滑块从静止开始作匀加速直线运动,记下挡光板分别通过两光电门的时间间隔 Δt_1 和 Δt_2,重复三次。测出挡光板上 ab 间的距离和两光电门之间的距离 S,由(1)式、(2)式计算出滑块直线运动的速度和加速度的数值。

2.从滑块上将部分砝码移至砝码盘中,重复上一步骤。将测量结果填入表 2-14 中,验证:在匀变速直线运动中,系统总质量不变时,物体的加速度与所受外力成正比。

3.保持砝码盘及所加砝码的总质量 m_2 不变,改变滑块的质量,测算出质量不同的滑块的加速度,将测量结果填入表 2-15 中。验证:在匀变速直线运动中,当外力恒定时,系统的加速度与系统的总质量成反比。

$$M=m_1+m_2+m'_2+m'$$

其中:M 为系统总质量,m_1 为滑块质量,m_2 为砝码盘及盘中砝码的总质量,m'_2 为滑块上砝码的质量,m' 为滑块上加的荷重质量。

【数据表格及数据处理】

1.滑块在气轨上做匀速直线运动:

表 2-11　实验数据记录表格　　　　　　　　　　$S=$＿＿＿＿＿(cm),$\Delta x=$＿＿＿＿＿＿＿(cm)

	次　数	1	2	3	$\lvert v_2-v_1\rvert$平均
滑块从左向右运动过程	$\Delta t_1(s)$				
	$\Delta t_2(s)$				
	$v_1(cm\cdot s^{-1})$				
	$v_2(cm\cdot s^{-1})$				
	$\lvert v_2-v_1\rvert(cm\cdot s^{-1})$				
滑块从右向左运动过程	$\Delta t_1(s)$				
	$\Delta t_2(s)$				
	$v_1(cm\cdot s^{-1})$				
	$v_2(cm\cdot s^{-1})$				
	$\lvert v_2-v_1\rvert(cm\cdot s^{-1})$				

表 2-12　实验数据处理

滑块从左向右运动过程		滑块从右向左运动过程	
$E_v\ \dfrac{\overline{\lvert v_2-v_1\rvert}}{\overline{v_1}}(\%)$		$E_v\ \dfrac{\overline{\lvert v_2-v_1\rvert}}{\overline{v_1}}(\%)$	

2. 验证牛顿第二定律:验证物体质量不变时,物体的加速度与所受外力成正比。

表 2-13　实验数据记录表格　　$S=$＿＿＿＿(cm);　　　　　　　　$\Delta x=$＿＿＿＿＿(cm)
　　　　　　　　　　　　　　　　$M=m_1+m_2+m'_2=$＿＿＿＿(g);　　$m_1=$＿＿＿＿(g)

	次　数	1	2	3	a平均
$m_2=5.00\ g$ 或 $m_2=10.00\ g$	$\Delta t_1(s)$				
	$\Delta t_2(s)$				
	$v_1(cm\cdot s^{-1})$				
	$v_2(cm\cdot s^{-1})$				
	$a_1(cm\cdot s^{-2})$				
$m_2=10.00\ g$ 或 $m_2=20.00\ g$	$\Delta t_1(s)$				
	$\Delta t_2(s)$				
	$v_1(cm\cdot s^{-1})$				
	$v_2(cm\cdot s^{-1})$				
	$a_2(cm\cdot s^{-2})$				
$m_2=15.00\ g$ 或 $m_2=30.00\ g$	$\Delta t_1(s)$				
	$\Delta t_2(s)$				
	$v_1(cm\cdot s^{-1})$				
	$v_2(cm\cdot s^{-1})$				
	$a_3(cm\cdot s^{-2})$				

表 2-14　实验数据处理

	m_2(g)	$F=m_2g(\times10^{-3}\,\text{N})$	$a_{理论}=\dfrac{F}{M}(\text{cm}\cdot\text{s}^{-2})$	$a_{实验}$
1				
2				
3				
比值				

实验结论：_____。

3. 验证牛顿第二定律：验证物体所受外力不变时，物体的加速度与质量成反比。

表 2-15　实验数据表格　　　$S=$_____(cm)；　　　　　　　$\Delta x=$_____(cm)

$m_1=$_____(g)；　$m_2=$_____(g)；　$m'=$_____(g)

		1	2	3	平均值
$M_1=$ m_1+m_2 $=$_____g	Δt_1(s)				
	Δt_2(s)				
	$v_1(\text{cm}\cdot\text{s}^{-1})$				
	$v_2(\text{cm}\cdot\text{s}^{-1})$				
	$a_1(\text{cm}\cdot\text{s}^{-2})$				
$M_2=$ $m_1+m_2+m'_2$ $=$_____g	Δt_1(s)				
	Δt_2(s)				
	$v_1(\text{cm}\cdot\text{s}^{-1})$				
	$v_2(\text{cm}\cdot\text{s}^{-1})$				
	$a_2(\text{cm}\cdot\text{s}^{-2})$				

表 2-16　实验数据处理

	M (g)	$a_{理论}=\dfrac{F}{M}$ $(\text{cm}\cdot\text{s}^{-2})$	$a_{实验}$ $(\text{cm}\cdot\text{s}^{-2})$	$\dfrac{1}{a_{实验}}$ $(\text{cm}\cdot\text{s}^{-2})^{-1}$
1				
2				
比值				

实验结论：_____。

【思考题】

1. 在验证物体质量不变，物体的加速度与外力成正比时，为什么把实验过程用的砝码放在滑块上？

2. 怎样用气轨实验来测定滑块的质量？叙述测量步骤并推导计算滑块质量的公式。

3. 试求加速度的相对误差和绝对误差，确定加速度的测量值的有效数字。

【附】气垫导轨装置简介

气垫导轨装置是 20 世纪 60 年代后发展起来的一门新技术，现已得到了广泛应用。例如：机床上的转台利用气垫将沉重的工件转到所需的角度进行加工，利用气垫技术制造成的气垫船，由于减小了摩擦，所以其行驶速度大大加快。

在物理实验中，由于被考察的物体在运动过程中，必然受到摩擦力的影响，这就给直接验证某些力学规律和演示某些力学现象带来一定的困难。而气垫导轨是一种阻力极小的力学实验装置。它是利用气源将压缩空气打入导轨空腔，再由导轨表面上的小孔喷出气流，在导轨和滑块之间形成很薄的气膜将滑块托起，使滑块在导轨上作近似无阻力的直线运动，极大地减少了许多力学实验中所无法避免的较大摩擦力的影响，使实验误差减小，结果更接近理论值，实验现象也更加真实、直观。如配以数字毫秒计或高压脉冲发生器，我们可利用气垫导轨装置对多种力学物理量进行定量测定，对力学规律进行验证。

气垫导轨装置如图 2-7 所示，它主要由导轨、滑行器、光电测量系统和气源组成。

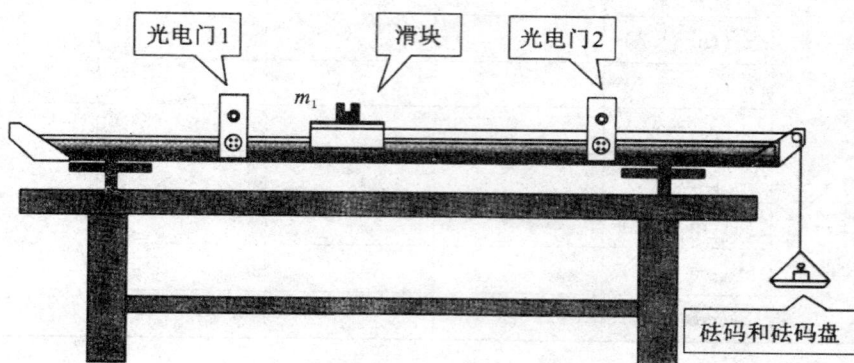

图 2-7　气垫导轨装置图

（一）导轨

导轨是由长约 2.0 m 的三角形中空的铝合金管做成，一端封住，一端装有进气嘴。导轨平面平直而光滑，在两个夹角为 90°的侧面上钻有均匀分布的小孔。压缩空气进入管腔后由小孔喷出，这时滑行器就可"漂浮"在导轨上，左右运动时，不存在接触摩擦力，而只有很小的空气黏滞阻力和周围空气的阻力，其运动几乎可以看成是"无摩擦的"。导轨两端装有缓冲弹簧和发射架，整个导轨安装在梯形中空的铝合金梁上，在梯形梁下面有用来调整导轨水平的底脚螺钉。

（二）滑行器

滑行器又叫滑块，其内侧面平滑且与导轨两侧面精密吻合。滑块两端可装缓冲弹簧或尼龙搭扣，还可安装挡光片或加放重物、砝码等。

（三）光电测量系统

光电测量系统的基本作用是测量挡光之间的时间间隔，它由光电门和数字毫秒计组成。光电门由聚光灯泡和光敏二极管组成，利用光敏管在电路上受光照射和不受光照射所引起的电位变化，从而产生"计"脉冲和"停"脉冲信号来控制数字毫秒计的"计"和"停"，实现了时间间隔的测量。

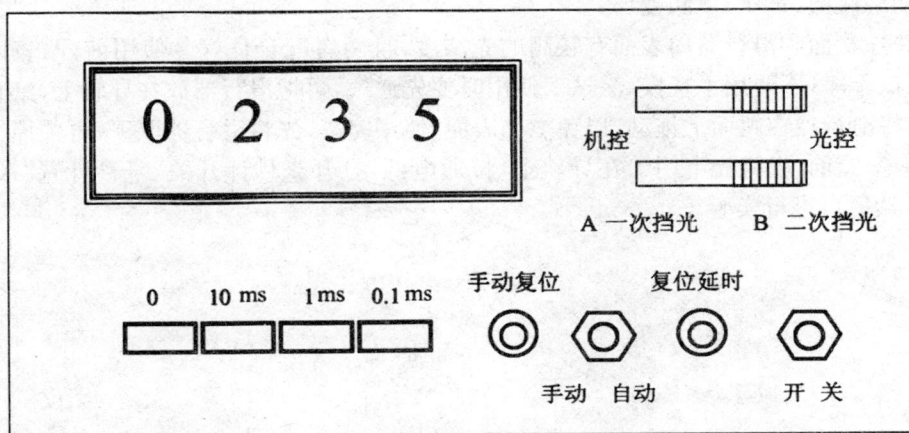

图 2-8　JSJ-3A 型数字毫秒计面板图

实验室所用的为 JSJ-3A 型数字毫秒计见图 2-8，它的精度可达 0.1 ms，最大量程99.99 s。

JSJ-3A 型数字毫秒计有两种控制方法：

1. 机控：用机械接触开关"通"、"断"来控制数字毫秒计的"计"、"停"。

2. 光控：利用光电信号来控制"计"、"停"，它又分为两挡："A 一次挡光"挡为光敏管的任何一只被遮光时就开始计时，遮光结束便停止计时，即毫秒计显示数为遮光时间；"B 二次挡光"挡为每遮挡任一只光敏管就开始计时，当第二次遮挡任一光敏管时就停止计时，即毫秒计显示数为两次遮光的时间间隔。

毫秒计显示数字的复零有手动和自动两种方式：手动复零为按动"手动"复位旋钮，人工控制复零；自动复零为放在"自动"时，数字显示一段时间后自动复零，时间的长短可由"复位延时"旋钮根据需要进行调节。

数字毫秒计还有三个时基（0.1 ms，1.0 ms，10 ms）可供选择。

每台气垫导轨配置一只气源，对气源的要求是：供气压力稳定、消振、消音及空气清洁过滤。供气过小阻力增大，过大则容易出现不稳定现象。

气垫导轨的调平方法及注意事项如下：

1. 调平导轨。实验前，可按下列任一方法调平导轨。

（1）静态调平：①将特制 V 形铁和水平仪放置在两支脚中间的导轨上，调支点螺钉，使大小气泡处于中间位置。纵向移动 V 型铁，气泡位置无大变化时，即认为基本调平。②将导轨通气，把滑行器放置于导轨上，调节支点螺钉，直至滑行器在导轨上保持不动，或稍有滑动但不总向一个方向滑动，即认为已基本调平。

（2）动态调平。把两个光电门装置在导轨上，接通毫秒计电源，给气轨通气，使滑行器从气轨一端向另一端运动，先后通过两个光电门，在毫秒计上记下通过两个光电门所用时间，调节支点螺钉使滑块通过两个光电门的时间基本相等，此时可视为导轨基本调平。

2. 注意事项：

（1）导轨是一种高精度仪器，它的几何精度直接影响实验效果，在搬运、存放和使用过程中，切忌碰撞、重压，以防变形。

（2）导轨面和滑行器内表面有较高的光洁度，且两者配合良好。使用前，两表面要用酒精擦拭干净，不要用手抚摸、涂拭。使用时要先通气，再把滑行器放在导轨上，禁止在未通气前将滑行器在轨面上拖动，以免擦伤表面，使用完毕，先将滑行器取下，再关掉气源。

（3）实验前，先将光电门卡在导轨上，接通电源，打开毫秒计开关，毫秒计置"A"挡或"B"挡，然后再进行实验。

实验五　气轨上动量守恒定律的实验研究

【实验目的】

1. 利用气垫导轨装置，在完全弹性碰撞和完全非弹性碰撞两种情况下，验证动量定律。
2. 观察和了解完全弹性碰撞的特点。

【实验仪器和用具】

气垫导轨、气源、滑块、数字毫秒计。

【实验原理】

动量守恒定律：如果一系统不受外力或所受外力的矢量和为零，则该系统的总动量保持不变。

据此可知若一系统只包括两个物体，而且两物体沿一直线发生碰撞，则只要该系统所受外力在此直线方向上的分量的代数和为零，则沿该方向上的系统的动量将保持不变。

本实验研究两个滑块在水平气轨上沿直线方向发生碰撞的情况，见图 2-9。由于气垫的作用，滑块受到的摩擦阻力可以忽略不计。这样，当发生碰撞时，该系统（两个滑块）在水平方向上只受系统内力的互相作用，所以系统在水平方向动量守恒。

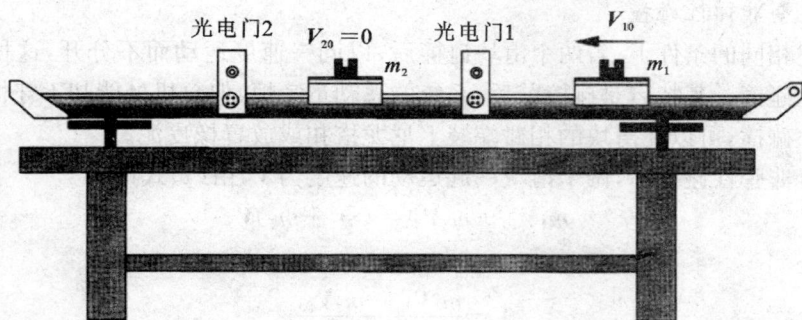

图 2-9　验证动量守恒定律的实验装置原理图

设两个滑块的质量分别为 m_1 和 m_2，它们碰撞前的速度分别为 V_{10} 和 V_{20}，碰撞后的速度分别为 V_1 和 V_2。由动量守恒定律可知：

$$m_1 V_{10} + m_2 V_{20} = m_1 V_1 + m_2 V_2$$

沿水平方向给定速度的方向后，上述矢量式可改写为标量式

$$m_1 V_{10} + m_2 V_{20} = m_1 V_1 + m_2 V_2$$

或

$$m_1 (V_{10} - V_1) = m_2 (V_2 - V_{20}) \tag{1}$$

下面分完全弹性碰撞和完全非弹性碰撞两种情况加以讨论：

（一）完全弹性碰撞

完全弹性碰撞的特点是，碰撞前后系统的总动量守恒，系统的总机械能也守恒。如果在滑块的相碰端装上缓冲弹簧，滑块相碰时，缓冲弹簧发生弹性形变，然后又恢复原状。故系统的机械能几乎没有损失，即两滑块碰撞前后的总动能不变。用公式表示如下：

$$\frac{1}{2}m_1 V_{10}^2 + \frac{1}{2}m_2 V_{20}^2 = \frac{1}{2}m_1 V_1^2 + \frac{1}{2}m_2 V_2^2$$

即

$$m_1(V_{10}^2 - V_1^2) = m_2(V_2^2 - V_{20}^2) \tag{2}$$

由（1）式与（2）式可得

$$V_1 = \frac{(m_1 - m_2)V_{10} + 2m_2 V_{20}}{m_1 + m_2} \tag{3}$$

$$V_2 = \frac{(m_2 - m_1)V_{20} + 2m_1 V_{10}}{m_1 + m_2} \tag{4}$$

若两滑块质量相等，即 $m_1 = m_2$，并使 $V_{20} = 0$，则得

$$V_1 = 0 \qquad V_2 = V_{10}$$

即碰撞的结果是使两个滑块彼此交换速度。

若两滑块质量不相等，并仍使 $V_{20} = 0$，则有

$$V_1 = \frac{(m_1 - m_2)V_{10}}{m_1 + m_2}$$

$$V_2 = \frac{2m_1 V_{10}}{m_1 + m_2}$$

（二）完全非弹性碰撞

在上述相同的条件下，若两个滑块碰撞后，以同一速度运动而不分开，这种碰撞就是完全非弹性碰撞。其特点是碰撞前后，系统的总动量守恒，但总机械能却不守恒。为实现完全非弹性碰撞，可以在滑块的相碰端装上尼龙搭扣或放置橡皮泥。

设完全非弹性碰撞后，两个滑块一起运动的速度为 V，由（1）式可得

$$m_1 V_{10} + m_2 V_{20} = (m_1 + m_2)V$$

所以

$$V = \frac{m_1 V_{10} + m_2 V_{20}}{m_1 + m_2} \tag{5}$$

当 $m_1 = m_2$，$V_{20} = 0$ 时，则有

$$V = \frac{1}{2}V_{10}$$

【实验内容及步骤】

首先将气垫导轨调成水平，并使数字毫秒计处于正常工作状态。

（一）在完全弹性碰撞情况下验证动量守恒定律

1. 在质量相等的两个滑块上，分别装上凹形挡光板（数字毫秒计工作状态选在"光控"

挡）。接通气源后，将滑块置于两个光电门中间，并令它静止即 $V_{20}=0$。

2.将滑块 m_1 放在气轨的任一端，轻轻将它推向 m_2，记下滑块 m_1 通过第一个光电门的时间 Δt_{10}。

3.两滑块相碰后，滑块 m_1 将静止，而滑块 m_2 将以速度 V_2 向前运动，记下 m_2 通过光电门 2 所需的时间 Δt_2。

按上述步骤再重复两次，利用测得的数据分别验证每次碰撞前后的动量是否守恒。

4.在滑块上加一个砝码使 $m_1 > m_2$，重复步骤 1,2,3，记下滑块 m_1 在碰撞前经过光电门 1 的时间 Δt_{10}，以及碰撞后 m_2 和 m_1 先后经过光电门 2 所用的时间 Δt_2 和 Δt_1（注意，在滑块 m_2 经过光电门 2 运动到气垫一端时，应使它静止，否则会影响 Δt_1 的测量），重复三次，验证碰撞前、后动量是否守恒。

（二）在完全非弹性碰撞情况下，验证动量守恒定律

1.在两个滑块的相碰端安置尼龙搭扣。

2.考查下列两种情况下动量是否守恒。

（1）两滑块质量相等（$m_1 = m_2$），$V_{10}=0$；

（2）两滑块质量不相等（$m_1 \neq m_2$），$V_{20}=0$。

3.参照［实验内容］（一）的步骤，自行安排实验。计算结果、得出结论。

【实验数据表格】

1.完全弹性碰撞情况下，验证动量守恒定律（如表 2-17）。

表 2-17　等质量滑块的碰撞　　　　　$m_1 = m_2 = $ _____ (g)；$V_{20}=0$；$\Delta x = $ _____ (cm)

次数	Δt_{10} (s)	$V_{10} = \dfrac{\Delta x}{\Delta t_{10}}$ (cm·s^{-1})	Δt_2 (s)	$V_2 = \dfrac{\Delta x}{\Delta t_2}$ (cm·s^{-1})	$m_1 V_{10}$ (g·cm·s^{-1})	$m_2 V_2$ (g·cm·s^{-1})
1						
2						
3						

表 2-18　实验结果分析

项目		1	2	3
动量比	$\dfrac{m_2 V_2}{m_1 V_{10}} \times 100\%$			
动能比	$\dfrac{\frac{1}{2} m_2 V_2^2}{\frac{1}{2} m_1 V_{10}^2} \times 100\%$			

实验结论：（1）_____

　　　　　（2）_____

表 2-19　质量不等滑块的碰撞　　　　$m_1=$ _____ (g)；$m_2=$ _____ (g)；$V_{20}=0$；$\Delta x=$ _____ (cm)

次数	Δt_{10} (s)	V_{10} (cm·s⁻¹)	Δt_1 (s)	V_1 (cm·s⁻¹)	Δt_2 (s)	V_2 (cm·s⁻¹)	$m_1 V_{10}$ (g·cm·s⁻¹)	$(m_1 V_1 + m_2 V_2)$ (g·cm·s⁻¹)
1								
2								
3								

表 2-20　实验结果分析

项目		1	2	3
动量比	$\dfrac{m_1 V_1 + m_2 V_2}{m_1 V_{10}} \times 100\%$			
动能比	$\dfrac{\frac{1}{2} m_1 V_1^2 + \frac{1}{2} m_2 V_2^2}{\frac{1}{2} m_1 V_{10}^2} \times 100\%$			

实验结论：(1) _____

　　　　　(2) _____

2. 完全非弹性碰撞情况下，验证动量守恒定律：

表 2-21　等质量滑块的碰撞　　　　$m_1 = m_2 =$ _____ (g)；$V_{20}=0$；$\Delta x=$ _____ (cm)

次数	Δt_{10} (s)	V_{10} (cm·s⁻¹)	Δt (s)	V (cm·s⁻¹)	$m_1 V_{10}$ (g·cm·s⁻¹)	$(m_1 + m_2)V$ (g·cm·s⁻¹)
1						
2						
3						

表 2-22　实验结果分析

项目		1	2	3
动量比	$\dfrac{(m_1 + m_2)V}{m_1 V_{10}} \times 100\%$			
动能比	$\dfrac{\frac{1}{2}(m_1 + m_2)V^2}{\frac{1}{2} m_1 V_{10}^2} \times 100\%$			

实验结论：(1) _____

　　　　　(2) _____

表 2-23　质量不等滑块的碰撞　　　　m_1 _____(g)；m_2 _____(g)；$V_{20}=0$；$\Delta x=$ _____(cm)

次数	Δt_{10} (s)	V_{10} (cm·s^{-1})	Δt (s)	V (cm·s^{-1})	$m_1 V_{10}$ (g·cm·s^{-1})	$(m_1+m_2)V$ (g·cm·s^{-1})
1						
2						
3						

表 2-24　实验结果分析

项目		1	2	3
动量比	$\dfrac{(m_1+m_2)V}{m_1 V_{10}}\times100\%$			
动能比	$\dfrac{\frac{1}{2}(m_1+m_2)V^2}{\frac{1}{2}m_1 V_{10}^2}\times100\%$			

实验结论：(1)_____

　　　　　(2)_____

【实验后记】

【思考题】

1. 在完全弹性碰撞情况下，当 $m_1\neq m_2$，$V_{20}=0$ 时，两滑块碰撞前后的总动量是否相等？由实验测量数据算之。若不完全相等，试分析产生误差的原因。

2. 在完全非弹性碰撞情况下，若取 $m_1=m_2$，V_{10} 和 V_{20} 都不等于零，而且方向相同，则由 $m_1 V_{10}+m_2 V_{20}=(m_1+m_2)V$ 得 $V_{10}+V_{20}=2V$，试问要验证这一结果，实验应怎样进行？

实验六　光电控制计时法测重力加速度

【实验目的】

1. 通过测定重力加速度,加深对匀加速直线运动规律的认识。
2. 进一步学习使用数字毫秒计测量微小时间间隔的方法。
3. 测定本地区的重力加速度。

【实验仪器和用具】

自由落体实验仪、数字毫秒计。

【实验原理】

在重力作用下,物体的自由下落运动是匀加速直线运动,这种运动可用下列方程来描述:

$$S = V_0 t + \frac{1}{2} g t^2$$

式中,S 为在时间 t 秒内物体下落的距离,V_0 为初速度,g 为重力加速度。如果物体下落的初速度 $V_0 = 0$,则有:

$$S = \frac{1}{2} g t^2 \tag{1}$$

所以,若测出自由下落物体在最初 t 秒内下落的距离 S,就可以间接测量出重力加速度 g 值。

上述测定重力加速度 g 值的实验还可以按如下方法进行:

如图 2-10 所示,让物体从 O 开始自由下落,设它到达点 A 的速度为 V_A,从点 A 起,经过时间 t_1 后到达 B,若 A,B 间距离为 S_1,则有

$$S_1 = V_A t_1 + \frac{1}{2} g t_1^2 \tag{2}$$

保持上述条件不变,从点 A 起经时间 t_2 后,物体到达 B',若 A,B' 间距离为 S_2,则有

$$S_2 = V_A t_2 + \frac{1}{2} g t_2^2 \tag{3}$$

由(2)式及(3)式得

$$S_2 t_1 - S_1 t_2 = \frac{1}{2} g (t_2^2 t_1 - t_1^2 t_2)$$

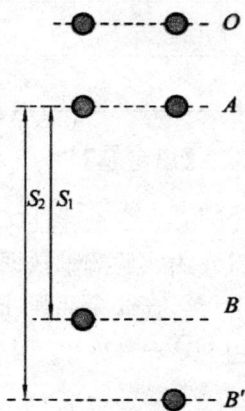

图 2-10　测量过程示意图

于是可得:

$$g = \frac{2(S_2 t_1 - S_1 t_2)}{t_1 t_2 (t_2 - t_1)} = \frac{2(\frac{S_2}{t_2} - \frac{S_1}{t_1})}{(t_2 - t_1)} \qquad (4)$$

【实验装置原理】

如图 2-11 所示,自由落体仪主要由支柱、电磁铁(有的用橡皮吸球)、光电门和捕球器组成,支柱是一根长约 1.7 m 的金属杆,金属杆上装有米尺,固定在三脚底座上。在金属杆上方装有电磁铁,当电磁铁通电时可以吸住实验用小钢球,切断电磁铁电源,小钢球就自由下落。为了精确测定小球下落时间,在金属杆上装有两个可上下移动位置的光电门,每个光电门上都装有光敏二极管和聚光灯泡,分别用导线与数字毫秒计的相应部位连接,小球依次通过间距为 S 的两个光电门所用的时间,可以直接从数字毫秒计上读出。小球下落后掉进捕球器内。

【实验内容及步骤】

(一)按(4)式测定重力加速度

1.将重锤悬在电磁铁铁芯上,调节底脚螺丝使支柱铅直(使悬线恰好在光电门的中间部分通过,并能同时挡住上、下两个光电门的光束)后取下重锤。

2.接通电磁铁电路,使它吸住小球。将上光电门装在支柱的上端,使小球刚刚不挡住光敏二极管。调节下光电门和上光电门的距离,从支柱上读出两光电门之间的距离值。

3.接通毫秒计电源,调节数字毫秒计面板上各有关旋钮,使毫秒计正常工作。

4.断开电磁铁电源,球自由下落,记下毫秒计上显示的时间 t,这就是小球通过相距为 S 的两个光电门所用的时间,再让小球重复下落两次记下时间,求出 t 的平均值。

5.改变第二个(下面的)光电门的位置,重测两光电门间的距离 S',重复上述操作步骤求出小球自由下落通过相距 S' 的两个光电门所用的时间 t 的平均值。

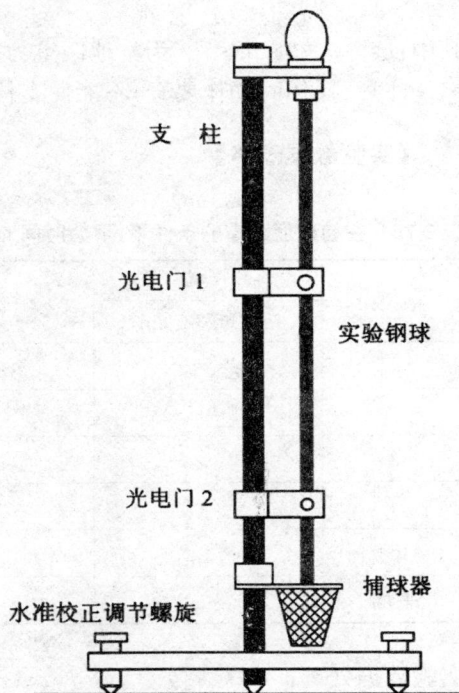

图 2-11 自由落体仪结构图

6.按(4)式求 g,g',并求其平均值:

$$\bar{g} = \frac{1}{2}(g + g')$$

7.计算 g 的相对偏差:

$$E_g = \frac{|\bar{g} - g_0|}{g_0} \times 100\%$$

其中:$g_0=9.798$ m/s^2 为地区重力加速度的理论值。此值可根据本地区的地理纬度 φ 按下式计算:

$$g_0=9.780\ 49\times[1+0.005\ 288\times\sin^2\varphi-0.000\ 006\times\sin^2 2\varphi](\text{m}\cdot\text{s}^{-2})$$

(二)按(4)式测定重力加速度

1.按[实验内容](一)中 1,2,3 调整好自由落体仪及数字毫秒计。

2.将上光电门安装在距小球约 20.00 cm 处,将下光电门安装在距上光电门 60.00 cm 处,放下小球,记录小球通过两光电门所用时间间隔 t_1,再重复两次求出 t_1 的平均值,并从支柱上读出 S_1 值。

3.保持上光电门不动,移动下光电门使其与上光电门距离为 120.00 cm,测出小球通过 $S_2=120.00$ cm 所需时间 t_2 的平均值。

4.按(4)式计算重力加速度 g。

5.计算 g 的相对偏差:

$$E_g=\frac{|\bar{g}-g_0|}{g_0}\times100\%$$

其中:$g_0=9.798$ m·s^{-2} 为本地区重力加速度的理论值。

注意:操作时动作要轻,不能使支柱晃动!

【实验数据表格】

表 2-25 在初速度为零的条件下,下落时间 t 的实验测量结果

次数	$t(s)$	$\Delta t(s)$	$t'(s)$	$\Delta t'(s)$
	$S=60.00$ cm		$S'=100.00$ cm	
1				
2				
3				
4				
5				
平均				

实验数据处理:

$$g=\frac{2g}{t^2}=\underline{\hspace{2cm}}(\text{m}\cdot\text{s}^{-2})$$

$$g'=\frac{2g}{t^2}=\underline{\hspace{2cm}}(\text{m}\cdot\text{s}^{-2})$$

$$\bar{g}=\frac{1}{2}(g+g')=\underline{\hspace{2cm}}(\text{m}\cdot\text{s}^{-2})$$

$$E_g=\frac{|\bar{g}-g_0|}{g_0}\times100\%=\underline{\hspace{2cm}}(\%)$$

表 2-26　在初速度不为零的条件下,下落时间 t 的实验测量结果

次数	t(s) $S=60.00$ cm	Δt(s)	t'(s) $S'=120.00$ cm	$\Delta t'$(s)
1				
2				
3				
4				
5				
平均				

实验数据处理:

$$\overline{g}=\frac{2(\frac{S_2}{\overline{t_2}}-\frac{S_1}{\overline{t_1}})}{\overline{t_2}-\overline{t_1}}=\underline{\hspace{2cm}}(\text{m}\cdot\text{s}^{-2})$$

$$E_g=\frac{|\overline{g}-g_0|}{g_0}\times100\%=\underline{\hspace{2cm}}(\%)$$

【实验后记】

【思考题】

1. 比较上述两种测量重力加速度 g 方法的优缺点。

2. 试分析本实验产生误差的主要原因,并讨论如何减小实验误差?

实验七　刚体转动实验（黄岛校区用）

【实验目的】

1. 通过实验验证刚体定轴转动定理。
2. 观测刚体的转动惯量随其质量、质量分布及转动轴的变化而改变的情况。
3. 测量待测刚体的转动惯量。

【实验仪器和用具】

刚体转动实验仪、秒表、游标卡尺、米尺、砝码、待测刚体。

【实验原理】

我们在研究刚性物体的转动时，常引入表征转动惯性大小的物理量——转动惯量。普通物理对刚体转动惯量的定义为：

$$J = \int_V r^2 \mathrm{d}m = \int_V r^2 \rho \mathrm{d}V$$

刚体的转动惯量与下列因素有关：

1. 刚体质量的大小；
2. 刚体内质量的分布状况（即形状及密度分布）；
3. 刚体转动轴的空间位置。

对于本实验涉及的刚体绕一固定轴的转动惯量计算公式如表 2-27 所示。

表 2-27　转动惯量计算公式

物　　体	转轴位置	转动惯量
匀质实心圆盘 质量为 m，半径为 r	通过中心，垂直于盘面	$\frac{1}{2}mr^2$
匀质圆环 质量为 m，内半径为 r_1，外半径为 r_2	通过中心，垂直于环面	$\frac{1}{2}m(r_1^2+r_2^2)$

对于任意形状的刚体绕某一转轴的转动惯量都可以用实验的方法来测定。

本实验所用的仪器是一种利用机械能转换和运动学关系，间接测定任一刚体的转动惯量的装置，如图 2-12。用一根尼龙细线，一端绕于与旋转架联动的绕线轴上，经过两个转向定滑轮，另一端系有一质量为 m 的砝码（包括砝码盘的质量）。当由静止开始匀加速下降时，通过细线给转架（及转架上的被测物体）施加以转动力矩 M，支架上的两个转向定滑轮也匀加速旋转，整个系统中，砝码的势能转化为砝码、旋转架和滑轮的动能。此外，旋转架和滑轮转动时还要克服摩擦阻力做功。

设：J_0 为旋转架的转动惯量，J_1 为滑轮的转动惯量，ω 为砝码着地时旋转架的角速度，v 为砝码着地时的速度，ω_1 为砝码着地时滑轮的角速度，h 为砝码底部距地面的高度，t 为砝码的下落时间，W_f 为克服摩擦阻力所消耗的功。

对应于砝码由静止以匀加速落到地面的物理过程，应有下列关系：

$$mgh = \frac{1}{2}mv^2 + \frac{1}{2}J_0\omega^2 + \frac{1}{2}J_1\omega_1^2 + W_f \tag{1}$$

即砝码减小的重力势能，在数值上等于砝码、滑轮、旋转架增加的动能以及克服摩擦阻力所做的功之和。

（一）测量旋转架的转动惯量 J_0

本实验中旋转架系统的转动

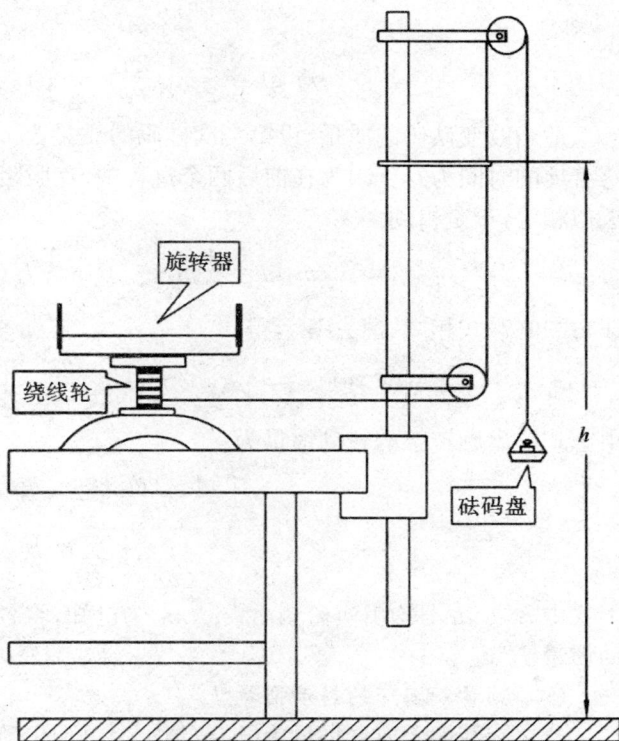

图 2-12　实验装置配置图

惯量比两滑轮的转动惯量大得多，即 $J_0 \gg J_1$。因此，与旋转架的转动动能相比，滑轮的转动动能可忽略，于是由（1）式得：

$$mgh = \frac{1}{2}mv^2 + \frac{1}{2}J_0\omega^2 + W_f \tag{2}$$

因为砝码受恒力作用，作匀加速运动，且初速度为零，则有：

$$h = \frac{1}{2}vt$$

因此

$$v = \frac{2h}{t} \tag{3}$$

砝码着地时，绕线轴上的切向速度等于砝码此时的线速度，设 r 为绕线轴的半径，结合（3）式得：

$$\omega = \frac{v}{r} = \frac{2h}{rt} \tag{4}$$

将（3）式和（4）式代入（2）式得

$$mgh = \frac{1}{2}m\left(\frac{2h}{t}\right)^2 + \frac{1}{2}J_0\left(\frac{2h}{rt}\right)^2 + W_f \tag{5}$$

公式（5）中摩擦阻力所做的功是一未知量，可采用选定两次不同的砝码质量，应用（5）式后求差值的方法将其消去，以求得旋转架的转动惯量。

设第一次砝码的质量为 m_1，砝码从高度为 h 的位置由静止自行下落至着地时间为

t_1，则有

$$m_1 gh = \frac{1}{2}m_1(\frac{2h}{t_1})^2 + \frac{1}{2}J_0(\frac{2h}{rt_1})^2 + W_f \tag{6}$$

适当改变砝码的质量，设第二次砝码的质量为 m_2，砝码从同样高度 h 由静止自行下落着地的时间为 t_2。因为在前后两个过程中，克服阻力所做的功 W_f 相差很小，可以认为近似相等，于是得到

$$m_2 gh = \frac{1}{2}m_2(\frac{2h}{t_2})^2 + \frac{1}{2}J_0(\frac{2h}{rt_2})^2 + W_f \tag{7}$$

(6)式和(7)式相减，消去 W_f，得：

$$(m_2 - m_1)gh = \frac{1}{2}\Big[m_2(\frac{2h}{t_2})^2 - m_1(\frac{2h}{t_1})^2\Big] + \frac{1}{2}J_0\Big[(\frac{2h}{rt_2})^2 - (\frac{2h}{rt_1})^2\Big]$$

由上式解出旋转架的转动惯量为：

$$J_0 = \frac{\Big[\frac{(m_2-m_1)g}{2h} - (\frac{m_2}{t_2^2} - \frac{m_1}{t_1^2})\Big]r^2}{\frac{1}{t_2^2} - \frac{1}{t_1^2}} \tag{8}$$

上式中 t_1,t_2,h,r 均由实验测出，m_1,m_2 为已知，将各值代入(8)式即可计算出旋转架的转动惯量 J_0。

　　(二)测量钢圆环的转动惯量 $J_{钢环}$

　　若在旋转架上放置惯量为 $J_{钢环}$ 的均匀钢圆环，旋转架转动系统的转动惯量变为 $J_{钢环}+J_0$，实验方法和测 J_0 时完全一样。设第一次砝码的质量为 m_1，砝码从静止自行落地的时间为 t_1；第二次砝码的质量是 m_2，砝码从静止自行落地的时间为 t_2。砝码底部距地面的高度仍保持同样高度 h 不变，则同理可得：

$$J_0 + J_{钢环} = \frac{\Big[\frac{(m_2-m_1)g}{2h} - (\frac{m_2}{t_2^2} - \frac{m_1}{t_1^2})\Big]t^2}{\frac{1}{t_2^2} - \frac{1}{t_1^2}} \tag{9}$$

　　将实验测出的 t_1,t_2,h,r,m_1,m_2 代入(9)式即可计算出 $J_0+J_{钢环}$ 的数值。将这一数值减去 J_0，即得钢圆环的转动惯量 $J_{钢环}$（轴线通过圆环中心，垂直于环面）。

　　利用同样的方法可测得铝圆环、钢盘的转动惯量 $J_{铝环}$，$J_{钢盘}$。

　　(三)验证刚体的转动定理

　　根据刚体转动定理，当刚体绕固定轴转动时有

$$M = J\beta \tag{10}$$

式中，M 是刚体所受的合外力矩，J 是刚体绕定轴转动的转动惯量，β 是刚体绕定轴转动的角加速度。

　　在上述实验装置中，转动系统所受的外力矩为细线张力施加的力矩 Tr（T 是细线施于绕线轮的张力）和摩擦力矩 M_f，则有

$$Tr - M_f = J\beta$$

　　略去滑轮质量及滑轮轴处的摩擦力，且认为细线长度不变，若砝码 m 以匀加速度 a 下落，对于砝码的动力学分析则有：

$$mg - T = ma \tag{11}$$

砝码由静止下落 h 距离所用时间为 t，则有

$$h = \frac{1}{2}at^2 \tag{12}$$

利用线量与角量的换算关系

$$a = r\beta \tag{13}$$

由(10)式减(13)式得

$$m(g-a)r - M_f = J\left(\frac{2h}{rt^2}\right) \tag{14}$$

在实验中保持 $a \ll g$，则有

$$mgr - M_f = J\left(\frac{2h}{rt^2}\right) \tag{15}$$

若 $M_f \ll mgr$，略去 M_f，则有

$$mgr = J\left(\frac{2h}{rt^2}\right) \tag{16}$$

在实验中高度、旋转架绕线轴半径都是常量，对同一刚体转动惯量也是常量，所以 m 与 $1/t_2$ 正比。即：

$$m = K\frac{1}{t^2} \tag{17}$$

其中

$$K = \frac{2hJ}{gr^2}$$

这样在直角坐标纸上作 $m - \frac{1}{t^2}$ 曲线，通过图解法求出实验曲线的斜率，间接求出刚体的转动惯量 J。

（四）观测刚体的转动惯量随其质量、质量分布及转动轴不同而改变的情形

测出形状大小与钢环相同的铝环的转动惯量，可比较转动惯量随质量改变的情形。测出质量与钢环相同的钢圆盘的转动惯量，可比较转动惯量随质量分布改变的情形。令钢圆盘绕不同轴线转动，可比较转动惯量随轴线位置改变而变化的情形。

【实验步骤】

1. 调节旋转架及两滑轮的相对位置如图 2-12 所示。

2. 在砝码钩上放置砝码 $m_1 = 20.0$ g，转动旋转架使砝码上升到一固定高度 h，然后令砝码由静止下落，同时启动秒表。当砝码落到地面时，同时止动秒表，测出砝码下落时间 t_1，反复三次。在钩上放置砝码 $m_2 = 60.0$ g，使砝码上升到同样的高度 h，测量砝码的下落时间 t_2，反复三次。

3. 按步骤 2 将钢圆环放在旋转架上。第一次放砝码 $m_1 = 60.0$ g，测得下落时间 t_1；第二次在钩上放砝码 $m_2 = 100.0$ g，测得下落时间 t_2，各测三次。

4. 用游标卡尺测量旋转架绕线轴的半径 r，共测三次。用米尺测量砝码初始位置至地面的高度 h，用游标卡尺测量圆环的内、外直径 D_1，D_2，并记下钢圆环的质量 M。

5. 将测 J_0 时的 t_1，t_2，h，r，m_1，m_2 的数值代入(8)式，计算 J_0。将测 $J_0 + J_{钢环}$ 时的 t_1，

t_2, h, r, m_1, m_2 的数值代入(9)式,计算出 $J_0 + J_{钢环}$ 的数值,与 J_0 的数值相减,得出钢圆环的转动惯量 $J_{钢环}$,这就是实验测量值。

6. 计算钢圆环转动惯量的理论值 $J_{钢环理}$,并求出实验值相对于理论值的百分偏差。

7. 将钢圆环仍放在转架上,h 不变。将砝码质量 m 从 30.0 g 开始,依次增加 5.0 g,分别测砝码下落时间 t 各三次,一直增加到 60.0 g 为止。将所测结果作 $m\text{-}\frac{1}{t^2}$ 曲线,得出钢圆环的转动惯量 $J_{钢环}$,验证刚体转动定理。

8. 取下钢圆环,换上铝环,重复步骤 3,按(9)式算出 $J_{铝环}$,与 $J_{钢环}$ 比较,得出实验结论。

9. 取下铝环,换上钢圆盘(将圆盘的中间的两孔插在转架销上),重复步骤 3,按(9)式算出 $J_{钢盘}$,与 $J_{钢环}$ 比较,得出结论。

10. 将圆盘绕一平行于中心轴线的轴转动(即以圆盘的靠一边的两孔插在转架销上),重复步骤 3,按(9)式算出 $J_{钢盘}$,与步骤 8 的结果比较,得出结论。

【注意事项】

1. 线绕在绕线轴上时,应均匀密排,勿重叠。

2. 绕线时应使砝码自由下垂,缓缓转动旋转架使砝码上升,令全绳保持恒定的张力,这样,砝码下落时就能保持匀加速运动。

【实验数据表格】

钢圆环的质量 $m_{钢环} =$ _____(g);铝圆环的质量 $m_{铝环} =$ _____(g);
钢圆环内直径 $D_1 =$ _____(cm);钢圆环外直径 $D_2 =$ _____(cm);
钢圆盘的直径 $D =$ _____(cm);砝码初始位置距地面高度 $h =$ _____(cm)。

表 2-28　绕线轴的半径 $(r = d/2)$ 的测定

测量次数	1	2	3	平均值
直径 d(cm)				
Δd(cm)				

实验数据处理:

$$r = \frac{1}{2}d$$

$$\bar{r} = \frac{1}{2}\bar{d} = \underline{\hspace{3cm}} \text{(cm)}$$

$$\overline{\Delta r} = \frac{1}{2}\overline{\Delta d} = \underline{\hspace{3cm}} \text{(cm)};$$

$$r = \bar{r} \pm \overline{\Delta r} = \underline{\hspace{2cm}} \pm \underline{\hspace{2cm}} \text{(cm)}$$

表 2-29　旋转架的转动惯量

$m_1 = 20.0(g)$		$m_2 = 60.0(g)$	
次数	砝码下落时间 $t_1(s)$	次数	砝码下落时间 $t_2(s)$
1		1	
2		2	
3		3	
平均		平均	

实验数据处理：

$$J_{0实} = \underline{\hspace{4cm}} (\mathbf{g \cdot cm^2})$$

表 2-30　钢圆环和旋转架的转动惯量($J_{钢环} + J_0$)

$m_1 = 60.0(g)$		$m_2 = 100.0(g)$	
次数	砝码下落时间 $t_1(s)$	次数	砝码下落时间 $t_2(s)$
1		1	
2		2	
3		3	
平均		平均	

实验数据处理：

$$J_{钢环实} = \underline{\hspace{4cm}} (\mathbf{g \cdot cm^2})$$

$$J_{钢环理} = \underline{\hspace{4cm}} (\mathbf{g \cdot cm^2})$$

$$E_J = \frac{|J_{钢环实} - J_{钢环理}|}{J_{钢环理}} \times 100\% = \underline{\hspace{3cm}} \%$$

表 2-31　用钢圆环验证转动定律

砝码 $m(g)$ / 次数	30.0	35.0	40.0	45.0	50.0	55.0	60.0
1							
2							
3							
平均 $\bar{t}(s)$							
$\frac{1}{t^2}(s^{-2})$							

实验数据处理：利用图解法求出实验曲线的斜率 $K = \underline{\hspace{3cm}}$ （　　　）

令

$$K = \frac{2hJ_{钢环+旋转架}}{gr^2}$$

求

$$J_{钢环} = J_{钢环+旋转架} - J_0 = \underline{\hspace{3cm}} (\mathbf{g \cdot cm^2})$$

表 2-32　铝圆环和旋转架的转动惯量($J_{铝环}+J_0$)

$m_1=60.0(g)$		$m_2=100.0(g)$	
次数	砝码下落时间 $t_1(s)$	次数	砝码下落时间 $t_2(s)$
1		1	
2		2	
3		3	
平均		平均	

实验数据处理：

$$J_{铝环实}=\underline{\hspace{3cm}}(g \cdot cm^2)$$

$$J_{铝环理}=\underline{\hspace{3cm}}(g \cdot cm^2)$$

$$E_J=\frac{|J_{铝环实}-J_{铝环理}|}{J_{铝环理}}\times100\%=\underline{\hspace{3cm}}\%$$

表 2-33　钢圆盘和旋转架的转动惯量($J_{钢盘}+J_0$)

$m_1=60.0(g)$		$m_2=100.0(g)$	
次数	砝码下落时间 $t_1(s)$	次数	砝码下落时间 $t_2(s)$
1		1	
2		2	
3		3	
平均		平均	

实验数据处理：

$$J_{钢盘实}=\underline{\hspace{3cm}}(g \cdot cm^2)$$

$$J_{钢盘理}=\underline{\hspace{3cm}}(g \cdot cm^2)$$

$$E_J=\frac{|J_{钢盘实}-J_{钢盘理}|}{J_{钢盘理}}\times100\%=\underline{\hspace{3cm}}\%$$

表 2-34　钢圆盘和旋转架的转动惯量($J'_{钢盘}+J_0$)(钢盘转轴改变)

$m_1=60.0(g)$		$m_2=100.0(g)$	
次数	砝码下落时间 $t_1(s)$	次数	砝码下落时间 $t_2(s)$
1		1	
2		2	
3		3	
平均		平均	

实验数据处理：

$$J'_{钢盘实}=\underline{\hspace{3cm}}(g \cdot cm^2)$$

【实验后记】

【思考题】

1.本实验中,摩擦力所做的功是如何处理的?

2.本实验是如何验证转动定理及转动惯量与几个因素有关的?

3.本实验相对误差较大,试分析产生误差的主要原因。

实验八　刚体转动实验（四方校区用）

【实验目的】

1.通过实验验证刚体的转动定理。
2.观测刚体的转动惯量随其质量、质量分布及转动轴不同而改变的情形。
3.学习用作图法处理实验数据（曲线改直）。

【实验仪器简介】

(一)刚体转动实验仪

刚体转动实验仪如图 2-13 所示,转动组件的中部是一个具有不同直径的绕线塔轮,其上部对称地装有两根有等分刻度的均匀细棒,细棒上各有一个可以移动的圆柱形重物 m_0,它们一起组成一个可绕固定轴转动的复合刚体系统。绕线塔轮上绕一细线,通过定滑轮与砝码 m 相连,当砝码下降时,通过细线对复合刚体施加外力矩作用。定滑轮的支架可上下升降,以保证选用绕线塔轮不同转动半径时都可以保持与转动轴相垂直。定滑轮台架上有定位标记,用来指示砝码盘的初始位置。定滑轮台架下方是固定螺栓扳手,外侧是固定滑轮支架的紧固螺旋。

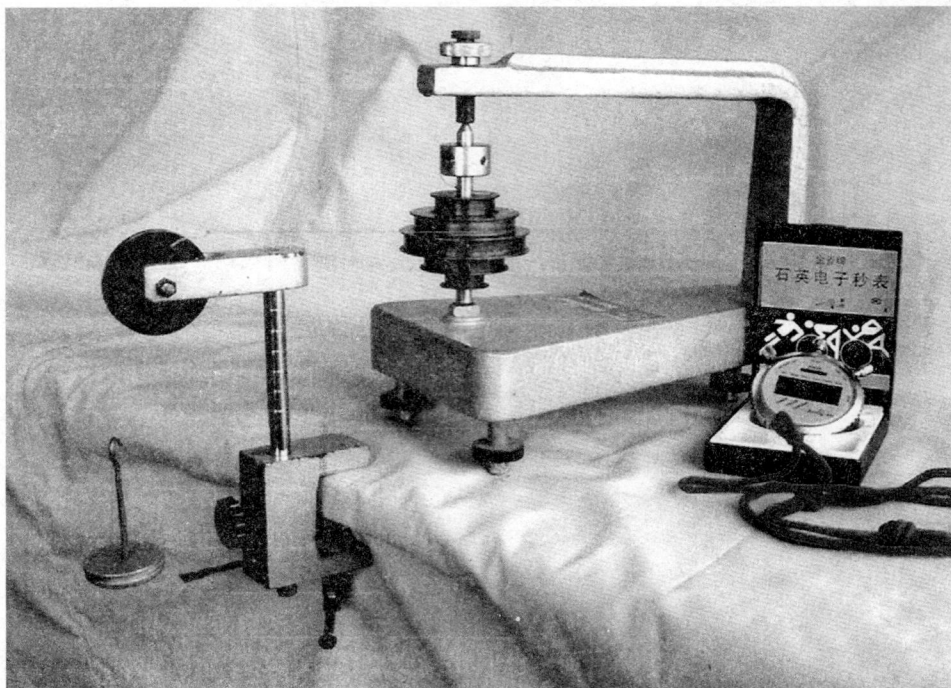

图 2-13　刚体转动实验仪

　　使用时首先取下复合刚体,换上重力铅锤(准钉),可以通过底座螺栓调节转轴与地面垂直。刚体转动实验仪的支架上部有固定转轴用的螺丝,调节其松紧,使塔轮既能转动自如、摩擦力最小,又不发生晃动。

　　(二)电子秒表

　　本实验用电子秒表计时,其外形如图 2-14 所示,电子秒表具有两种功能:

　　1. 秒表功能(具有基本秒表显示、累加计时和分段计时功能,最小单位为 1/100 s);

　　2. 计时、计历功能。

　　本实验中的使用方法为:

　　(1)按下左侧按钮并持续 2~3 s,计时器从计时状态进入秒表显示状态,示数全部复零。

　　(2)按一下右侧按钮开始计时,再按一下即停止计时,所计时间由液晶显示数码读得。如图所示时间为 0 min 07.25 s。

　　(3)按一下左侧按钮示数全部复零,准备下一次计时。若按住左侧按钮并持续 2~3 s,则由电子秒表又转入计时功能。

图 2-14　电子秒表

【实验原理】

　　根据转动定理,当刚体绕固定轴转动时有

$$M = J\beta \tag{1}$$

式中,M 是刚体所受的合外力矩,J 是刚体绕定轴转动的转动惯量,β 为刚体转动的角加速度。在上述的实验装置中,复合刚体系统所受的合外力矩为细线给予的力矩 Tr 和摩擦力矩 M_μ,而 T 为细线的张力,与转轴垂直,r 为绕线塔轮的绕线半径。如略去滑轮及细线的质量和滑轮轴上的摩擦力,且认为细线长度不变,若 m 以匀加速度 a 下落,则有

$$T = m(g - a) \tag{2}$$

其中,g 为重力加速度,m 为砝码及砝码盘的总质量。若砝码由静止开始下落,下落 h 距离所用时间为 t,则有

$$h = \frac{1}{2}at^2 \tag{3}$$

又因为细线是不可伸缩的

$$a = r\beta \tag{4}$$

整理合并(1)式至(4)式有

$$mr(g - a) - M_\mu = J\frac{2h}{rt^2} \tag{5}$$

实验中若保持 $a \ll g$,则有

$$mrg - M_\mu = J\frac{2h}{rt^2} \tag{6}$$

又若 $M_\mu \ll mgr$,略去 M_μ 有

$$mrg = J\frac{2h}{rt^2} \tag{7}$$

　　下面我们分几种情况来加以讨论:

1. 由(7)式,若保持绕线轮半径 r、砝码下落高度 h 及圆柱体 m_0 位置不变,改变砝码质量 m,通过实验测出不同砝码质量 m,下落 h 距离所用的时间 t,由式

$$m = \frac{2Jh}{r^2 g} \cdot \frac{1}{t^2} = K \cdot \frac{1}{t^2} \tag{8}$$

(式中 K 为常数)应得到 m 与 $1/t^2$ 成正比的关系。这样在直角坐标纸上作 $m - \frac{1}{t^2}$ 曲线,通过实验若得到一直线,则说明我们讨论的出发点(1)式是成立的,也即刚体定轴转动定理成立。由该实验直线的斜率 K,我们可求得复合刚体系统绕转轴的转动惯量 J。

若摩擦力矩 M_μ 不可忽略,但可以假设摩擦力矩 M_μ 在实验过程中保持不变,则有

$$m = \frac{2Jh}{r^2 g} \cdot \frac{1}{t^2} + C \tag{9}$$

其中:$C = M_\mu / (rg)$ 为一常量,在直角坐标纸上作 $m - \frac{1}{t^2}$ 曲线若仍是一直线型,则同样说明(1)式成立,而由实验直线的截距 C 可以估算 M_μ。

只要保持圆柱体 m_0 的位置不变,复合刚体系统绕转轴的转动惯量就是恒定的,这样可以选择不同的绕线半径 r,在砝码下落高度 h 保持不变的前提下,可以得到一条实验线,并由此而求得 J 值,对应不同 r 所求得的 J 值应该相同。

2. 若保持砝码下落高度 h、砝码质量 m 及圆柱体 m_0 的位置不变,改变绕线轮的半径 r,则由(7)式可得:

$$r = \sqrt{\frac{2hJ}{mg}} \cdot \frac{1}{t} = K_1 \cdot \frac{1}{t} \tag{10}$$

其中,K_1 为常数,而(10)式表明用不同的绕线轮半径 r,测得的砝码下落时间 t,两者之间成反比关系。在直角坐标纸上作 $r - \frac{1}{t}$ 实验曲线,若得到一直线型实验曲线,则同样说明(1)式成立。这样,我们可由该直线的斜率 K_1 求得复合刚体系统绕转轴的转动惯量 J。

【实验内容及步骤】

1. 调节实验装置:我们首先取下复合刚体系统,换上重力铅锤(准钉),调转轴成铅直状态;再换上复合刚体系统,调整转轴上面的紧固螺钉,使其转动灵活、摩擦力最小;调好后用固定螺旋固定,并在实验过程中保持不变。向绕线轮上绕细线时尽量密排,并调节定滑轮的高度使细线的水平部分与转动轴垂直。圆柱体负载 m_0 选用铁圆柱体。

2. 选绕线轮半径 $r = 2.50$ cm,将圆柱体 m_0 固定于 $5.5'$ 处,使砝码 m 自一固定高度 h 处从静止开始下落。改变砝码质量 m,每次增加 5.00 g,直到 30.00 g 为止,砝码托盘的质量为 $m_0(g)$。对应于每一砝码质量 m,测下落时间 t 三次取平均值记入表 2-35,并将所测结果作 $m - \frac{1}{t^2}$ 实验曲线,得出要求的实验结论,并求出该复合刚体系统绕转轴的转动惯量 I 及 M_μ。

3. 将圆柱体 m_0 固定在 $5.5'$ 处,并保持砝码 $m = 20.00 + m_0(g)$,改变绕线轮半径 r,分别取为 $1.00, 1.50, 2.00, 2.50, 3.00$ cm,使砝码 m 自一固定高度 h 处从静止开始下落,测

出相应的下落时间 t 记入表 2-36,要求对应每一 r,各测 t 三次取平均,由所得结果作 $r-\frac{1}{t}$ 曲线,得出要求的结论,并求出复合刚体系统绕轴的转动惯量 J。

【实验数据记录及处理】

表 2-35　砝码质量与砝码下落时间($m-\frac{1}{t^2}$)的关系

$r=2.50(\text{cm})$；　$x=$＿＿＿＿(cm)；　$m_0=$＿＿＿＿(g)；　$h=$＿＿＿＿(cm)

砝码(g)　次数	m_0	$m_0+5.00$	$m_0+10.00$	$m_0+15.00$	$m_0+20.00$	$m_0+25.00$	$m_0+30.00$
1							
2							
3							
$\bar{t}(\text{s})$							
$\frac{1}{t^2}(\text{s}^{-2})$							

实验数据处理:在坐标图上作出($m-\frac{1}{t^2}$)实验曲线,并用两点式计算出斜率 K 和截距 C。

$$K=\underline{\qquad}(\underline{\quad});$$
$$J=\underline{\qquad}(\underline{\quad});$$
$$C=\underline{\qquad}(\underline{\quad});$$
$$M_\mu=\underline{\qquad}(\underline{\quad});$$

表 2-36　绕线轮半径与砝码下落时间($r-\frac{1}{t}$)的关系

$x=$＿＿＿＿(cm)；　$m=20.00+m_0=$＿＿＿＿(g)；　$h=$＿＿＿＿(cm)

绕线轮半径(cm)　次数	1.00	1.50	2.00	2.50	3.00
1					
2					
3					
$\bar{t}(\text{s})$					
$\frac{1}{t}(\text{s}^{-2})$					

实验数据处理:在坐标图上作出($r-\frac{1}{t}$)实验曲线,并用两点式计算出斜率 K。

$$K=\underline{\qquad}(\underline{\quad});$$
$$J=\underline{\qquad}(\underline{\quad})。$$

【实验后记】

【思考题】

1. 在实验中,我们如何来保证 $a \ll g$?

2. 本实验是如何检验刚体转动定理的?

3. 利用公式(10)检验转动定理,能否作 $r^2 - \frac{1}{t^2}$ 曲线,而不作 $r - \frac{1}{t}$ 曲线?

实验九　用拉伸法测金属丝的杨氏模量

【实验目的】

1. 掌握光杠杆放大法测量微小长度变化的原理。
2. 测量待测钢丝的杨氏弹性模量。
3. 学会用逐差法处理实验数据。

【实验仪器和用具】

杨氏模量实验仪、尺读望远镜、光杠杆、砝码、钢卷尺、螺旋测微计、待测钢丝。

【实验原理】

杨氏模量是固体材料的基本物理特性之一,它是描述固体材料在外界(拉力或压力)作用下发生弹性形变的重要物理量。对于特定的固体材料而言,杨氏模量具有比较稳定的性质,它基本上取决于固体内部原子间的结合力,而与材料的几何形状无关,因此测定杨氏模量有助于了解固体内部的微观结构。同时,测定杨氏模量也是一种基本的鉴别材料、测定材料配比的物理方法。

本实验采用拉伸法来测定待测钢丝的杨氏模量。

在不超过一定限度的条件下,物体在外力作用下发生形变(伸长),外力撤去后物体能完全恢复原状的形变称为弹性形变;如果形变超过一定限度,以致外力撤去后物体不能完全恢复原状,还保留的剩余形变,称为范性形变(塑性形变)。

本实验中研究棒状物体沿长度方向产生拉伸或压缩的完全弹性形变,这是一种最简单的形变。

设一长度为 L,横截面积为 S 的均匀金属丝,在沿长度方向的外力 F 作用下伸长了 ΔL。我们把单位横截面面积上受到的作用力 (F/S) 称为胁强,物体的相对伸长 $(\Delta L/L)$ 称为胁变。

根据虎克定律:在物体的弹性限度内,胁强与胁变成正比,其比例系数为

$$Y = \frac{\left(\dfrac{F}{S}\right)}{\left(\dfrac{\Delta L}{L}\right)} \tag{1}$$

Y 称为该金属材料的杨氏弹性模量。

根据杨氏模量的定义测出 $F, S, \Delta L, L$,便可计算出杨氏弹性模量。其中 F, S, L 可用一般的实验方法测得,但是由于 ΔL 很小(约在毫米数量级),用一般的测量工具和测量方法不易准确测出,所以,本实验将采用光杠杆放大法来测量微小的长度变化量 ΔL。

【实验装置】

（一）杨氏模量实验仪

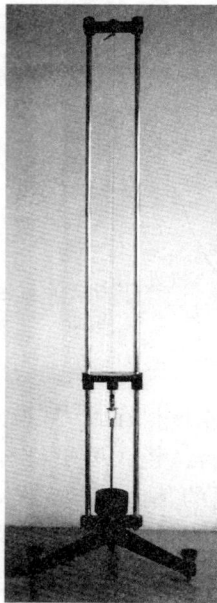

图 2-15　杨氏模量实验仪

图 2-16　光杠杆

光杠杆法测杨氏模量的仪器装置如图 2-15 所示，待测金属丝上的上端固定于铁架上，下端固定于圆柱夹头上，下面装有连接挂钩，挂着砝码托盘。固定平台中间有一圆孔。圆柱体夹件穿过此孔并可上下自由移动。支架的底座上有三个支架水平调节螺旋，可用来调节支架的铅直状态及平台的水平状态。

（二）光杠杆及其测量微小长度变化量 ΔL 的原理

光杠杆是一个带有三个尖脚支架的平面镜，如图 2-16 所示。使用时，将两只前尖脚（支撑脚）放在杨氏模量实验仪平台的横槽内，后尖脚（触脚）置于固定待测金属丝的圆柱体夹具的上端面上，并使其能随待测钢丝的伸缩而上下移动。

光杠杆放大法测量微小长度变化量 ΔL 的原理，如图 2-17 所示。平面镜在初始位置时，标尺 n_0 的刻度线将通过平面镜反射入望远镜，即在望远镜中能观察到 n_0 的像。当金属丝受力伸长 ΔL 时，光杠杆的触脚将随夹具一起下落 ΔL，这时平面镜将以支撑脚为轴转过一角度而至图上所示的位置。其法线也转过角度 α。

我们对图 2-17 进行分析：由于钢丝的伸长量 ΔL 相对于光杠杆的臂长 b 是很小的，所以 α 也很小，根据解析几何的基本知识

$$\tan(\alpha) = \frac{\Delta L}{b}$$

$$\tan(2\alpha) = \frac{\Delta n}{D} \qquad （其中 \Delta n = n - n_0）$$

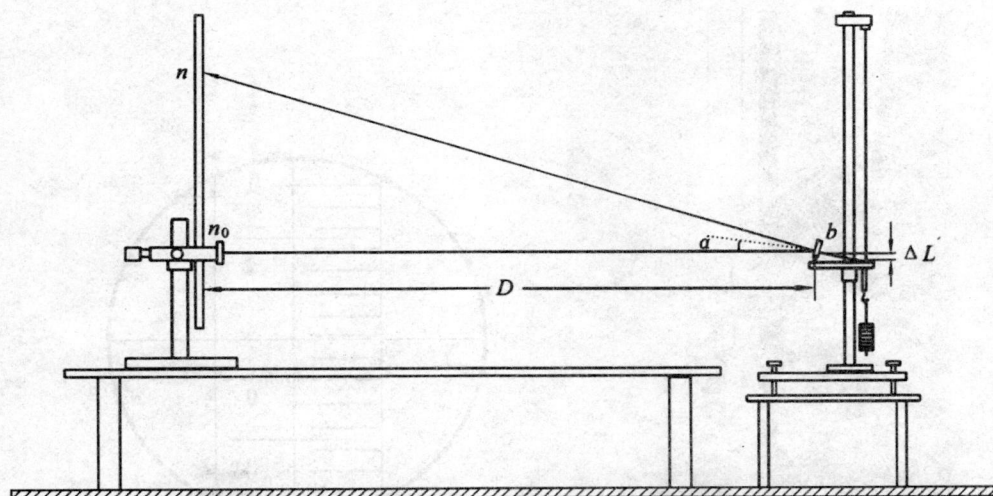

图 2-17　光杠杆放大法测量微小长度改变量 ΔL 原理图

式中：光杠杆的臂长 b 为光杠杆触脚到前支撑脚连线的垂直距离，D 为光杠杆平面镜到标尺间的水平距离，Δn 为待测钢丝被拉伸前后从望远镜中读出的标尺刻度之差。

　　而当 α 很小时，有 $\tan(\alpha) \approx \alpha$，$\tan(2\alpha) \approx 2\alpha$。根据光的反射定律，望远镜所看到的标尺刻度的变化 Δn 为

$$\Delta n = \frac{2D}{b} \cdot \Delta L \qquad\qquad\qquad (2)$$

其中：$\dfrac{2D}{b}$ 为光杠杆的放大倍数，在本实验中该放大倍数约为 $30 \sim 100$ 倍。

　　由此可见，光杠杆的作用在于将微小的长度变化量 ΔL 放大为标尺上的刻度变化 Δn，再通过 b 和 D 这些较易测量的量，从而间接地测定出 ΔL。光杠杆法的原理被广泛应用在测量技术中，许多高灵敏度的测量仪器（如光点检流计、冲击电流计等）都安装有光杠杆装置。

　　（三）尺读望远镜

　　尺读望远镜如图 2-18 所示，由望远镜、标尺及支架组成，尺读望远镜是用光杠杆来测量微小的长度改变量 ΔL 的辅助装置。

　　本实验所用的 JCW-1 型尺读望远镜采用了内调焦系统，使最短视距缩小为 650 mm，并利用仪器分划板上下丝读数之差，乘以视距常数 100，就是尺读望远镜的标尺到平面镜的往返距离 $2D$。

　　尺读望远镜的调整（图 2-19）步骤：

　　1. 首先，将望远镜中心与标尺零点、光杠杆中心调整在一个水平面上。我们在具体的调整过程中可以先将尺读望远镜移近光杠杆，调整好等高后，再将其移回测量位置。

　　2. 调整望远镜的目镜，使分化线清晰。

　　3. 利用望远镜上的"缺口"和"准星"，调整望远镜的位置，使"缺口"、"准星"和光杠杆镜面中标尺的反射像处于一条直线上（粗调）。

图 2-18 尺读望远镜   图 2-19 望远镜的调整

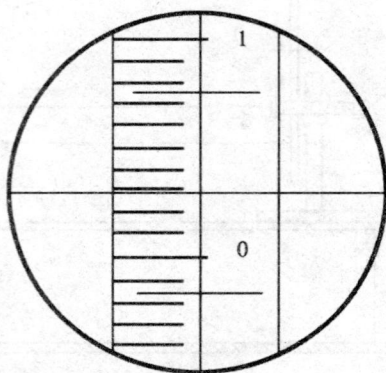

4.调整望远镜下面的水平调节旋钮,使望远镜对准光杠杆镜面的中心。

5.调整望远镜右侧的成像调节旋钮,使望远镜视野中标尺的成像清晰。

6.联调望远镜的目镜和成像调节旋钮,使分化线像与标尺像清晰,且分化线像与标尺像之间没有视差,即当我们在望远镜的视野中略微改变视线角度时,分化线像与标尺像之间没有相对移动。

7.仔细调节光杠杆镜面的方向(法线),使望远镜中标尺的示数在"0"刻度线的±1 cm范围内,如图 2-19 所示。

【实验内容及步骤】

1.如图 2-20 所示布置仪器,调节杨氏模量实验仪底部的调节旋钮,使支架垂直于地面,使待测钢丝(已挂有砝码托盘)垂直,使圆柱体夹件在平台的孔中自由上下移动而不受孔的阻碍。

2.将光杠杆放置在测量平台上,并使平面镜的镜面垂直于平台(注意:光杠杆的触脚一定要放在待测钢丝夹具的平面上)。

3.在距光杠杆适当距离处,放置尺读望远镜,并调整望远镜及标尺,使标尺垂直于地面;望远镜筒垂直于标尺,且望远镜中心与标尺"0"线、光杠杆镜面中心等高。

4.按照尺读望远镜的调整步骤,调整望远镜到最佳测量状态。

5.通过望远镜读出标尺的刻度值,记入表 2-36,作为第一刻度值(在读取标尺刻度数值时,一定要读到标尺最小刻度的1/10位)。

6.依次增加砝码(每次加 1 kg,直至增加到 10 kg 为止),在望远镜中观察标尺刻度的变化,并依次记下水平分化线对准的刻度。然后再顺次取下砝码,同样记下相应的刻度值。取同一负荷下两次标尺读数的平均值,作为该负荷下的标尺读数。

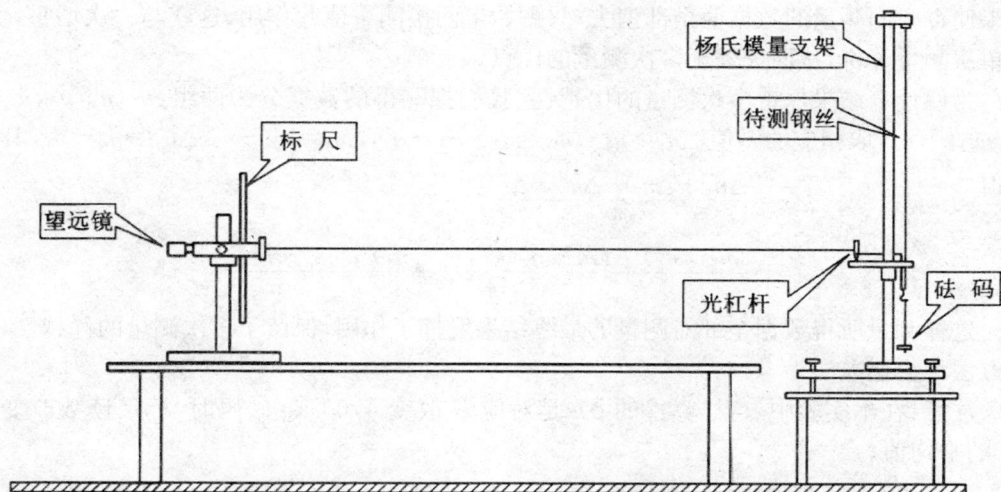

图 2-20　实验装置布置图

7. 然后用逐差法求出 Δn 的平均值(弃去欠准的 n_0 及 n_9):

$$\Delta n = \frac{(n_5-n_1)+(n_6-n_2)+(n_7-n_3)+(n_8-n_4)}{4}$$

8. 用钢卷尺测量待测金属丝的长度 L。

9. 用钢卷尺测量光杠杆平面镜到标尺的水平距离 D。

10. 用螺旋测微计测量待测钢丝的直径 d(不同部位、不同方位测 6 次取平均值)。

11. 用钢尺测量光杠杆的臂长 b:将光杠杆取下,放在纸上压出三个尖脚的痕迹,量出触脚点至其余两支撑脚点连线的垂线长度。

12. 将(2)式、$S=\frac{1}{4}\pi d^2$ 代入(1)式,可得:

$$Y=\frac{8FLD}{\pi d^2 b\Delta n} \tag{3}$$

将上述所测量各量代入式(3)便可求得待测钢丝的杨氏弹性模量(注意,F 是对应 Δn 的作用力的改变量),并计算出杨氏模量 Y 的相对误差和绝对误差。

【注】逐差法简介

我们由误差理论得知:对待测物理量进行多次测量,测量结果的算术平均值最接近于待测量的真值,因此物理实验中应尽量采用多次测量的方法来采集实验数据。

但是上述方法仅对在实验测量过程中的常量适用,而对于类似于本实验中要求一个变化量 n 的增量 Δn 时,并不能达到预期的效果。

例如:用光杠杆放大法测量待测钢丝的伸长量 ΔL 时,每次增加 1 kg 的砝码,连续增加 9 次,共测得 10 个标尺读数 $n_0,n_1,n_2,n_3,\cdots,n_9$,弃去欠准的 n_0 和 n_9,砝码每改变 1 kg 对应的 Δn 改变值为 $\Delta n_1=n_2-n_1,\Delta n_2=n_3-n_2,\cdots,\Delta n_7=n_8-n_7$,那么 Δn 的算术平均值为

$$\overline{\Delta n}=\frac{\Delta n_1+\Delta n_2+\Delta n_3+\Delta n_4+\Delta n_5+\Delta n_6+\Delta n_7}{7}=\frac{n_8-n_1}{7}$$

结果使得中间测量的数据值全部消去,只剩始末两次测量值起作用,这就与一次增重7 kg 的单次测量等价,从而失去了多次测量的优点。

为使计算结果保持多次测量的优越性,我们把测得的数据分为两组:n_1,n_2,n_3,n_4 与 n_5,n_6,n_7,n_8,取相应的差值 $\Delta n_1=n_5-n_1$,$\Delta n_2=n_6-n_2$,$\Delta n_3=n_7-n_3$,$\Delta n_4=n_8-n_4$,其平均值

$$\overline{\Delta n}=\frac{\Delta n_1+\Delta n_2+\Delta n_3+\Delta n_4}{4}$$

$$=\frac{(n_5-n_1)+(n_6-n_2)+(n_7-n_3)+(n_8-n_4)}{4}$$

这样测量所得数据全部对测量的最终结果发挥了作用,保留了多次测量的优越性,这种方法称为逐差法。

注意:在本实验中,这样算得的 Δn 是对应 F 改变 4.00 kg 砝码时,标尺读数改变量 Δn 的平均值。

【实验注意事项】

1.待测钢丝所加负荷切勿超过钢丝的弹性限度(不超过仪器所备砝码),否则计算公式不成立。

2.光杠杆、望远镜和标尺构成的光学系统一经调好后,在整个实验过程中就不可再移动,否则会导致实验所测数据无效。

3.夹取砝码应轻取轻放,不要让砝码组来回摆动,待整个观测系统静止不动时再观测数据。

【数据表格及数据处理】

表 2-37　测量待测钢丝的直径 d 所得数据　　　　　　　　　　零点读数＝_____(mm)

次序	1	2	3	4	5	6	平均
d'(mm)							
Δd(mm)							

实验数据处理:$d=\overline{d}\pm\overline{\Delta d}=$_____ $\pm$_____(mm)

$$E_d=\frac{\overline{\Delta d}}{\overline{d}}\times100\%=\underline{\qquad}\%$$

表 2-38　测量 n 数据表格

次序		0	1	2	3	4	5	6	7	8	9
F(kg)		1.00	2.00	3.00	4.00	5.00	6.00	7.00	8.00	9.00	10.00
n (cm)	增重										
	减重										—
	平均										

注意:标尺刻度读数 n 的平均值应多保留一位。

表 2-39   用逐差法处理实验数据，计算 Δn $\Delta n_i = n_{i+4} - n_i$ (cm)

i	1	2	3	4	平均
Δn_i (cm)					
$\Delta(\Delta n_i)$ (cm)					

实验测量数据处理：$\Delta n = \overline{\Delta n} \pm \overline{\Delta(\Delta n)} = $ _____ $\pm$ _____ (cm)

$E_{\Delta n} = $ _____ %

表 2-40   其他单次测量量数据表

项目	$\overline{N}$（测量结果）	$\Delta\overline{N}$（依据实验经验确定）	E_N（%）
L(cm)		0.2	
D(cm)		0.2	
b(cm)		0.05	
F(kg)		0.02	

实验数据处理：

$$\overline{Y} = \frac{8 \cdot \overline{F} \cdot \overline{L} \cdot \overline{D}}{\pi \cdot \overline{d}^2 \cdot \overline{b} \cdot \overline{\Delta n}} = \text{_____} \ (kg \cdot mm^{-2})$$

$$E_Y = E_F + E_L + E_D + 2E_d + E_b + E_{\Delta n} = \text{_____} \%$$

$$\overline{\Delta Y} = E_Y \cdot \overline{Y} = \text{_____} \ (kg \cdot mm^{-2})$$

$$Y = \overline{Y} \pm \overline{\Delta Y} = \text{_____} \pm \text{_____} \ (kg \cdot mm^{-2})$$

【实验后记】

【思考题】

1. 材料相同，但粗细和长短都不相同的两根钢丝，它们的杨氏弹性模量是否相同？为什么？

2. 光杠杆法测微小长度变化有何优点？怎样提高其灵敏度？

3. 在本实验中，对各个长度量采用了不同的实验仪器来测量，你对这个问题是怎样考虑的？

4. 试用本实验的原始数据，利用图解法求出待测钢丝的杨氏弹性模量。

实验十　多普勒效应综合实验

【实验目的】

1. 测量超声接收器运动速度与接收频率之间的关系,验证多普勒效应,并由 f-V 关系直线的斜率求声速。

2. 利用多普勒效应测量物体运动过程中多个时间点的速度,由显示屏显示 V-t 关系图,或调阅有关测量数据,即可得出物体在运动过程中的速度变化情况,可研究:匀加速直线运动,测量力、质量与加速度之间的关系,验证牛顿第 2 定律;自由落体运动,并由 V-t 关系直线的斜率求重力加速度;简谐振动,可测量简谐振动的周期等参数,并与理论值比较;其他变速直线运动。

【实验仪器】

多普勒效应综合实验仪。

【实验原理】

当波源和接收器之间有相对运动时,接收器接收到的波的频率与波源发出的频率不同的现象称为多普勒效应。

多普勒效应在科学研究,工程技术,交通管理,医疗诊断等各方面都有十分广泛的应用。例如:原子、分子和离子由于热运动使其发射和吸收的光谱线变宽,称为多普勒增宽,在天体物理和受控热核聚变实验装置中,光谱线的多普勒增宽已成为一种分析恒星大气及等离子体物理状态的重要测量和诊断手段。基于多普勒效应原理的雷达系统已广泛应用于导弹、卫星、车辆等运动目标速度的监测。在医学上利用超声波的多普勒效应来检查人体内脏的活动情况、血液的流速等。电磁波(光波)与声波(超声波)的多普勒效应原理是一致的。本实验既可研究超声波的多普勒效应,又可利用多普勒效应将超声探头作为运动传感器,研究物体的运动状态。

根据声波的多普勒效应公式,当声源与接收器之间有相对运动时,接收器接收到的频率 f 为:

$$f = f_0(u + V_1\cos\alpha_1)/(u - V_2\cos\alpha_2) \tag{1}$$

式中,f_0 为声源发射频率,u 为声速,V_1 为接收器运动速率,α_1 为声源与接收器连线与接收器运动方向之间的夹角,V_2 为声源运动速率,α_2 为声源与接收器连线与声源运动方向之间的夹角。

若声源保持不动,运动物体上的接收器沿声源与接收器连线方向以速度 V 运动,则从(1)式可得接收器接收到的频率应为:

$$f = f_0\left(1 + \frac{V}{u}\right) \tag{2}$$

当接收器向着声源运动时，V 取正，反之取负。

若 f_0 保持不变，以光电门测量物体的运动速度，并由仪器对接收器接收到的频率自动计数，根据(2)式，作 f-V 关系图可直观验证多普勒效应，且由实验点作直线，其斜率应为 $k=\dfrac{f_0}{u}$，由此可计算出声速 $u=\dfrac{f_0}{k}$。

由(2)式可解出：

$$V=u(\frac{f}{f_0}-1) \tag{3}$$

若已知声速 u 及声源频率 f_0，通过设置使仪器以某种时间间隔对接收器接收到的频率 f 采样计数，由微处理器按(3)式计算出接收器运动速度，由显示屏显示 V-t 关系图，或调阅有关测量数据，即可得出物体在运动过程中的速度变化情况，进而对物体运动状况及规律进行研究。

【实验仪器介绍】

整套仪器由实验仪，超声发射/接收器，导轨，运动小车，支架，光电门，电磁铁，弹簧，滑轮，砝码等组成。实验仪内置微处理器，带有液晶显示屏，图 2-21 为实验仪的面板图。

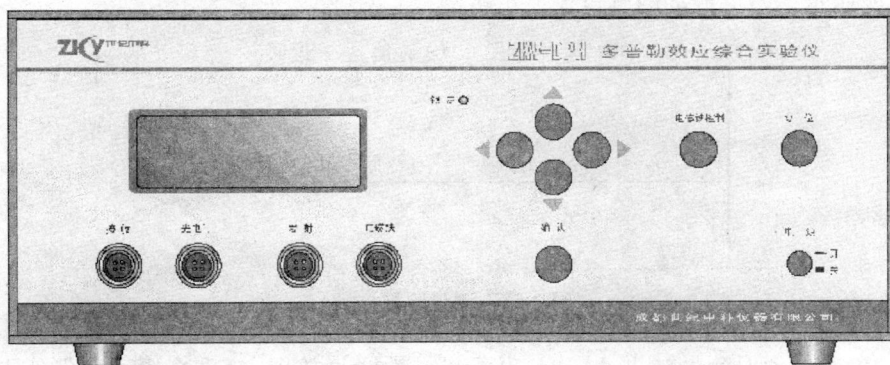

图 2-21 实验仪面板图

实验仪采用菜单式操作，显示屏显示菜单及操作提示，由▲▼◀▶键选择菜单或修改参数，按确认键后仪器执行。操作者只需按提示即可完成操作，学生可把时间和精力用于物理概念和研究对象，不必花大量时间熟悉特定的仪器使用，以提高课时利用率。

验证多普勒效应时，仪器的安装如图 2-22 所示。导轨长 1.2 m，两侧有安装槽，所有需固定的附件均安装在导轨上。

测量时先设置测量次数(选择范围 5～10)，然后使运动小车以不同速度通过光电门(既可用砝码牵引，也可用手推动)，仪器自动记录小车通过光电门时的平均运动速度及与之对应的平均接收频率，完成测量次数后，仪器自动存储数据，根据测量数据作 f-V 图，并显示测量数据。

作小车水平方向的变速运动测量时，仪器的安装类似图 2-22，只是此时光电门不起作用。

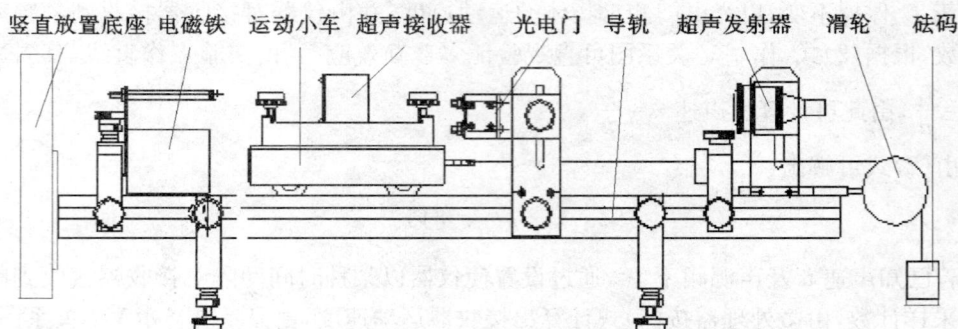

图 2-22　多普勒效应验证实验及测量小车水平运动安装示意图

测量前设置采样次数(选择范围 8～150)及采样间隔(选择范围 50～100 ms),经确认后仪器按设置自动测量,并将测量到的频率转换为速度。完成测量后仪器根据测量数据自动作 V-t 图,也可显示 f-t 图,测量数据,或存储实验数据与曲线供后续研究。图 2-23 表示了采样数 60,采样间隔 80 ms 时,对用两根弹簧拉着的小车(小车及支架上留有弹簧挂钩孔)所做水平阻尼振动的测量及显示实例。

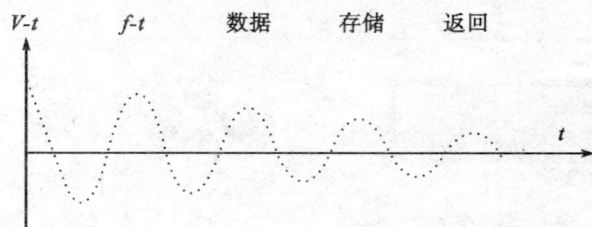

图 2-23　测量阻尼振动

为避免摩擦力对测量结果的影响,也可将导轨竖直放置,让垂直运动部件上下运动。在底座上装有超声发射器,在垂直运动部件上装有超声接收器作垂直运动测量,实验时随测量目的不同而需改变少量部件的安装位置,具体可见下面的描述及图 2-24,图 2-25。

【实验内容与步骤】

(一)实验仪的预调节

实验仪开机后,首先要求输入室温,这是因为计算物体运动速度时要代入声速,而声速是温度的函数。

第 2 个界面要求对超声发生器的驱动频率进行调谐。调谐时将所用的发射器与接收器接入实验仪,两者相向放置,用▶键调节发生器驱动频率,并以接收器谐振电流达到最大作为谐振的判据。在超声应用中,需要将发生器与接收器的频率匹配,并将驱动频率调到谐振频率,才能有效地发射与接收超声波。

（二）验证多普勒效应并由测量数据计算声速

将水平运动超声发射/接收器及光电门、电磁铁按实验仪上的标示接入实验仪。调谐后，在实验仪的工作模式选择界面中选择"多普勒效应验证实验"，按确认键后进入测量界面。用▶键输入测量次数 6，用▼键选择"开始测试"，再次按确认键使电磁铁释放，光电门与接收器处于工作准备状态。

将仪器按图 2-22 安置好，当光电门处于工作准备状态而小车以不同速度通过光电门后，显示屏会显示小车通过光电门时的平均速度与此时接收器接收到的平均频率，并可用▼键选择是否记录此次数据，按确认键后即可进入下一次测试。

完成测量次数后，显示屏会显示 f-V 关系与一组测量数据，若测量点成直线，符合（2）式描述的规律，即直观验证了多普勒效应。用▼键翻阅数据并记入表 2-41 中，用作图法或线性回归法计算 f-V 关系直线的斜率 k，由 k 计算声速 u 并与声速的理论值比较，声速理论值由 $u_0 = 331 \times \sqrt{1+\dfrac{t}{273}}$ (m·s^{-1}) 计算，t 表示室温。

表 2-41　多普勒效应的验证与声速的测量　　　　　　　　　　　$f_0 = $ _____ （Hz）

测量数据							直线斜率 k (m^{-1})	声速测量值 $u = f_0/k$ (m·s^{-1})	声速理论值 u_0 (m·s^{-1})	相对误差 $(u-u_0)/u_0$ （%）
次数	1	2	3	4	5	6				
V_n (m·s^{-1})										
f_n (Hz)										

（三）研究匀变速直线运动，验证牛顿第二运动定律

实验时仪器的安装如图 2-24 所示，质量为 M 的垂直运动部件与质量为 m 的砝码托及砝码悬挂于滑轮的两端，测量前砝码托吸在电磁铁上，测量时电磁铁释放砝码，系统在外力作用下加速运动。运动系统的总质量为 $M+m$，所受合外力为 $(M-m)g$（滑轮转动惯量与摩擦力忽略不计）。

根据牛顿第二定律，系统的加速度应为：

$$a = \frac{(M-m)g}{M+m} \tag{4}$$

用天平称量垂直运动部件、砝码托及砝码质量，每次取不同质量的砝码放于砝码托上，记录每次实验对应的 m。

将垂直运动发射/接收器接入实验仪，在实验仪的工作模式选择界面中选择"频率调谐"调谐垂直运动发射/接收器的谐振频率，完成后回到工作模式选择界面，选择"变速运动测量实验"，确认后进入测量设置界面。设置采样点总数为 8，采样步距为 100 ms，用▼键选择"开始测试"，按确认键使电磁铁释放砝码托，同时实验仪按设置的参数自动采样。

采样结束后会以类似图 2-23 的界面显示 V-t 直线，用▶键选择"数据"，将显示的采样次数及相应速度记入表 2-42 中（为避免电磁铁剩磁的影响，第 1 组数据不记；t_n 为采样次数

与采样步距的乘积)。由记录的 t, V 数据求得 $V\text{-}t$ 直线的斜率即为此次实验的加速度 a。

在结果显示界面中用 ▶ 键选择返回,确认后重新回到测量设置界面。改变砝码质量,按以上程序进行新的测量。

表 2-42　匀变速直线运动的测量　　　　　采样步距时间 $T_c =$ _____ (ms)　 $M =$ _____ (kg)

n	2	3	4	5	6	7	8	加速度 $a(\text{m/s}^2)$	m (kg)	$\dfrac{M-m}{M+m}$
$t_n = T_c \times n(\text{s})$										
V_n										
$t_n = T_c \times n(\text{s})$										
V_n										
$t_n = T_c \times n(\text{s})$										
V_n										
$t_n = T_c \times n(\text{s})$										
V_n										
$t_n = T_c \times n(\text{s})$										
V_n										
$t_n = T_c \times n(\text{s})$										
V_n										
$t_n = T_c \times n(\text{s})$										
V_n										
$t_n = T_c \times n(\text{s})$										
V_n										

将表 2-42 得出的加速度 a 作纵轴,$(M-m)/(M+m)$ 作横轴作图,若为线性关系,符合(4)式描述的规律,即验证了牛顿第二定律,且直线的斜率应为重力加速度。

(四)研究自由落体运动,求自由落体加速度

实验时仪器的安装如图 2-25 所示,将电磁铁移到导轨的上方,测量前垂直运动部件吸在电磁铁上,测量时垂直运动部件自由下落一段距离后被细线拉住。

在实验仪的工作模式选择界面中选择"变速运动测量实验",设置采样点总数为 8,采样步距为 50 ms。选择"开始测试",按确认键后电磁铁释放,接收器自由下落,实验仪按设置的参数自动采样。将测量数据记入表 2-43 中,由测量数据求得 $V\text{-}t$ 直线的斜率即为重力加速度 g。

为减小偶然误差,可作多次测量,将测量的平均值作为测量值,并将测量值与理论值比较,求百分误差。

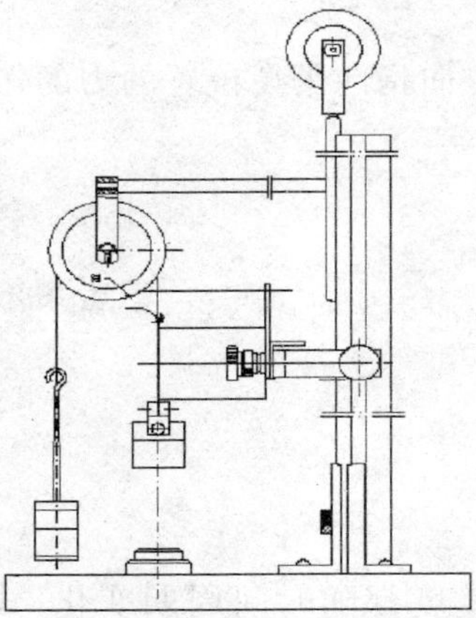

图 2-24　匀变速直线运动安装示意图

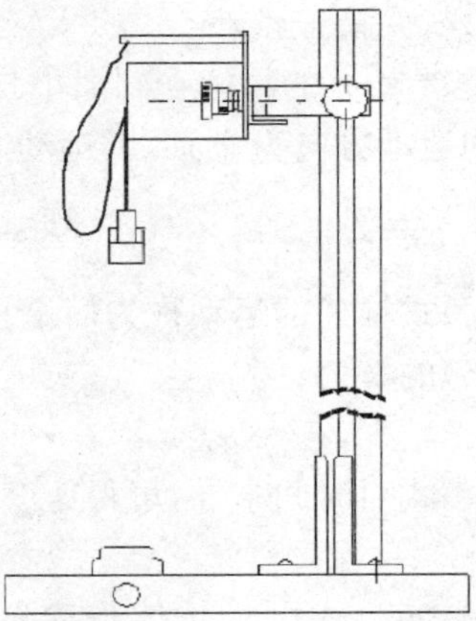

图 2-25　重力加速度测量安装示意图

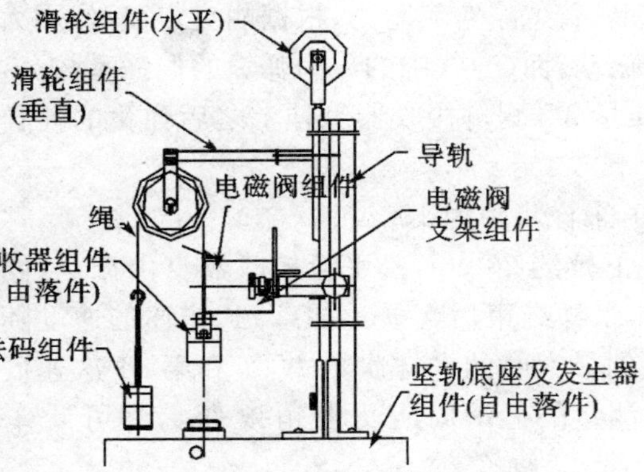

图 2-26　牛顿第二定律实验示意图

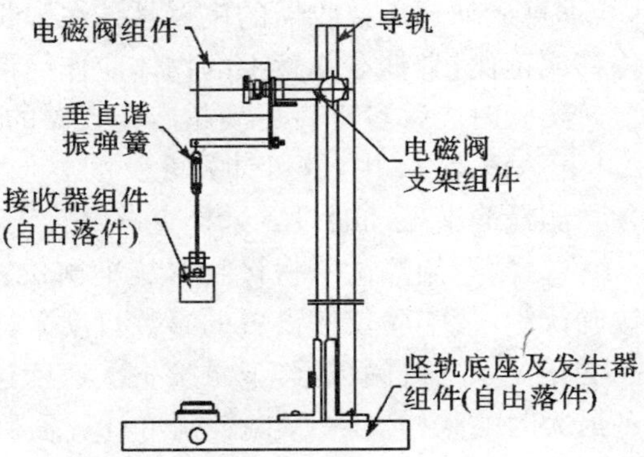

图 2-27　垂直谐振实验示意图

表 2-43　自由落体运动的测量　　　　　　　　　　　　　　　　　　采样间隔 $T_c =$ _____(ms)

n	2	3	4	5	6	7	8	测量值 g (m/s²)	平均值 g (m/s²)	理论值 g_0 (m/s²)	相对误差 $(g-g_0)/g_0$ (%)
$t_n = T_c \times n(\text{s})$											
V_n											
$t_n = T_c \times n(\text{s})$											
V_n											
$t_n = T_c \times n(\text{s})$											
V_n											
$t_n = T_c \times n(\text{s})$											
V_n											

（五）研究简谐振动

当质量为 m 的物体受到大小与位移成正比,而方向指向平衡位置的力的作用时,若以物体的运动方向为 x 轴,其运动方程为:

$$m\frac{\mathrm{d}^2x}{\mathrm{d}t^2}=-kx \tag{5}$$

由(5)式描述的运动称为简谐振动,当初始条件为 $t=0$ 时,$x=-A_0$,$V=\mathrm{d}x/\mathrm{d}t=0$,则方程(5)的解为:

$$x=-A_0\cos\omega_0 t \tag{6}$$

将(6)式对时间求导,可得速度方程:

$$V=\omega_0 A_0\sin\omega_0 t \tag{7}$$

由(6)、(7)式可见物体作简谐振动时,位移和速度都随时间周期变化,式中 $\omega_0=(k/m)^{1/2}$,为振动的角频率。

测量时仪器的安装类似于图 2-25,将弹簧通过一段细线悬挂于电磁铁上方的挂钩孔中,垂直运动超声接收器的尾翼悬挂在弹簧上,若忽略空气阻力,根据胡克定律,作用力与位移成正比,悬挂在弹簧上的物体应作简谐振动,而(5)式中的 k 为弹簧的倔强系数。

实验时先称量垂直运动超声接收器的质量 M,测量接收器悬挂上之后弹簧的伸长量 Δx,记入表 2-44 中,就可计算 k 及 ω_0。

测量简谐振动时设置采样点总数为 150,采样步距为 100 ms。

选择"开始测试",将接收器从平衡位置下拉约 20 cm,松手让接收器自由振荡,同时按确认键,让实验仪按设置的参数自动采样,采样结束后会显示如(7)式描述的速度随时间变化关系。查阅数据,记录第 1 次速度达到最大时的采样次数 N_{1max} 和第 11 次速度达到最大时的采样次数 N_{11max},就可计算实际测量的运动周期 T 及角频率 ω,并可计算 ω_0 与 ω 的百分误差。

表 2-44　简谐振动的测量

M (kg)	Δx (m)	$k=mg/\Delta x$ (kg/s^2)	$\omega_0=(k/m)^{1/2}$ (1/s)	N_{1max}	N_{11max}	$T=0.01(N_{11max}-N_{1max})$ (s)	$\omega=2\pi/T$ (1/s)	相对误差 $(\omega-\omega_0)/\omega_0$ (%)

（六）其他变速运动的测量

以上介绍了部分实验内容的测量方法和步骤,这些内容的测量结果可与理论比较,便于得出明确的结论,适合学生基础实验,也便于使用者对仪器的使用及性能有所了解。若让学生根据原理自行设计实验方案,也可用作综合实验。

与传统物理实验用光电门测量物体运动速度相比,用本仪器测量物体的运动具有更多的设置灵活性,测量快捷,既可根据显示的 V-t 图一目了然地定性了解所研究的运动的特征,又可查阅测量数据作进一步的定量分析。特别适合用于综合实验,让学生自主地对一些复杂的运动进行研究,对理论上难于定量的因素进行分析,并得出自己的结论(如研究摩擦力与运动速度的关系,或与摩擦介质的关系)。

实验十一　热电偶温度计定标曲线的设定

【实验目的】

1. 掌握电位差计的使用方法；
2. 通过实验测定值，掌握定标曲线的绘制规则与使用。

【实验仪器】

EH-3 数字化热学实验仪、传感器温度特性测试架、电位差计。

【实验原理】

(一)热电偶工作原理

由两种不同的金属材料组成如图 2-28 所示的电路。当其接点 A,B 的温度不同时，由于材料的自由电子浓度不同，在材料的接触面上产生由自由电子热迁移的形成的"塞贝克效应"，即产生温差电动势，这两种金属的组合体称为热电偶。对于确定的两种金属材料，其温差电动势只与 A,B 两点的温度有关，而且如果回路中串接入第三种金属材料（如导线等），只要与第三种金属的两个接触点的温度相同，则整个回路中的温差电动势仍然只与 A,B 两端的温度有关，而与第三种金属的接入与否无关。

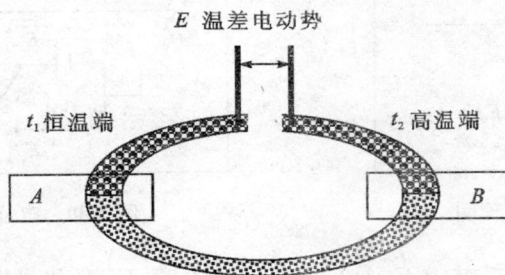

图 2-28　热电偶的结构

如果热电偶 A 端的温度为 t_1，B 端的温度为 t_2，其温差电动势 E 与两端温差 (t_2-t_1) 的关系可写成：

$$E = \alpha \cdot (t_2 - t_1) + \beta \cdot (t_2 - t_1)^2$$

在指定的某一温度范围内（不同热电偶其温度范围不同）$\alpha \gg \beta$，因此，对于我们的实验而言，上式中的第二项可以略去，而得：

$$E = \alpha \cdot (t_2 - t_1)$$

对于一定的热电偶的金属材料组合，α 为常数，称为热电偶的热电势率或热电势系数。

对于一个给定的热电偶来讲，一个热电动势的值就对应一个确定的温差，若已知 t_1，则可由热电动势推得 t_2，这就是利用热电偶来测量温度的基本原理。

如果将热电偶一端温度 t_1 固定，改变另一端的温度 t_2，测出对应不同 t_2 下的温差电势 E，则得到 E 与 (t_2-t_1) 的关系曲线，并可由此计算出该热电偶的热电势率 α。实验中 t_1 取为室温，有条件的可取为 $0℃$（即将冰块和盐水的混合物放入热电偶 A 端的接线盒中）。

（二）电位差计原理

电动势是电源内部其他形式的能量转化为电能的量度，其大小反映了电源转化为电能而产生的电势差。根据全电路欧姆定律：

$$I=\frac{\varepsilon}{R+r}$$

对于电源而言，路端电压

$$U=\varepsilon-I\cdot r$$

其中，ε 为电源电动势，I 为回路工作电流，r 为电源内阻。因此，电源电动势不能简单地用直流电压表直接测量。因为，当直流电压表连接电源形成闭合回路时，由于电源内阻产生的内压降，使电压表的读数并非为电源的电动势，而是该状态下电源的路端电压。因此，要想准确地测量电源电动势，需要使通过电源的电流为零。

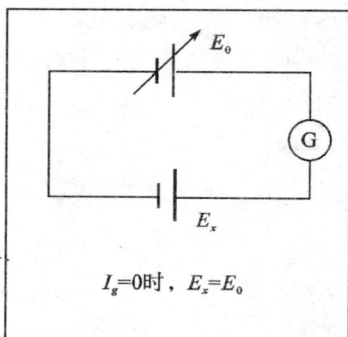

图 2-29　补偿法原理图

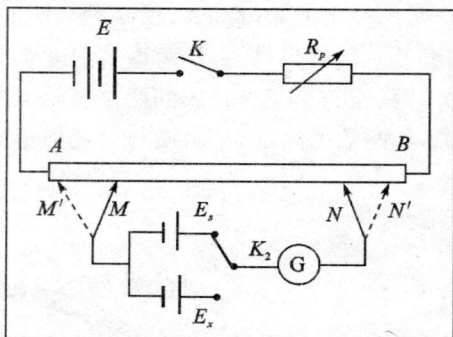

图 2-30　电位差计工作原理图

按图 2-29 连接电路，其中 E_0 是可调电压的电源，E_x 是待测电源的电动势。调节 E_0 使检流计中无电流流过，这表明在这个电路中两电源的电动势大小相等、方向相反，在数值上有 $E_x=E_0$，这时我们称电路达到了补偿平衡。这样，若 E_0 已知，则 E_x 便可精确求得。

电位差计是基于补偿法原理而构成的，其工作原理如图 2-30 所示。AB 为一均匀的电阻丝，E_s 为标准电池，E_x 为待测电源。整个电路通过 K_2 的动作可实现两个功能，即利用标准电池对电位差计定标和测量待测电源电动势。

测量时，先用标准电池 E_s 校准电位差计，确定 AB 电阻线上单位长度的电压降 U_0。将 E_s 并联在 R_{AB} 的 MN 段上（设 MN 段的长度为 L_s），调节电流调节电位器 R_P，使检流计上的电流 $I_g=0$，这时 MN 段上的电压降就等于标准电池的电动势 E_s。因而有

$$U_0=\frac{E_s}{L_s} \tag{1}$$

保持 U_0 不变,将 K_2 接到待测电源电动势 E_x 一边,即将 E_x 并联在 R_{AB} 上,移动 MN 至 M',N',使检流计上的电流 $I_g = 0$,若 $M'N'$ 的长度为 L_x 则

$$E_x = U_0 \cdot L_x = \frac{L_x}{L_s} \cdot E_s \tag{2}$$

由此可知,只要知道标准电动势 E_s,并测量出 L_x,L_s,我们就可以间接地测得未知电动势 E_x。

【实验步骤】

1. 将传感器温度特性测试架下方的热源通过加热控制电缆与数字化热学试验仪相连。热电偶热端插入热源中,冷端置于冰水混合物中。

2. 传感器温度特性测试架右下方的两个接线柱为热电偶热电势检测端,红接线柱接低电势电位差计的正测量端,黑接线柱接低电势电位差计的负测量端。

3. 打开数字化热学实验仪使加热盘温度升高,从 50℃ 开始,测记热电偶的热电动势 E,每升高 5.0℃ 测记一次,直至温度升至 100℃,停止加热,让热源冷却,每降低 5℃,再测量记录一次对应的热电动势。将同一温度下的两次读数平均,作为该温度下的热电动势。

【实验注意事项】

1. 加热盘与加热电缆为配套调试出厂,并有相同编号。请勿将二者与其他加热盘或电缆混用。

2. 为避免不必要的人为损坏,使用过程中尽量不要将电缆从主机或加热盘的连接中拔下来。

3. 不要使测温探头处于受力状态,以防折断。

4. 实验中需移动加热盘时,请拿盘上的两个塑料接线柱,不要直接用手拿金属上的盖以免烫伤。也不要通过提拿电缆移动加热盘,以免损坏电缆。

【实验数据记录和实验数据处理】

表 2-45　实验环境条件记录

环境温度 T_0(℃)	环境湿度 W(%)	其他条件

表 2-46　实验数据记录

热源温度 t_2(℃)	25.0	30.0	35.0	40.0	45.0	50.0	55.0	60.0
升温时热电动势 E(mV)								
降温时热电动势 E(mV)								

（续表）

热源温度 t_2(℃)	65.0	70.0	75.0	80.0	85.0	90.0	95.0	100.0
升温时热电动势 E(mV)								
降温时热电动势 E(mV)								

数据分析处理：

用坐标纸绘出 E-t 实验曲线（直线型），用两点式求出热电势率 α。

在确定了这个特定的热电偶的热电势后，在以后的应用过程中，只要用这只热电偶测得热电动势 E(mV)的数值，就可从图中查出 Δt，从而得出 t 值，这就是热电偶温度计测量温度的过程。

【思考题】

1. 每只热电偶温度计都要单独通过实验测定来确定其热电势率吗？

2. 热电偶温度计的使用精度与环境温度的变化有直接的关系吗？

3. 在热电偶温度计实际使用过程中，我们可以用 C31 系列的直流毫伏表来测量热电偶产生的热电动势吗？

（本实验项目内容由王淑梅负责编写）

实验十二 固体线膨胀系数的测定

【实验目的】

1. 学会使用 EH-3 数字化热学实验仪；
2. 测量金属的线膨胀系数。

【实验仪器】

EH-3 数字化热学实验仪、固体热膨胀系数测试架、加热盘连接电缆。

【实验原理】

设在温度为 t_0 时固体的长度为 L_0，在温度为 t_1 时固体的长度为 L_1。实验指出，当温度变化范围不大时，固体的伸长量 $\Delta L = L_1 - L_0$ 与温度变化量 $\Delta t = t_1 - t_0$ 及固体的长度 L_0 成正比，即：

$$\Delta L = \alpha L_0 \Delta t \tag{1}$$

式中的比例系数 α 称为固体的线膨胀系数，由上式知：

$$\alpha = (\Delta L / L_0) \cdot (1/\Delta t) \tag{2}$$

可以将 α 理解为当温度升高 1℃ 时，固体增加的长度与原长度之比。多数金属的线膨胀系数在 $(0.8 \sim 2.5) \times 10^{-5}$ ℃$^{-1}$。

线膨胀系数是与温度有关的物理量。当 Δt 很小时，由（2）式测得的 α 称为固体在温度为 t_0 时的微分线膨胀系数。当 Δt 是一个不太大的变化区间时，我们近似认为 α 是不变的，由（2）式测得的 α 称为固体在 $t_0 - t_1$ 温度范围内的线膨胀系数。

由（2）式知，在 L_0 已知的情况下，固体线膨胀系数的测量实际归结为温度变化量 Δt 与相应的长度变化量 ΔL 的测量，由于 α 数值较小，在 Δt 不大的情况下，ΔL 也很小，因此准确地控制温度 t、测量温度 t 及长度变化量 ΔL 是保证测量成功的关键。

【实验步骤】

1. 熟悉 EH-3 数字化热学实验仪的使用方法。
2. 将一长度为 100 mm 的铜棒装入加热头的通孔中，在线膨胀测试架上放上泡沫隔热垫，将加热盘放到隔热垫上，令铜棒方向与千分尺和微调旋钮方向对齐，调节架下方的手轮，令铜棒中心与千分表头和微调尖锥对齐。

（1）连接好电源线、加热盘、测温探头，然后将探头插入加热盘上的测温孔内。

（2）热源温度设定：开关（3）按下，"显示 1"（12）即指示加热盘的当前设定温度，可通过组合开关（11）选择所需热源温度。此时指示灯（10）亮。测温：开关（3）弹起，"显示 1"显示加热盘的当前温度，此时指示灯（9）亮，（10）暗。

3. 转动千分表盘对好零点后开始加温，即可进行固体线膨胀系数测量实验。

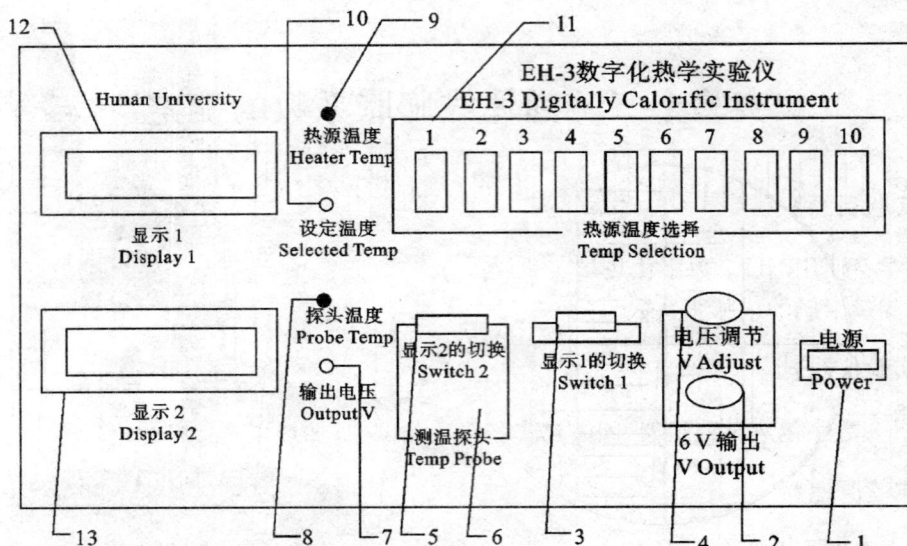

1.电源开关；2.输出插座(6 V)；3.探头温度/输出温度显示切换开关；4.电压输出调节 6 V；5.加热温度/温度设定显示切换开关；6.测温探头插座；7.输出电压指示灯；8.测温探头显示指示灯；9.热源测温显示指示灯；10.温度设定指示灯；11.温度测定选择开关；12.显示表头1；13.显示表头2

图 2-31　实验装置面板功能说明

【实验注意事项】

1.加热盘与加热连接电缆为配套调试出厂，并有相同编号。请勿将二者与其他加热盘或电缆混用。

2.为避免不必要的人为损坏，使用过程中尽量不要将电缆从主机或加热盘的连接中拔下来。

3.不要使测温探头处于受力状态，以防折断。

4.实验中需移动加热盘时，请拿盘上的两个塑料接线柱，不要直接用手拿金属上的盖以免烫伤。也不要通过提拿电缆移动加热盘，以免损坏电缆。

【实验数据记录和数据处理】

表 2-47　实验初始条件数据记录表格

温度 T_0(℃)	千分表读数 L_0(mm)

表 2-48　实验数据记录表格

次数	1	2	3	4	5	6	7	8
千分表读数 L_i(mm)								
温度 t_i(℃)								
$\Delta t_i = t_i - t_0$(℃)								
$\Delta L_i = L_i - L_0$(mm)								
次数	9	10	11	12	13	14	15	16
千分表读数 L_i(mm)								
温度 t_i(℃)								
$\Delta t_i = t_i - t_0$(℃)								
$\Delta L_i = L_i - L_0$(mm)								

数据分析处理：

根据 $\Delta L = \alpha L_0 \Delta t$，由表 2-47 数据用线性回归法或作图法求出 $\Delta L_i - \Delta t_i$ 直线的斜率 K，已知固体样品长度 $L_0 = 500$ mm，则可求出固体线膨胀系数 $\alpha = K/L_0$。

（本实验项目内容由王淑梅负责编写）

实验十三　　PN 结正向电压温度特性研究

【实验目的】

1. 熟悉 PN 结温度传感器的工作特性；
2. 用作图法求 PN 结温度传感器灵敏度 S。

【实验仪器】

EH-3 数字化热学实验仪、传感器温度特性测试架、数字电压表、电源连接线。

【实验原理】

(一)PN 结温度传感器的基本方程

根据半导体物理的理论,理想 PN 结的正向电流 I_F 和正向电压 V_F 存在如下近似关系式：

$$I_F = I_S \exp(-\frac{qV_F}{kT}) \tag{1}$$

式中,q 为电子电量,T 为热力学温度,I_S 为反向饱和电流,它是一个和 PN 结材料的禁带宽度以及温度等有关的系数。可以证明：

$$I_S = CT^\gamma \exp(-\frac{qV_g(0)}{kT}) \tag{2}$$

式中,C 是与 PN 结的结面积、掺杂浓度等有关的常数,k 为波尔兹曼常数,γ 在一定范围内也是常数,$V_g(0)$ 为热力学温度 0K 时 PN 结材料的导带底与价带顶的电势差,对于给定的 PN 结材料,$V_g(0)$ 是一个定值。将公式(2)代入公式(1),两边取对数,整理后可得：

$$V_F = V_{g(0)} - (\frac{k}{q}\ln\frac{C}{I_F})T - \frac{kT}{q}\ln T^\gamma = V_1 + V_{n\gamma} \tag{3}$$

其中　　　　　　　　　　$$V_1 = V_{g(0)} - (\frac{k}{q}\ln\frac{C}{I_F})T$$

$$V_{n\gamma} = -\frac{kT}{q}\ln T^\gamma$$

式(3)是 PN 结正向电压作为电流和温度函数的表达式,它是 PN 结温度传感器的基本方程。

(二)PN 结测温原理

根据式(1),对于给定的 PN 结材料,令 PN 结的正向电流恒定不变,则正向电压 V_F 只随温度而变化。但是,公式(3)中除线性项 V_1 外,还包含非线性项 $V_{n\gamma}$。实验和理论证明,在温度变化范围不大时,V_F 温度响应的非线性误差可以忽略不计。对于通常的硅 PN 结材料来说,在 $-50^\circ\text{C} \sim 150^\circ\text{C}$ 的温度区间内,其非线性误差依然很小。但当温度变化范围增大时,V_F 温度响应的非线性误差将有所递增。

综上所述,对给定的 PN 结材料,在允许的温度变化区间内,在恒流供电条件下,PN 结的正向电压 V_F 对温度的依赖关系取决于线性项 V_1,正向电压 V_F 几乎随温度升高而线性下降。即

$$V_F = V_{g(0)} - (\frac{k}{q}\ln\frac{C}{I_F})T \qquad (4)$$

这就是 PN 结测温的依据。

温度 T 是热力学温度,在实际使用时会有不便之处,为此,我们进行温标转换,采用摄氏温度 t 来表示。即 $T = t + 273.2$

$$V_t = V_{g(0)} - (\frac{k}{q}\ln\frac{C}{I_F})(t + 273.2)$$

在本实验中,为了提高温度测量的精度,采用两个同样型号的 PN 结。一个 PN 结放在室温下,作为参照,其结电压用 V_{t0} 表示;另一个 PN 结放在 EH 热学实验仪的加热盘内,其温度可以由 EN 热学实验仪控制,其结电压用 V_{t1} 表示,如图 2-32 所示。根据(5)式,有:

$$V_{t0} = V_{g(0)} - (\frac{k}{q}\ln\frac{C}{I_F})(t_0 + 273.2) \qquad (6)$$

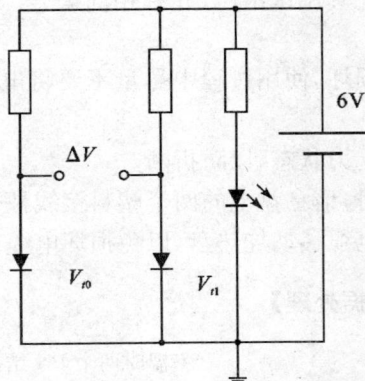

图 2-32 PN 结测温原理图

$$V_{t1} = V_{g(0)} - (\frac{k}{q}\ln\frac{C}{I_F})(t_1 + 273.2) \qquad (7)$$

(7)-(6)得:

$$V_{t1} - V_{t0} = -(\frac{k}{q}\ln\frac{C}{I_F})(t_1 - t_0) \qquad (8)$$

令 $V_{t1} - V_{t0} = \Delta V, t_1 - t_0 = \Delta t$,则

$$\Delta V = -(\frac{k}{q}\ln\frac{C}{I_F})\Delta t \qquad (9)$$

定义 $S = -\frac{k}{q}\ln\frac{C}{I_F}$ 为 PN 结温度传感器灵敏度,则有

$$\Delta V = -S\Delta t \quad 或 \quad S = -\frac{\Delta V}{\Delta t} \qquad (10)$$

这就是本实验中 PN 结温度传感器在摄氏温标下的测温原理公式。

【实验步骤】

1.将直流电压输出调整为 6.00 V：将两芯电缆插入(2)，开关(6)按下，"显示 2"显示输出电压的大小。此时指示灯(7)亮，(8)暗。可通过调节旋钮(4)改变输出电压的大小。

2.将 6 V 直流电源按极性要求(红端接＋，黑端接－)接到 PN 结温度传感器实验仪的电源端，开启电源，红色发光二极管亮，表明电源供电正常。将 200 mV 量程电压表接测量端，电压表显示值为室温时两个 PN 结的电压差值，此值应很小。记下该值，做为温度修正。

3.打开热学实验仪，选择第一挡，观察随温度上升电压表所示的电压值的变化，待温度稳定后，记下该挡的 ΔV 值。再逐步选择余下各挡温度。随着温度的升高，两结电压差线性增加，如此记下 10 对温度和对应的电压值。然后将测得的电压值减去室温时两个 PN 结的电压差值，做温度修正，得到 10 组 ΔV-t 数据。

【实验注意事项】

1.加热盘与加热电缆为配套调试出厂，并有相同编号。请勿将二者与其他加热盘或电缆混用。

2.为避免不必要的人为损坏，使用过程中尽量不要将电缆从主机或加热盘的连接中拔下来。

3.不要使测温探头处于受力状态，以防折断。

4.实验中需移动加热盘时，请拿盘上的两个塑料接线柱，不要直接用手拿金属上的盖以免烫伤。也不要通过提拿电缆移动加热盘，以免损坏电缆。

【实验数据记录和实验数据处理】

表 2-49　实验数据记录　　　　　　　　　　室温时两个 PN 结得电压差值 $\Delta V_0=$ _____(mV)

项目	1	2	3	4	5
热源温度 t(℃)					
ΔV(mV)					
项目	6	7	8	9	10
热源温度 t(℃)					
ΔV(mV)					

数据处理要求：以 t 作横坐标，ΔV 作纵坐标，用坐标纸作 t-ΔV 图线。在直线上取两点，采用两点式求斜率的方法或最小二乘法作数据点的线性拟合，由线性方程直接得到 PN 结温度传感器灵敏度 S。

　　　　　　　　　　　　　　　　　　　　　　　　　　(本实验内容由王淑梅负责编写)

第三章　　电磁学实验

电磁学实验基础知识简介

电磁测量除具有测量迅速、读数方便、灵敏度高等优点外,还可以通过各种传感装置把各种非电量转换为电量来进行测量。因而,电磁测量在现代生产和科学研究中是一种应用极广的实验方法和实用技术。

电磁学实验的目的是通过学习电磁测量中最常用的典型测量方法(如伏安法、电桥法、电位差计法等等)来进行实验方法和实验技能的训练,培养学生辨识电路图、正确连接电路、分析判断和排除实验故障的能力。同时,通过实际的观察、测试,深入认识和掌握电磁学理论的基本规律。

电磁学实验离不开电源和各种电学测量仪表,因此必须事先了解常用仪器的性能和使用方法,并掌握仪器的布置和线路连接的要领。下面对一些常用的基本仪器及接线要领作一简单介绍。

一、电源

电源是给工作电路提供电能的设备,电源可分为直流电源和交流电源两大类。

(一)直流电源

直流电源是指输出电压不随时间变化的电源。实验室常用的直流电源有直流稳压电源和干电池。

直流稳压电源型号繁多,外形各异,但在结构上却都是由变压器及由各种电子元件组成的整流稳压电路组成。直流稳压电源的电压稳定性好、内阻小、功率较大,而且输出电压在一定范围内连续可调,使用起来特别方便,所以目前实验室所用的直流电源大都是直流稳压电源。使用时要注意直流稳压电源最大允许输出的电流,切不可超过。

干电池是一种能将化学能转换成电能的装置,但干电池只能使用一次,而不能反复充电使用。实验室常用的干电池其额定电动势为 1.5 V,其供电电流较小(不同号的电池供电电流不同)。同样,多个串联可得较高电压,多个并联可得较大电流。由于干电池体积小,使用方便,所以许多仪表中用干电池作为供电电源。

(二)交流电源

交流电源是指电压随时间周期变化的电源。通常我们用的市电就是频率为 50 Hz 的正弦交流电,一般市电采用相电压(火线与零线间电压)为 220 V,线电压(火线与火线间电压)为 380 V 的三相四线供电线路。实验室的交流电源一般是 220 V 的单相交流电。交流电的电压可通过变压器来调节。

另外,低频信号发生器也是实验室中常用的一种交流电信号源,低频信号发生器的频

率在 $1 \sim 1 \times 10^6$ Hz 的范围内连续可调。低频信号发生器能提供的电能不大,主要是作为频率标准使用或用于给示波器提供不同频率的电压信号。

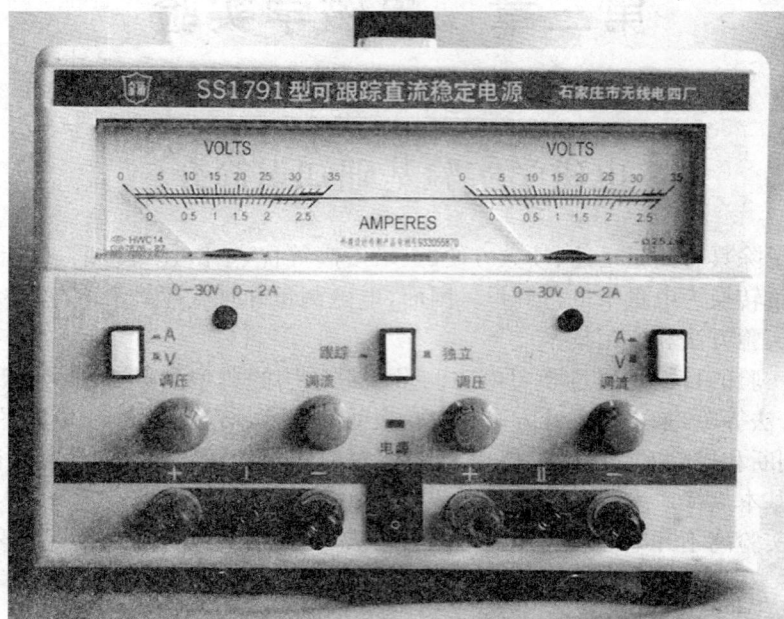

图 3-1　SS1791 型直流稳压电源

(三)使用电源时必须注意

1. 选择电源时,除了要考虑电源的输出电压外,还必须考虑电源的额定功率,使用时不能超过该功率,否则就会损坏电源。

2. 在接入直流电源前,一定要分清电源的极性。

3. 任何电源都绝对不允许短路! 即绝对不允许直接用低电阻导体接通电源的正负两极,也不允许将电流表直接接到电源两极上!

4. 市用交流电源电压较高,使用时一定要注意人身安全。各种仪器在接入市用交流电源前,必须弄清仪器规定的输入电压与市电电压是否相符,若不相符则不能直接接入。

二、电表

电表是测量电学参量的主要仪器。电表按其工作原理可以分为磁电式、电磁式、电动式、感应式、静电式及热电式等等。物理实验中最常用的则是磁电式电表,这类电表只适用于直流,具有灵敏度高、刻度均匀、便于读数等优点。

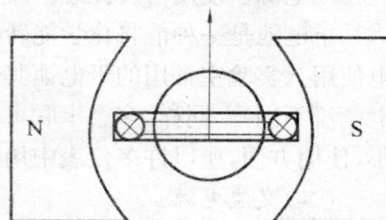

图 3-2　磁电式仪表结构原理

磁电式电表的基本部分"表头"(图 3-2),是利用通电线圈在磁场中受到力偶矩作用而发生偏转的原理制成的。在强磁力的永久磁铁 N,S 极的半圆筒形"极掌"中间是圆柱形铁芯,它与两极间形成气隙,气隙内的磁场以铁芯轴线为轴呈辐射状均匀分布。处在气隙中的活动线圈(动卷)镶嵌在一个矩形铝框上,线圈用很细的绝缘铜线绕制而成。指针是装在转轴上的,产生反作用力矩的是两个"游丝"(弹簧),游丝的一端固定在电表内部的支架上,另一端也固定在转轴上。当线圈通以电流而受到电磁力矩的作用绕轴转动时,游丝随之形变而产生反作用力矩,当反作用力矩与电磁力矩(正比于线圈中流过的电流强度)平衡时,线圈停止转动,指针指在一定位置上指示一定的电流大小。而螺旋方向相反的这两个游丝(线圈上、下方各一个)还兼作把电流引入线圈的引线。固定在线圈上下两端的半轴,其轴尖支撑在宝石轴承里可以几乎无摩擦地转动。为使指针在无电流流过时指零,表头上还装有调零装置,它的一端与游丝支架相连,另一端可由露在表外面的调零螺杆拨动。

表征表头特性的是电流计常数 K 和表头内阻 R_g 两上参量。其中,电流计常数是表头指针偏转一个格(表头标尺分度格)所需的电流强度,单位为安/格,内阻 R_g 就是表头线圈及接线的电阻阻值。

实验中常用的检流计、安培计和伏特计都是在"表头"的基础上改装而成的,下面我们分别加以简单介绍。

(一)检流计

检流计的作用是用来检验电路中有无电流通过及指示电流方向,因此,要求有较高的灵敏度,不通电时指针指在度盘中间的零点处,使用时可因电流的方向不同而左右偏转,所以使用时可不分正负极性。

如果用电流计常数 K 来表征检流计的灵敏度,一般 K 为 $10^{-6}\sim10^{-7}$安/格(如 AC-5 系列指针式检流计),高灵敏度检流计的 K 值可达 $10^{-9}\sim10^{-10}$安/格(如 AC-15 系列光点复射式检流计)。对于高灵敏度的检流计,在表头的结构上有所改变,一方面增加线圈匝数,同时把线框用特殊的金属丝悬吊在磁场中旋转,利用金属丝本身的扭力矩起到游丝的作用。

每个检流计允许通过的电流有一个限度(度盘总格数一半乘以 K),通过的电流超过此限度将会打弯检流计指针,甚至烧毁线圈,我们在使用时要特别注意。

(二)电流表

电流表用来测量电路中的电流强度。磁电式电流表的构造与表头基本一样,只是在表头线圈两端并联了一个阻值很小的分流电阻,分流电阻的作用是使电路中的电流大部分自分流电阻流过,而只让一小部分电流流过表头线圈,这样就扩大了允许流过电表的电流值。并联不同阻值的电阻后的电表可以测量的最大电流也不同,这样就可以得到不同量限(即量程)的电流表,电流表按量程可分为安培表、毫安表和微安表等,也有多量程的电流表。

(三)电流表的主要参数

电流表的主要参数:①量程:即指针偏转到最大(满度盘)时对应的电流强度值 I_m;②内阻:即电表内部的等效电阻值。为了表示方便常给出额定电压降 V_n,则内阻 $R_A = V_n/I_m$,I_m 即电流表的量程。

一般安培表的内阻在都在 $1\ \Omega$ 以下,毫安表、微安表的内阻则多为数百至数千欧。

（四）电压表

电压表用来测量电位差（即电压）。磁电式电压表是由在"表头"线圈上串联一个高阻值的分压电阻构成。分压电阻的作用是使被测量电压大部分降在分压电阻上，一小部分降在表头上，这样也就限制了流过表头线圈的电流。串联不同阻值的电阻，改装后的电压表可以测量的最大电压（电压量程）也就不同。一般常分为毫伏表、伏特表和千伏表。

电压表（即伏特表）的主要参数是：

（1）量程：即指针偏转最大时对应的电压值 V_m。

（2）内阻：即电压表自身的等效电阻值。一般给出额定电流 I_n，则其内阻 $R_v = V_m / I_n$；实验室常用的多量程电压表由于使用量程不同，其内阻也不相同。但一般各量程的每伏欧姆数（Ω/V）相同（例如：一只量程为 2.5 V，10 V，25 V 的三量程电压表，其内阻分别为 5.00×10^3 Ω，2.00×10^4 Ω 和 5.00×10^4 Ω，各不相同，但各量限的每伏欧姆数都一样），所以有的电压表给出每伏欧姆数，该参数乘以量程就等于其内阻。

（五）使用电表的注意事项

1. 量程的选择：应根据待测电流或电压的大小选择合适的电表量程进行测量。测量时选择的量程太小，则过大的电流、电压会损坏电表；测量时选择的量程太大，则指针偏转太小，测量结果的有效数字位数较少，相对误差过大。

2. 若待测量的大小无法估计时，开始应选择大量程，估读其大小后再改用最接近其大小的量程进行测量，一般情况下，测量数据中的最大待测值，应使电表指针偏转超过所选量程的 2/3。

3. 测量结果 A 按下式计算：

$$A = n \frac{M_m}{N}$$

式中，M_m 为该量程可测量的最大值，即量程（亦即满刻度值）。N 为该量程对应的表盘标尺的总格数（半格刻度不计），n 为电表指针指示的格数［要读到最小刻度（半格刻度不算），再估读一位］。

4. 电流的方向：直流电表指针偏转的方向与所通过的电流方向有关，所以接线时必须注意电表的极性，"＋"端表示电流流入端（即接高电位端）。"－"表示电流流出端（即接低电位端），切不可接错极性，以免损坏表针。

5. 电表的接法：电流表必须串接到待测电流的电路中，而电压表则必须并接到待测电压的两端。

6. 读数时尽量避免视差：为了避免读数视差，读数时应使视线垂直于刻度盘表面。精密电表其刻度尺后面附有平面镜，适当调整视线角度，当看到指针在镜中的像与指针重合时读取实验数据，视差才最小。

7. 电表的基本误差与等级：由于摩擦不可避免、游丝弹性不均匀、刻度不均匀以及磁场的不均匀等，使电表测量时存在一定的误差，称为电表的基本误差。根据国家规定，各种电表按其基本误差的大小分为 0.1，0.2，0.5，1.0，1.5，2.5 和 5.0 七个准确度等级。它表示电表的最大绝对误差 ΔM_m 与电表量程 M_m 之比的 100 倍，即准确度等级 $K = \frac{\Delta M_m}{M_m} \times 100$。

例如：一量程 $M_m = 500$ mA 的电流表，其最大绝对误差 $\Delta M_m = 5$ mA，则其准确度等级为 $K = \dfrac{\Delta M_m}{M_m} \times 100 = \dfrac{5}{500} \times 100 = 1.0$（级），这样由电表的量程及准确度等级就可以计算其最大绝对误差（又称基本误差或仪器误差）：

$$\Delta M = M_m \times K\%$$

这样规定的准确度等级在电表表盘上直接以 K 数表示出来。

8. 有的电表以测量值相对误差的百分数来决定电表的准确度等级，即准确度等级

$$K = \frac{\Delta M}{M} \times 100$$

M 为测量值，测量时的仪器误差可由下式计算：

$$\Delta M = M \times K\%$$

例如：用准确度等级 $K = 1.0$ 级的毫安表测得电流 $I = 18.6$ mA，则测量结果的绝对误差为

$$\Delta I = I \times K\% = 18.6 \times 1.0\% = 0.19(\text{mA}) \approx 0.2 \text{ mA}$$

这样定义的准确度等级在电表表盘上以 K 外面加圆圈表示。

三、电阻

为了改变电路中的电流和电压，或作为特定电路的组成部分，在电路中经常要用到电阻元件。电阻分为固定的和可变的两大类，无论何种电阻在使用时除注意其值大小外，还必须注意其额定功率，以确定该电阻允许通过的最大电流

$$I_n = \sqrt{\frac{P_n}{R}}$$

其中：P_n 为该电阻的额定功率，R 为电阻的阻值，I_n 即为其额定电流。固定电阻的使用比较简单，而可变电阻因其接法不同其功用亦不相同，下面着重介绍几种实验室常用的可变电阻。

（一）滑线变阻器

滑线变阻器其外形如图 3-3 所示，绝缘电阻丝密绕在绝缘瓷筒上，电阻丝的两端固定于接线柱 A，B，瓷管上方装有一根和瓷管平行的金属棒，一端装有接线柱 C，棒上套有滑动接触器，它紧压在电阻丝上，接触器与电阻丝接触处的绝缘物已被刮去，所以使接触器沿金属棒滑动，就可改变 AC 和 BC 间的电阻值，而 AB 间的电阻即电阻丝总阻值为 $R_{AB} = R_{AC} + R_{CB}$。

滑线变阻器的主要参数：

1. 全电阻 R_{AB}：即电阻丝的总电阻值。

2. 额定电流：即滑线变阻器所允许通过的最大电流。

在实验电路中，滑线变阻器有两种接法：

1. 限流式接法电路：如图 3-4(a) 所示，将滑线变阻器的 A，C 端串接在电路中，B 端空置不用。这时回路的总电阻为 $R_{AC} + R$，滑动 C，就改变了 R_{AC}，于是就改变了回路中的电流 I，当 C 滑至 B 端，则 $R_{AC} = R_{AB}$，这时回路电流最小；当 C 滑到 A 端，则 $R_{AC} = 0$，此时回路中电流最大。

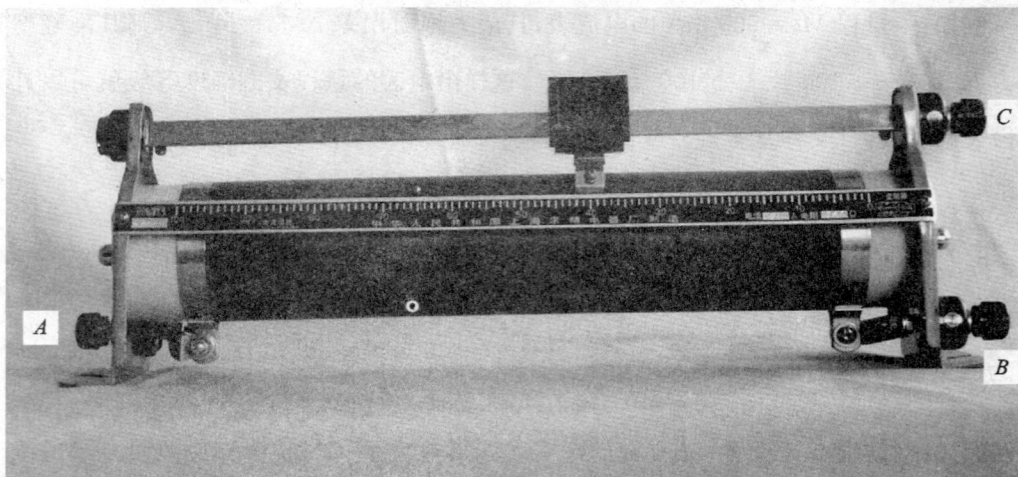

图 3-3　滑线变阻器外观图

为了保证安全,在接通电源前,应使 C 滑至 B 端,使 $R_{AC}=R_{AB}$(最大),即回路中电流最小,接通电源后再逐渐调小 R_{AC},使回路中电流逐渐增至所需值。

2. 分压式接法电路:如图 3-4(b)所示。变阻器 A,B 两端分别与电源两极相连,滑动端 C 和一固定端 B(或 A)接用电器 R,接通电源后,AB 间电压为电源的端电压 $V_{AB}=V_{AC}+V_{CB}$,输出电压 V_{CB} 仅是 V_{AB} 的一部分,且 V_{CB} 随 C 端位置不同而不同,当 C 滑到 B,输出电压最小 $V_{CB}=0$,当 C 滑到 A 端,输出电压最大 $V_{CB}=V_{AB}$(即电源电压),所以输出电压可以调节在 0 到电源电压之间的任何电压值上。一般选 $R_{AB}\ll R$,但 R_{AB} 直接并接在电源上,故 R_{AB} 又不可太小(否则滑线变阻器上流过的电流将很大)。为保证安全,在接通电源前应将 C 滑到 B 端,使输出电压 $V_{CB}=0$,接通电源后再调 C,使 V_{CB} 自 0 达到实验所需值。

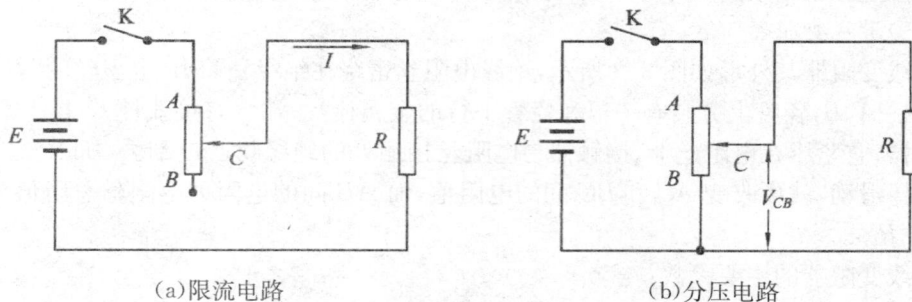

(a)限流电路　　　　　　　　(b)分压电路

图 3-4　滑线变阻器的两种接法

(二)电位器

小型变阻器统称为电位器,其额定功率只有零点几瓦至数瓦。一般阻值较小,瓦数较大的电位器多用电阻丝绕制而成,称为线绕式电位器。阻值较大的电位器则多用碳质薄膜、金属氧化物薄膜制成,称为碳膜、金属膜电位器。电位器中间的转轴上安装有滑动触头,旋动转轴即可改变触头的位置。

（三）旋转式电阻箱

电阻箱是由若干个准确的固定电阻（一般用锰铜电阻丝绕制而成），按一定组合方式接在特制的转换开关上构成。利用电阻箱可以在电路中准确地调节电阻值。图 3-5 所示为 ZX38A/10 型交流/直流电阻箱面板，箱面上有 6 个旋钮和 3 个接线柱。每个旋钮边上标有 0，1，2，…，9 十个数字，靠近旋钮边缘的面板上刻有读数标志，并分别标有 ×0.01，×0.1，×1，×10，×100，×1 000。转动各个旋钮可在 0～9 999.99 Ω 的范围内任意改变阻值。当旋钮上的某个数字旋到对准读数标志时，用该标志的倍率乘以旋钮上对准的这个数，即为该旋钮的所取用的电阻值，把六个旋钮取用的电阻相加，即为该电阻箱取用的总电阻。

图 3-5　ZX38A/10 型交流/直流电阻箱

电阻箱的主要参数：

1. 总电阻：即该电阻箱所能取用的最大电阻，ZX38A/10 型交流/直流电阻箱的最大电阻为 9 999.99 Ω。

2. 额定功率：指电阻箱中每个电阻的额定功率，一般为 0.25 W，由此可计算各电阻的额定电流。

例如：×100 旋钮的每个电阻的额定电流为

$$I_n = \sqrt{\frac{P_n}{R}} = \sqrt{\frac{0.25}{100}} = 0.050(A) = 50(mA)$$

×1 000 旋钮的每个电阻的额定电流则为

$$I_n = \sqrt{\frac{P_n}{R}} = \sqrt{\frac{0.25}{1\ 000}} = 0.015\ 8(A) = 15.8(mA)$$

由此可见，阻值越大的挡位允许通过的最大电流就越小，过大的电流会使电阻发热而使电阻值产生温漂，乃至烧毁。所以使用电阻箱时一定要注意，不使流过的电阻超过所允许的最大电流，长时间使用时电流还要小些（只能用到最大电流的 75%～80%）。

现将实验室常用的 ZX38A/10 型交流/直流电阻箱（0.1 级，额定功率 0.25 W）各挡允许流过的最大电流列于表 3-1。

表 3-1　ZX38A/10 型交流/直流电阻箱各挡最大电流

电阻挡(Ω)		×0.01	×0.1	×1	×10	×100	×1 000
最大允许 电流(A)	短时使用	0.05	1.6	0.5	0.16	0.05	0.016
	长时使用	0.04	1.2	0.4	0.12	0.04	0.012

(四)准确度等级

电阻箱根据其误差的大小分为 0.01,0.02,0.05,0.1 和 0.2 五个等级,它表示电阻值相对误差的百分数。例:0.1 级电阻箱,当使用电阻为 662.4 Ω 时,则其标称误差为:

$$\Delta R = 662.4 \times 0.1\% \approx 0.7(\Omega)$$

不同级别的电阻箱允许有不同的接触电阻。0.1 级电阻箱每个旋钮的接触电阻不得大于 0.002 Ω。当取用电阻较大时接触电阻的影响甚小,可以略而不计,但当取用电阻很小时,接触电阻的影响就不可忽略。

例如:一个六旋钮电阻箱,当取用电阻为 0.5 Ω 时,接触电阻约为 6×0.002 Ω= 0.012 Ω,相对误差达到 0.012/0.5=2.4%,不可忽略,为了减小低阻值时的接触电阻,一些电阻箱增加了低电阻接头,当取用电阻小于 10 Ω 时,应选用低阻值接头,这样就可以少用旋钮触头,从而减小了总的接触电阻。

标准误差和接触误差之和即为电阻箱的误差。需要注意的是电阻箱要经常维护,使各触头保持清洁和接触良好,否则其接触电阻将会远大于标定值。

四、电路图中部分常用图形符号

电磁学实验装置都用电路图表示,正确识图是做好电磁学实验的基础,下面列表给出部分常用磁电式仪表及电路图形符号,应熟记。

表 3-2　常用电表度盘、面板上的标记符号

符号	名称	符号	名称	符号	名称
G	检流计	mV	毫伏表	∽ADC	交直流两用
μA	微安表	V	伏特表	—DC	直流
mA	毫安表	kV	千伏表	∽AC	交流
A	安培表	Ω	欧姆表	*	公共端钮
		MΩ	兆欧表	∩	磁电系仪表
∏—	标尺水平 放置使用	⊥	标尺垂直 放置使用	⌒	调零旋钮
0.5	以标尺量程百 分数表示的准 确度等级(0.5 级)	(0.5)	以指示值百分 数表示的准确 度等级(0.5 级)	☆	绝缘强度 试验电压

五、仪器的布置和电路的连接

要顺利地进行电学实验,正确地连接电路、合理地安置仪表是十分重要的。因此实验中要遵循下列原则和步骤连接电路、安置仪表。

1. 在看懂线路图中每一个符号代表的意思,并弄清各个仪表及部件作用的基础上,按照"走线合理、操作方便、易于观测、确保安全"的原则布置仪器。经常要调整、读数的仪表放在近处,其他仪表可放在远处;高压电源及接高压的导线的裸露部分要尽量远离人身等。

2. 接线:接线一般从电源正极开始,按回路对点接线,(注意,接电源正极的导线先不要接到电源上! 必须全部接好连线并检查无误后才可接上去!)当线路比较复杂时,可把它按图分成几个回路,逐个连接。接线时要充分利用等位点,不要在一个点上接三根以上的导线。

3. 电磁学实验时必须遵守"先接线路、后接电源,先断电源、后拆线路"的操作原则。按线路图接好线路后,先自行检查,再请教师复查,无误后方可接通电源。

4. 通电合闸(闭合开关)时,要事先估算好各仪表的正常反应情况,通电时密切注意各仪表反应是否正常,并随时准备在反应不正常时(如指针超过量限,指针反转,出焦臭味,冒烟等)立即切断电源。

5. 实验进程中需要暂停时,应切断电源。改换电路时亦必须先切断电源。

6. 测得实验数据后,应当用理论知识来判断其是否合理,检查有无遗漏,是否达到了预期的目的等。自行检查无误,再请教师复核后,方可拆除线路,并整理好仪器用具,结束实验。

实验十四　欧姆定律的应用

【实验目的】

1. 通过实验验证欧姆定律。
2. 掌握用伏安法测量高值电阻和低值电阻的方法及误差的计算。
3. 学习电压表、电流表、电阻箱和滑线变阻器的使用。
4. 掌握基本电路的连接方法。

【实验仪器和用具】

C31-V 多量程伏特表、C31-mA 多量程毫安表、电阻箱、滑线变阻器、直流稳压电源、单刀单掷开关、单刀双掷开关、待测高值电阻、待测低值电阻和导线若干。

【实验原理】

欧姆定律的具体表述为：通过一段导体的电流强度 I 与该导体两端的电压 U 成正比，与该导体的电阻 R 成反比。用数学形式可表示为

$$I = \frac{U}{R} \tag{1}$$

式中，电压的单位用伏特（V），电阻的单位用欧姆（Ω），则电流强度的单位为安培（A）。而（1）式也可写成

$$R = \frac{U}{I} \tag{2}$$

若用电压表测得电阻两端的电压 U，用电流表测出流过该电阻的电流 I，由（2）式即可求得电阻的阻值 R，这种测量电阻的方法称为伏安法。伏安法原理简单，测量方便，尤其适用于测量非线性元件的伏安特性。但是用这种方法进行测量时，我们所用的电压表、电流表的内阻会影响到实验的测量结果，因此，我们要进行必要的修正。

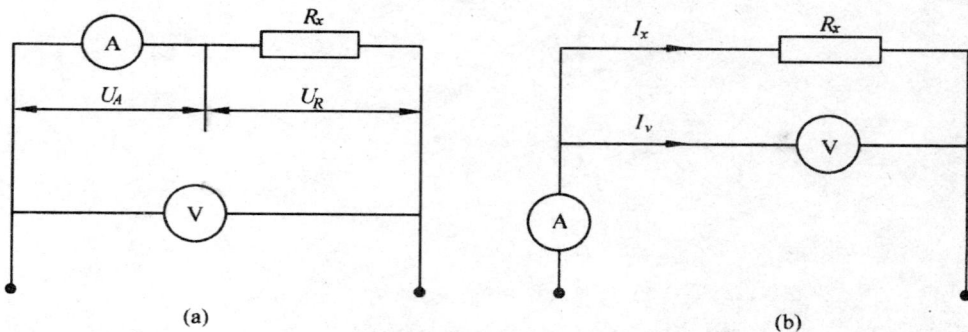

图 3-6　伏安法测量电阻的两种接线方法

用伏安法测量电阻，可采用图 3-6 所示的两种接线方法。在图 3-6(a)中，电流表的读

数 I 为流过待测电阻 R_x 的电流 I_x，但电压表的读数 $U=U_A+U_x$ 是电阻 R_x 上的电压降与电流表两端的电压降之和。

如果将电表的指示值 I,U 代入(2)式，则求得的待测电阻测量值为：

$$R=\frac{U}{I}=\frac{U_A+U_x}{I_x}=R_A+R_x=R_x\left(1+\frac{R_A}{R_x}\right)$$

式中，R_A 为电流表所使用的某个量程的内阻，$\left(\frac{R_A}{R_x}\right)$ 是电流表内阻给测量带来的相对误差。由此可见采用图 3-6(a)接线方式时，测得的电阻值 R 比实际值 R_x 大。若已知 R_A 的大小，则待测电阻 R_x 可由下式计算

$$R_x=\frac{U}{I}-R_A=R\left(1-\frac{R_A}{R}\right) \tag{3}$$

若采用图 3-6(b)的接线方式，则电压表读数 U 等于电阻 R_x 两端的电压 U_x，但电流表的读数 $I=I_x+I_V$ 是流过电阻 R_x 的电流 I_x 与流过电压表的电流 I_V 之和。

将 I,U 代入(2)式，则得到的待测电阻的测量值为：

$$R=\frac{U}{I}=\frac{U_x}{I_x+I_V}=\frac{U_x}{I_x\left(1+\frac{I_V}{I_x}\right)}=\frac{U_x}{I_x}\left[\frac{1}{1+\frac{I_V}{I_x}}\right]$$

将 $\left[\frac{1}{1+\frac{I_V}{I_x}}\right]$ 用数学二项式定理展开，可得

$$R\approx R_x\cdot\left(1-\frac{I_V}{I_x}\right)=R_x\cdot\left(1-\frac{R_x}{R_V}\right)$$

式中，R_V 为电压表所使用的某个量程的内阻，$\left(\frac{R_x}{R_V}\right)$ 是电压表内阻给测量带来的相对误差。由此可见采用图 3-6(b)接线，测得电阻值 R 比实际值 R_x 小。若已知 R_V 的数值，则 R_x 可由下式求得

$$R_x=\frac{U_x}{I-I_V}=\frac{U_x}{I}\cdot\left[\frac{1}{1-\frac{I_V}{I}}\right]\approx\frac{U_x}{I}\cdot\left(1+\frac{I_V}{I}\right)=R\cdot\left(1+\frac{R}{R_V}\right) \tag{4}$$

总之，用伏安法测量电阻的阻值时，由于我们实验中所使用的电流表和电压表不是理想的电表，因此，测得的待测电阻值总是偏大或偏小，即存在一定系统误差。对于高值电阻 $(R_x\gg R_A)$，可选用图 3-6(a)的线路进行测量；而对于低值电阻 $(R_x\ll R_V)$，则可选用图 3-6 (b)的线路进行测量。对于既满足 $R_x\gg R_A$ 又满足 $R_x\ll R_V$ 关系的待测电阻，则可任选其中的一种线路进行测量，这样便尽可能地减小系统误差对测量结果的影响。如果要得到待测电阻的准确值，则必须按(3)式或(4)式，对实验数据加以修正计算。其中，C31-mA 直流电流表各量程的内阻 R_A 如表 3-3 所示，直流电压表各量程的内阻 $R_v=V_m\times(500$ $\Omega/V)$，其中 V_m 为测量所用量程。

表 3-3　C31-mA 直流电流表各量程的内阻

I 量程(mA)	7.5	15	75	150	300	750
$R_A(\Omega)$	3.57	2.37	0.58	0.29	0.148	0.065

【实验内容及步骤】

(一)通过实验验证欧姆定律

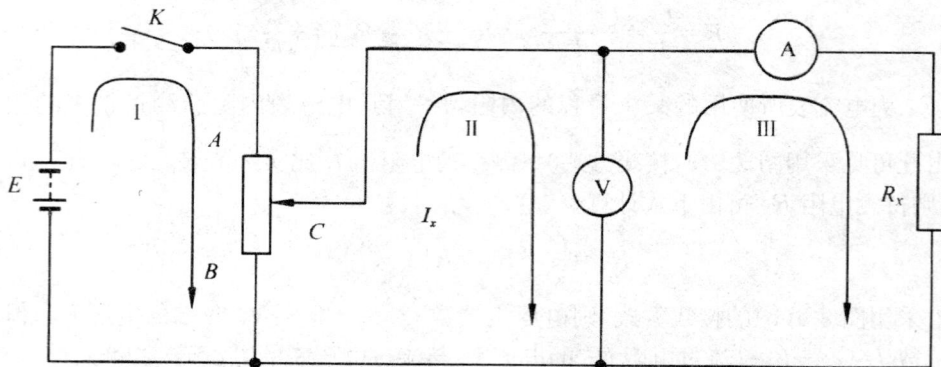

图 3-7　验证欧姆定律的实验电路

实验线路如图 3-7 所示,其中Ⅰ,Ⅱ,Ⅲ表示按回路接线的顺序。

1. 线路连接的基本要求。按箭头所示的顺序,先连接回路Ⅰ、再连接回路Ⅱ,实验电源 E 为直流稳压电源。图中的滑线变阻器采用分压式电路接法,用来改变电阻上电压的大小,连接电路时应将滑动触头 C 滑至 B 端。经实验指导教师检查后,合上开关 K 接通电源,将滑动头 C 缓慢滑向 A 端,观察电压表指针的变化情况。将滑线变阻器的滑动头从 C 滑至 B 端、断开电源开关 K,继续连好第Ⅲ个回路(R_x 为电阻箱)。

2. 验证电阻 R 一定时,电流强度 I 与电压 U 的正比关系。设置电阻箱的电阻为 R_0 $=500$ Ω,接通电源,调整滑线变阻器以改变电阻 R 两端的电压 U,观察流过电阻的电流强度 I 随电压 U 的变化情况。测出 U 分别为 $1.00,2.00,\cdots,6.00$(V)时相应的电流强度值 I,记入表 3-4,验证电阻 R 一定时,电流强度 I 与电压 U 的正比关系。

3. 验证电压 U 一定时,电流强度 I 与电阻 R 成反比的关系。使电压 $U=3.00$ V 不变,改变电阻 R 为 $500,600,\cdots,1\,000$(Ω),并测量记录相应的电流强度 I 值,记入表 3-5 (注意,当改变 R 值时,要随之微调滑线变阻器使 U 保持不变),验证电压 U 一定时,电流强度 I 与电阻 R 成反比的关系。

(二)伏安法测电阻

按图 3-8 接好电路,将开关 K 处于断开位置,并经实验指导教师检查。图中 K_2 是单刀双掷开关,K_2 合向 M 为图 3-6(a)的接法;K_2 合向 N 为图 3-6(b)的接法。R_x 为待测电阻,测量时应根据阻值大小,选择合理的测量电路。

1. 测量高值电阻。按要求将开关 K_2 合向 M,接通电源,调电压 U 为 $1.00,2.00,\cdots,$ 6.00(V),将相应的 I 值记入表 3-6,求出对应的 R_x 值,同时记下电流表所用量程的内阻 R_A,并按(3)式计算出待测电阻 R_x 的修正值。

2. 测量低值电阻。将 K_2 合向 N,同时改变电压表和电流表的量限(怎样改?),调电压 V 分别为 $0.50,1.00,1.50,\cdots,3.00$(V),将相应值记入表 3-7,求出相应 R_x 值,同时记下电压表所用量程的内阻 R_V,并按(4)式算出待测电阻 R_x 的修正值。

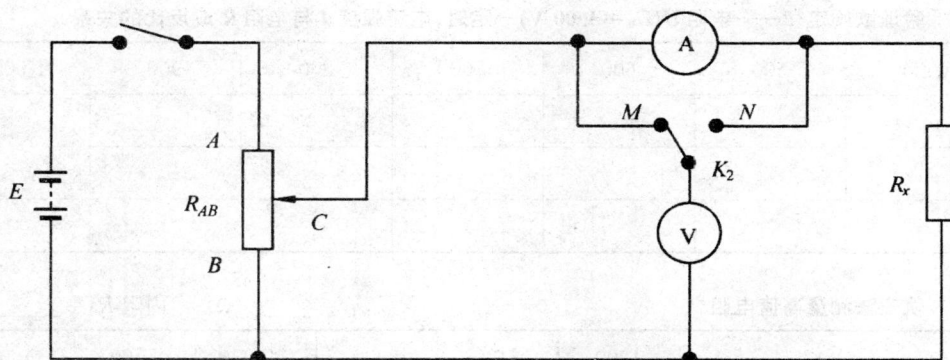

图 3-8　伏安法测电阻的实验电路

3. 测量误差的估算。由 $R_x = \dfrac{U}{I}$，按照间接测量量的误差传递公式得：

$$E_{R_x} = \frac{\Delta R_x}{R_x} \times 100\% = \left(\frac{\Delta U}{U} + \frac{\Delta I}{I} \right) \times 100\% \tag{5}$$

式中，V，I 为各组实验测量值，而 ΔU，ΔI 可利用电压表和电流表的准确度等级 K 的定义

$$K = \frac{\Delta U_{\max}}{U_M} \times 100 \quad \text{和} \quad K = \frac{\Delta I_{\max}}{I_M} \times 100$$

及测量使用的量程 U_M，I_M 计算。

我们可以按(5)式计算出各次测量值的相对误差 E_{R_x} 值。

4. 计算测量结果的绝对误差。我们可以由

$$\Delta R_x = E_{R_x} R_x$$

计算出各测量值 R_x 的绝对误差，这是由于电压表和电流表准确度的限制，给测量结果带来的最大的可能误差。

【实验注意事项】

1. 每次改换线路之前都必须将电压 U 调至最小，再断开直流稳压电源。

2. 要正确选择电压表和电流表的量程，在一组实验数据测量过程中，一般不得随意改变测量量程。

【数据表格及数据处理】

表 3-4　验证欧姆定律——电阻 $R(R_0 = 500\ \Omega)$ 一定时，电流强度 I 与电压 U 的正比关系

U(V)	1.00	2.00	3.00	4.00	5.00	6.00
I(mA)						
$R_{测}$(Ω)						
$|R_0 - R_{测}|$(Ω)						

表 3-5　验证欧姆定律——电阻 $U(U_0 = 3.00\ V)$ 一定时, 电流强度 I 与电阻 R 成反比的关系

$R(\Omega)$	500	600	700	800	900	1 000
$I(\text{mA})$						
$U_{测}(V)$						
$\lvert U_0 - U_{测}\rvert(V)$						

表 3-6　伏安法测量高值电阻　　　　　　$R_{电阻标称} = $ _____ (Ω);　内阻 $R_A = $ _____ (Ω)

$U(V)$	1.00	2.00	3.00	4.00	5.00	6.00
$I(\text{mA})$						
$R(\Omega)$						
$R_x = R - R_A(\Omega)$						
$E_{R_x} = \dfrac{\Delta U}{U} + \dfrac{\Delta I}{I}(\text{k}\Omega)$						
$\Delta R_x = E_{R_x} \cdot R_x(\text{k}\Omega)$						
$R_x = R_x \pm \Delta R_x(\text{k}\Omega)$						

表 3-7　伏安法测量低值电阻　　　　　　$R_{电阻标称} = $ _____ (Ω);　内阻 $R_V = $ _____ (Ω)

$U(V)$	0.50	1.00	1.50	2.00	2.50	3.00
$I(A)$						
$R(\Omega)$						
$R_x = R\left(1 + \dfrac{R}{R_V}\right)(\Omega)$						
$E_{R_x} = \dfrac{\Delta U}{U} + \dfrac{\Delta I}{I}(\Omega)$						
$\Delta R_x = E_{R_x} R_x(\Omega)$						
$R_x = R_x \pm \Delta R_x(\Omega)$						

【实验后记】

【思考题】

1. 试画出滑动变阻器的分压式接法和限流式接法的电路图,并根据电路原理图说明滑线变阻器各起什么作用?（画电路原理图时要用直尺、铅笔来画,各电路元件要使用标准图形符号和标准英文符号表示。）

2. 如果有一只四位可调电阻箱（其阻值可直接从度盘读出）,你能否利用图 3-8 所示的电路测算出电压表内阻 R_V 和电流表内阻 R_A 的近似值? 如果可以,请说明具体的实验步骤和计算方法?

3. 滑线变阻器作分压式使用时,已知 R_{AB} 间的总电阻为 R_0,R_{BC} 间的电阻为 R_x。现将负载电阻 R 并联到 R_{BC} 上,试计算:$R \gg R_0$ 和 $R = R_0$ 时,R_{BC} 间的电压分别为多少? 根据此计算结果,请归纳一下怎样正确地选择和使用滑动变阻器（R_0 的选择）?

实验十五　线性电阻和非线性电阻的伏安特性曲线

【实验目的】

1. 学习测绘线性电阻和非线性电阻的伏安特性曲线。
2. 练习电压表、电流表、滑线变阻器的使用及各种基本电路的连接。

【实验仪器和用具】

直流稳压电源、电流表、电压表、滑线变阻器、单刀单掷开关、待测金属膜电阻、待测钨丝小灯泡、待测晶体二极管。

【实验原理】

根据欧姆定律,测量待测电阻的阻值 R,只需测得 R 中流过的电流 I 和 R 两端的电压 U,即可由 $R=U/I$ 求得电阻的阻值。

对于一般金属导体,加于其两端的电压 U 与流过的电流 I 成正比,如果用实验曲线来表示这一特性,即用纵轴表示通过电阻的电流,横轴表示与之相对应的电阻两端的电压,则所得曲线为一直线(如图 3-9 所示),这一直线称为该电阻的伏安特性曲线。该直线斜率的倒数就是其电阻值,这类电阻叫线性电阻。

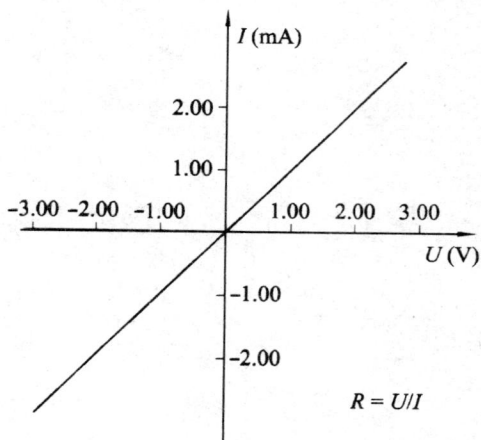

图 3-9　金属膜电阻的伏安特性曲线　　　　图 3-10　二极管的伏安特性曲线

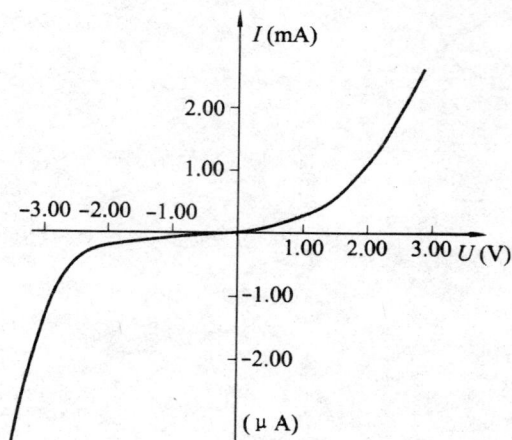

另外还有一些电阻,它们的电阻值随加在它两端的电压变化而变化,它们的伏安特性曲线不是一条直线而是一条曲线,这类电阻叫非线性电阻。其伏安特性曲线上各点的电压与电流的比值不是一个定值。它的电阻值定义为 $R=dV/dI$,由曲线上各点处的斜率

求得,但各点所得值不同。

　　晶体二极管是一种典型的非线性元件,通常用如图 3-12 中的符号来表示。箭头所指方向为晶体二极管正向电流的方向。其伏安特性曲线如图 3-10 所示。当二极管加正向电压时(即二极管"＋"极接高电位,"－"极接低电位)就产生正向电流,但当正向电压较小时,由于外加电场还不足以克服内部电场对载流子扩散运动所造成阻力,因此这时正向电流很小,二极管呈现的电阻较大。当所加正向电压超过某一定电压(这个电压通称为死区电压,其数值随管子材料和温度的不同而不同)后,内部电场被大大削弱,二极管的电阻变得很小,电流增长很快,二极管呈导通状态。相反,若在二极管上加反向电压(即管子的"－"极接高电位,"＋"极接低电位),当电压较小时,反向电流很小,管子呈高阻状态(截止);当反向电压增加到二极管的击穿电压时,反向电流剧增,二极管被击穿,此时其电阻趋于零。

【实验内容及步骤】

　　(一)测绘金属膜电阻的伏安特性曲线

　　1. 按图 3-11 接好线路,图中 $R \gg R_{mA}$,将分压器调至输出电压为零的位置,电压表的量程的选择要适当。

　　2. 经教师检查线路后,接通电源,调节 C,使电压由零逐步增大(如取 U 为 $0.00\ V$, $0.50\ V$, $1.00\ V$, $1.50\ V$, $2.00\ V$, …),读出相应的电流值。

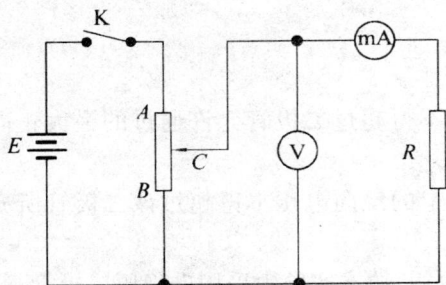

图 3-11　测金属膜电阻伏安特性电路　　　　　图 3-12　测二极管正向伏安特性电路

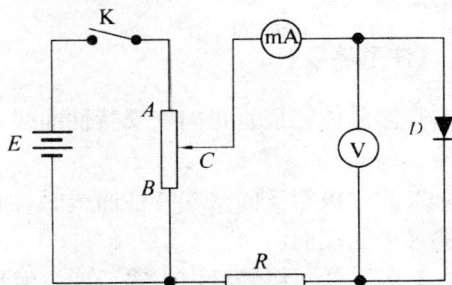

　　3. 将电压调至零,切断电源,改变加在 R 上电压的方向(可把 R 调转 $180°$接上),接通电源,取电压由零逐步增大(可取 $0.00\ V$, $-0.50\ V$, $-1.00\ V$, $-1.50\ V$, $-2.00\ V$, …),读出相应的电流值(因为 R 转了 $180°$,这时电流是负值)。

　　4. 将数据填入预先设计好的表格上,并以电压为横轴,电流为纵轴,绘出金属膜电阻 R 的伏安特性曲线。

　　(二)测绘钨丝小灯泡的伏安特性曲线

　　因钨丝小灯泡的电阻 R 较小,故需采用电流表外接电路(即将电压表并接在灯泡上,然后再串接电流表)。

　　重复[实验内容和步骤](一)中的步骤 2,将测量数据记入表格,并绘出其伏安特性曲线。

（三）测绘晶体二极管的伏安特性曲线

测量前先记下所用晶体管的型号（为测出反向电流而采用锗管）和主要参数（最大正向电流和最大反向电压），并判别其正负极。

1. 为测得晶体二极管的正向伏安特性曲线，可按图 3-12 所示电路接线，图中 R 为保护晶体二极管的限流电阻。电压表的量程取 3.00 V 左右，经教师检查线路后，接通电源，缓慢增加电压（如取电压为 0.00 V，0.20 V，0.40 V，…，在电流变化大的地方电压间隔应取小些），读出各电压对应的电流值记入表格中，最后将电压调回零，断开电源。

2. 为测得晶体二极管的反向伏安特性曲线，可按图 3-13 连接电路，将电流表换为微安表，电压表量程取 7.50 V 左右，接通电源，逐渐增加电压（电压可取 0.00 V，2.00 V，4.00 V，…）读出各电压对应的电流值，记入表格。最后电压调至零，然后断开电源。

检查数据无错误和遗漏后，拆除电路、整理仪器用具。

3. 以电压为横轴、电流为纵轴，绘出晶体二极管的伏安特性曲线。

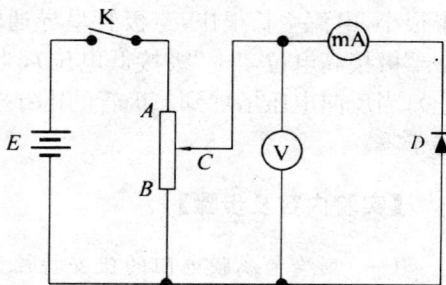

图 3-13　测二极管反向伏安特性电路

由于正向电流读数以毫安为单位，反向电流读数以微安为单位，且正反向电压值也相差较大，故在对应的坐标轴上正、负半段可取不同的刻度单位（但要标注清楚）。

【注意事项】

1. 测晶体二极管正向伏安特性曲线时，电流值不得超过二极管允许通过的最大正向电流。

2. 测二极管反向伏安特性曲线时，加在二极管上的反向电压不得超过该二极管所允许的最大的反向电压。

3. 因一般二极管反向击穿后即被毁坏而不能再用，故本实验中采用硅稳压二极管，这种晶体管反向击穿时，即在二极管两极间得一稳定的电压降，起到稳定电压的作用而不被损坏。

【实验数据表格】

实验数据表格自行设计。

实验数据处理：

1. 绘出金属膜电阻的伏安特性曲线；

2. 绘出钨丝小灯泡的伏安特性曲线；

3. 以电压 U 为横轴、电流 I 为纵轴，绘出晶体二极管的伏安特性曲线。

【实验后记】

【思考题】

1. 在图 3-12 和图 3-13 中,电流表的接法有何不同? 为什么要采用不同接法?

2. 如何作出电阻的伏欧特性曲线(V-R 曲线)? 金属膜电阻与晶体二极管的伏欧曲线各具有什么特性? 能否由测量数据大致描述其伏欧曲线的形式?

3. 一个标有"24 V,5 W"的钨丝灯泡,已知加在灯泡上的电压 U 与通过的电流 I 之间的关系为 $I=CU^n$,其中 C,n 是与灯泡特性有关的物理常数,用实验方法测定 C,n 值。

(1)画出实验电路图;
(2)简述用图解法求出 K 和 n 的主要步骤。

实验十六　电表的改装和校正

【实验目的】

1. 掌握将微安表表头改装成不同量程的电流表、电压表的原理和方法。
2. 学习校正电流表和电压表的方法。

【实验仪器和用具】

黄岛校区：直流稳压电源、微安表表头、多位电阻箱、C31-mA 直流电流表、C31-V 直流电压表、固定电阻、滑线变阻器、单刀单掷开关。

四方校区：DG-Ⅱ电表改装与校准实验仪，有关仪器的详细介绍请看本实验后的附件。

【实验原理】

微安表（表头）只允许通过很小的电流（微安级），故只能直接测量很小的电流和电压。如果要用来测量较大的电流和电压。就必须将微安表加以改装扩大其量程。我们在实验中实际使用的各种直流电压表、直流电流表都是由标准表头与适当的电阻网络组合而构成的。

（一）将微安表改装为毫安级电流表

用于改装的微安表，我们习惯上称为"表头"，电路符号为 G。

使表头指针偏转到满刻度所需的电流 I_g 称为表头的"量程"（这个电流越小，表头的灵敏度就越高），表头线圈的电阻 R_g 称为表头"内阻"，这是表头的两个主要参数。

一般情况下，表头的 I_g 是很小的。要想改装成能测量大电流的电表，就要扩大其测量的量程，而扩大测量电流量程的办法就是在表头上并联一个满足一定要求的分流电阻 R_s，如图 3-14 所示，这样使被测电流大部分从 R_s 上流过，而表头本身仍保持原量程。

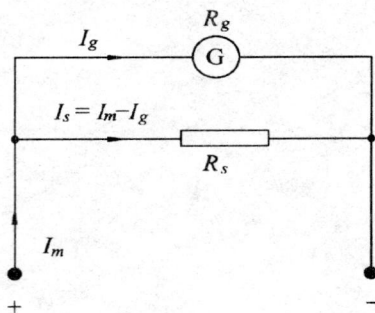

图 3-14　并联分流电阻 R_s 改表头为电流表

设要改装电流表的量程为 $I_m = nI_g$，是表头满度电流的 n 倍，则根据欧姆定律得

$$I_g R_g = (I_m - I_g)R_s = (n-1)I_g R_s$$

表头满度电流为 I_g，总电流 $I = I_m = nI_g$，所以

$$R_S = \frac{1}{n-1} \cdot R_g \tag{1}$$

即若要将表头量程扩大 n 倍，只需在该表头上并联一个阻值为 $\dfrac{1}{n-1} \cdot R_g$ 的分流电阻 R_S 即可。

扩大量程后的电流表，其等效量程为 $I_m = nI_g$，其等效内阻

$$R_A = R_g /\!/ R_S = \frac{R_g R_S}{R_g + R_S} = \frac{1}{n} \cdot R_g$$

其中：$R_g /\!/ R_S$ 表示 R_g 与 R_S 并联的等效电阻。

例： 将量程为 $I_g = 100\ \mu A$，内阻 $R_g = 1\ 000\ \Omega$ 的微安表头改装成量程为 $I_m = 10\ mA$ 的毫安表，需并联多大的分流电阻 R_S？

解： 因为 $n = \dfrac{10 \times 10^{-3}}{100 \times 10^{-6}} = 100$，所以

$$R_S = \frac{1}{n-1} R_g = \frac{1}{100-1} \times 1\ 000 = 10.1(\Omega)$$

在微安表头上并联阻值不同的分流电阻，便可以将表头改装成不同量程的电流表。实际使用中往往在一个表头上并联上几个串联电阻，构成多量程的电流表（如万用表的电流挡），这时各电阻值的计算会略有不同。

例： 图 3-15 是将一只参数为 $I_g = 100\ \mu A$，$R_g = 1\ 000\ \Omega$ 的表头，改装成具有两个量程 $I_{m1} = 1.00\ mA$，$I_{m2} = 10.0\ mA$ 的电流表的实用电路。其分流电阻 R_1 和 R_2 可用下述方法算出：

(1) 先按小电流程 $I_{m1} = 1\ mA$，计算各分流电阻之和 $R_S = R_1 + R_2$，因 $n = \dfrac{1.00 \times 10^{-3}}{100 \times 10^{-6}} = 10$，所以

$$R_S = \frac{1}{n-1} \cdot R_g = \frac{1}{9} R_1 \qquad (2)$$

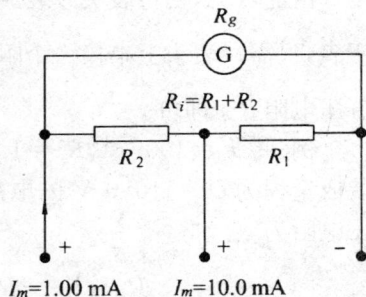

图 3-15　多量程电流表的改装

(2) 计算量程为 $I_{m2} = 10.0\ mA$ 的分流电阻 R_1，由图 3-15 可知

$$I_g(R_g + R_2) = (I_{m2} - I_g)R_1$$

而

$$I_{m2} = nI_g = 100I_g, \quad R_2 = R_S - R_1$$

所以

$$I_g(R_g + R_S - R_1) = I_g \cdot (100-1) \cdot R_1$$

$$R_g + \frac{1}{90}R_g = 100R_1$$

即

$$R_1 = \frac{1}{90}R_g \qquad (3)$$

又

$$R_g = 1\ 000(\Omega)$$

所以　$R_1 = \dfrac{1\ 000}{90} = 11.11(\Omega)$，$R_S = \dfrac{1\ 000}{9} = 111.1(\Omega)$，$R_2 = R_S - R_1 = 100.0(\Omega)$

改装后的电流表其内阻分别为：

10.0 mA 量程时 $R_{A2} = R_1 /\!/ (R_g + R_2) = \dfrac{11.0}{1\ 000}R_g = 11.0(\Omega)$

1.00 mA 量程时 $R_{A1}=(R_1+R_2)/\!/R_g=\dfrac{1.00}{10}R_g=100.0(\Omega)$

用电流表测量电流时,电流表必须串接在被测量电路中。为了减小串入电流表对电路的影响要求电流表的内阻要尽可能小。

(二)将微安表表头改装为电压表

微安表表头本身也可用来测量电压,但其能测量的电压是很低的,最大电压 U_m 仅为 I_gR_g。以 $I_g=100\ \mu A,R_g=1\ 000\ \Omega$ 的表头为例,其可以直接测量的电压最大为 $U_m=100\times10^{-6}\times1\ 000=0.100(V)$。

为了能使用微安表表头测量较高的电压,可如图 3-16 所示,在表头上串联一个适当的分压电阻,这样可使被测电压大部分降在 R_H 上,而表头上的压降仍保持在较小的量值上(最大为 I_gR_g)。

设表头量程为 I_g,欲改成量程为 U_m 的电压表,由欧姆定律可得 $I_g(R_g+R_H)=U_m$,所以

$$R_H=\dfrac{U_m}{I_g}-R_g \qquad (4)$$

由此可见,要将表头改装成量程为 U_m 的电压表,只需在表头上串接一个阻值为 $\dfrac{U_m}{I_g}-R_g$ 的分压电阻 R_H 即可。

例:将 $I_g=100\ \mu A,R_g=1\ 000\ \Omega$ 的表头改装成量程为 $U_m=10.0\ V$ 的电压表需串联的分压电阻为

图 3-16　串联分压电阻 R_H 改表头为电压表

$$R_H=\dfrac{U_m}{I_g}-R_g=\dfrac{10.0}{100\times10^{-6}}-1\ 000=9.90\times10^4(\Omega)$$

串联不同的分压电阻,可以将表头改装成不同量程的电压表,不同量程所需的分压电阻可按(4)式计算。

使用电压表时,电压表要并接在被测电路上,为减小并接电压表对原电路的影响,要求电压表要有尽可能高的内阻。

【实验内容及步骤】

(一)电流表的改装与校正

1. 根据实验室给定表头(微安表)的满度电流 I_g、内阻 R_g,以及要求改装电流表的量程 I_m,由(1)式算出应并联的分流电阻 R_S 的阻值。

2. 用多位电阻箱调出相应的电阻值 R_S,与表头并联组成改装电流表。按图 3-17 接好电路,其中一定要按要求接好保护电阻,因为,电流表是低电阻的,电路中如果不接限流保护电阻,将可能直接导致通过电流表的电流过大,从而烧毁电流表的线圈,损坏直流稳压电源等实验仪器。

3. 检查电路无误后,接通电源。

4. 调节滑动变阻器,使改装电流表的读数逐渐增至满度,作满度校正:观察当改装表

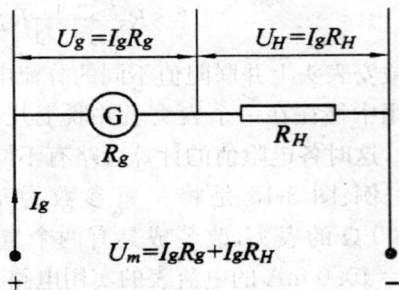

指针指到满刻度时,标准表指针是否指到相应的数值。如果两者略有差异,应通过微调多位电阻箱的电阻值 R_S,使当改装表指针指到满刻度时,标准表指针也指到相应的数值。记录这时的 R_S 实验值。

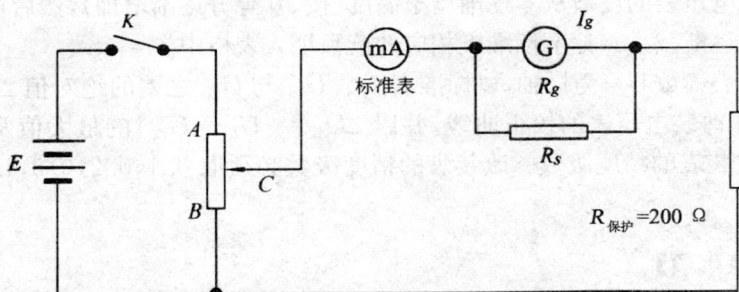

图 3-17　改装电流表的校正电路

5. 调节滑动变阻器,改变工作回路中的电流,使改装表读数由零增至满刻度(按 10 等分逐渐增加),同时记录标准表相应的电流强度值。然后再逐渐减至零(仍按 10 等分逐渐减小),同样,记录标准表相应指示的电流强度值,填入实验数据表格中。

6. 以改装表的计数 $I_{改}$ 为横轴,以标准表读数 $I_{标}$ 与 $I_{改}$ 之差的绝对值 $\Delta I_{校} = |I_{标} - I_{改}|$ 为纵轴,在坐标纸上作出改装表的校正曲线,并以 $\Delta I_{校} = |I_{标} - I_{改}|$ 的最大值及改装表的量程 $I_{改m}$,计算改装表的精度级数。在确定改装表精度级数的过程中,另一个考虑的重要因素是组成改装表的主要部件——表头本身的精度级数对系统精度的影响。改装表的精度级数必须取 $0.1,0.2,0.5,1.0,1.5,2.0,5.0$ 系列值。

(二)电压表的改装与校正

1. 根据实验室给定表头的 I_g,R_g,以及所要改装成的电压表的量程 U_m,由(4)式算出应串联的分压电阻 R_H。

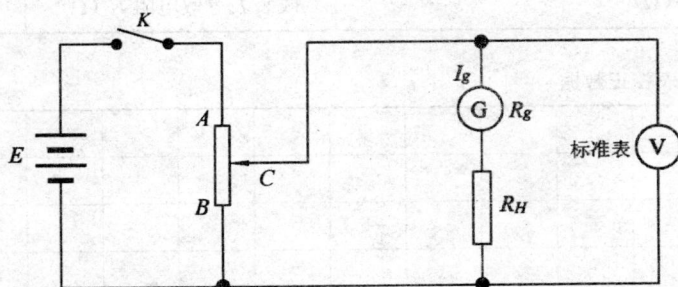

图 3-18　改装电压表的校正电路

2. 用多位电阻箱调出相应的电阻值 R_H 与表头串联组成电压表。将改装表与标准表按图 3-18 接好电路。

3. 检查电路无误后,接通电源。

4. 调节滑动变阻器,使改装电压表的读数逐渐增至满度,作满度校正:观察当改装表指针指到满刻度时,标准表指针是否指到相应的数值。如果两者略有差异,应通过微调多位电阻箱的电阻值 R_H,使当改装表指针指到满刻度时,标准表指针也指到相应的数值。记录这时的 R_H 实验值。

5. 使改装电压表的读数从零逐渐增至满度(按 10 等分逐渐增加),然后再逐渐减至零(仍按 10 等分逐渐减小),记下标准表相应的读数填入表格中。

6. 以改装表读数 $U_{改}$ 为横轴,以标准表读数 $U_{标}$ 与 $U_{改}$ 之差的绝对值 $\Delta U_{校}=|U_{标}-U_{改}|$ 为纵轴,作改装电压表的校正曲线,并以 $\Delta U_{校}=|U_{标}-U_{改}|$ 的最大值及改装表之量程 $U_{改}$,计算改装表的精度级数。改装表的精度级数必须取 0.1,0.2,0.5,1.0,1.5,2.0,5.0 系列值。

【实验注意事项】

1. 实验中所用的分流电阻与分压电阻要计算准确,选用时也要尽量保证准确。

2. 校正改装表时,每次读数都应使改装表取整数,按 10 等分逐次增减,相应标准表两次读数取平均值。

3. 作校正曲线时,各校正点以直线相连,校正曲线一般为折线形式。

【实验数据记录及处理】

表 3-8　微安表表头参数

满度电流 $I_g(\mu A)$	
内阻 $R_g(\Omega)$	

表 3-9　电流表的改装与校正

改装表量程 $I_m(mA)$		校正后配置电阻 $R'_S(\Omega)$	
配置电阻 $R_S(\Omega)$		改装表等效电阻 $R_I(\Omega)$	

表 3-10　改装电流表校正数据

$I_{改}(mA)$										
$I_{标}(mA)$	升									
	降									
	平均									
$\Delta I_{标}=|I_{标}-I_{改}|(mA)$										

实验数据处理:

在坐标图上作 $I_{改}$-$\Delta I_{校}$ 校正曲线。

根据精度级数的定义,确定改装电流表的精度级数:

$$K=\frac{|\Delta I_{max}|}{I_m}\times 100=\underline{\qquad}\Rightarrow\underline{\qquad}$$

表 3-11　电压表的改装与校正

改装表量程 U_m(V)		校正后配置电阻 $R_H{}'$(Ω)	
配置电阻 R_H(Ω)		改装表等效电阻 R_V(Ω)	

表 3-12　改装电压表校正数据

$U_{改}$(V)									
$U_{标}$(V)	升								
	降								
	平均								
$\Delta U_{标}=\|U_{标}-U_{改}\|$(V)									

实验数据处理：

在坐标图上作 $U_{改}$-$\Delta U_{校}$ 校正曲线。

根据精度级数的定义，确定改装电压表的精度级数：

$$K=\frac{|\Delta U_{max}|}{U_m}\times100=\underline{\qquad}\Rightarrow\underline{\qquad}$$

【实验后记】

【思考题】

1. 校正电流表时，如发现改装表读数相对于标准表读数都偏高，说明分流电阻值偏大还是偏小？

2. 校正电压表时，如发现改装表读数相对于标准表读数都偏低，说明分压电阻值偏大还是偏小？

[附]DG-Ⅱ电表改装与校准实验仪简介

DG-Ⅱ电表改装与校准实验仪仪器面板包括：待改装电表（毫安表）、数字标准电压表、数字标准电流表、数显可调稳压电源、五位十进制电阻箱 R_0、高精度标准电阻（R_1，R_2）、变阻器 R_P 和专用导线等。

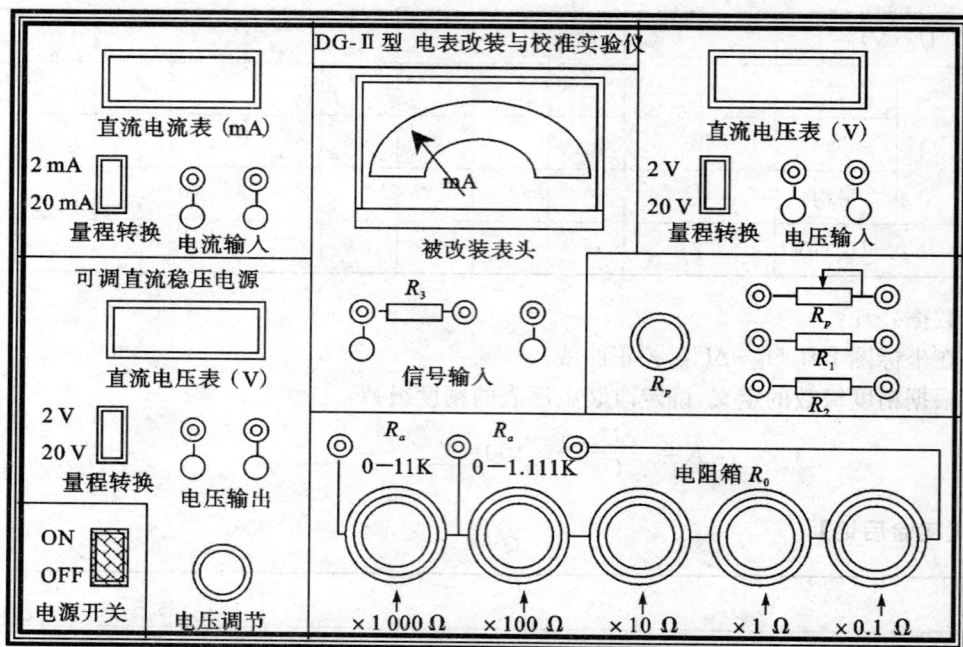

图 3-19　DG-Ⅱ型电表改装与校准实验仪

本仪器面板分为 7 个模块，其功能分别对应如下：

1. 仪器电源开关：电源接通时，电源指示灯亮。

2. 待改装电表（G）：其输入端的正极对应于红色插孔"＋"，负极对应于黑色插孔"－"；其输入正端"＋"跨接标准电阻"R_3"至黄色插孔，此黄色插孔为毫安表的保护端，R_3 ＝2.00 kΩ。

3. 数字标准直流电流表（A）：分 2 mA，20 mA 两挡，通过"量程转换"开关来选择量程，其输入端的正极对应于红色插孔"＋"，负极对应于黑色插孔"－"；三位半 LED 数字表显示，精度 0.5 级。

4. 数字标准直流电压表（V）：分 2 V，20 V 两挡，通过"量程转换"开关来选择量程，其输入端的正极对应于红色插孔"＋"，负极对应于黑色插孔"－"；三位半 LED 数字表显示，精度 0.5 级。

5. 可调直流稳压电源（E）：其电压输出的范围分 2 V 和 20 V 两挡，通过"量程转换"开关选择，输出电压的高低通过"电压调节"电位器进行调节，顺时针调节旋钮为增加输出电压，反之，逆时针调节旋钮为降低输出电压。其输出端的正极对应于红色插孔"＋"，负极对应于黑色插孔"－"。

6. 变阻器 R_p、标准电阻 R_1、标准电阻 R_2：

(1)R_p：10 圈可调电位器，阻值范围：0～1 kΩ。

(2)R_1，R_2 为高精度标准电阻：$R_1=200\ \Omega$，$R_2=2\ k\Omega$，精度 0.5 级。

7. 电阻箱 R_0：十进制标准电阻箱。

(1)$R_0=R_a+R_b$ 阻值范围：0～11.111 kΩ，步进值：0.1 Ω。

(2)R_a：十进制标准电阻箱，阻值范围：0～10 kΩ；步进值：1 kΩ。

(3)R_b：十进制标准电阻箱，阻值范围：0～1.111 kΩ；步进值：0.1 Ω。

（本实验项目内容由陈畅负责编写）

实验十七　直流单臂电桥及其使用

【实验目的】

学习直流单臂电桥测电阻的原理,并熟练掌握其使用方法。

【实验仪器和用具】

电桥比例臂、QJ23 箱式直流单臂电桥、检流计、电阻箱、直流稳压电源、1 号待测电阻板、2 号待测电阻板。

【实验原理】

电阻是基本电学量之一,电阻按阻值的大小可分为三类,各用不同方法测量:①1 Ω 以下的电阻称低阻值电阻,用双臂电桥进行测量;②$10^5$ Ω 以上为高阻值电阻,用冲击电流计法进行测量;③$1\sim10^5$ Ω 的称为中阻值电阻,用直流单臂电桥进行测量。

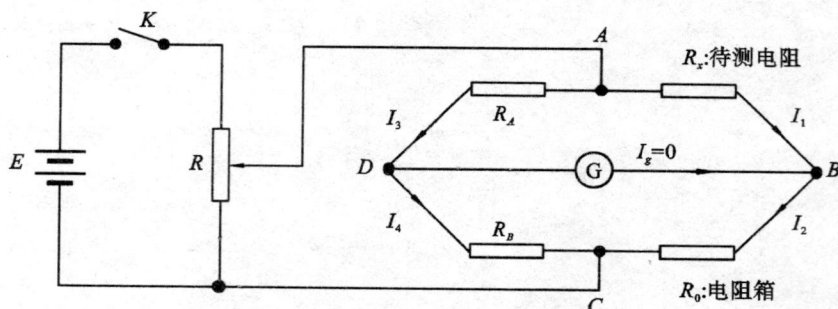

图 3-20　直流单臂电桥原理图

直流单臂电桥(又称惠斯登电桥)原理如图 3-20 所示,已知电阻 R_A,R_B,电阻箱 R_0 和待测电阻 R_x 组成电桥的四个臂,检流计 G 用以检查 B,D 两点是否等电位。通常情况下 B,D 两点电位不等,则检流计中有电流流过。通过适当地调节电阻箱 R_0,可以使 $I_g=0$,我们称电桥达到了平衡状态。电桥平衡时经过分析可以得出:

$$U_{AD}=U_{AB},U_{DC}=U_{BC}$$

亦即

$$I_1 \cdot R_x = I_3 \cdot R_A,I_2 \cdot R_0 = I_4 \cdot R_B$$

又因

$$I_g=0$$

所以

$$I_1=I_2,I_3=I_4$$

故得

$$\frac{R_x}{R_0} = \frac{R_A}{R_B}$$

所以

$$R_x = \frac{R_A}{R_B} \cdot R_0 \tag{1}$$

所以,当电桥平衡时,可由此时的 R_A, R_B, R_0 值方便地求得待测电阻 R_x。其中,R_A,R_B 称为电桥的比率臂,R_0 称为电桥的比较臂。

【实验装置】

(一)单臂电桥比例电阻

图 3-21 是单臂电桥比例电阻的结构图,图 3-22 为接线图。R_A,R_B 组成电桥的比率臂,待测电阻 R_x 和电阻箱 R_0 分别接在 1,3 和 3,4 接线柱上,接线柱 2 与 3 之间接入检流计 G,1,4 间接入电源、开关及滑线变阻器。

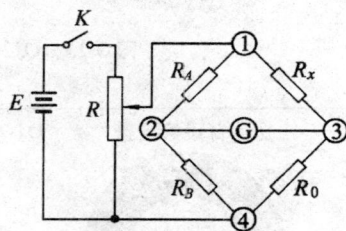

假定取电阻比例为 1,则有 $R_A/R_B \approx 1$,当电桥平衡时,则有

$$R_x = \frac{R_A}{R_B} \cdot R_0 \approx R_0 \tag{2}$$

这样从电阻箱所配置的电阻值 R_0,就可由(2)式计算出待测电阻 R_x。

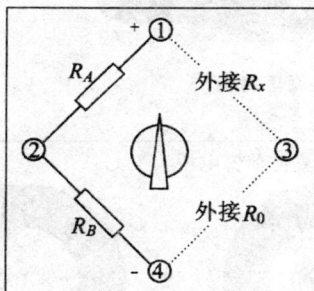

图 3-21　单臂电桥比例电阻　　　图 3-22　电桥比例臂测电阻线路图

实际上,电阻 R_A,R_B 不可能严格相等,那么用 $R_A/R_B = 1$ 代入(2)式计算 R_x 必将引入较大的误差。为消除这一系统误差,应首先调节 R_0 至 R' 使电桥达到平衡,有

$$R_x = \frac{R_A}{R_B} \cdot R_0'$$

保持 R_A,R_B 值不变,将待测电阻 R_x 与电阻箱 R_0 位置对调,重新调节 R_0 至 R_0'' 使电桥达到平衡,这时将有

$$R_x = \frac{R_B}{R_A} \cdot R_0''$$

则　　　　　　　　　　　　　　$$R_x = \sqrt{R_0' R_0''}$$

这样就消去了 R_A,R_B,当然也就与电阻比例臂无关了。

(二)QJ23 型箱式直流单臂电桥

图 3-23 为 QJ23 型直流单臂电桥实物,图 3-24 为其面板布置图,由图可以看到电桥

的比率臂 P 旋钮可以改变 R_A/R_B 值,故 P 旋钮称为比率旋钮,并在 P 旋钮各位置上标出相应的 R_A/R_B 值($1\,000,100,10,1,0.1,0.01,0.001$)。比较臂 R_0 为一四旋钮电阻箱($\times 1\,000,\times 100,\times 10,\times 1$),其阻值可在 $0\sim 9\,999\ \Omega$ 之间变化。这样当电桥平衡时,待测电阻值为

$$R_x=\frac{R_B}{R_A}\cdot R_0=KR_0$$

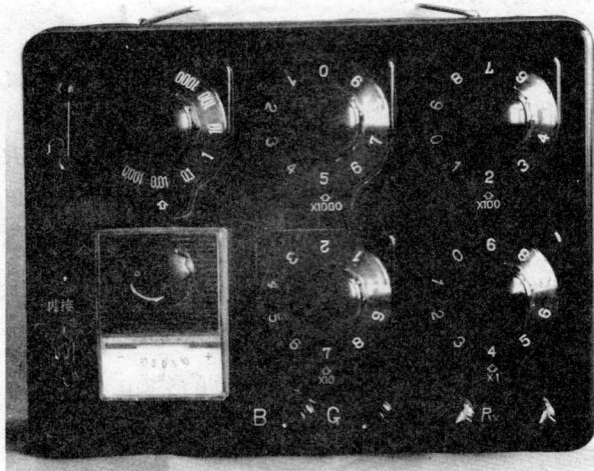

图 3-23　QJ23 型箱式直流单臂电桥

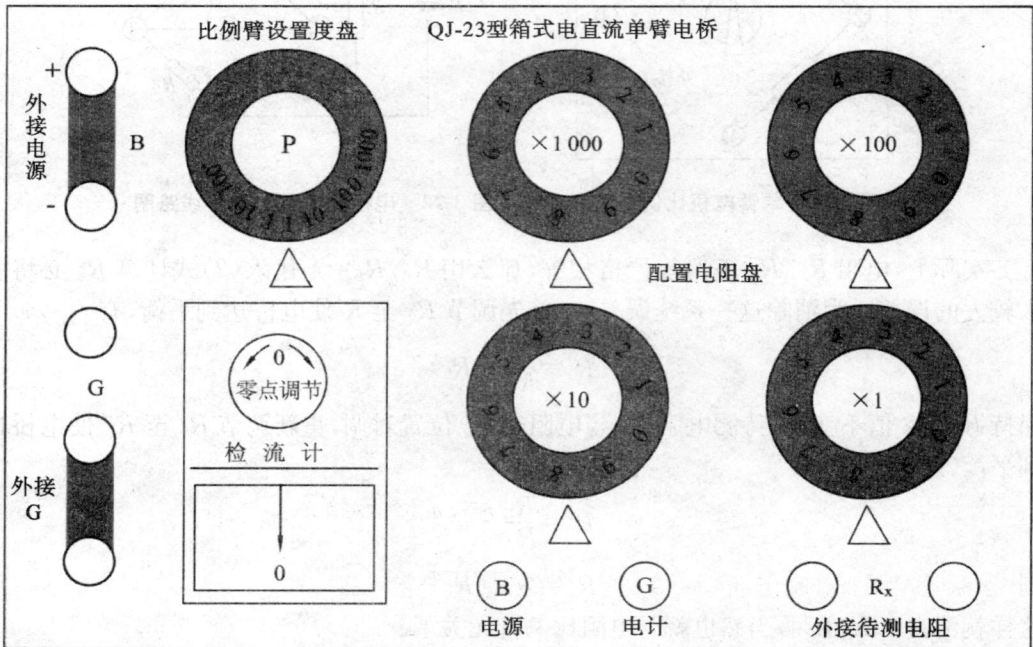

图 3-24　QJ23 型直流单臂电桥面板布置

QJ23 型直流单臂电桥内部装有检流计及电源（3 节 2 号电池串联），使用时将待测电阻接到电桥的 R_x 处，根据 R_x 的大致数值，选定合适的比率值 P（选比率值的原则是：测量 R_x 时，R_0 的值必须是四位有效数字，即 R_0 的值必须是在 1 000～9 999 Ω 之间）。

"B"为电源开关按钮，"G"为检流计电路的接通按钮，按下则开关接通。使用时应先按"B"，后按"G"；放开时则应先放开"G"，后放开"B"。若要提高测量的精度，可外接电源及灵敏度更高的检流计，这时需将有关连接片位置相应加以变动。

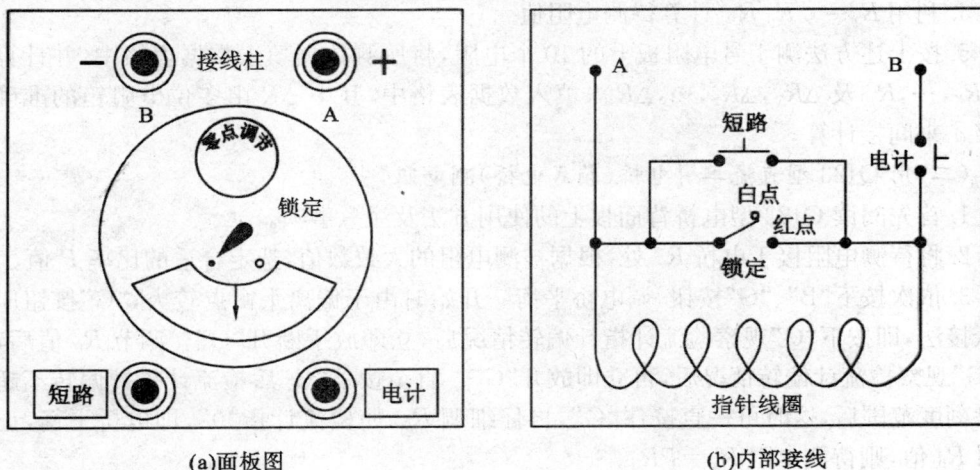

(a)面板图 (b)内部接线

图 3-25　AC5/3 型指针式直流检流计

（三）检流计

本实验所用检流计为 AC5/3 型指针式直流检流计，其面板布置及内部接线如图 3-25 所示。"＋"、"－"接线柱为检流计接入端，"电计"与"短路"两按钮开关的作用如内部接线图所示，按下"电计"钮，检流计才与外电路接通，放手后按钮自动弹起从而切断检流计表头线圈与外电路的连接。（此按钮开关主要起保护检流计的作用，当按下"电计"钮时，若发现指针偏转过大，则马上放手，"电计"钮即自动弹起而切断检流计与外电路的连接，以保护检流计不被过大的电流所损坏。）"短路"钮按下时，将检流计表头线圈短路而使摆动的指针在磁阻尼的作用下很快停下来。调零旋钮用于：检流计不与外电路接通时，指针不指零位，则轻轻旋动该钮将指针调指"0"。锁定：检流计不用时应锁住，将其拨向红点位置，这时在内部将线圈短路，以免搬动检流计时线圈晃动而损坏检流计。

【实验内容及步骤】

（一）利用单臂电桥比例电阻自组电桥测电阻

1. 按图 3-22 接好电路，取 $R_A/R_B \approx 1$。

2. 调电桥平衡，先粗调后细调：

（1）粗调：调节滑线变阻器可以控制回路中电流的强弱，从而改变自组电桥的灵敏度，粗调时应让工作电流约为最大电流的 1/3，根据 R_x 的大致数值，选取 R_0 初始值。接通电源，改变 R_0 值时应从高位（×1 000 Ω）调起，找出使检流计指针偏转方向改变（过零点）的

两相邻 R_0 值,然后逐一向低位调节,找到使检流计指针不偏转的 R_0 值,这时电桥即已大致平衡。

(2)细调:将工作电流升高,这时再仔细调节 R_0 的十位和个位,使电桥平衡,记下此时的 R_0 值即为 R_0'。

3.为消除比例电阻的影响,将 R_0 与 R_x 位置对换,按上述步骤重新调电桥平衡,记下此时 R_0 值即为 R_0''。

4.利用 $R_x = \sqrt{R_0' R_0''}$ 计算待测电阻值。

5.按上述方法测 1 号电阻板上的 10 个电阻,将所测数据填入数据表格中,并计算出 $R_1, R_2, \cdots, R_{10}$ 及 $\Delta R_1, \Delta R_2, \cdots, \Delta R_{10}$,填入数据表格中,其中 ΔR 由多位电阻箱的准确度等级 a 来间接计算。

(二)用 QJ23 型直流单臂电桥(箱式电桥)测电阻

1.首先阅读 QJ23 型电桥背面板上的使用方法及注意事项。

2.将待测电阻接于电桥 R_x 处,根据被测电阻的大致数值,选定合适的比率 P 值。

3.依次按下"B"、"G"按钮,调电桥平衡。开始时由于偏离平衡点较大,"G"按钮应采用跃接法,即按下"G"观察检流计指针偏转情况后,立即放手断开"G"。调节 R_0 值后,再按"G"观察检流计偏转情况后,再立即放开"G"。直至按下"G"后检流计指针偏转不超过表盘刻度范围后,这时可一直按住"G",再仔细调 R_0 使检流计指"0",即电桥平衡,记下此时 R_0 值,则待测电阻 $R_x = PR_0$。

4.多位电阻箱的调节应采用逐步逼近法,即依次调节 R_0 的 $\times 1\,000, \times 100, \times 10, \times 1$ 挡,每挡都要找到使检流计指针偏转改变方向的两相邻 R_0 值,取其小者,再用下挡来增加 R_0 值,直至 $\times 1$ 挡,找到使检流计指"0"即使电桥平衡的 R_0 值,如果调至 $\times 1$ 挡,仍不能找到使检流计指零的 R_0 值,这时应取能使检流计指示最接近"0"的值为 R_0 值。

5.按上述步骤测量 2 号电阻板上的 4 个电阻,并将对应的 P, R_0, a 及计算得出的 R,ΔR 填入表 3-14 中。

箱式电桥测电阻时的绝对误差计算公式:

$$\Delta R_x = P(a\%R_0 + b\Delta R)$$

式中:a 为电桥的准确度等级;P 为测 R_x 时选用的比率值;R_0 为测 R_x 时,电桥平衡时的电阻箱的配置电阻值;b 为给定系数,当 a 为 0.01,0.02 时 $b=0.3$,当 a 为 $0.05 \sim 1.0$ 时 $b=0.2$;ΔR 为电桥上电阻箱部分的最小步进值(QJ23 型电桥的 $\Delta R = 1\ \Omega$)。

计算所测各 R_x 的绝对误差值 ΔR_x,填入数据表格中。

【实验数据表格】

表 3-13　自组电桥测电阻　　　　　　＿＿＿号电阻板　电阻箱精度等级 $a=$＿＿＿　　电阻单位:Ω

	R_0'	R_0''	$R_x = \sqrt{R_0' R_0''}$	ΔR_x	$R_x = R_x \pm \Delta R_x$
1					
2					
3					

（续表）

	$R_0{}'$	$R_0{}''$	$R_x=\sqrt{R_0{}'R_0{}''}$	ΔR_x	$R_x=R_x\pm\Delta R_x$
4					
5					
6					
7					
8					
9					
10					

表 3-14 箱式电桥测电阻　　　　　　　　　　　_____号电阻板　 电阻单位:Ω

	R_0	P	R_x	a	b	ΔR_x	$R_x=R_x\pm\Delta R_x$
1							
2							
3							
4							
5							
6							
7							
8							

【实验后记】

【证明题】

电阻箱的误差计算公式为 $\Delta R=R\cdot a\%$（其中 R 为电阻箱上取用的阻值，a 为电阻箱的准确度等级）。

证明：由式 $R_x=\sqrt{R_0{}'R_0{}''}$ 计算 R_x 的相对误差为 $E_{R_x}=(\Delta R_x/R_x)\times100\%=a\%$。

实验十八　　电位差计及其使用

【实验目的】

1. 学习并掌握电位差计的原理、结构和使用方法。
2. 掌握用箱式电位差计测量热电偶的热电势率的工作原理和数据处理方法。

【实验仪器和用具】

直流稳压电源、UJ-36a 型箱式电位差计、热电偶及加热装置、温度计、交流调压器。

【实验原理】

电动势是电源内部其他形式的能量转化为电能的量度,其大小反映了转化为电能而产生的电势差。根据全电路欧姆定律:

$$I = \frac{\varepsilon}{R+r}$$

对于电源而言,路端电压

$$U = \varepsilon - Ir$$

其中,ε 为电源电动势,I 为回路工作电流,r 为电源内阻。因此,电源电动势不能简单地用直流电压表直接测量。因为,当直流电压表连接电源形成闭合回路时,由于电源内阻产生的内压降,使电压表的读数并非为电源的电动势,而是该状态下电源的路端电压。要想准确地测量电源电动势,需要使通过电源的电流为零。

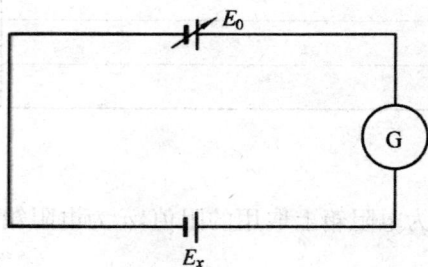

图 3-26　补偿法原理图　　　　　　图 3-27　电位差计工作原理图

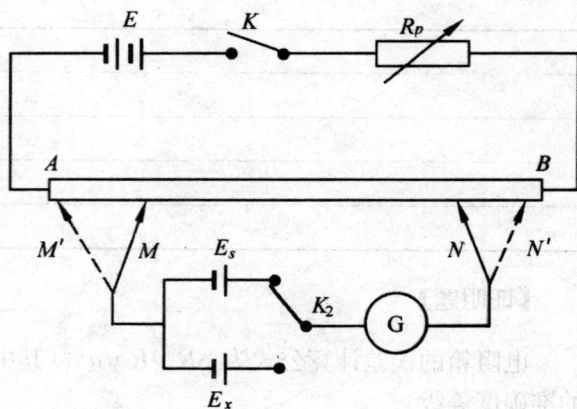

按图 3-26 连接电路,其中 E_0 是可调电压的电源,E_x 是待测电源的电动势。调节 E_0 使检流计中无电流流过,这表明在这个电路中两电源的电动势大小相等、方向相反,在数

值上有 $E_x = E_0$，这时我们称电路达到了补偿平衡。这样，若 E_0 已知，则 E_x 便可精确求得。

电位差计是基于补偿法原理测量电位差的仪器，其工作原理如图 3-27 所示。AB 为一均匀的电阻丝，E_S 为标准电池，E_x 为待测电源。整个电路通过 K_2 的动作可实现两个功能，即利用标准电池对电位差计定标和测量待测电源电动势。

测量时，先用标准电池 E_S 校准电位差计，确定 AB 电阻线上单位长度的电压率 U_0。将 E_S 并联在 R_{AB} 的 MN 段上（设 MN 段的长度为 L_S），调节电位器 R_P，使检流计上的电流 $I_G = 0$，这时 MN 段上的电压降就等于标准电池的电动势 E_S。因而有

$$U_0 = \frac{E_S}{L_S} \tag{1}$$

保持 U_0 不变，将 K_2 接到待测电源电动势 E_x 一边，即将 E_x 并联在 R_{AB} 上，移动 MN 至 M', N'，使检流计上的电流 $I_G = 0$，若 $M'N'$ 的长度为 L_x，则

$$E_x = U_0 L_x = \frac{L_x}{L_S} \cdot E_S \tag{2}$$

由此可知，只要知道标准电动势 E_S，并测量出 L_x, L_S，我们就可以间接地测得未知电动势 E_x。

【实验装置及其使用】

(一)UJ-36a 箱式电位差计

本实验室使用的箱式电位差计为 UJ-36a 型。

UJ-36a 箱式电位差计面板布置如图 3-28 所示。

UJ-36a 箱式电位差计原理电路如图 3-29 所示，E 为工作电源，E_S 为标准电池，E_x 为待测电动势（或电压），G 为晶体管放大检流计，R_P 为工作电流调节电阻，R_S 为标准电池电动势的补偿电阻，R_x 为被测电动势的补偿电阻，K 为转换开关（电键 K）。

UJ-36a 箱式电位差计的使用方法如下：

1. 将待测电动势接到"未知"两接线柱上（应特别注意待测电源的正负极性，如果该处极性接反，则仪器将无法调节到补偿平衡点）。

图 3-28　UJ-36a 型电位差计面板图

2. 利用表头上的调节螺钉，将检流计表头机械零点调零。

3. 将倍率钮旋至所需倍率位置，同时也接通了电位差计工作电源和检流计放大器的工作电源。预热 3 分钟后，调节"调零"旋钮使检流计指针指零。

4. 将电键 K 扳向"标准"位置，调节电流调节旋钮 R_P 使检流计指针指零，这样就调好了电位差计的工作电流。

5. 将电键 K 扳向"未知"位置，调节步进读数钮和滑线读数盘，使检流计指针指零。

这时,待测电动势 E_x 可按下式计算而得:

$$E_x = (步进钮读数 + 滑线盘读数) \times 倍率数$$

其中,滑线盘读数要估读到最小刻度的 1/10 位。

6. 连续使用时,为了避免仪器工作环境的温度变化对测量结果的影响,要经常调整工作电流,调校标准状态。

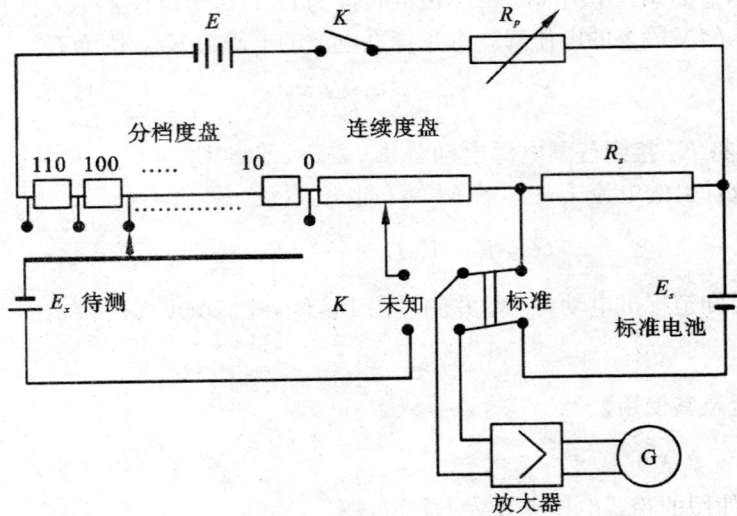

图 3-29　UJ-36a 型电位差计原理电路图

7. 使用完毕,倍率开关应置"断"位置,电键 K 应置中间位置。

本实验所用的 UJ-36a 型电位差计准确度等级为 0.1 级,在工作环境温度为 12～28℃时,测量的最大允许误差为

$$\Delta E_x = (0.1\% E_x + \Delta E)$$

式中:E_x 为测量值,ΔE 为电位差计的最小分度值。

UJ-36a 型电位差计的工作电源为 1 号干电池 4 节串联,检流计放大器工作电源为 9V6F22 型层叠干电池 2 节并联。

(二)热电偶及其加热装置

由两种不同的金属材料组成如图 3-30 所示的电路,当其接点 A,B 的温度不同时,由于材料的自由电子浓度不同,在材料的接触面上就会产生由自由电子热迁移形成的"塞贝克效应",即产生温差电动势,这两种金属的组合体称为热电偶。对于确定的两种金属材料,其温差电动势只与 A,B 两点的温度有关,而且如果回路中串接入第三种金属材料(如导线等),只要与第三种金属的两个接触点的温度相同,则整个回路中的温差电动势仍然只与 A,B 两端的温度有关,而与第三种金属的接入与否无关。

如果热电偶 A 端的温度为 t_1,B 端温度为 t_2,其温差电动势 E 与两端温差 (t_2-t_1) 的关系可写成:

$$E = \alpha(t_2 - t_1) + \beta(t_2 - t_1)^2$$

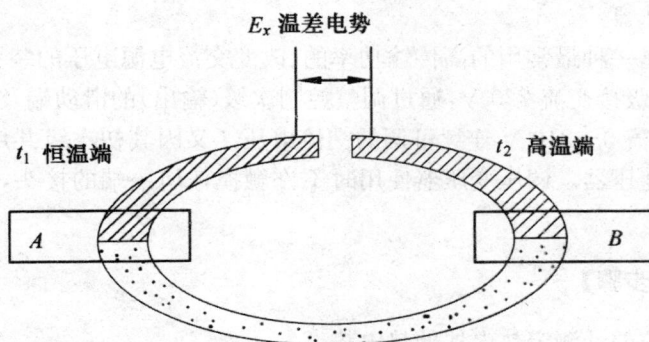

图 3-30　热电偶的结构

在指定的某一温度范围内(不同热电偶其温度范围不同)$\alpha \gg \beta$,因此,对于我们的实验而言,上式中的第二项可以略去,而得:

$$E=\alpha(t_2-t_1)$$

对于一定的热电偶的金属材料组合,α 为常数,称为热电偶的热电势率或热电势系数。

　　对于一个给定的热电偶来讲,一个热电动势的值就对应一个确定的温差,若已知 t_1,则可由热电动势推得 t_2,这就是利用热电偶来测量温度的基本原理。

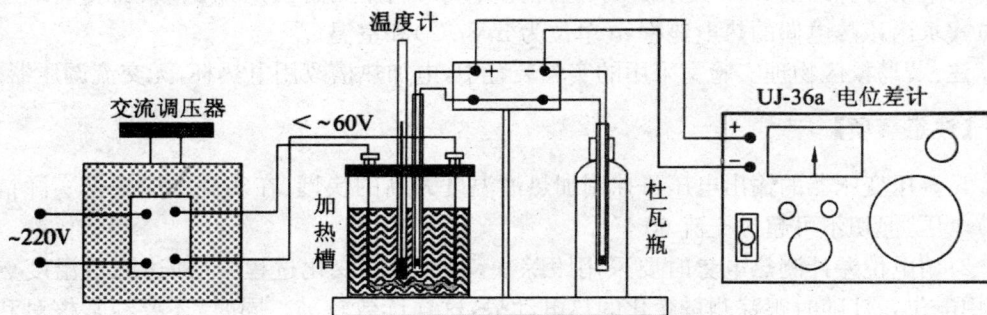

图 3-31　热电偶及加热装置

　　如果将热电偶一端温度 t_1 固定,改变另一端的温度 t_2,测出对应不同 t_2 下的温差电势 E,则得到 E 与 (t_2-t_1) 的关系曲线,并可由此计算出该热电偶的热电势率 α。

　　实验中 t_1 取为室温,有条件的可取为 0℃(即将冰块和盐水的混合物放入热电偶 A 端的接线盒中),如图 3-31 所示,B 端置于一加热槽中,加热槽中装有变压器油及加热用电热丝,电热丝由交流调压器(见图 3-32)供电(交流 0~60 V),B 端温度 t_2 由插在加热油中的温度计读出。

图 3-32　调压变压器

（三）调压变压器

调压变压器是一种最常用的高传输功率的、改变交流电源电压的装置，其原理为一带有铁芯的线圈，初级接交流 220 V，通过调整控制次级（输出）的滑动端及固定端之间的线圈匝数，可得到交流 0～240 V 连续可调的交流电压。又因其初次级共用一个线圈，故又称为自耦式调压变压器。调压变压器使用时不许触摸任何一端的接头，以免发生触电危险。

【实验内容及步骤】

利用箱式电位差计测定热电偶的热电势率：

1. 将从热电偶接线盒引出的导线与 UJ-36a 型箱式电位差计"未知"两接线柱相接（注意热电势的极性），将加热电炉丝的两端与调压变压器相接。

2. 按电位差计的使用方法调好电位差计。

3. 接通调压变压器电源，先将调压器输出调至零，接通电源后再调至所需电压，使变压器油由室温开始上升，从 50℃ 开始，测记热电偶的热电动势 E，每升高 5℃ 测记一次，直至温度升至 100℃，停止加热（将调压器输出调为零，并切断调压器的电源），让油冷却，每降低 5℃，再测量记录一次对应的热电动势。将同一温度下的两次读数平均，作为该温度下的热电动势。绘出 E-t_2 关系曲线（近似为直线），利用图解法的知识，从实验曲线上用两点式求出该热电偶的热电势率 α（单位为 mV/℃）和室温。

注：黄岛校区物理实验室采用的实验装置中，电加热槽改用电热杯，无交流调压器。

【注意事项】

1. 调压变压器的输出电压可控制加热油温度升高的快慢，在实验中应根据实际情况调节电压，但切不可超过交流 60 V！

2. 用电位差计测热电势时要采用跟踪法，即在温度变化过程中（到达测量温度点之前）用电位差计随时跟踪测量变化的热电动势，这样读数较准。同时，还要经常核对和校准电位差计的工作电流。

【实验数据记录表格】

表 3-15　测定热电偶的热电动势率的实验数据　　　　　　　　　加热电压：＿＿＿＿＿＿（V）

加热端温度 t_2 （℃）	热电动势 E（×0.2 mV）		平均热电动势 E （mV）
	升温	降温	
50.0			
55.0			
60.0			
65.0			
70.0			

（续表）

加热端温度 t_2 （℃）	热电动势 $E(\times 0.2\text{ mV})$		平均热电动势 E （mV）
	升温	降温	
75.0			
80.0			
85.0			
90.0			
95.0			
100.0			

实验数据处理：

作 t_2-E 实验曲线，利用图解法求出热电偶的热电动势率 α 和室温 t_1：

$$\alpha = \underline{\hspace{4cm}}(\text{mV/℃})$$
$$t_1 = \underline{\hspace{4cm}}(\text{℃})$$

【实验后记】

［附］标准电池

标准电池其电动势的时间稳定性非常好，在室温 20℃ 时，标准电池的电动势为 1.018 6 V。在温度变化为 t 时，标准电池的电动势按下式计算：

$$E_s(t) = E_s(20) - 39.94 \times 10^{-6} \times (t-20)^2 + 0.009 \times 10^{-6} \times (t-20)^3$$

在使用标准电池时应注意：

1. 标准电池只允许极微弱的电流通过（一般不超过 $10^{-3} \sim 10^{-6}$ A），否则将被损坏，因而常用一高值电阻与之串联使用。

2. 为了保护标准电池的稳定性，它只能作为电动势的标准量和电位差计配合使用，不可直接用作供电电源。

3. 正负极不能接错，不允许将正负极短路，亦不允许用电压表测量其两端电压。

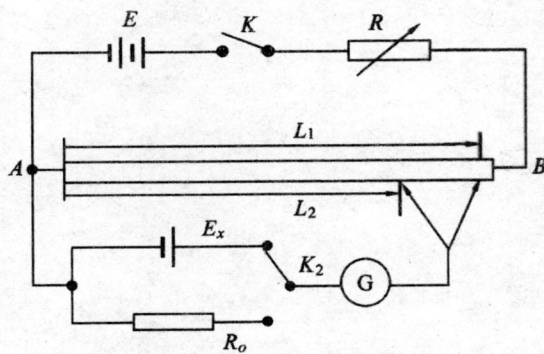

图 3-33　电路示意图

【思考题】

1. 图 3-33 是用滑线式电位差计测量电池 E_x 的内阻 r 的一种电路(假设工作电源电动势 $E >$ E_x)。实验时保持电阻 R 不变,R_0 是一精密低值电阻,AB 是均匀电阻丝,L_1 和 L_2 分别是 K_2 接通 E_x 和接通 R_0 时,电位差计达到补偿时对应的电阻丝长。试证明电池 E_x 的内阻:

$$r = R_0 \left(\frac{L_1 - L_2}{L_2} \right)$$

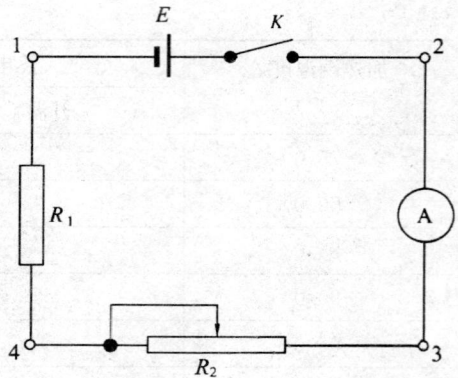

图 3-34　电路示意图

2. 用箱式电位差计测定电阻或校准电流表时,可用图 3-34 电路,图中 E 是工作电源,R_2 是精密可调电阻,R_1 是待测电阻,"A"是待校电流表,试回答下列问题:

(1)测 R_1 时,从电位差计"未知"端引出的两根导线 $E_{x(+)}$ 和 $E_{x(-)}$,应连接在 1,2,3,4 中的哪两个点上? 并简述测量 R_1 的基本步骤。

(2)校准电流表时,$E_{x(+)}$ 和 $E_{x(-)}$ 应接在哪两点上? 并简述校准电流表的基本步骤。

3. 试用本实验的基本原理说明热电偶温度计的工作原理。

实验十九 电子束的电偏转和磁偏转

【实验目的】

1. 了解示波管的基本结构。
2. 了解电子束的产生、加速和聚集的原理。
3. 了解电子束电偏转、磁偏转的原理,并测量示波管的电偏转灵敏度系数和磁偏转灵敏度系数。

【实验仪器和用具】

EF-4s 型电子和场实验仪、直流稳压电源、毫安表、滑线变阻器、万用表。

【实验原理】

(一)示波管的基本结构

示波管的基本结构如图 3-35 所示,示波管由电子枪、偏转板和荧光屏三部分组成。

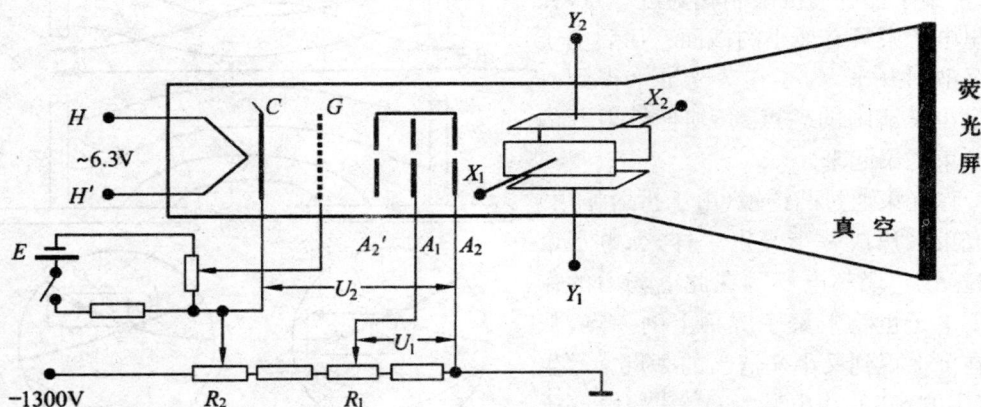

H—灯丝加热电极　C—阴极　G—控制栅极　A_2—第二加速阳极　A_1—聚焦电极
A_2'—第一加速阳极　X_1,X_2—水平偏转电极　Y_1,Y_2—垂直偏转电极

图 3-35　示波管的基本结构

电子枪是示波管的核心部分,它由阴极 C,栅极 G,第一加速阳极 A_2',聚焦电极 A_1,第二加速阳极 A_2 等同轴金属圆筒(筒内膜片的中心有限制小孔)组成。当加热电流流过灯丝 HH',阴极 C 被加热后,其上涂有的氧化物材料内的自由电子就获得较高动能而从表面逸出。因为第一阳极 A_2' 相对于阴极 C 具有近千伏以上的高电位,而在 C,G,A_2' 之间形成一强电场,故从阴极逸出的自由电子在此电场的作用下被加速,穿过 G 的限制孔,以高速穿过 A_2',A_1 及 A_2 筒内的限制孔,形成一束电子射线。电子射线穿过两对偏转板

$(X_1X_2$ 和 $Y_1Y_2)$ 后打到荧光屏上,使荧光屏上的荧光物质被激发发出可见光,在屏幕上可见一亮点。

电子从电子枪"枪口"$(A_2$ 的小孔)射出的速度 v_z,由下面的能量关系式决定。

$$\frac{1}{2}mv_z^2=eU_2 \tag{1}$$

式中,U_2 为 $A_2(A_2')$ 对阴极 C 的电位差,e 为电子的电量(绝对值),m 为电子的质量。这是因为电子从阴极逸出时的动能近似为零,电子动能的增量等于它在加速电场中电位能的减少 eU_2,因此,从统计学角度出发,所有从电子枪射出的电子,其速度 v_z 是相同的,而与电子枪内的电位起伏无关。

控制栅极 G 相对于阴极 C 为负电位,两极相距很近,故两极间形成的电场对逸出的自由电子有较强的抑制作用,当栅极 G 负电位并不太高(几十伏)时,就足以把逸出的自由电子全部斥回阴极,而使自由电子束完全截止。用"栅压"电位器 R_G 可以调节栅极 G 对阴极 C 的电位,以控制从电子枪射出的电子数目,从而可以控制荧光屏上亮点的亮度。

所有的电极及偏转板都密封在高真空的玻璃壳内,所有导线接到管脚上,以便与外电路连接。

(二)电子束的电场聚焦

从阴极逸出的电子,在电场的作用下,汇聚于控制栅极限制孔附近一点,在这里电子束具有最小的截面。往后电子束又散射开来,为了在荧光屏上得到一个又小又清晰的亮点,必须把散射开的电子束汇聚起来。

像光束通过凸透镜(由于折射作用)使光束聚焦成一个光点一样,当电子束通过一个"聚焦电场",在此电场力的作用下电子也将汇聚于屏幕上的一点,从而在屏上得到又小又清晰的亮点。产生"聚焦电场"的静电装置称为"静电电子透镜"。

电子枪的聚焦电极 A_1 与第二阳极

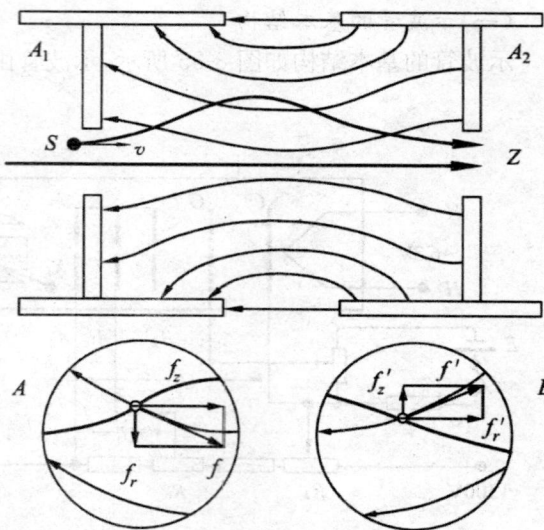

图 3-36　电子束的电场聚焦原理

A_2,组成一个静电透镜,它的作用原理如图 3-36 所示。图中所示是 A_1 与 A_2 电极间的电场的截面图。细线为电力线,电场对 Z 轴对称分布。粗线为自由电子运动轨迹,电子束中某个偏离轴线的电子沿轨道 S 进入聚焦电场。在电场的前半区(A 区)这个电子受到与电力线相切方向的作用力 f,f 可分解为垂直指向 Z 轴的分力 f_r 和平行于 Z 轴的分力 f_z。f_r 的作用使电子运动向 Z 轴靠拢起"聚焦作用",f_z 使电子沿 Z 方向加速。电子到达电场的后半区"B 区"时,受到电场力 f' 的作用,f' 也同样分解为垂直 Z 的 f_r' 和平行于 Z 的 f_z',f_r' 使电子离开 Z 轴,起发散作用,f_z' 仍使电子沿 Z 轴加速,这样电子在 B 区沿 Z 方向的运动速度远比在 A 区时的大,因而电子受 f_r' 的静电场发散作用的时间就比电

子受 f_r 聚焦作用的时间短得多。所以电子束经过这一电场时,受到的总的作用是一方面沿 Z 轴加速,一方面向 Z 轴靠拢即"聚焦"。聚焦的效果,可通过"聚焦"电位器 R_1 改变 A_1 与 A_2 之间的电场分布来加以调节。这样电子束到达荧光屏时,便可会聚于一点,而在屏上得到一个小而清晰的亮点。

(三)电子束的电偏转

在示波管的偏转板上加以电压时,通过两板之间的电子束受板间电场的作用将发生偏转(电子运动方向改变)。如图 3-37 所示,设两 Y 偏转板间距离 d_y,板长 b_y,两板间所

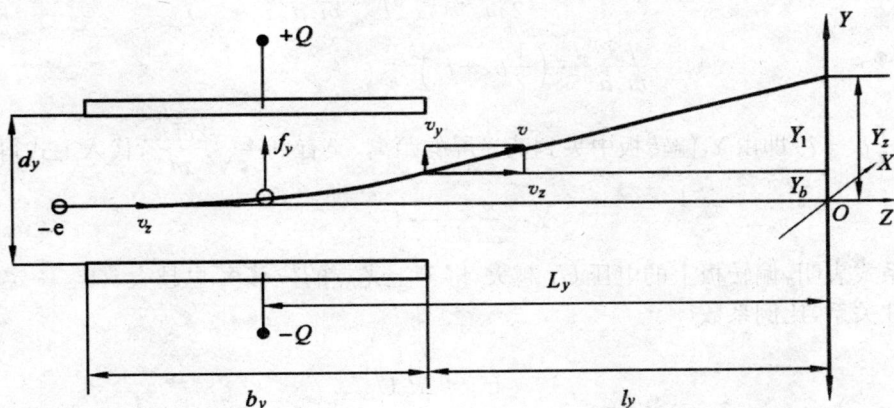

图 3-37　电子束的电偏转原理图

加电压为 U_y,若将两板看成是平行板电容器,则两板间近似产生一匀强电场,场强为

$$E_y = \frac{U_y}{d_y}$$

电子在此电场中受力为

$$f_y = eE_y = e\frac{U_y}{d_y}$$

而在 Y 方向产生加速度为

$$a_y = \frac{e}{m_e}E_y = \frac{e}{m_e}\frac{U_y}{d_y}$$

电子沿 Z 方向不受力,运动速度维持为 v_z,电子从 Y 偏转板左端运动到右端需用时间为

$$t_z = \frac{b_y}{v_z}$$

在这段时间内,电子在 Y 方向产生位移

$$Y_b = \frac{1}{2}a_yt_y^2 = \frac{1}{2}\frac{3}{m_e}E_y\left(\frac{b_y}{v_z}\right)^2$$

电子自 Y 板右端射出之后,即不再受电场力的作用,而做匀速直线运动,其沿 Y 轴方向的速度为

$$v_y = a_yt_y = \frac{e}{m_e}\frac{U_y}{d_y}\frac{b_y}{v_z}$$

沿 Z 轴的速度仍是 v_z，若 Y 板右端距荧光屏 l_y 长，则电子从 Y 板射出后经过时间

$$t_1 = \frac{l_y}{v_z}$$

打到荧光屏上，在这段时间里，电子在 Y 方向又产生位移

$$Y_1 = v_y t_1 = \frac{e}{m_e} \frac{U_y b_y l_y}{d_y v_z v_z}$$

所以电子打到荧光屏上，在屏上沿 Y 方向的总位移为

$$Y = Y_b + Y_1 = \frac{1}{2} \frac{e}{m_e} E_y \left(\frac{b_y}{v_z}\right)^2 + \frac{e}{m_e} \frac{U_y b_y l_y}{d_y v_y v_z}$$

$$= \frac{e}{m_e} \frac{U_y b_y}{d_y v_z^2} \left(\frac{1}{2} b_y + l_y\right)$$

令 $L_y = \frac{1}{2} b_y + l_y$ 即由 Y 偏转板中央到荧光屏的距离，又有 $v_z = \sqrt{\frac{2eU_2}{m}}$，代入上式得：

$$Y = \frac{b_y L_y}{2 d_y U_2} \cdot U_y \tag{2}$$

这个关系式表明，偏转板上的电压 U_y 越大，屏幕上光点的位移 Y 也越大，(U_2 一定时)两者呈线性关系，比例系数

$$S_y = \frac{Y}{U_y} = \frac{b_y L_y}{2 d_y U_2} \tag{3}$$

称为示波管的 Y 偏转板的电偏转灵敏度系数，单位为 mm/V。

显然，对于 X 偏转板应有

$$S_x = \frac{X}{U_x} = \frac{b_x L_x}{2 d_x U_2} \tag{4}$$

式中，b_x 为 X 偏转板的长度，d_x 为两 X 偏转板间的距离，L_x 为 X 偏转板的中心至荧光屏的距离。

(3)式、(4)式表明电偏转灵敏度 S 与 b，L 成正比，与 d 及 U_2 成反比。其物理意义是 b 增大时，电子在两板间受电场力作用的时间变长，获得的偏转速度增大，偏转位移也随之增大；对于一定的偏转电压，当 d 增大时，偏板间的场强变弱，电子获得的偏转速度减小，相应偏转位移也变小；同样加速电压 U_2 越大，电子的轴向(Z 向)速度 v_z 越大，电子穿过两偏转板的时间变短，电子获得的偏转速度就越小，同时 v_z 变大，电子通过 L 的时间也变短，同样导致偏转位移变小。

(四)电子束的磁偏转

电子束通过励磁线圈产生的磁场时，受到洛仑兹力的作用而发生偏转。如图 3-38 所示，设框内有均匀磁场，磁感应强度为 B，其方向垂直纸面向外，电子以速度 v_z 垂直射入磁场区域，受洛仑兹力 $\vec{f} = -e\vec{v} \times \vec{B}$ 的作用，在磁场区内做匀速圆周运动，轨道半径为 R，电子沿圆弧轨道穿出磁场后，变为匀速直线运动，最后打在荧光屏上，亮点位移为 Y。

由牛顿第二定律得

$$f = ev_z B = m \frac{v_z^2}{R}$$

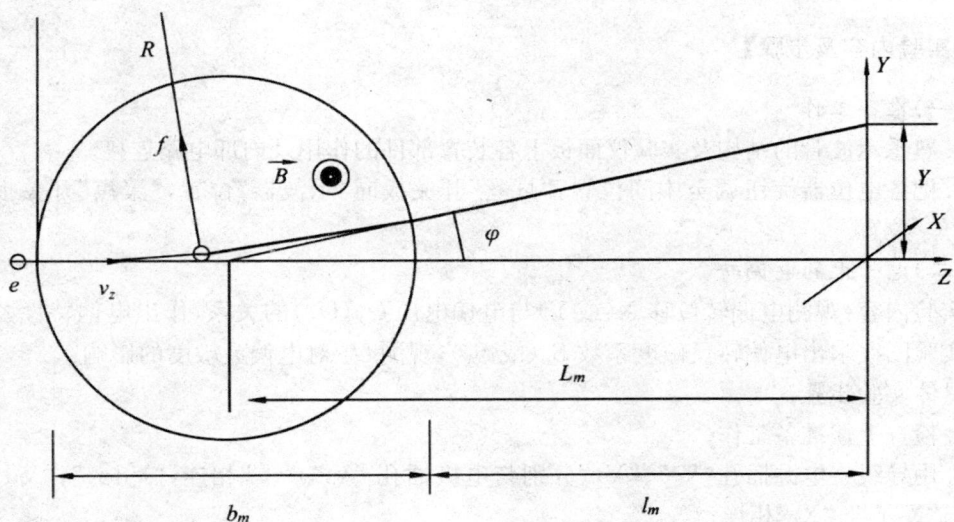

图 3-38　电子束磁偏转的原理

所以
$$R=\frac{mv_z}{eB}$$

若偏转角 φ 不很大,近似有

$$\tan\varphi\approx\frac{b_m}{R}=\frac{Y}{L_m}$$

所以
$$Y=\frac{b_mL_m}{R}=\frac{eb_mL_m}{mv_z}B$$

又因
$$v_z=\sqrt{\frac{2eU_2}{m}}$$

所以
$$Y=\sqrt{\frac{e}{2mU_2}}b_mL_mB \tag{5}$$

(5)式表示,亮点的位移 Y 与 B 成正比,而与加速电压的平方根成反比。

通电线圈产生的磁场其磁感强度 $B=KnI$,其中 n 是单位长度内线圈的匝数,I 是通过线圈的电流,K 是一与线圈形状、绕法等有关的结构常数,所以

$$Y=\sqrt{\frac{e}{2mU_2}}b_mL_mKnI \tag{6}$$

磁偏转灵敏度系数

$$S_m=\sqrt{\frac{e}{2mU_2}}b_mL_mKn \tag{7}$$

单位为 mm/A。对待定的示波管和偏转线圈,在加速电压 U_2 一定时 S_m 为常量,改变加速电压 U_2 时,S_m 与 $1/U_2$ 成正比,式中 b_m 为磁场沿 Z 轴方向的宽度,L_m 为从 b_m 中央至荧光屏的距离。

【实验内容及步骤】

（一）准备工作

1. 熟悉示波管的结构及实验仪面板上各装置部件的作用及内部电路连接。

2. 把各电位器旋钮调至中间位置，"灯丝"开关扳向"示波器"位置，"聚焦"开关扳向"点聚焦"位置。

（二）电子束的电偏转

实验内容：观测电偏转位移 X（或 Y）与电偏电压 $U_x(U_y)$ 的关系，作出电偏特性图线并由实验图线求出电偏转灵敏度系数 S_x（或 S_y），观测 U_2 对电偏灵敏度的影响。

具体实验步骤：

1. 检查上述准备工作。

2. 用导线将电源插孔"V_1"、"V_2"分别与电极插孔"A_1"、"$\perp$"相连，"Vd±"、"Vd∓"分别与"X_1Y_1"、"X_2"相连；

3. 接通电源，这时示波管灯丝、栅极、加速电极和聚焦电极上都加有电压。用"聚焦电压"电位器和"加速电压"电位器调节聚焦电压 U_1 和加速电压 U_2，使光点聚焦良好（光点小而圆）。

4. 测聚焦电压 U_1：用万用表直流 1 000 V 挡，负极接"K"，正极接"A_1"。

5. 测加速电压 U_2：用万用表直流 2 500 V 挡，负极接"K"，正极接"A_2"。

6. 测偏转电压 U_d：用万用表直流 50 V 挡，负极接"X_2"，正极接"X_1"；光点调零：测量前应先调零，调 VdX 偏转旋钮使 U_d 为零，此时光点应在中心原点。若 U_d 为零，而光点未在中心原点位置，则调 x 调零旋钮使光点移到中心位置然后再调 VdX 旋扭将光点调到 $x=0$ 位置。然后由 $X=0$（即光点在屏前坐标最左端）处开始，记下此时的 U_x 值，并设此时 U_x 为负值，再调 VdX 偏转旋钮使光点向右移动两格（4 mm）测记一次相应的 U_x 值，直至光点移到坐标格右端。测量数据记入表 3-16。

注：当电压 U_x 值为零时，万用表正负极交换，此后的值记为正值。

7. 改变 U_2 值，调好电子点，再次测量一组数据。

8. 关闭电源，断开 Vd± 和 X_2，将 Vd± 和 Y_2 相连，类似上述步骤测量电子束 y 轴电偏转情况。

注：光点应自坐标最下端 $Y=0$ 开始。

9. 根据实验数据作 X-U_x 和 Y-U_y 图线，并利用图解法由图线求出相应的电偏转灵敏度系数 S_x 和 S_y。

（三）电子束的磁偏转

实验内容：观测磁偏转位移 Y 与产生偏转磁场的电流 I_m 的关系，求磁偏灵敏度 S_m。改变 U_2，观测加速电压对磁偏灵敏度的影响。

具体实验步骤：

1. 如图 3-39 所示，用直流稳压电源，并联滑线变阻器再串接毫安表，然后接到示波管左侧的"外供磁场电源"上，两只偏转线圈分别插入示波管两侧。

2. 将电极插孔"A_1"、"A_2"和"X_1Y_2"分别与电源插孔"A_1"、"$\perp$"和"Vd±"相接。

3.测聚焦电压 U_1，测加速电压 U_2。

4.利用滑线变阻器改变电流 I_m，观测磁偏转位移 Y，自 $Y=0$ 开始，光点每上移两格（4 mm）记录一次 I_m 值，直至光点移至坐标最上端，实验测量数据记入表格 3-18。

5.改变 U_2 值，调好光点，重复步骤 3,4。

6.由所测实验数据作 Y-I_m 图线，并求磁偏转灵敏度系数 S_m。

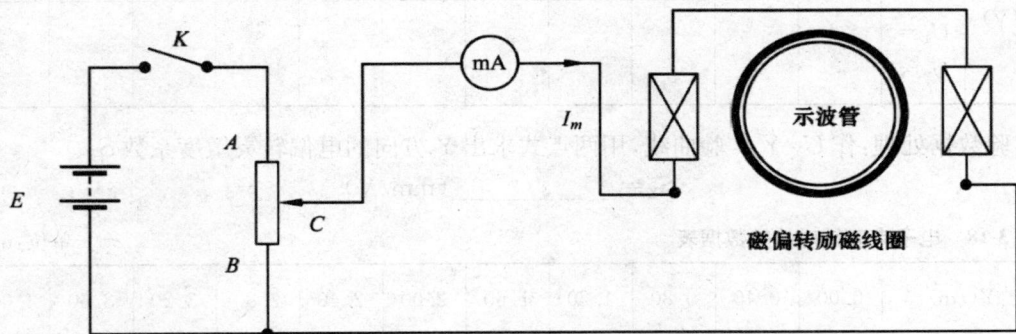

图 3-39　励磁线圈供电电路图

【注意事项】

1.本仪器工作时部分插孔内有高电压，在连接和改接这些插孔上的接线时，要关闭电源，以确保安全！

2.实验时光点的亮度要适中，决不可使光点过亮，避免烧坏荧光屏。

3.实验时要使示波管大致处于南北取向，以减小地球磁场的影响。

【实验数据表格】

表 3-16　电子束 X 轴电偏转数据表　　　　　　　　　　　　　　　　　　单位：V

X(cm)	0.00	0.40	0.80	1.20	1.60	2.00	2.40	2.80	3.20	3.60	4.00
U_X (V)	$U_1=$ $U_2=$										
	$U_1=$ $U_2=$										

实验数据处理：作 U_X-X 实验曲线，用两点式求出电偏转灵敏度系数 S_X：

$$S_X=\underline{\hspace{4cm}}(\text{mm/V})$$

表 3-17　电子束 Y 轴电偏转数据表　　　　　　　　　　　　　　　　　　　单位：V

Y（cm）		0.00	0.40	0.80	1.20	1.60	2.00	2.40	2.80	3.20	3.60	4.00
U_Y（V）	$U_1=$ $U_2=$											
	$U_1=$ $U_2=$											

实验数据处理：作 U_Y-Y 实验曲线，用两点式求出 Y 方向的电偏转灵敏度系数 S_Y。

$$S_Y = \underline{\hspace{3cm}}（mm/V）$$

表 3-18　电子束 Y 轴磁偏转数据表　　　　　　　　　　　　　　　　　　　单位：mA

Y（cm）		0.00	0.40	0.80	1.20	1.60	2.00	2.40	2.80	3.20	3.60	4.00
I_m（mA）	$U_1=$ $U_2=$											
	$U_1=$ $U_2=$											

实验数据处理：作 I_m-Y 实验曲线，用两点式求出 Y 方向的磁偏转灵敏度系数 S_m。

$$S_m = \underline{\hspace{3cm}}（mm/A）$$

【实验后记】

【思考题】

1. 若给偏转板加上正弦交流电压，电子束将怎样偏转？用仪器上的"~V_x"实验。

2. 根据实验结果讨论电偏灵敏度与 U_2 的关系。

3. 能否用此仪器来大致测定地磁场的方向？叙述操作步骤。

[附]电子和场实验仪简介

EF-4s 型电子和场实验仪的面板布置如图 3-41 所示。我们分几部分介绍如下：（注意面板上有三类插孔：测量插孔、电极插孔和电源插孔。）

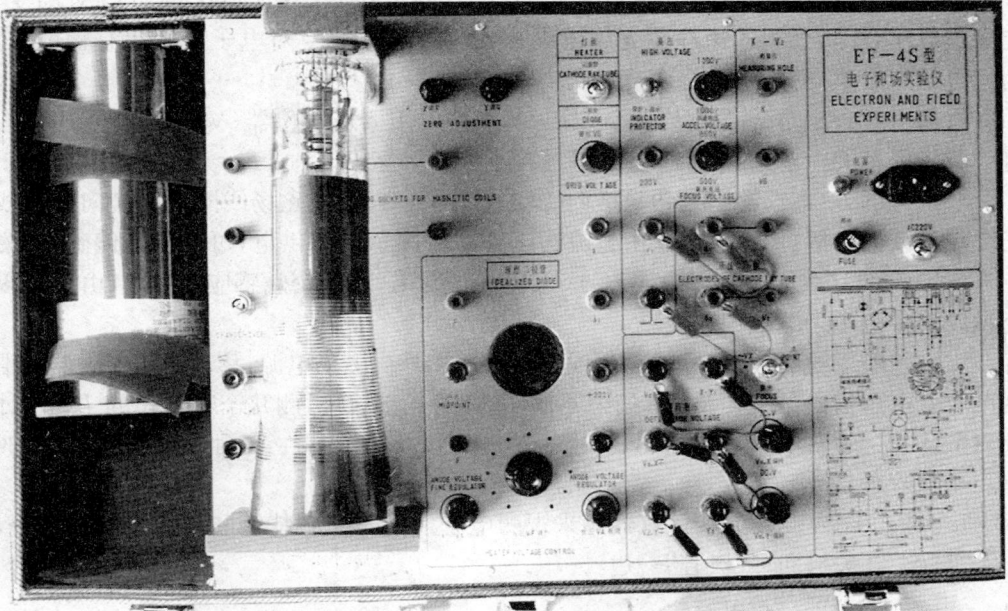

图 3-40　EF-4s 型电子和场实验仪实物图

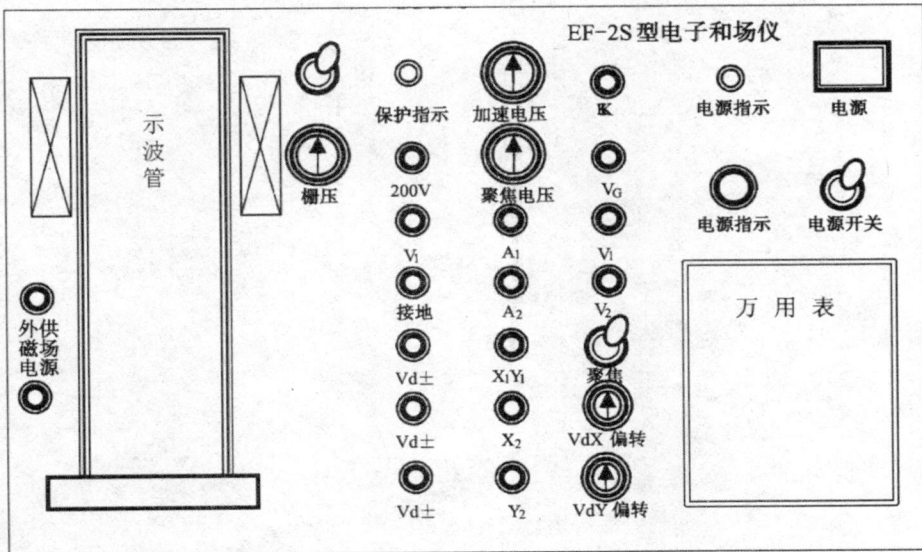

图 3-41　EF-4s 型电子和场实验仪面板图

1. 面板右侧：上部为总电源部分，下部为实验仪内部电路图。

2. 电极插孔和测量插孔在仪器内部已与示波管各电极相连，利用这些插孔可以给电极加上电压及进行测量。"聚焦"开关可选择电子束成点聚焦或线聚焦（通常情况下用点聚焦）。

3. 聚焦电压 U_1 可在 500～850 V 间变化，加速电压 U_2 在 1 000～1 300 V 间变化。调聚焦电压 U_1 可使电子束在荧光屏上聚焦，调加速电压 U_2 对电子束聚焦有辅助作用，为使电子束聚焦良好，应配合调节这两个电压。

4. 栅压 U_G，相对于阴极 K 为负电压，其大小要用栅压电位器（V_G）来调节，用来控制打到荧光屏上的电子数目，从而控制荧光屏上光点的亮度。

5. 磁偏部分：本仪器附有两只横向磁场线圈和一只纵向磁场线圈。两横向磁场线圈安置在示波管两侧，两线圈串联由直流稳压电源按图示电路供电，可提供磁偏磁场，磁感应强度 B 与绕过线圈的励磁电流 I_m 成正比。改变 I_m 即改变磁感应强度 B，由此可以研究示波管中电子束的磁偏特性。

6. 纵向磁场线圈套在示波管上，线圈两头可接外供磁场电源，移动滑线变阻器的滑动器可改变电压借此改变电流 I_a，描下不同 I_a 时的光点轨迹，测几个特殊角的 I_a 值，计算及测量从 A_2 到屏的距离代入公式可求得荷质比（e/m_e）。若在 X 轴上加交流电压，改变 I_a 可观察聚焦散焦现象。

7. 面板中部左侧为此实验仪器用来观测电子二极管伏安特性和钨逸出功的部分，使用时"灯丝"开关扳向"二极管"一边。

实验二十 示波器的应用

【实验目的】

1. 了解示波器的基本工作原理和结构。
2. 掌握示波器和函数信号发生器的使用方法。
3. 观测利萨如图形,并测定相应的正弦波的频率和频率比,加深对互相垂直的两个简谐振动合成理论的理解。

【实验仪器和用具】

示波器、低频信号发生器、函数信号发生器。

【实验原理】

(一)示波器的基本工作原理

示波器是用来直接观测电信号随时间变化的波形的仪器,它主要由示波管及与其相配合的电子线路所组成(示波管的结构和原理可参看本书实验十九的有关内容)。为适应各种测量的需要,示波器的电子线路各不相同,我们这里仅就一般通用示波器的主要电子线路的功能用方框图加以简单介绍。示波器的原理方框图如图 3-42 所示。

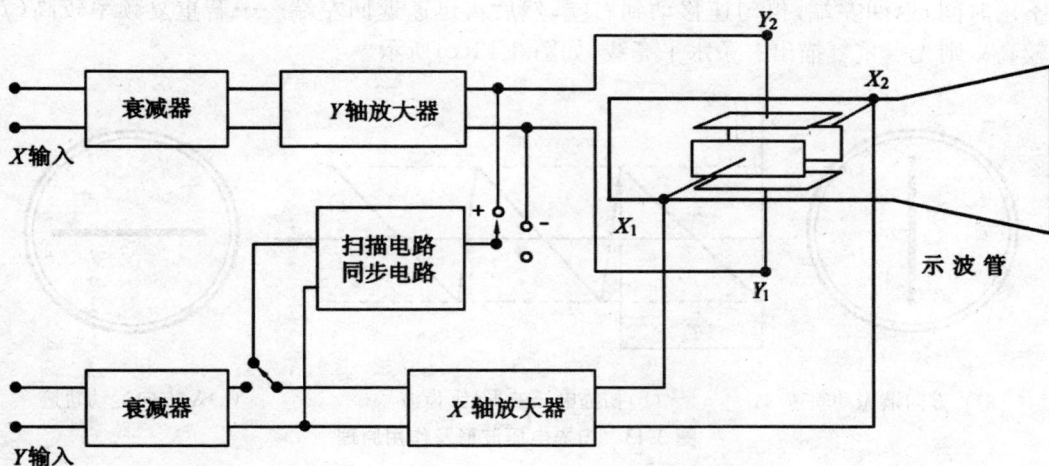

图 3-42 一般通用示波器原理方框图

1. 电压放大器和衰减器。由于示波管偏转板的电偏灵敏度不高(0.1~1 mm/V),当加在偏转板上的信号电压较小时,电子束不能发生足够的偏转,以致荧光屏上光点位移过小而不便观测。这时就需要先把小信号电压加以放大,然后再加到偏转板上。为此示波器内部设置了 X 轴电压放大器、Y 轴电压放大器。

当被观测信号电压过大时,过大的电压不能直接送入放大器,否则放大器便不能正常工作,甚至会造成放大器的过压损坏,因此在电压放大器前又设置了由电阻网络组成的衰减倍数可调的衰减器。

这样无论被观测信号电压是过大或过小,只要选择适当的衰减,再经过一定的放大后送至偏转板,就可以在屏幕上得到幅度适当的电压波形。

2.扫描与同步(示波器的示波原理)。要在荧光屏上观测一个从 Y 轴输入(送至 Y 偏转板)的周期性信号电压随时间变化的规律,就必须使一个(或数个)周期的信号电压随时间变化的波形,稳定地显示在荧光屏上。例如,交变正弦电压 $U_y = U_{ym}\sin(\omega_y t)$,它的电压波形是正弦曲线。如果只把 U_y 送入 Y 轴,则荧光屏上的光点只是在 Y 方向做上下简谐振动。当频率较高时,光点只能在荧光屏上描出一条竖直亮线,如图 3-43(a)所示。如果在 Y 偏转板加上信号电压 U_y 的同时,使光点沿 x 轴正向做匀速运动,则光点将描出 U_y 随时间变化的波形(因为这时光点在 x 方向的位移正比于时间 t,所以 x 方向坐标即可代表时间轴)。若光点沿 x 方向匀速运动了 U_y 的一个周期 T_y 之后,迅速(几乎不用时间)返回到初始位置,再重复沿 x 轴正向匀速运动,则光点重新描出的 U_y 波形就与前一次描出的波形完全重合,每一周期都重复同样的运动,则光点的运动轨迹就能保持固定的位置。当重复频率较高时,就在荧光屏上显示稳定的一个周期 U_y 的波形(如图 3-44)。光点沿 x 轴正向的匀速运动及迅速地返回到初始位置的过程,称为"扫描"。获得扫描的方法是在 x 偏转板上加上一个周期的与时间成正比的电压,如图 3-43(b)所示,这一电压称为"扫描电压",或根据其波形而称为"锯齿波电压"。如果只把扫描电压加到 X 偏转板,而 Y 偏转板不加信号,则光点将沿水平方向自左端匀速运动到右端,然后迅速(几乎不用时间)返回左端,再匀速移动到右端,然后再迅速返回左端……若重复频率较高(f_x 较高),则光点重复描出一条水平亮线,如图 3-43(c)所示。

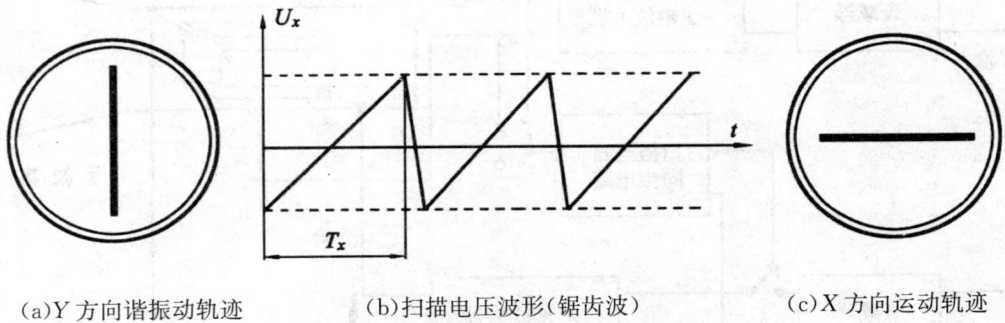

(a)Y 方向谐振动轨迹　　　　(b)扫描电压波形(锯齿波)　　　　(c)X 方向运动轨迹

图 3-43　扫描电压波形及作用原理

由图 3-44 可以看出,当 U_y 的周期 T_y 与 x 轴扫描电压周期 T_x 相同时,光点扫描完一个周期的正弦曲线后迅速返回初始位置,又重复描出一条与前一条完全重合的正弦曲线,如此重复,荧光屏上便显示一条稳定的正弦曲线。如果 T_y 与 T_x 不等,那么第二次、第三次描出的曲线与第一次的曲线就不重合,荧光屏上显示的就不是一条稳定的正弦曲线,而是一条不断移动的或更为复杂的曲线。所以只有 U_y 与 U_x 的周期严格相等,或 $T_x = n \times T_y$(n 为不太大的整数)时,荧光屏上才会得到清晰而稳定的波形图。为此,扫描电压的频率应为可调,根据被观测信号的周期 T_y 来选择适当的 T_x,以满足 $T_x = n \times T_y$($n=$ 1,2,3,…)。要求两个独立发生的电信号在周期上严格维持成整数倍的关系,只靠人工调节是难以达到的,待测信号的频率越高,调节越不容易。为了解决这一问题,在人工调节使 T_x 基本为 T_y 的整数倍的基础上,用被观测信号去触发扫描信号发生器,使其产生的扫描电压的周期与被观测信号的周期准确地保持成整数倍的关系。电路的这种影响(控制)作用称为"同步"(或"整步"),它是由经过放大的 Y 轴输入信号电压作用于扫描信号发生器来完成的(见图 3-42 中的方框图)。还有一部分电路是给示波管、放大器、扫描信号发生器等电子线路提供工作电压的电源电路,这里就不再详述。

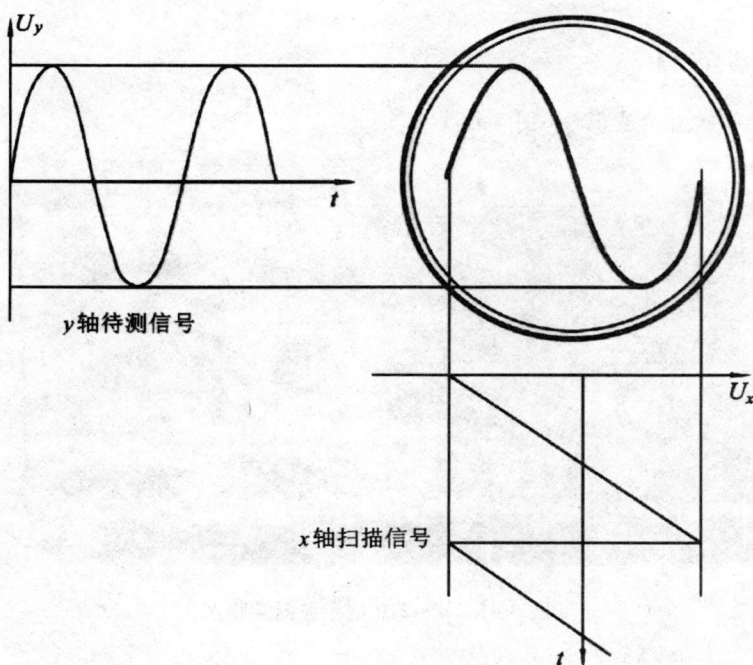

图 3-44 待测信号与扫描信号的合成——示波原理

(二)利萨如图形及其应用

如果示波器 x 轴和 y 轴偏转板上输入的都是正弦电压,则荧光屏上光点的运动将是两个相互垂直的谐振动的合成。当两个正弦信号的频率相等或成简单的整数比时,合成运动的轨迹是一稳定的闭合曲线,称为利萨如图形。表 3-19 为一组典型的利萨如图形及有关数据。利萨如图形与振动频率之间有如下的简单关系:

$$\frac{f_y}{f_x} = \frac{N_x}{N_y}$$

式中,N_x 为平行于 x 方向对图形作切线时所得切点数,N_y 则为平行于 y 方向对图形作切线所得切点数。例如表 3-19 中的关系图中,当 $f_y : f_x = 3 : 2$ 时,$N_x = 3$,$N_y = 2$。若式中 f_y 为已知标准频率,则可由 f_y 及两振动合成之利萨如图的有关切点数 N_x,N_y 而计算得 f_x,这就是利用利萨如图测频率的原理。

表 3-19　利萨如图形举例

图形							
$f_y : f_x$	$1:1$	$1:2$	$1:3$	$2:3$	$3:2$	$3:4$	$2:1$
N_x	1	1	1	2	3	3	2
N_y	1	2	3	3	2	4	1

【实验仪器介绍】

（一）BY4210 型示波器（如图 3-45）

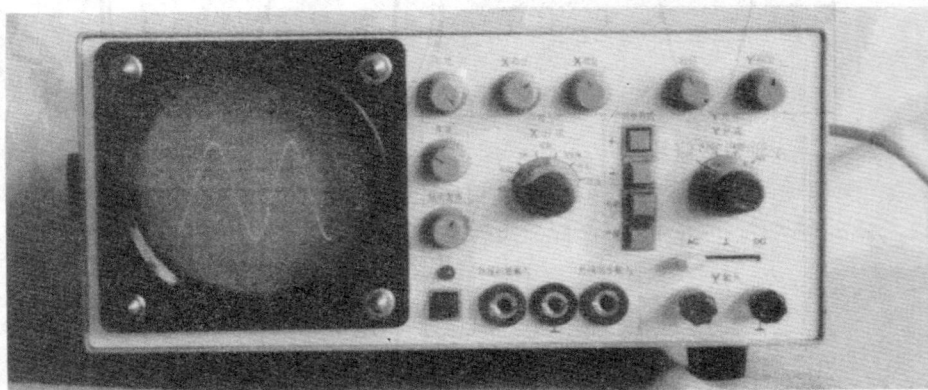

图 3-45　BY4210 型示波器实物图

（二）SC-1643 功率函数信号发生器（如图 3-46）

【实验内容及步骤】

（一）示波器的使用

1. 按示波器的使用方法，调好示波器。

2. 按实验指导老师给出的观测项目，练习示波器的使用（衰减、放大、扫描、同步等有关旋钮的独立使用及相互配合使用）。

（二）用示波器观察正弦波

用低频信号发生器分别送出 10,50,100,500,1 000,5 000,10 000 Hz 的正弦波，适当调节示波器的扫描频率挡和扫描频率微调，使示波器屏幕上出现两个完整的正弦波，并记录相应的示波器扫描频率挡位（表 3-20）。

图 3-46　SC-1643 功率函数信号发生器实物图

（三）观测利萨如图形

将正弦信号发生器发出的正弦信号送入 Y 轴，调整各衰减、放大旋钮使荧光屏上得到幅度适当的波形。用低频信号发生器从 x 轴输入正弦波信号，改变 f_x，调出表 3-19 所给出的各典型利萨如图形，画出图形，记录各有关量，计算 $f_{x理论}$ 值。同时记录信号发生器上读得的 $f_{x实验}$ 值，记入表 3-21。

【实验数据记录表格】

表 3-20　用示波器观察正弦波　　　　　　　　　　　　　　y 轴衰减器挡位＿＿＿＿＿＿

f_y(Hz)	10.0	50.0	100	500	$1.00×10^3$	$5.00×10^3$	$10.0×10^3$
扫描挡位							

表 3-21　观测利萨如图形　　　　　　　正弦信号发生器频率 $f_x=$＿＿＿＿＿＿（Hz）

$f_y:f_x$	1:1	1:2	1:3	2:3	3:2	3:4	2:1
绘出 利萨如 图形							
$f_{y理论}$							
$f_{y实验}$							

【实验后记】

【思考题】

1.示波器 x 偏转板加锯齿扫描电压,其周期为 T_x,y 偏转板加正弦交流电压

$$U_y = U_0 \sin(4\pi f_x t + \frac{\pi}{2})$$

试用作图法求出示波器屏幕上应显示的波形。

2.作利萨如图时,能否用示波器的"同步"把图形稳定住? 若不能,则应调什么量才能使利萨如图形比较稳定? 能否绝对稳定,为什么?

[附]有关示波器和信号发生器

各种示波器的工作原理基本相同,但为了不同功能的需要,在电子线路上有各种不同的结构及标准,其使用方法也各不相同。现仅就本实验室所用 YB4210 型示波器及 SB-10 型电子管示波器加以简单介绍。

(一)YB4210 型示波器

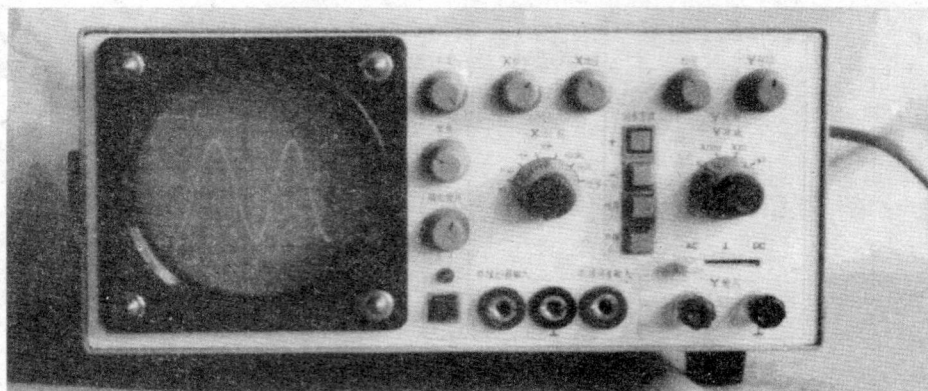

图 3-47　YB4210 型示波器面板分布图

1.面板布置如图 3-47 所示,其使用方法如下:

（1）将仪器接到 220 V 50 Hz 的交流电上，按面板上的"电源"按键，指示灯发出红光，此时仪器处于准备工作状态，预热 5 min，仪器即可使用。

（2）将"Y 微调"和"X 增益"电位器逆时针方向旋到底，转动"X 位移"和"Y 位移"及"亮度"电位器于中间位置，调节"聚焦"和"辅助聚焦"，在示波管荧光屏上见到一个小圆光点，再适当转动移位控制，将光点置于荧光屏中间位置。

（3）将"同步选择"按键"＋"按下，"X 扫描"开关置于"10～100 Hz"挡，将"X 增益"旋钮顺时针方向转动，在荧光屏上得到约"10 div"的扫描线（div 表示分度板上的一个基本方格的幅度）。

（4）将"Y 衰减"置于"校准"位置，调"Y 微调"顺时针到底，调"扫描微调"可在荧光屏上观察到 Y 轴约 5 div 幅度的正弦电压的稳定波形。

（5）关掉校准电压，被测信号电压从"Y 输入"接线柱输入，Y 输入选择电键置于 AC 位置，适当选择衰减倍率（×1，×10，×100），调节"X 扫描"及"扫描微调"和其他各控制旋钮和按钮，使示波器荧光屏上显示 2～3 个周期的稳定清晰的波形。

2. 注意事项：

（1）旋钮的作用一定要弄清楚后再调动，切忌无目的地乱扳乱扭。

（2）光点的亮度要适中，切不可过亮，以防烧坏荧光屏。示波器暂时不用时，应将亮度调至极暗，而不可频繁地通断电源。

（二）SB-10 示波器

其各旋钮的名称均已标明在面板上，各旋钮的作用与 SJ-8 型示波器相应旋钮一样。不同之处有以下几点：

1. Y 轴衰减和放大。被观测信号由"Y 轴输入"和"接地"两接线柱直接送入 Y 轴衰减器，其衰减倍数分 1，10，100 三挡，由"Y 轴衰减"钮进行调节。衰减后的信号经放大器放大后送至 Y 偏转板，放大器的放大倍数由"Y 轴增幅"钮来调节。

2. X 轴衰减和放大。外部信号可通过"X 轴输入"和"接地"接线柱送入 X 轴衰减器、放大器，然后送至 X 偏转板，同样由"X 轴衰减"与"X 轴增幅"两旋钮来调节衰减倍数和放大倍数。"X 轴衰减"钮置于"扫描"位置时，即将内部的扫描信号接至 X 轴放大器，放大后送至 X 偏转板。

3. 扫描信号的频率，由"扫描范围"（粗调）及"扫描微调"钮进行调节。

4. 同步作用由"整步选择"钮可取"内＋"、"内－"、"电源"及"外部"四种同步方式。同步作用的强弱则由"整步增幅"钮来控制。

5. 本示波器由"试验电压"及"接地"接线柱提供一 6 V 50 Hz 正弦电压，供调试示波器之用。

（三）SC-1643 功率函数信号发生器

SC-1643 为便携式大功率函数信号发生器，能产生正弦波、方波、三角波、脉冲波、单脉冲、锯齿波等波形。频率范围为 0.2 Hz～2 MHz，输出功率大于 4.5 W，所有波形的直流电平都能在－10～＋10 V 内调节。锯齿波和脉冲波的占空比能在 10%～90% 内连续调节。SC-1643 有一个仅为 TTL 电平的快前沿脉冲输出端和单脉冲输出功能，还具有一些与直流偏移调节钮和占空比调节钮在一起的开关，这些开关可使直流电平位移为零。

使用说明：将仪器接入 AC 电源，依次按下电源开关和所需选择波形的功能开关，并调节幅度和电平值。使用时应注意：仪器周围不应有热源和电磁场的设备；功率输出端不能短路，不使用时将幅度调节开关推入。

（四）XD-22 型低频信号发生器

可提供 $1 \sim 10^6$ Hz 的正弦（或矩形脉冲）信号电压，分六个频率段由"波段"旋钮进行选择，每个波段内的频率由四个旋钮进行调节（最右一个为微调），输出信号的频率由数码管直接显示。信号经过按分贝（dB）数设计的衰减器，由仪器正面右下方的输出插座"∽"输出，输出的波形由插座右端的分挡开关进行选择。输出信号的电压值（有效值）$U_{出}$，由电压表示值 $U_{表}$ 及衰减倍数给出：$U_{出} = U_{表}/$衰减倍数。衰减的分贝数与衰减倍数（$U_{入}/U_{出}$）之间的关系由表 3-22 给出。其间的数学关系式为：

$$衰减分贝数（dB）= 20 \times \log(U_{入}/U_{出})$$

表 3-22　衰减分贝数与衰减倍数关系表

衰减分贝数	0	10	20	30	40	50	60	70	80	90
衰减倍数 ($U_{入}/U_{出}$)	1.00	3.16	10.0	31.6	100	316	1.00×10^3	3.16×10^3	1.00×10^4	3.16×10^4

＊电压表示值为正弦电压的有效值，对其他波形不准。

实验二十一　用模拟法测绘静电场

【实验目的】

1. 了解用模拟法测绘静电场的原理和方法。
2. 学会用模拟法测绘同轴圆柱（同轴电缆）间的静电场分布。
3. 学会用模拟法测绘两等量异号电荷产生的静电场分布。

【实验仪器和用具】

ELD-1 等位线描绘仪、电压表、稳压电源、待测模拟电极板一套。

【实验原理】

在各种电子真空器件（如电子管、示波管、显像管、电子显微镜等）中，要利用各种形状、各种结构的电极系统产生各种分布的静电场以控制电子束运动，因此，我们首先就要了解各种电极系统的静电场分布情况。除个别的几何形状对称的简单电极系统外，用理论计算的方法来确定一般电极系统的电场分布是很困难的。按照静电学空间电场强度的定义：

$$E=\frac{F}{q_0}$$

由于式中试验电荷带电体或导体（如探针）的引入，会改变该静电场的分布状态，所以对静电场是无法直接测量的。但是，我们可以利用稳恒电流场与静电场的相似性，采用模拟法对静电场进行间接的测量，基本原理与方法如下：

（一）同轴电缆电场模拟

两个无限长同轴圆柱面（同轴电缆），带有等量异号电荷。每单位长度的圆柱面所带电荷（线密度）为 λ，内、外圆柱半径分别为 a,b。当外圆柱接地时，内圆柱电位为 U_a，如图 3-48 所示。由定性分析可知：两柱面间的静电场具有轴对称性，电力线与柱轴垂直，呈辐射状。

作一垂直于轴的横截面 M，柱面间任一点 P 距中心轴为 r，由高斯定理可求得该点的场强 E_r：

$$E_r=\frac{\lambda}{2\pi\varepsilon}\frac{1}{r}=K\frac{1}{r}$$

用积分法可求出 P 点的电位 U_r：

$$U_r=\int_r^b\vec{E}d\vec{r}=\int_r^b K\frac{1}{r}dr=K\ln(\frac{b}{r})$$

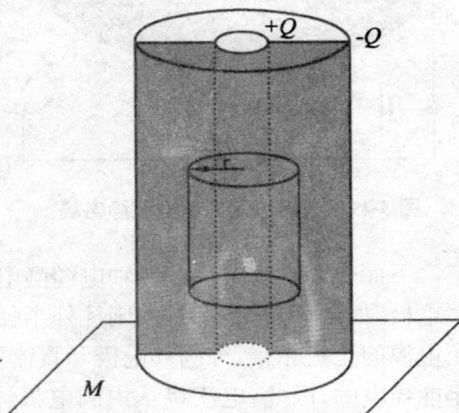

图 3-48　同轴电缆电场分布

而常数 K 可用内圆柱电位及内外圆柱半径表示,为此,将上式用到求内圆柱面上任一点的电位,此时,$r = a$

$$U_a = \int_a^b \vec{E} \mathrm{d}\vec{r} = \int_a^b K \frac{1}{r} \mathrm{d}r = K\ln(\frac{b}{a})$$

则

$$K = U_a \frac{1}{\ln(\frac{b}{a})}$$

这样得到:

$$U_r = U_a \frac{\ln(\frac{b}{r})}{\ln(\frac{b}{a})}$$

上式给出了此辐射状静电场的电位按 r 的分布状况。由此可见,凡是 r 相同的点,其电位都相等,所以此静电场的等位面是一以中心轴为圆心的同心圆。将模拟法实验结果与按此式算出的电位分布相比较,我们将发现两者是可以类比的。用此法来测定复杂的电极的静电场分布也同样适用。

所谓模拟法即是:在导电纸平面(或导电溶液内)放入适当的电极系统,通以直流电,使其间产生稳恒电流场。经过分析,此稳恒电流场分布情况和同样形式的电极系统产生的静电场分布类似,并有着相同的数学规律,所以我们把此稳恒电流场叫做"模拟电场",产生这个模拟场的电极系统叫做"模拟电极"。所谓模拟法就是用模拟电极产生的稳恒电流场来代替要测绘的静电场。

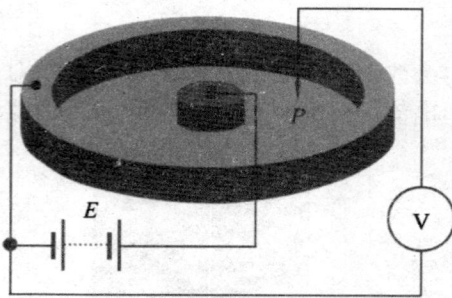

图 3-49　模拟法测同轴电缆静电场　　　　　图 3-50　模拟法测等量异号点电荷静电场

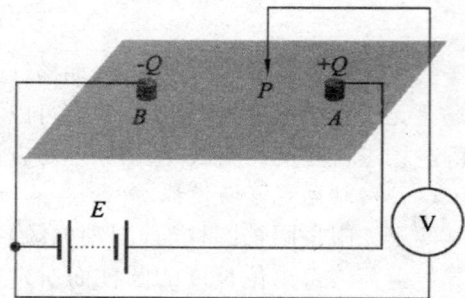

下面介绍用模拟法测同轴电缆静电场的方法:在导电板上,同心地放置一对圆环形金属电极,如图 3-49 所示。内圆柱外半径为 a、外圆柱内半径为 b,使内圆形电极和直流稳压电源的正极相接,外圆环电极和直流稳压电源的负极相接,当电路接通时,由于导电纸是能导电的,因此,电流将从内圆电极流入导电纸,并沿着导电纸平面流向外圆环电极。由于导电纸是均匀的,两极是同心圆形的,因而在导电纸上流动的电流,其电流密度 j 必然是呈辐射状的。从欧姆定律的微分形式

$$j = r\boldsymbol{E}$$

可知,两电极之间的导电纸平面内的电场强度 $\boldsymbol{E}$ 与电力线也是辐射状的,并具有轴对称性。这种稳恒电流场的分布情况与前述同轴电缆内的静电场的电场分布完全相类似,所

不同的只是在静电场中有电场但没有电流，而这里导电纸内的电场既有电场又有电流。理论还可以证明：两者的场强及电位函数有着相同的形式。两电极间距轴心距离为 r 的一点 P 处的电位 U_r 的表达式仍是：

$$U_r = U_a \cdot \frac{\ln(\frac{b}{r})}{\ln(\frac{b}{a})}$$

这时 U_a 是电源的输出电压，也即内电极的电位。由于这时的电场是稳定电流产生的稳定电场，场中各点（即导电纸上的各点）的电位可用直流电压表直接方便地测量出来。这样，我们测绘出这个稳恒电流场的电场分布情况，也就间接地知道了同轴电缆间的静电场分布情况。

（二）两等量异号电荷的静电场分布模拟（带有等量异号电荷的两根互相平行的长直线周围的静电场分布）

如图 3-50 所示，在导电纸上 A，B 作为电极，对其加上稳定的电压。电路中的电流是由电源的正极流向 A 点，经过导电纸流向 B 点，最后流至电源负极，只要电源稳定，导电纸上的电流分布将不随时间而变化。因此，我们可以用这种稳恒电流所产生的电场来模拟带等量异号电荷的两根长平行导线所形成的静电场分布。

【实验内容及步骤】

（一）模拟法测绘同轴电缆间的电场分布

已知 $a=1.00$ cm，$b=10.00$ cm，取电源电压 $E=12.00$ V。如图 3-49 所示连接好线路，分别测出电压为 1.00 V，2.00 V，3.00 V，$\cdots$，10.00 V（共 10 挡）电位值时的等位点半径（要求每一电位值测定记录 8 个点），将数据填入表 3-23，并描绘出等位线及电力线图。

作图方法为：

1. 决定电极中心（圆心）：从电位值为 4 V 的几个测点中找出三个点，用几何作图法定出圆心。

2. 按电极尺寸，用圆规画出各等位线（使所画等位线大致通过测点），再按电力线与等位面的关系大致画出电力线（每象限内画 3 条）。

3. 量出各等位线的半径，用曲线板画 U_r-r 曲线，并根据：

$$E_r = \frac{\Delta U}{\Delta r}$$

求出 $r=2.00$ cm 处的场强 E_r。

（二）模拟法测绘等量异号点电荷形成的静电场

按照图 3-50 连接线路，取电源电压 $E=12.00$ V，分别测出电压 3.00 V，4.00 V，$\cdots$，9.00 V（共 7 挡）电位值时的等位点坐标（要求每一电位值测记 6 个点）。将数据填入表 3-24，用曲线板画出等位线，再画出电力线（不少于八条电力线）。

【注意事项】

各实验模拟板的实验结果（打点记录），必须直接描绘在实验报告的第 4 页上。

【实验数据表格】

（一）测量模拟同轴电缆的静电场分布

表 3-23　等位点半径实验数据表格　　　　　　　　　　　　　　　　　　　　单位：cm

电势（V）	1.00	2.00	3.00	4.00	5.00	6.00	7.00	8.00	9.00	10.00
第1点										
第2点										
第3点										
第4点										
第5点										
第6点										
第7点										
第8点										
实验平均值 $r_{实}$										
理论值 $r_{理}$										
$\dfrac{r_{理}-r_{实}}{r_{理}}\times100\%$										

（二）模拟法测绘等量异号点电荷形成的静电场

表 3-24　等位点坐标实验测量数据　　　　　　　　　　　　　　　　　　　　单位：cm

实验点	坐标	电压（V）						
		3.00	4.00	5.00	6.00	7.00	8.00	9.00
1	x(cm)							
	y(cm)							
2	x(cm)							
	y(cm)							
3	x(cm)							
	y(cm)							
4	x(cm)							
	y(cm)							
5	x(cm)							
	y(cm)							
6	x(cm)							
	y(cm)							

【实验后记】

【思考题】

1.如果电源电压 E 增加一倍,等位线、电力线形态是否变化? $\Delta U/\Delta r$ 是否变化? 为什么?

2.圆柱形电容器和球形电容器中场强和电位的分布是否可以用稳恒电流场来模拟? 为什么?

实验二十二　霍耳元件测磁场

【实验目的】

1. 了解产生霍耳效应的物理机制。
2. 学会用霍耳效应测量磁场的基本方法。

【实验仪器和用具】

1. 霍耳元件测磁场实验装置、直流稳压电源、直流恒流源、UJ36 型电位差计、直流电流表、滑线变阻器等。
2. 霍耳效应实验仪、霍耳效应测试仪。

【实验原理】

霍耳效应是指：当电流垂直于外磁场方向通过导电体时，在垂直于电流和外磁场方向上物体的两侧产生电势差的现象。这种物理现象在 1879 年被美国物理学家霍耳首先发现。

如图 3-51 所示，设霍耳元件是由均匀的 N 型（参加导电的载流子是自由电子）半导体材料制成，其长为 L，宽为 b，厚为 d。如果在 MN 两端（按图所示）加一稳定电流 I 沿 X 轴方向通过霍耳元件，MN 间的 YOZ 面，沿 Y 轴方向无电流。假定工作电流 I 是由沿 X 轴负方向、以速度 v 运动的电子所构成的，电子的电量为 e，该霍耳元件材料中自由电子的浓度为 n，则工作电流 I 可表示为

$$I=\frac{dQ}{dt}=-evbdn \tag{1}$$

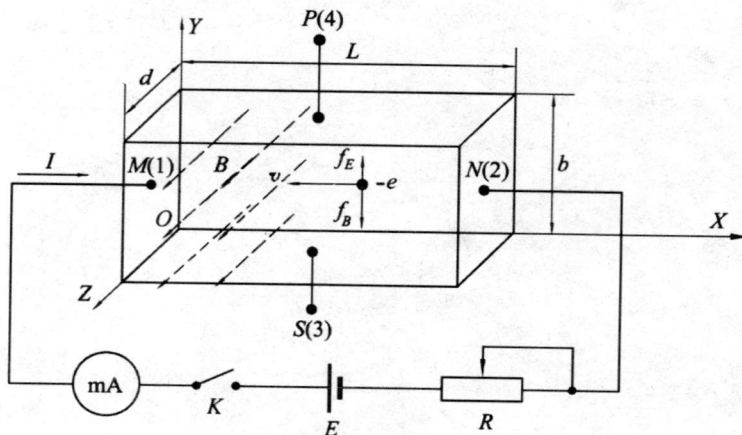

图 3-51　霍耳效应的示意图

若沿 Z 轴方向加一恒定磁场 B,则沿 X 轴负方向运动的电子将受洛仑兹力 f_B 的作用

$$f_B = -e\boldsymbol{v} \times \boldsymbol{B} \tag{2}$$

f_B 的方向指向 Y 轴的负方向。于是,霍耳元件内部的电子将在电场力和磁场力的共同作用下运动,并聚集在下平面,随着电子向下偏移,上平面剩余正电荷,结果形成一个电场,上下两个平面间具有电位差 V_H,V_H 称为霍耳电压。当上下两个平面聚集的电荷产生的电场对电子的静电作用 f_E(沿 Y 轴正方向)与电子所受洛仑兹力 f_B 相等时,电子就能无偏离地沿 X 负方向穿过霍耳元件(这一过程大约在 $10^{-11} \sim 10^{-13}$ s 完成)。这时上下两平面间的电位差 V_H 为一定值。由

$$f_E = f_B$$

即

$$-e\frac{V_H}{b} = -evB$$

又因

$$I = \frac{\mathrm{d}Q}{\mathrm{d}t} = -evbdn$$

所以

$$V_H = bvB = \frac{-I}{edn} \cdot B = K_H I B \tag{3}$$

式中:$K_H = -\dfrac{1}{edn}$ 称为该霍耳元件的灵敏度系数。

同理,如果霍耳元件是由 P 型半导体材料(导电的载流子是空穴)制成的,则 $K_H = \dfrac{1}{edn}$,其中 n 为空穴浓度。

(3)式中各物理量的单位是:霍耳电压 V_H,mV(毫伏);工作电流 I,mA(毫安);励磁磁场感应强度 B,T(特斯拉)($1\ \mathrm{T} = 10^4\,\mathrm{Gs}$),则 K_H 的单位为:mV/(mA·T)。

由(3)式可知,霍耳电压 V_H 正比于工作电流 I 和外磁场 B,且 P,S 两端电位的相对极性(或者说 V_H 的方向)将随工作电流 I 的换向或外加磁场 B 的换向而改变。而霍耳电压 V_H 与 n,d 成反比,所以在实验中我们一般选用载流子浓度(n 或 p)远小于金属的半导体材料,并将此元件做得很薄($d \approx 0.2$ mm),以便获得易于观测的霍耳电压。

如果某一霍耳元件的灵敏度 K_H 已经过测定,我们就可以利用(3)式来测定未知磁场的磁感应强度 B

$$B = \frac{V_H}{K_H \cdot I} \tag{4}$$

式中的工作电流 I 和霍耳电压 V_H 可分别用仪表测量,利用上式即可求得外加磁场的磁感应强度 B。为了准确地测定 B 的大小和方向,流经霍耳元件的工作电流要稳定,并且必须在磁场中缓慢地转动霍耳元件,直到 V_H 具有最大值。此时,磁场 B 才垂直于 XOY 平面,其方向则由 P,S 两端的电压高低来决定。

应当指出:(3)式是在完全理想的情形下得出的,而实际上 P,S 两端的电压不完全由

霍耳电压 V_H 唯一决定,还存在着其他因素带来的附加电压。所以,如果直接将 P,S 两端的电压代入(4)式,计算出的磁场感应强度 B 就不准确。引起附加电压的因素主要由以下几个原因:

(一)不等位效应

当给霍耳元件通以电流(沿 X 方向)时,即沿 X 方向给霍耳元件加一电压,这时霍耳元件内的等位面垂直于 X 轴,按电位高低沿 X 轴分布,测量霍耳电压的两电极 P,S 应在同一等位面上,即当无外磁场时,P,S 两点间应无电位差。但是由于从半导体材料不同部位切割制成的霍耳元件本身并不均匀,性能亦有差异,再加上按几何上的对称来确定 P,S 的位置的误差,实际上难以保证 P,S 两点处在同一等位面上,所以即使无外加磁场,P,S 间仍存在不等位电压 V_0。V_0 随工作电流 I 的换向而换向,而与 B 的方向无关。

(二)爱迁豪森效应(温度梯度效应)

如果在霍耳元件的 X 方向通以工作电流,在 Z 方向上加磁场,由于载流子沿 X 方向的运动速度并不相同,所以它们在磁场中受到的洛仑兹力亦不相同。速度大的载流子受到的洛仑兹力大于受到的电场力(霍耳电压产生的电场力),而偏向一边,速度小的载流子受到的洛仑兹力小于受到的电场力,而偏向另一边。这就使得在霍耳元件上下两个不同的平面上,一个平面上的快速载流子较多,能量较大,因而温度较高;而另一个面上的慢速载流子多,温度也较低,因此在霍耳元件的上下方(沿 Y 轴方向)产生温差 ΔT,且 ΔT 正比于 B,I,又因为电极 P,S 的引线与霍耳元件本身不是同一种材料,故引线与霍耳元件相接处,即电极 P,S 两点就构成一对热电偶,而温差 ΔT 就在 P,S 两极间产生温差电动势 V_E,V_E 亦正比于 $B \cdot I$,而其方向既随 I 换向而换向,也随 B 的换向而换向。

(三)能斯脱效应

由于霍耳元件工作电流引线的焊接点 M,N 处的欧姆电阻不完全相等,所以通电后,发热程度不同,M,N 两端的温度就不相同,于是 M,N 间出现热扩散电流,这一电流在磁场作用下,在 P,S 间产生一类似霍耳电压的电压 V_N:

$$V_N \propto \frac{\mathrm{d}T}{\mathrm{d}x} \cdot B$$

其中:$\frac{\mathrm{d}T}{\mathrm{d}x}$ 为沿 X 方向的温度梯度。

(四)里纪-勒杜克效应

上述的热扩散电流中,各载流子的速度并不相同,根据与"爱迁豪森效应(温度梯度效应)"相同的道理,又在 P,S 间引起附加的温差电势 V_R,这一现象称为里纪-勒杜克效应。V_R 的正负只与磁场 B 的方向有关,且 V_R 正比于 $\frac{\mathrm{d}T}{\mathrm{d}x} \cdot B$。

综上所述,我们可知:在特定的磁场 B 和工作电流 I 的条件下,实际测量 P,S 间的电势差不仅含有 V_H,还包含有 V_0、V_E、V_N 和 V_R,我们测得的是这五个电势差的代数和。

从以上几种附加效应产生的机理可知,除了爱迁豪森效应外,其他附加效应可采取使工作电流或外加磁场改变方向的方法来消除,具体作法如下:

先规定工作电流 I 及外加磁场 B 的正方向(例如分别取为 X 的正方向、Z 的正方向)。当($+B$,$+I$)时,测得 P,S 间的电位差为:

$$V_1 = V_H + V_O + V_E + V_N + V_R \tag{5a}$$

当 $(+B, -I)$ 时,即磁场方向不变,改变工作电流 I 的方向,测得 P, S 间电位差为:

$$V_2 = -V_H - V_O - V_E + V_N + V_R \tag{5b}$$

当 $(-B, -I)$,即磁场方向也改变,测得 P, S 间电位差为:

$$V_3 = V_H - V_O + V_E - V_N - V_R \tag{5c}$$

当 $(-B, +I)$ 时,测得 P, S 间电位差为:

$$V_4 = -V_H + V_O - V_E - V_N - V_R \tag{5d}$$

由以上四式可得

$$V_1 - V_2 + V_3 - V_4 = 4V_H + 4V_E$$

所以

$$V_H = \frac{1}{4}(V_1 - V_2 + V_3 - V_4) - V_E$$

一般情况下温差电动势 $V_E \ll V_H$,可以略去,故有

$$V_H = \frac{1}{4}(V_1 - V_2 + V_3 - V_4) \tag{6}$$

说明:一般情况下 $V_E < V_H \times 5\%$,若 V_E 较大,又要求准确测量磁场,可以用等温槽来消除 P, S 两端的温度差,或者将工作电流换为交变电流。通过物理理论分析,由于 V_E 的建立需要较长时间,这样 V_E 尚未建立,I 已换向,V_E 亦应随之换向。当 I 变化较快时,则 V_E 始终来不及建立,故可消除 V_E 影响。要注意的是,当工作电流 I 为交变电流时,霍耳电压 V_H 也是交变的,因此,公式中 I 及 V_H 值均为交变量的有效值。

【实验装置及使用方法】

本实验有两种实验仪器组合,下面我们分别对实验装置及使用方法加以介绍:

(一)霍耳元件测磁场实验装置、直流稳压电源、直流恒流源、UJ36 型电位差计、直流电流表

本实验是用霍耳元件测量通电螺线管内的轴向磁场,装置及接线如图 3-52 所示,装置共有六个接线柱。"1"、"2"为霍耳元件电流输入端(即 M, N 两点);"3"、"4"为霍耳电压 V_H 的输出端(即 S, P 两点);"5"、"6"为螺线管的两引线端,即励磁电流的输入端。其方向为当"1"、"5"接电源的"+"极时,"4"(P 点)为 V_H 的"+"端。

霍耳元件封装在有机玻璃盒中,其几何尺寸及灵敏度 K_H 由实验室给出,用拉线装置使霍耳元件在螺线管内沿轴向移动,可以方便地连续测量通电螺线管轴线上各点的磁感应强度大小。

霍耳电压用 UJ36 型电位差计测量,其使用方法见本书实验十八"电位差计及其使用"的有关介绍。

霍耳元件测磁场实验装置的使用方法:

(1)按图 3-52 接好电路(未经教师检查不得接通各电源开关)。

(2)按 UJ36 型电位差计的使用说明,调整好电位差计。

(3)接通高精度恒流源,先取"1"接"+"极,"2"接"−"极。

(4)调节高精度恒流源,使霍耳元件工作电流 $I = 25.0$ mA。

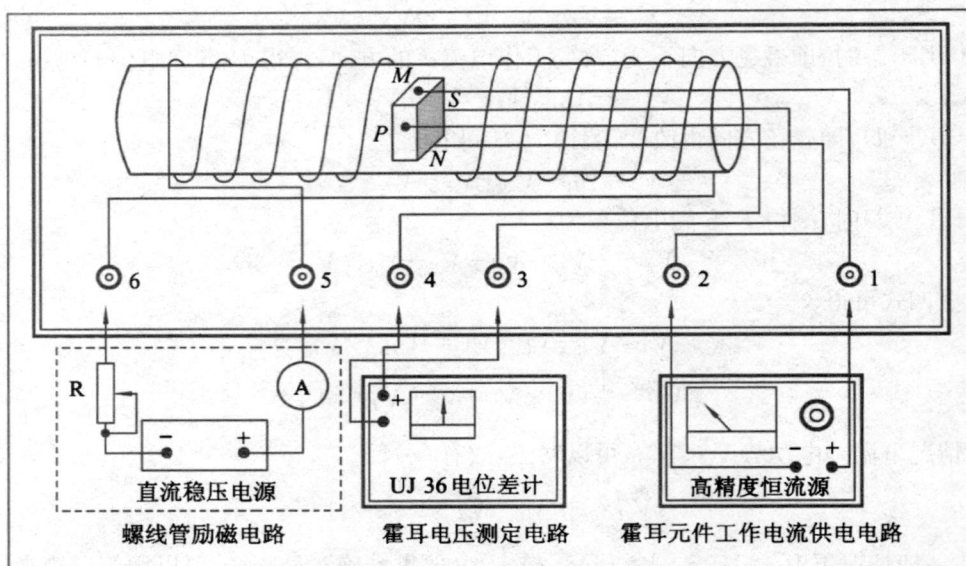

图 3-52　霍耳元件测磁场实验装置及接线图

(5)接入电位差计,先将"4"接其未知"＋"端。

(6)将霍耳元件移至螺线管中央,接通励磁电源(先将"5"接"＋","6"接"－"),维持霍耳元件工作电流 $I=25.0$ mA 不变。

(7)调节 R,使螺线管励磁电流 I_m 分别为 100,200,300,400,500,600,700 mA,对应每一 I_m 值要分别在 $\pm B$,$\pm I$ 的四种组合情况下,测量出 V_1,V_2,V_3,V_4,代入(6)式计算出相应的霍耳电压 V_H。

(8)根据计算出的霍耳电压 V_H,代入(4)式,计算相应的螺线管中的磁感应强度 B 值,记入表 3-25 中。

(9)在坐标纸上绘出 $B\text{-}I_m$ 曲线。

(10)将所测得螺线管中央处的磁感应强度,与由理论公式 $B_{中心}=\mu_0\cdot\dfrac{N}{L}\cdot I_m$ 计算值相比较,对应每一 I_m 计算各 $B_{中心}$ 值,一并填入表 3-25 中,式中 I_m 为螺线管的励磁电流、$\mu_0=4\pi\times10^{-7}\mathrm{T\cdot m\cdot A^{-1}}$ 为真空的磁导率、N 为螺线管的线圈总匝数、L 为螺管的长度。

(二)霍耳效应仪,霍耳效应测量仪

如图 3-53 是霍耳效应仪。霍耳元件胶合在白色衬板上。其灵敏度常数 K_H 值由实验室给出。霍耳元件位于电磁铁气隙之间,其 XOY 面与磁感应强度 B 的方向垂直,其位置可由读数装置调节。霍耳效应仪共有六个接线柱,且带有双向开关。接线柱"1"、"2"为霍耳元件工作电流输入端(即 M,N 两端);"3"、"4"为霍耳电压 V_H 的输出端(即 P,S 两端);"5"、"6"为励磁电流输入端。

霍耳效应仪、霍尔效应测试仪的实验使用方法:

1.霍耳效应仪各旋钮分别与霍耳元件测试仪对应旋钮连接好。

2.闭合 K_1,使"5"接"＋","6"接"－"。

3. 调"调节Ⅱ"钮,使励磁电流 $I_m = 300$ mA。

4. 闭合 K_2,使"1"接"+","2"接"−",调"调节Ⅰ"钮,使工作电流 $I = 5.0$ mA。

5. 闭合 K_3,使"4"接"+","3"接"−",即可测出($+B, +I$)情况下的电位差 V_1(注:"4"接"+"、"3"接"−"时 V_H 为正值)。

6. 对于每一不同的励磁电流 I_m 值,我们应分别测出($+B, +I$),($+B, -I$),($-B,$ $-I$),($-B, +I$)四种情况下的电位差 V_1, V_2, V_3, V_4,填入表 3-26。

7. 按(6)式计算 V_H 值,按(4)式计算 B 值,填入表格。

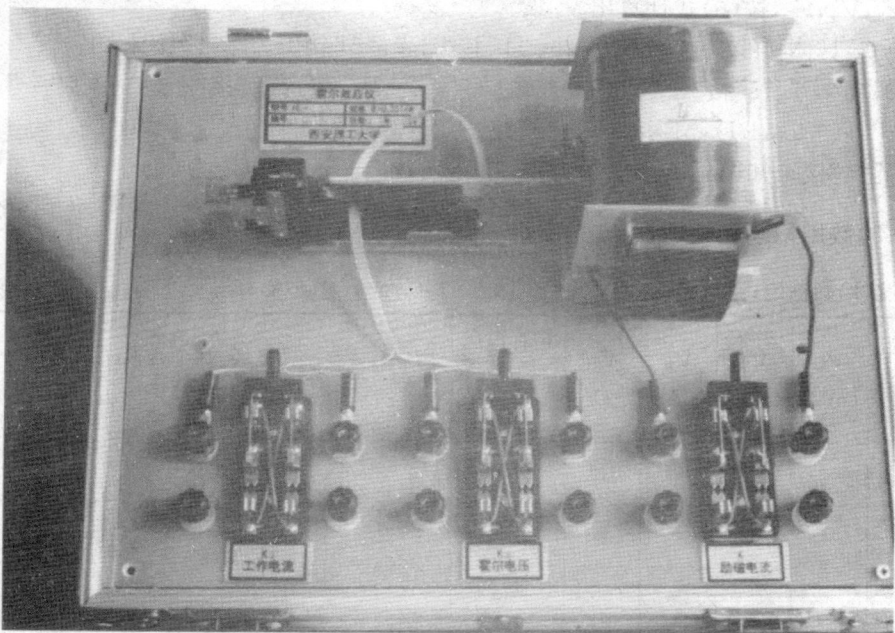

图 3-53　霍耳效应仪实物图

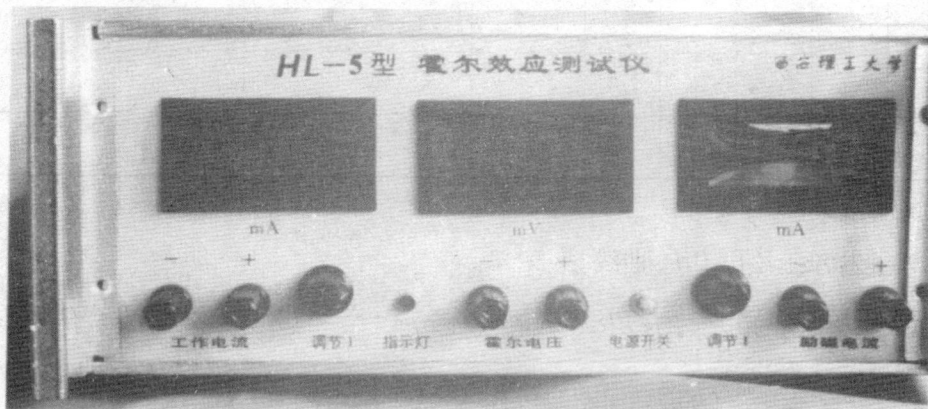

图 3-54　霍耳效应测试仪实物图

【注意事项】

1.通入螺线管的励磁电流不得超过 1 000 mA,通过霍耳元件的工作电流不得超过20.0 mA,否则将影响、损坏霍耳元件。

2.为了避免电位差计长时间工作零点漂移对实验的影响,我们要经常校对电位差计的工作电流,以保证测量结果的准确程度。

3.对应每一 I_m 值应在 $(+B,+I)$,$(+B,-I)$,$(-B,-I)$,$(-B,+I)$ 四种情况下测得 V_1,V_2,V_3,V_4,按(6)式计算出 V_H。

4.实验具体接线为:$(+B,+I)$:"1"接"＋"、"5"接"＋"、"4"接未知"＋"。$(+B,-I)$:"2"接"＋"、"5"接"＋"、"3"接未知"＋"。$(-B,-I)$:"2"接"＋"、"6"接"＋"、"4"接未知"＋"。$(-B,+I)$:"1"接"＋"、"6"接"＋"、"3"接未知"＋"。

5.凡"4"接未知"＋"测得电压为正,"3"接未知"＋"测得电压为负。

【实验数据记录和处理】

表 3-25　实验数据记录　　　　　　　　$I=$_____(mA);$K_H=$_____$[mV/(mA \cdot T)]$

励磁电流 I_m (mA)	V_1 (mV)	V_2 (mV)	V_3 (mV)	V_4 (mV)	霍耳电压 V_H (mV)	$B_{实验测定}=\dfrac{V_H}{K_H \cdot I}$ (T)	$B_{结构参数计算中心值}=\mu_0 \cdot \dfrac{N}{L} \cdot I_n$ (T)
100							
200							
300							
400							
500							
600							
700							

实验数据处理:

1.在坐标纸上绘出 B-I_m 曲线。

2.分析 $B_{实验测定}=\dfrac{V_H}{K_H \cdot I}$ 与 $B_{结构参数计算中心值}=\mu_0 \cdot \dfrac{N}{L} \cdot I_m$ 的偏差,以及产生偏差的原因。

表 3-26 实验数据记录 $K_B=$ _____ ( );$I=$ _____ (mA);$K_H=$ _____ $[mV/(mA \cdot T)]$

I_m (mA)	V_1 (mV)	V_2 (mV)	V_3 (mV)	V_4 (mV)	V_H (mV)	$B_{测}=\dfrac{V_H}{K_H \cdot I}$ (T)	$E=\dfrac{|B_{公认}-B_{测}|}{B_{公认}}\times100\%$ (%)
3.00							
4.00							
5.00							
6.00							
7.00							

【实验后记】

【思考题】

若磁感应强度与霍耳元件的 XOY 面不垂直,按(4)式算出的 B 值,比实际值偏大还是偏小? 要准确测定磁场的磁感应强度 B,实验应怎样进行?

第四章　光学实验

光学实验基础知识简介

　　光学实验是物理实验中的一个重要部分。通过光学实验可以将像放大、缩小或记录贮存，可以实现不接触的高精度测量，可以研究原子、分子和固体的结构及测量各种物质的成分和含量等。特别由于激光技术的发展，近代光学和电子技术的密切配合，以及材料和工艺上的革新等，使光学实验技术成为科学研究和工程技术中的重要组成部分。

　　光学实验除了要运用以前实验中所获得的知识和技巧外，还应注意其自身的特点。因此在这里先介绍一些光学实验的最基本的知识和必须遵守的一般规则。

一、光学仪器的使用规则

　　光学仪器一般属于精密仪器，光学仪器的核心部件是光学元件，如各种透镜、棱镜、反射镜、分划板和光栅等等。对它们的光学表面的光学性能（如表面光洁度、平行度和透明度等）都有一定要求，而光学元件又极易损坏（如最常见的破损、磨损、污损和发霉等），所以在使用前必须了解下列使用规则并严格遵守：

　　1. 必须在了解仪器的结构、使用方法和操作要求后，才能使用仪器。

　　2. 光学仪器及元件必须轻拿、轻放、轻调，可调部件调不动时，不要硬扭硬扳。

　　3. 不准用手触摸仪器、元件的光学表面。如果必须用手拿某些光学元件时，只能接触其非光学表面部分，如磨砂面、棱镜的上下底面、透镜的边缘等。

　　4. 不准将仪器、元件的光学表面与硬物或粗糙的物体接触，不准把光学元件随便放在桌面上。

　　5. 不准使光学元件沾上油污、汗渍、水汽及其他腐蚀性的物品，除实验规定外，不允许任何溶液接触光学表面。

　　6. 光学表面如有灰尘，可用干燥的去脂软毛笔轻轻掸去，或用橡皮球吹去，如有轻微的污痕或指印，可用特制的镜头纸或清洁的鹿皮轻轻拂去，不能加压擦拭，更不能用手、手帕、衣服或一般纸片擦拭。

　　7. 光学仪器装配精密，拆卸后很难复原，因此严禁随意拆卸。

　　8. 光学仪器上的光学狭缝为仪器的精密部件，在调整狭缝宽度时要慢，不要使狭缝完全闭合。

　　9. 高精度贵重光学仪器的使用应十分谨慎，以防损坏，其清理维护工作应由专职人员负责。

　　10. 仪器用毕，必须装回箱内或加罩以防灰尘，箱内或罩内必须放干燥剂，以防仪器和光学元件受潮发霉。

二、实验室常用光源

1. 白炽灯：白炽灯是以钨丝为发光体，以热辐射形式发射光能的电光源。它的光谱是分布于近红外线到可见光范围的连续光谱，它在实验室中作为一般照明光源和白光光源。

2. 钠灯和汞灯：钠灯和汞灯也是实验室常用光源，它们分别是充有钠蒸气和汞蒸气的放电光源。

(1) 钠灯作为单色光源，发出黄色光，其光谱由两条波长非常接近的光谱线组成，它们的波长分别为 $5.889\,96 \times 10^{-7}$ m 和 $5.895\,93 \times 10^{-7}$ m。计算时可取平均值 5.893×10^{-7} m。

(2) 汞灯有较强的紫外线辐射，在可见光范围内，较强的光谱线有波长为 5.770×10^{-7} m，5.790×10^{-7} m，5.461×10^{-7} m，4.358×10^{-7} m 和 4.047×10^{-7} m 等数条。汞灯有高压和低压之分，主要区别在于灯管内工作气压的高低。

(3) 汞灯和钠灯都用 220 V 交流电源，但都须配用一定规格的镇流器。接通电源后一般需 15 min 才能正常发光。点燃的钠灯和汞灯如突然断电，不能再立即通电点燃，要等灯管温度下降后再点燃。

三、激光器

激光是 20 世纪 60 年代开始出现的一种新光源，它具有单色性好、方向性强和空间相干性高等特点。激光器的种类很多，按其工作物质分类，有气体、固体、液体和半导体等激光器。在实验室中常用的是氦氖(He-Ne)激光器，其发射的激光波长为 6.328×10^{-7} m(红色)。

He-Ne 激光器由激光电源和 He-Ne 激光管两部分组成，激光电源输出直流高压以点燃激光管。激光管是用 He 和 Ne 的混合气体(He∶Ne＝7∶1)封入玻璃管或石英管制成的。He-Ne 激光管对直流电源的要求与管长及毛细管截面有关。实验室用的管长多数为 $200 \sim 300$ mm，所需电压约为 2 kV，工作电流约 $4 \sim 5$ mA。

激光器内部有高压电源，使用时严禁触及电源内部及激光管两端。激光束能量集中，切勿使激光束射入眼中或迎着激光束直接观察激光，否则会造成眼视网膜的永久性损伤。

四、光学实验的主要特点

1. 光学实验与成像紧密相联，所有光学实验都离不开成像(图像)，对光的一切物理规律的研究，都是首先接收反映有关规律的图像，然后通过对各种图像的观测达到揭示光学物理规律和测量各个光学基本量的目的。如：通过透镜成像可测其焦距；通过干涉图样可测物质折射率；通过衍射图样可测光波波长等。因此，如何通过实验调节，获取清晰图像，是光学实验的重要内容。

2. 实验调节比较困难：光学实验调节，要求高，难度大，有些能预料的系统误差，需要通过正确的实验调节加以消除或尽可能减少。实验调节是光学实验中的难点。通常调节分粗调和细调两步，所谓粗调是使仪器各部件大体处在正常位置，切忌一开始就埋头细调。调节时必须缓慢、耐心、仔细，漫不经心的调节是难以获得最佳图像的。

3. 调节顺序性强：光学实验调节需按一定的顺序进行，不能随意颠倒。通常是调节好的第一步作为调节第二步的基础，第二步作为调节第三步的基础。在哪一步有问题，只能在这一步的操作中找原因，不能再改动已调节好的前一步，否则，需重新开始。

实验二十三　薄透镜焦距的测定

【实验目的】

1. 学习并掌握简单光路的分析和调整。
2. 掌握几种测量薄透镜焦距的常用方法。

【实验仪器和用具】

光具座、平行光光源、凸透镜、凹透镜、平面镜、物屏、像屏等。

【实验原理】

(一)凸透镜焦距的测量

1. 自准法:当发光物(A)处在凸透镜的焦平面上时,它发出散射光经透镜折射后成为一束平行光,经与主光轴垂直的平面镜 M 反射回来,反射光经透镜后仍会聚于焦平面上,会聚点将在发光物(A)相对于主光轴的对称位置上。

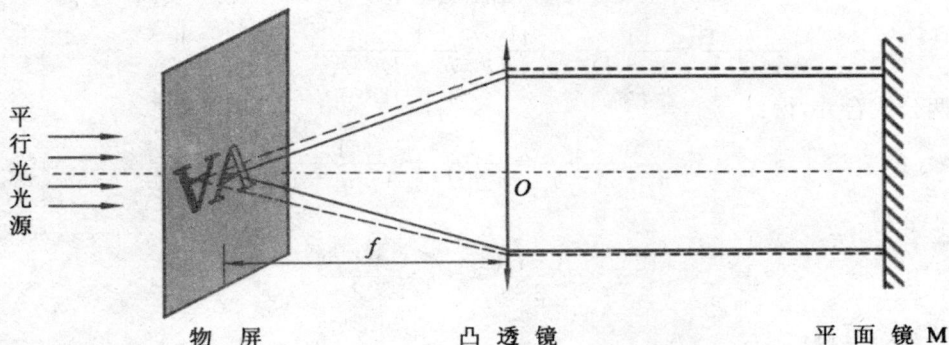

图 4-1　自准法测凸透镜焦距

实验时,使平面镜垂直于透镜的主光轴并靠近透镜,如图 4-1 所示。移动透镜,调整光路,当清晰的像与物在同一平面(与主光轴垂直)上时,此平面即透镜焦点所在的平面(焦平面),它到透镜光心 O 的距离就是透镜的焦距。

2. 物距像距法:在近轴光线的条件下,薄透镜成像的规律可表示为

$$\frac{1}{u}+\frac{1}{v}=\frac{1}{f} \tag{1a}$$

或

$$f=\frac{uv}{u+v} \tag{1b}$$

式中,u 为物距(恒取正值),v 为像距(实像为正,虚像为负),测出 u,v 即可间接地求得薄

透镜的焦距 f。

3.共轭法:如图 4-2 所示,取物与像屏之间的距离 A 大于四倍焦距,并保持不变,移

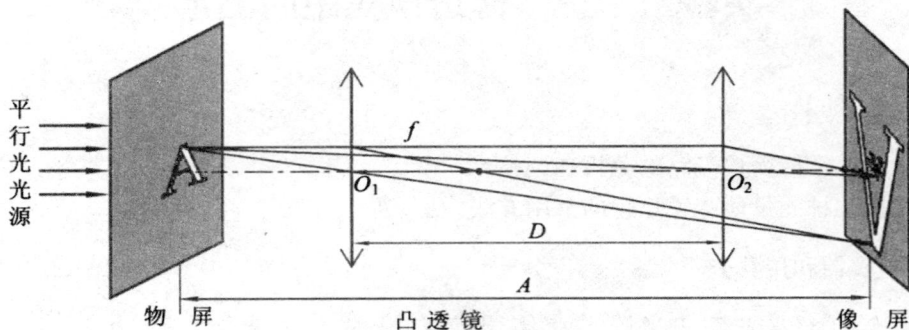

图 4-2　共轭法测凸透镜焦距

动透镜,当它在 O_1 位置时,在像屏 P 上得一放大的实像,此时物距、像距各为 u_1 和 v_1;当透镜在 O_2 位置时,屏上得一缩小的实像,此时物距、像距各为 u_2 和 v_2;透镜两次成像位置之间相距为 D,根据透镜公式(1a)有

$$\frac{1}{u_1}+\frac{1}{v_1}=\frac{1}{u_1}+\frac{1}{A-u_1}=\frac{1}{f} \tag{2}$$

$$\frac{1}{u_2}+\frac{1}{v_2}=\frac{1}{u_1+D}+\frac{1}{v_1-D}=\frac{1}{u_1+D}+\frac{1}{A-u_1-D}=\frac{1}{f} \tag{3}$$

以上两公式合并,得:

$$\frac{1}{u_1}+\frac{1}{A-u_1}=\frac{1}{u_1+D}+\frac{1}{A-u_1-D}$$

由图 4-2 得:

$$u_1=\frac{A-D}{2} \qquad v_1=\frac{A+D}{2}$$

代入(2)式,可得:

$$f=\frac{A^2-D^2}{4A} \tag{4}$$

所以只要测出 A 和 D 即可求出薄透镜的焦距 f。

这一方法的优点在于它把焦距的测量归结为对 A 和 D 的测量,这就避免了测量 u,v 时,由于估计透镜光心位置不准带来的误差。

(二)凹透镜焦距的测量

1.自准法:此法测凹透镜焦距时,需用一凸透镜作为辅助透镜。如图 4-3 所示,将物点 A 放在凸透镜 O_1 的主光轴上,测出它的成像位置 B。固定 O_1,在 O_1 与 B 之间放入待测凹透镜 O_2 和平面镜 M,使 O_2 与 O_1 的主光轴重合,并使 M 垂直于透镜主光轴,由物点 A 发出的光经透镜 O_1,O_2 射向 M,再被 M 反射回去成像。调整 O_2 的位置可成像于 A 点,此时,从凹透镜射到平面镜的光必定是一束平行光,B 点就成为由 M 反射的平行光的虚像点,也就是凹透镜 O_2 的焦点 F_2(为什么?),测出凹透镜的位置 O_2,则间距 O_2B 即为

该凹透镜的焦距。

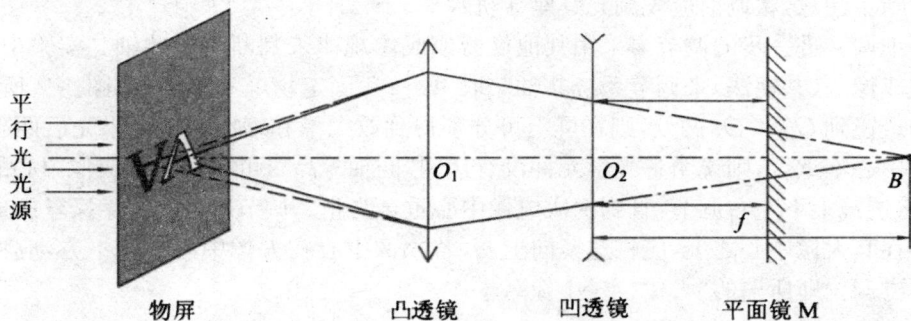

图 4-3 自准法测凹透镜焦距

2.物距像距法:如图 4-4 所示,从物点 A 发出的光线经过凸透镜 O_1(辅助透镜)后,会

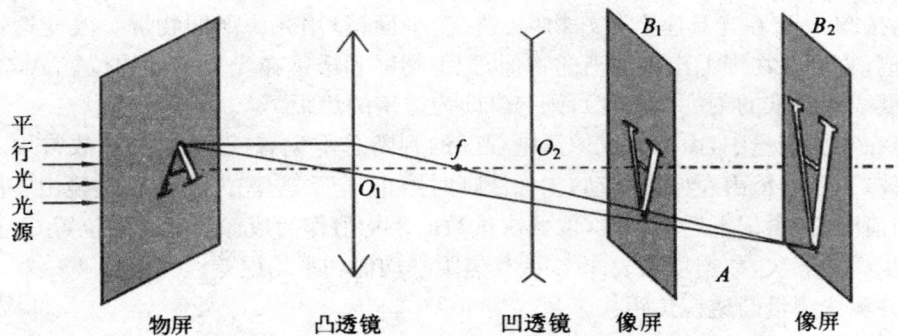

图 4-4 物距像距法测凹透镜焦距

聚于 B_1 点,固定 O_1 位置,在 O_1 与 B_1 点之间插入待测凹透镜 O_2,并使 O_2 与 O_1 的主光轴重合,移动 O_2 使光线的会聚点移到 B_2 点,根据光线传播的可逆性,人们可以认为,如果将一物点置于 B_2 处,则此物点发出的光经 O_2 折射后所成的虚像一定落在 B_1 处,因此,相对于凹透镜的 O_2,$O_2B_2 = u$,$O_2B_1 = v$,又考虑到凹透镜的 f 和 v 均为负值,所以由(1)式得

$$\frac{1}{u} - \frac{1}{v} = \frac{1}{f} \quad \text{或} \quad f = \frac{uv}{u-v}$$

【实验内容及步骤】

(一)光学元件同轴等高的调节

构成透镜的两球面的球心的连线称为透镜的主光轴。从图 4-2 可以看出,物距、像距、焦距等都是沿着主光轴计算的,而实验中以上各量都是由光具座上的刻度尺测出来的。为了保证测量结果的准确,透镜的主光轴应与光具座的导轨平行。因此,实验时应先将各光学元件的主光轴调整到相互重合并与导轨平行,即"同轴等高"。调整方法如下:

1.粗调。把所有光学元件,如透镜、物屏、像屏等都装在滑座上,先将其靠拢,调节其

左右及高低,使它们的中心大致在一直线上,并与光具座的导轨平行,这一步主要靠眼睛观察判断。注意,粗调前应先调光具座导轨水平。

2.细调。进一步的调节要采用其他仪器或成像规律来判断调节共轴。实验中,常采取两次成像法(共轭法)来调节系统共轴。取 $A>4f$,固定物屏和像屏,如图 4-2 所示,先后移动透镜到 O_1 和 O_2 两处,则在屏上可分别得到放大像和缩小像。如果先后两次得到的像的中心不重合,则说明各光学元件没有达到"同轴等高",可根据两次成像中心的偏离情况,将透镜上下左右调节,直到两次成像中心重合为止。调节时若"十"字叉丝所成的小像中心在其大像中心之上,应将透镜向上调,若小像中心在大像中心之左下方,应将透镜往左下方调。即所谓的"大像'追'小像"。

(二)凸透镜焦距的测量

测量前,先将待测透镜装好,对着远处物体,使屏上成像,这时透镜与屏之间的距离大致等于透镜的焦距,这是一种迅速估测透镜焦距的有效方法。

1.自准法测量凸透镜焦距:

(1)按图 4-1,在光具座上装好物屏、透镜、平面镜,用光源照明物屏。改变透镜至物屏的距离,直到在物屏上出现清晰的物像,记下物屏和透镜在光具座上的位置 A,O(滑座下红刻度线所对准的刻度尺刻度),则 AO 即为透镜的焦距 f。

(2)在实验测量中,由于对成像清晰程度的判断总不免有一定的误差,故常用左右逼近法读数,先使透镜由左向右移动,当像清晰时停止,记下透镜位置,再使透镜由右向左移动,当像清晰时,再记下透镜位置,取两次读数的平均值作为成像清晰时的位置 O,重复以上测量步骤共五次,数据填入表 4-1,计算焦距平均值和平均误差。

2.共轭法测量凸透镜焦距:

(1)按图 4-2 装置物屏、透镜和像屏,并使 $A>4f$。固定物屏和像屏位置间距离 A,移动透镜,使在像屏上分别得到清晰的放大像和缩小像,并记下两次成像时透镜的位置 O_1,O_2。利用(4)式计算透镜焦距。

(2)改变 A 四次(每次都要保持 $A>4f$ 且 A 不宜取得过大,以免缩小的像太小而无法判别何时成像最清晰),重复步骤(1),测出相应的位置 O_1,O_2,并一一记入表 4-2 中,计算相应的 f 值并求 f 平均值和平均误差。

3.观察凸透镜成像规律:依次取物距 u 为 $u>2f,u=2f,2f>u>f$,观察成像的大小、正倒,并测量像距,记入表 4-3 中。

(三)凹透镜焦距的测量

1.自准法测量凹透镜焦距。

2.物距像距法(组合法)测量凹透镜焦距:根据"凹透镜焦距的测量原理",自己拟定测量步骤、设计数据表格,每种测量方法各测五次,分别求出 f 的平均值和平均误差。

测量前都应调整各元件"同轴等高"。

【注意事项】

1.导轨面和滑座应保持清洁,在使用、搬动时应注意防止碰伤导轨面。

2.要避免在导轨上加压重物,以免引起导轨变形。

3. 操作时应小心,以免损坏仪器。

4. 仪器长期不使用时,应在导轨面和滑座工作表面涂抹少量机油,并将各种附件取下存放好。

【数据表格及数据处理】

表 4-1　自准法测量凸透镜焦距　　　　　　　物屏位置:＿＿＿＿＿ cm

次数		1	2	3	4	5
凸透镜位置 O 读数(cm)	自左向右					
	自右向左					
	平均					
$f=AO$(cm)						

实验数据处理:

$$\overline{f} = \frac{1}{5}\sum_{i=1}^{5} f_i = \underline{\qquad}\text{(cm)}$$

$$\overline{\Delta f} = \frac{1}{5}\sum_{i=1}^{5} |\overline{f}-f_i| = \underline{\qquad}\text{(cm)}$$

$$f = \overline{f} \pm \overline{\Delta f} = \underline{\qquad} \pm \underline{\qquad}\text{(cm)}$$

表 4-2　共轭法测量凸透镜焦距　　　　　　　物屏位置:＿＿＿＿＿ cm

次数	1	2	3	4	5
物屏距离 A(cm)					
凸镜位置 O_1(cm)					
凸镜位置 O_2(cm)					
$D=|O_1-O_2|$(cm)					
$f=\dfrac{A^2-D^2}{4A}$(cm)					

实验数据处理:

$$\overline{f} = \frac{1}{5}\sum_{i=1}^{5} f_i = \underline{\qquad}\text{(cm)}$$

$$\overline{\Delta f} = \frac{1}{5}\sum_{i=1}^{5} |\overline{f}-f_i| = \underline{\qquad}\text{(cm)}$$

$$f = \overline{f} \pm \overline{\Delta f} = \underline{\qquad} \pm \underline{\qquad}\text{(cm)}$$

表 4-3　观察凸透镜成像规律　　　　　　　　　　　　焦距 $f=$ _____ cm

	$u>2f$	$u=2f$	$2f>u>f$
物距 u(cm)			
像距 v(cm)			
放大或缩小			
正立或倒立			

【实验后记】

【思考题】

1. 用自准法测量凸透镜的焦距,使像点和物点处在与透镜主光轴相垂直的同一平面上且相对于主光轴对称,其条件是什么?

2. 试说明用共轭法测凸透镜焦距 f 时,为什么要使物像间距 $A>4f$?

3. 在测量凸透镜焦距时,可以得到多组 u,v 值,如果以 $u+v$ 为纵轴,uv 为横轴,画出实验曲线,根据(1)式分析一下此曲线属于什么类型? 怎样根据此曲线求透镜的焦距 f?

4. 在测量凸透镜焦距时,还可以利用测量的多组 u,v 值,以 v/u(即像的放大倍数)为纵轴,v 为横轴,画出实验曲线。试问这条曲线具有什么形状? 怎样从这条曲线求出焦距 f?

5. 用物距像距法测凹透镜焦距时:

(1)如何判断凹透镜与已调好的物屏、凸透镜是否同轴等高?

(2)改变凹透镜位置,分别使 $v>f_凹$,$v=f_凹$,$v<f_凹$,问哪种情况下实验才能成功?

实验二十四　分光计的调整和使用

【实验目的】

1. 了解分光计的基本结构和原理。
2. 初步掌握分光计的调整和使用方法。
3. 掌握分光计测量角度量的方法。

【实验仪器和用具】

分光计、钠光灯、三棱镜、平面镜、照明小灯及电源。

【实验装置】

分光计是一种精确测量角度的精密光学仪器。它的调节比较复杂,我们必须在弄清分光计基本结构和工作光路的基础上,才能掌握具体的调节方法。

任何一种分光计都由四个主要部分组成,即望远镜、载物平台、平行光管和读数装置。图 4-5 是分光计的实物图,其下部为底座,中心有一竖轴,称为分光计的中心轴;望远镜、载物平台和读数装置都可绕此中心轴转动。

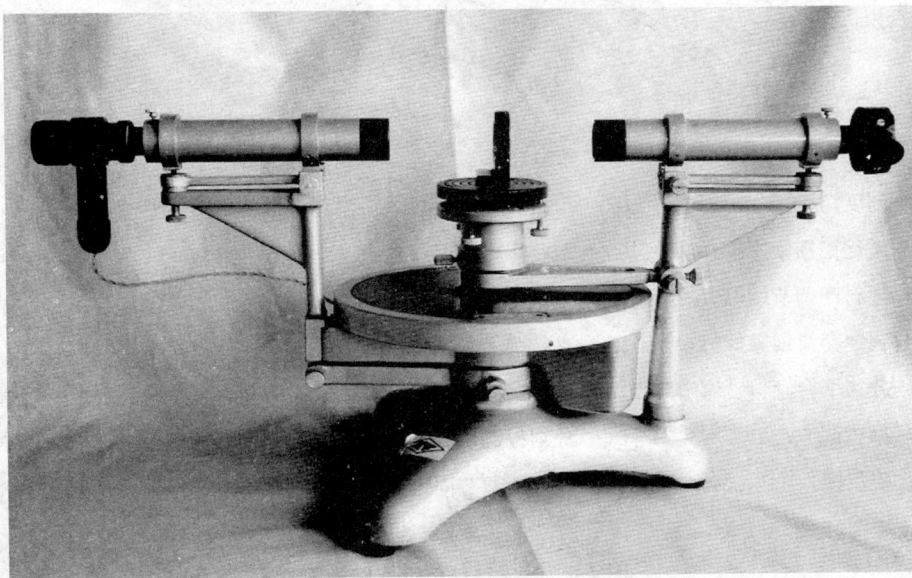

图 4-5　分光计实物图

（一）望远镜

望远镜由自准目镜和物镜组成,常用的自准目镜有高斯目镜和阿贝目镜两种。

图 4-10 所示为阿贝目镜,它由目镜和物镜组成,并在其前端装有小棱镜和分划板,在

棱镜与分划板接触的平面上有一可透光的十字形窗口。

目镜、物镜与分划板之间的距离均可调节。调节目镜与分划板间的距离(调图 4-6 之 15),可清晰地观察到分划板上有几条分划线。从照明灯泡发出的光,经小棱镜反射,从十字窗口透出,经物镜射出望远镜,调节分划板与物镜间的距离(调图 4-6 之 16),当分划板所在的平面与物镜的焦平面重合时,经物镜射出的光将是平行光。用一平面反射镜对准望远镜,将这束平行光再反射进入望远镜,可在分划板上得一清晰的十字形的像(为什么?)。当平面反射镜与望远镜的光轴垂直时,十字像的位置刚好位于上水平分划线上,如图 4-10(b)所示。

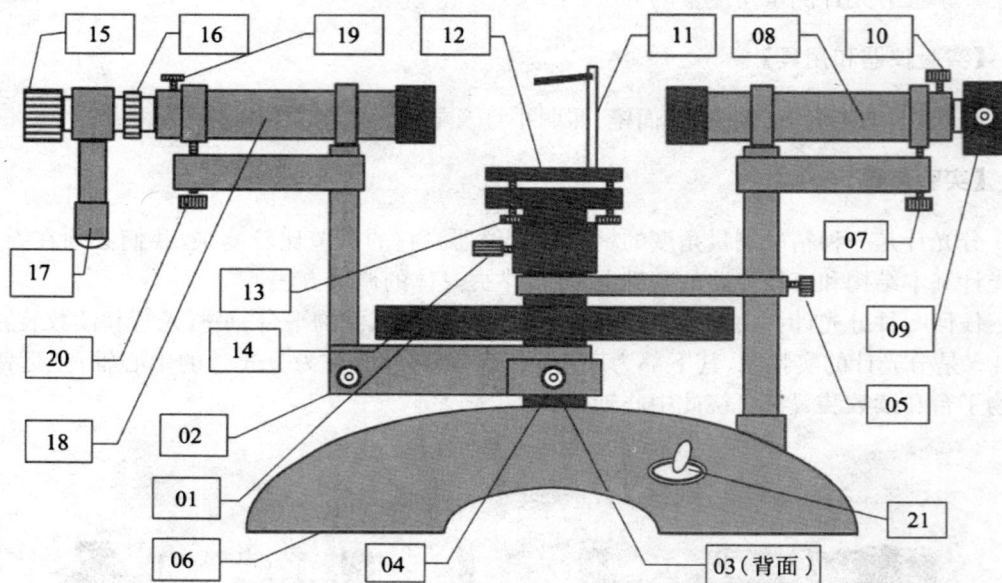

图 4-6 分光计(FFY 型)结构图

01—刻度盘;	02—望远镜微动手轮;	03—刻度盘锁紧螺钉;
04—望远镜锁紧螺钉;	05—载物平台锁紧螺钉;	06—底座;
07—倾斜度调节螺母;	08—平行光管;	09—狭缝宽度调节螺钉;
10—狭缝套筒锁紧螺钉;	11—夹持弹簧;	12—载物平台;
13—载物平台倾斜度调节螺钉(三只);		14—载物平台升降固紧螺母;
15—目镜调节;	16—分划板调节;	17—望远镜照明灯泡;
18—望远镜;	19—分划板调节固定螺母;	20—望远镜倾斜度调节螺钉;
21—电源开关		

望远镜光轴的倾斜度可由螺钉(20)来调节。望远镜的支架与读数装置的游标盘固定在一起,它们可绕分光计中心轴旋转[拧紧(05)和(03)固定载物平台和刻度盘,然后松开(04)即可转动望远镜],所以望远镜转过的角度等于游标盘转过的角度,并可从刻度盘上

读出。望远镜还可借助微动手轮(02)[这时应将(04)固定]调节,使其绕中心轴微动。

（二）载物平台

载物平台是一放置待测光学元件用的小圆平台,台面由三个螺钉支撑,它们形成一正三角形,可调节台面的水平。拧紧(04)即可转动望远镜,再松开(05),载物平台可以单独绕中心轴转动。拧紧(05),松开(03),载物平台可带动刻度盘一起绕中心轴转动。

（三）平行光管

它的作用是将光源发出的光线转化为平行光。管筒一端装有消色差透镜组,另一端装有可伸缩小套筒,套筒末端装有一宽度可调的狭缝。当伸缩套筒使狭缝处在透镜组的焦平面上,光从狭缝进入,经平行光管射出时,将成为一束平行光。

平行光管的倾斜度可由螺钉(07)调节。

（四）读数装置

分光计的读数装置由刻度盘和游标盘组成。FFY 型分光计采用机械刻度盘（见图 4-7）,刻度盘分 360°,每一度又两等分,所以最小刻度值为 $30'$。游标盘上 14.5°圆弧上有 30 个小格,所以游标上每一小格为 $14.5°/30=29'$,即游标盘上一小格与刻度盘上一小格相差 $30'-29'=1'$。因此游标盘的最小分度值为 $1'$。

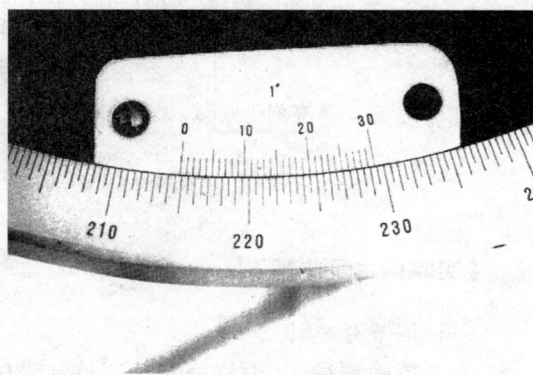

图 4-7　分光计的读数装置

分光计的游标盘上装有两个游标（相隔 180°）,两游标分别读数再求平均值（这样可以消除读数装置的偏心差）。

角度的读法可分两步,举例如下:

1. 以游标零刻度为准,从刻度盘上读得 $A=214°31'$。

2. 根据游标上第 16 条刻线为对准线读得 $B=16×1'=16'$。

则此例的读数:$\Phi=A+B=214°31'+16'=214°46'$。

（五）FGY-01 型分光计读数装置（黄岛校区用）

分光计的读数装置由刻度和游标盘组成。FGY-01 型分光计采用光学刻度盘（见图 4-8）,盘下有照明灯照亮刻度,刻度盘分 360°,每一度又为三等分,所以最小刻度值为 $20'$。游标盘在 13°圆弧上有 40 个小格,所以游标上每一小格为 $13°/30=19'30''$,即游标盘上一小格与刻度盘上一小格相差 $20'-19'30''=30''$,因此游标盘的最小分度值为 $30''$。

当接通照明灯电源时,光线便透过两盘相重合的刻度线,而成亮线;其他

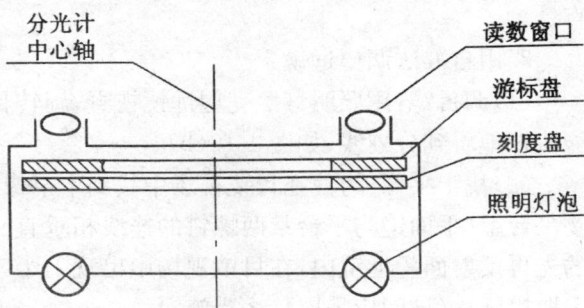

图 4-8　FGY-01 型分光计读数装置

刻度线则因相互遮挡,光线不能透过。所以我们可以根据亮线,即两盘相对准的刻线来读

数。为了提高读数的准确度，分光计的游标盘上装有两个游标（相隔 $180°$），两游标分别读数再求平均值（这样可以消除读数装置的偏心差）。

角度的读法可分为两步，举例如下：

1. 以游标零刻线为准，从刻度盘上读得 $A = 251°20'$。

2. 根据游标上第 19 条刻线为对准线读得 $B = 19 \times 30'' = 9'30''$。

则此例的计数：$\Phi = A + B = 251°20' + 19'30'' = 251°29'30''$。

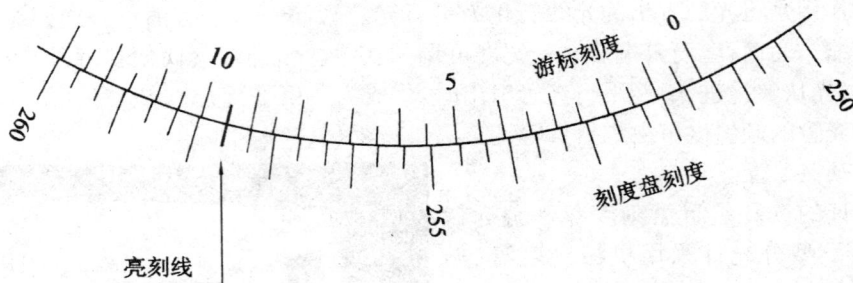

图 4-9	FGY-01 型分光计读数示意图

【实验内容及步骤】

（一）调节分光计

为了精确测量，必须将分光计调整到最佳工作状态，调节要达到：

(1) 使平行光管能射出平行光。

(2) 使望远镜能接受平行光。

(3) 使望远镜和平行光管的光轴与分光计的中心轴相垂直。

1. 目测粗调：为了提高分光计的调节速度，我们须先从仪器的侧面，用眼睛仔细观察，进行初步调节：

(1) 调节望远镜倾斜度调节螺钉，使望远镜的光轴尽量与分光计中心轴垂直。

(2) 调节平行光管倾斜度调节螺钉，使平行光管的光轴尽量与分光计中心轴垂直。

(3) 调节载物平台倾斜度调节螺钉（三只），使载物平台的台面尽量与分光计中心轴垂直。

2. 用自准法调望远镜：

(1) 调目镜：用照明灯照亮望远镜视野，旋转目镜，调整目镜到分划板的距离，使我们能清晰地看到分划线，如图 4-10(b)。

(2) 找十字像：为使在目镜视场中找到十字像，把平面反射镜按图 4-10(c) 所示放在载物平台上（平面镜与平台某两螺钉的连线相垂直）。转动平台或望远镜，使从望远镜射出的光再反射回望远镜内，在目镜视场中出现一十字像。如果找不到十字像，要分析原因、采取措施。（试问应采取什么措施？）

(3) 找到十字像后，调节分划板到物镜的距离，使十字像最清晰，并与分划线间无视差。

这时,望远镜已调节到能接收平行光,平行光进入望远镜后必会聚在分划板平面上,即分划板平面刚好在物镜的焦平面上。

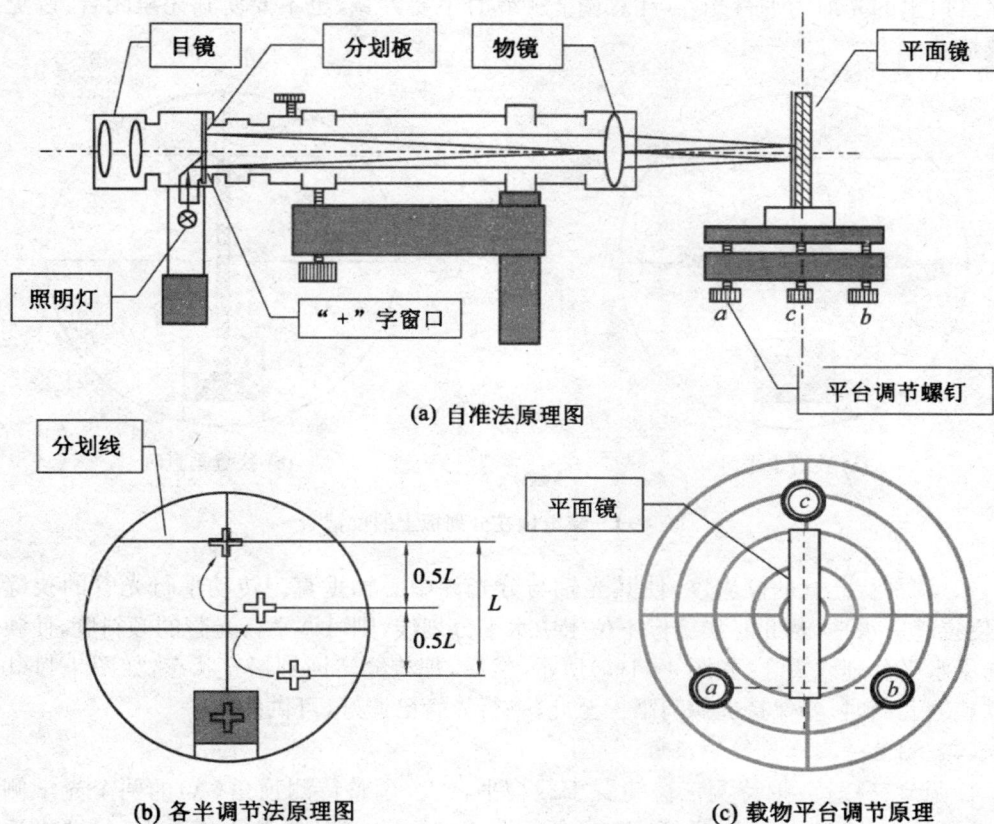

(a) 自准法原理图

(b) 各半调节法原理图

(c) 载物平台调节原理

图 4-10 自准法调节望远镜与中心轴垂直

3. 调望远镜光轴与分光计中心轴相垂直:在得到最清晰的十字像后,用各半调节法将十字像移到与上水平分划线重合。然后,将载物平台转 180°,使平面镜的另一个反射面对准望远镜,观察十字像,若像的位置又偏离了上水平分划线,则仍采用"各半调节法"将其重新移到与上水平分划线重合。如此反复几次直到来回转动平台 180°,十字像不再偏离上水平分划线为止。此时,望远镜光轴已与分光计中心轴相垂直。

各半调节法:如果从目镜视场中看到的十字像向上或向下偏离上水平分划线一定距离 L,这时可调载物平台下的螺钉 a 或 b(见图 4-10),使十字像向下或向上移动,使这一距离 L 缩小一半,再调望远镜的倾斜度[调望远镜下的调节螺钉(20)],使十字像刚好与上水平分划线重合。

将平面镜在平台上转 90°,转动平台 90°,使平面镜对准望远镜,调螺钉 c,使十像与上水平分划线等高。这样平台亦已调好,分光计可供使用,使用过程中,只允许望远镜、平台绕分光计主转轴转动,而其他已调好的各部位不能再转动!

4. 调平行光管:用已调好的望远镜来调平行光管使其能发出平行光:

（1）打开平行光管的狭缝，使狭缝像宽约 1 mm。在狭缝前放置实验用光源，用望远镜观察狭缝像，调节狭缝的位置，直至狭缝像最清晰，并与分划线之间无视差。这时，从平行光管射出的光即为平行光。（注意调节狭缝时不要太宽，也不要使其完全闭合，以免损坏狭缝。）

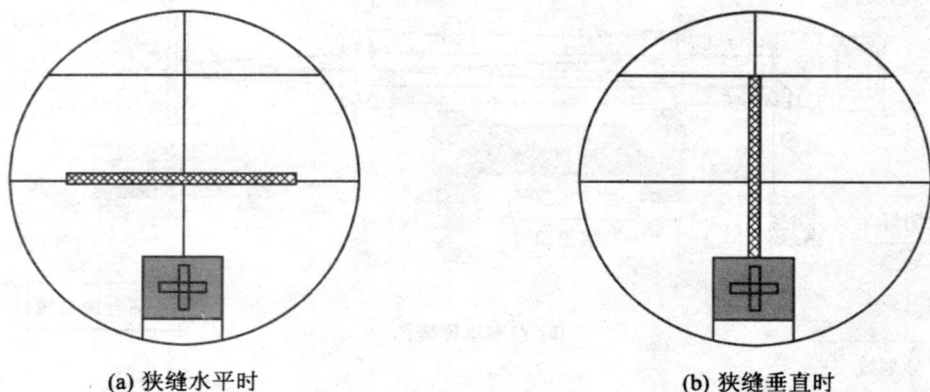

(a) 狭缝水平时　　　　　　　　　　**(b) 狭缝垂直时**

图 4-11　狭缝像在分划板上的位置

（2）调平行光管的倾斜度，使其光轴与分光计中心轴垂直。转动平行光管的狭缝套筒，使狭缝呈水平，若此时狭缝像不位于中水平分划线，则可调平行光管的倾斜度，使狭缝像与中水平分划线重合，如图 4-11(a)所示，然后，把狭缝转回到铅直状态，如图 4-11(b)。转动狭缝套筒时，要保持缝像清晰。至此，平行光管已调好，可供使用。

（二）测量待测三棱镜的顶角

1.调节三棱镜：把待测三棱镜置于载物平台上，调整待测顶角（A）的两个光学侧面 AB 和 AC 与分光计中心轴平行。为了便于调节和测量，三棱镜的待测顶角（A）要靠近平台中心，它的三个侧面要分别垂直于平台下三个螺钉的连线（如图 4-12 所示）。用夹持弹簧将其夹在平台上。转动平台，使棱镜的 AB 面对准望远镜，用自准法调平台下螺钉 c，使 AB 面垂直望远镜光轴。然后转动平台，使 AC 面对准望远镜，用自准法调平台下螺钉 a，使 AC 面垂直望远镜光轴并反复调节几次，使 AB，AC 两面皆垂直于望远镜光轴。至此，三棱镜待测顶角 A 两侧面已均与分光计中心轴平行。

2.测量三棱镜顶角 A：转动平台，使待测顶角 A 对准平行光管，由平行光管射出的一束光，被 AB，AC 面反射为两束光，如图 4-13 所示。

将望远镜转到图中位置 I，使望远镜的铅直分划线对准观察到的平行光管狭缝的像，从左右两个游标上读出角度 Φ_I 及 Φ_I'；再将望远镜转到位置 II，用同样方法，从游标上读出角度 Φ_{II} 及 Φ_{II}'。从图可知，被测顶角为

$$A=\frac{1}{2}\Phi=\frac{1}{2}\left[\frac{1}{2}|\Phi_{II}-\Phi_I|+\frac{1}{2}|\Phi_{II}'-\Phi_I'|\right] \tag{1}$$

重复上述测量共五次，求所测顶角的平均值及平均误差（$A\pm\Delta A$）。

在计算望远镜转过的角度时，要注意游标是否经过了刻度盘的零线。例如图 4-13 中，望远镜在位置 I 及转到位置 II 后的读数分别如表 4-4 所示。

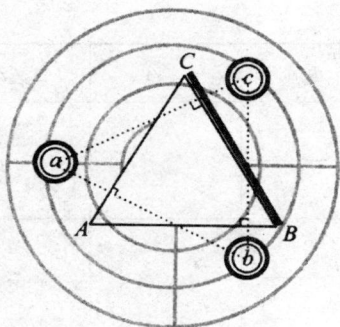

图 4-12　三棱镜在载物台上的位置

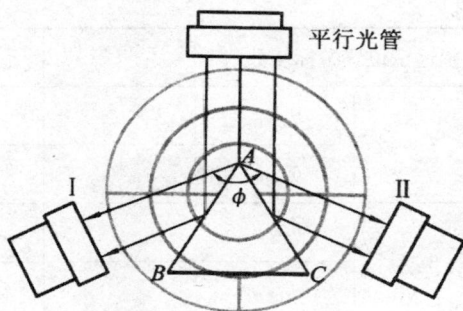

图 4-13　反射法测三棱镜顶角 A

表 4-4　望远镜读数

望远镜位置	I	II
左游标读数	$\Phi_I=175°45'$	$\Phi_{II}=295°43'$
右游标读数	$\Phi_I{}'=355°45'$	$\Phi_{II}{}'=115°43'$

左游标转过角度未经过刻度盘零线,转过的角度为

$$\Phi=|\Phi_{II}-\Phi_I|=|295°43'-175°45'|=119°58'$$

右游标则经过了零线,这时转过的角度为

$$\Phi=360°-|\Phi_{II}{}'-\Phi_I{}'|=360°-240°02'=119°58'$$

【注意事项】

1. 透镜、棱镜及平面反射镜的光学表面都应保持清洁,如要清理必须用镜头纸擦拭。

2. 当望远镜和载物平台转不动时,不要使猛劲,以免损坏仪器,各紧固螺丝也不要扭得太紧。

3. 调整望远镜要注意粗调,找不到十字像时要分析原因,不要盲目地操作。

4. 已调整好的部件注意不要在下一步的调节和测量中破坏,以免使调整出现反复。

【数据表格及数据处理】

表 4-5　反射法测三棱镜顶角 A

望远镜位置游标读数		I	II	Φ	$\angle A$	$\Delta\angle A$
1	$\theta_{左游标}$					
	$\theta_{右游标}$					

（续表）

望远镜位置游标读数		Ⅰ	Ⅱ	Φ	∠A	Δ∠A
2	$\theta_{左游标}$					
	$\theta_{右游标}$					
3	$\theta_{左游标}$					
	$\theta_{右游标}$					
4	$\theta_{左游标}$					
	$\theta_{右游标}$					
5	$\theta_{左游标}$					
	$\theta_{右游标}$					
待测棱镜顶角∠A 平均值						

实验数据处理：待测棱镜顶角∠A

$$\angle A = \overline{\angle A} \pm \overline{\Delta\angle A} = \underline{\quad\quad} \pm \underline{\quad\quad}$$
$$E_A = \underline{\quad\quad\quad}\%$$

【思考题】

1.若在望远镜视场中见到十字像在上水平分划线的上方,相距为 d,不经调节将平台转 180°后：

（1）十字像仍出现在上水平分划线的上方,并相距为 d；

（2）十字像出现在上水平分划线的下方,并相距为 d。

试分析以上两种情况中,望远镜的光轴和平台上的平面反射镜方位各处于什么状态?

2.除用反射法测定棱镜顶角外,也可用自准法测定,试简要地说明自准法测棱镜顶角的原理和步骤。

实验二十五　光栅衍射

【实验目的】

1. 进一步熟悉和掌握分光计的调整和使用。
2. 观察平行光通过光栅后的衍射现象。
3. 掌握用光栅衍射测定光波波长的方法。

【实验仪器和用具】

分光计、光栅、汞灯及电源、平面镜、照明灯及电源。

【实验原理】

光栅是根据多缝衍射原理制成的一种分光元件，它能产生谱线间距较宽的不均匀排列的光谱。光栅在结构上有平面光栅、阶梯光栅和凹面光栅等几种，同时又分透射式和反射式两类。本实验使用透射式平面刻痕光栅。平面刻痕式光栅是在光学玻璃上刻画大量相互平行、宽度相等、距离也相等的刻痕而制成的。当光照射在光栅面上时，刻痕处因散射而不易透光，光线只能从刻痕间的狭缝中通过，所以此种光栅实际上是一排密集、均匀而又平行的狭缝，如图 4-14 所示。

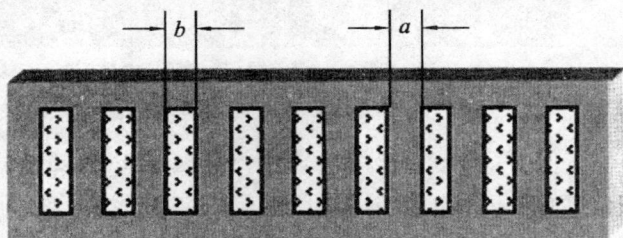

图 4-14　平面刻痕光栅

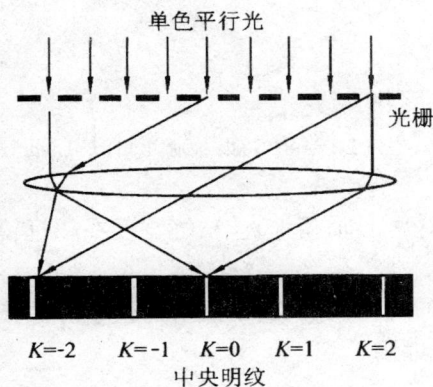

图 4-15　光栅衍射光路的示意图

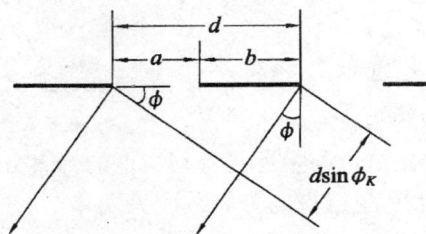

图 4-16　光栅衍射原理图

　　若以单色平行光垂直照射在光栅面上,则透过各狭缝的光线,因衍射将向各个方向传播,经透镜会聚后相互干涉,并在透镜焦平面形成一系列被相当宽的暗区隔开的、间距不同的明条纹,即光谱线,如图 4-15 所示。

　　由图 4-16 可得到相邻两狭缝对应点射出的两光束之光程差为:

$$\Delta x = (a+b)\sin\Phi = d\sin\Phi \tag{1}$$

式中,$d=a+b$ 称为光栅常数,Φ 称为衍射角。

　　根据衍射光的干涉条件,当衍射角满足下式时:

$$d\sin\Phi = \pm K\lambda \qquad (K = 0,1,2,\cdots) \tag{2}$$

在该衍射角的方向上的单色光将会加强而形成明条纹,(2)式中 K 为明条纹的级数。

　　如果入射光是复色光,则由(2)式可以看出,同一级(K)的光谱,由于波长不同,衍射角 Φ_K 也将不同,于是复色光将被分解。而在中央 $K=0$,$\Phi_0=0$ 处,各色光仍重叠在一起组成中央明条纹。在中央明条纹两侧,对称地分布着 $K=\pm1,\pm2,\cdots$ 级光谱,各级光谱线都按波长大小顺序依次排成一组彩色谱线。这样就将复色光分解成为单色光,如图 4-17 所示。

黄　绿　蓝　紫　　黄绿蓝紫　中央明纹　紫蓝绿黄　　紫　蓝　　绿黄
$K=-2$　　　　　　　$K=-1$　　　$K=0$　　　$K=1$　　　　$K=2$

图 4-17　汞光谱示意图

　　从公式(2)可看出若已知光栅常数 d,并测出 K 级光谱中某一明条纹的衍射角 Φ_K,则按公式(2)可算出该明条纹所对应的单色光波长 λ。

【实验内容及步骤】

用光栅测定汞光谱中各色光的波长。

(一)调节分光计

调节分光计的方法见实验"分光计的使用",要求调节到:

1. 使望远镜聚焦于无穷远处,即可接收平行光。望远镜的光轴与分光计中心轴相垂直。

2. 使平行光管能射出平行光。其光轴与分光计中心轴相垂直,狭缝宽度在望远镜视场中约为 1.0 毫米。

狭缝应与望远镜分划板上的铅直分划线平行,并使狭缝像的中点恰好位于分划板的中心点,狭缝像与分划线应无视差。调好后固定望远镜。

(二)安置光栅

要求达到:入射光垂直照射光栅表面[否则公式(2)将不适用],光栅刻痕与平行光管狭缝平行。

具体调节步骤为：

1. 将光栅按图 4-18 所示放在载物平台上，先目测粗调，使光栅平面和平行光管光轴大致垂直，然后以光栅面作为反射面，用自准法调光栅平面与望远镜光轴垂直。（注意：望远镜已调好，不能动。）转动载物平台及调节平台下的螺钉 a 或 b，使从光栅表面反射回来的"＋"字像刚好处于上水平分划线的中点，并且使"＋"字像的竖直线恰好与中央明条纹重合，随后固定载物平台。

2. 松开并转动望远镜，观察衍射光谱的级数，并注意观察中央明条纹两侧的光谱线是否在同一水平上，若光谱线有高低变化，说明狭缝与光栅刻痕不平行。此时可调载物平台下的螺钉 c，直到中央明条纹两侧的各级光谱线基本上在同一水平为止。

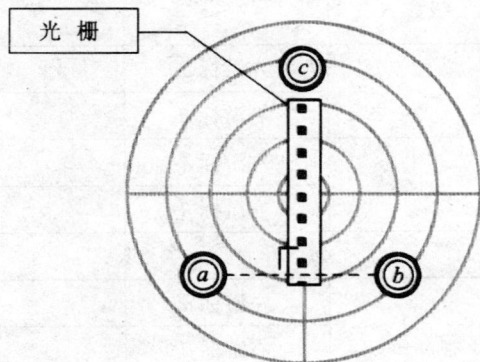

图 4-18　光栅在载物平台上的位置

（三）观察汞光谱

可观察到几级光谱？将各级光谱的各色谱线的排列顺序与图 4-17 相对照。

（四）测量汞光谱各谱线的衍射角 Φ_K

1. 由于各级光谱相对于中央明条纹对称，为了提高测定精确度，测量第 K 级谱线时，应测出＋K 级与－K 级谱线的位置，两位置差值的一半即为 Φ_K。

2. 为消除分光计刻度盘的偏心差，测量第一谱线位置时，左右两侧游标均要读数。

3. 测量时，先确定要测量的各谱线，然后将望远镜转到最左端，从－2，－1 级到＋1，＋2 级依次测量，测量所得数据要逐一填入预先准备好的表格中。

4. 最后可用下式算出各级谱线的衍射角。

$$\Phi_K = \frac{1}{4}\left[\,|\,\alpha_{-K} - \alpha_{+K}\,| + |\,\beta_{-K'} - \beta_{+K'}\,|\,\right] \tag{3}$$

（五）计算汞光谱各谱线的波长

将谱线的各级衍射角 Φ_K 分别代入（2）式中计算各谱线的波长 λ，再根据汞光谱各谱线的波长公认值（见附表）计算测量的百分误差，将数值填入表 4-7 中。

【注意事项】

1. 光栅是精密光学器件，严禁用手触摸，以免弄脏损坏。

2. 汞灯与钠灯一样需与限流器串接使用，不可直接与 220 V 电源相接，否则将立即被烧坏。

3. 汞灯的紫外光很强，不可直观，以免灼伤眼睛。

【实验数据表格】

表 4-6　汞灯光谱线衍射角

级数 K	谱线	黄	绿	蓝	紫
−2	左游标 α				
	右游标 β				
+2	左游标 α				
	右游标 β				
	Φ_{K2}				
−1	左游标 α				
	右游标 β				
+1	左游标 α				
	右游标 β				
	Φ_{K1}				

数据处理：根据 $d \cdot \sin\Phi = \pm K\lambda$ 计算各谱线波长并记入表 4-7。

表 4-7　汞光谱线波长测量值与理论公认值的对比

项目	黄	绿	蓝	紫
$\lambda_{标}$（$\times 10^{-10}$ m）	5 780.0	5 460.7	4 358.3	4 077.8
$\lambda_{实}$（$\times 10^{-10}$ m）				
$E = \dfrac{\lvert \lambda_{标} - \lambda_{实} \rvert}{\lambda_{标}} \times 100(\%)$				

【思考题】

1. 利用本实验装置怎样测定光栅常数 d？

2. 用（2）式测量应保证什么条件？实验时是怎样保证的？

3. 当平行光管的狭缝太宽或太窄时，将会出现什么现象？

4. 当用钠的黄光（$\lambda = 5.893 \times 10^{-7}$ m）垂直入射到每毫米有 500 条刻痕的平面透射光栅上时，试问最多能看到几级光谱？为什么？

实验二十六　光的等厚干涉及应用

【实验目的】

1. 学会使用读数显微镜。
2. 观察等厚干涉现象,加深对光的波动性的认识。
3. 学会用牛顿环测量透镜的曲率半径及用劈尖测量细丝的直径。

【实验仪器和用具】

读数显微镜、牛顿环装置、钠光灯、劈尖。

【实验原理】

两束光在空间产生干涉现象的条件是:频率相同、振动方向一致和位相差保持恒定。能产生相干光束的光源称为"相干光源"。在实验中为了获得相干光束,可利用特定的光学器件将同一光源发出的光分成两束,在空间经过不同的路径再会合在一起而产生干涉。分解光束的方法有分波阵面法和分振幅法两种。本实验是利用分振幅法产生光的干涉。

（一）用牛顿环-等厚干涉现象测透球面的曲率半径

将一块曲率半径 R 较大的平凸透镜的凸面置于一光学平面玻璃板上,在透镜与平面玻璃板间形成一层空气膜。其厚度从中心接触点到边缘逐渐增加,当以平行单色光入射（垂直于平凸透镜的平面）时,入射光将在此空气膜的上下表面反射,产生具有一定光程差的两束相干光,其光路图见图 4-19。

由光路分析可知,两束相干光的光程差为

$$\delta = 2ne + \frac{\lambda}{2} \tag{1}$$

式中: e 为空气膜的厚度,空气折射率 $n \approx 1$, $\lambda/2$ 是由于光由光疏媒质入射到光密媒质面反射时产生位相改变（半波损失）而引起的附加光程差, λ 为入射光的波长。所以,在空气膜的厚度 e_K 满足

$$\delta = 2e_K + \frac{\lambda}{2} = K\lambda \qquad K = 1,2,3,\cdots$$

的位置将出现加强的亮干涉条纹（两束光相互加强）。

在空气膜的厚度 e_K 满足

$$\delta = 2e_K + \frac{\lambda}{2} = (2K+1)\frac{\lambda}{2} \qquad K = 1,2,3,\cdots$$

的位置出现暗干涉条纹（两束光相互减弱）。

因此,由于空气膜厚度不同将产生不同级的明、暗相间的干涉条纹,这就是等厚干涉。而在此装置中平凸透镜的凸面是球面的一部分,在以接触点为圆心的同心圆处,空气膜有相同的厚度,所以,干涉条纹也是以接触点为中心的圆环,即牛顿环。

要用牛顿环测量平凸透镜的球面曲率半径，须先测出牛顿环中暗环的直径。由图 4-19 可知

$$R^2 = r_K^2 + (R - e_K)^2$$
$$= r_K^2 + R^2 + e_K^2 - 2Re_K$$

考虑到实验装置中 $e \ll R$，上式可简化为：

$$r_K^2 = 2Re_K \qquad (2)$$

而满足暗条纹的条件为

$$e_K = \frac{1}{2}K\lambda$$

所以，暗条纹（暗环）的半径 r_K 满足：

$$r_K^2 = KR\lambda \qquad K = 0,1,2,\cdots \qquad (3)$$

若已知入射光波长为 λ，测得第 K 级暗条纹的半径 r_K，则可由（3）式计算出曲率半径 R。

但具体测量时我们会发现透镜球面与平面玻璃接触处将因压力而产生形变，使接触不是一个点而是一个圆面，因此，牛顿环的中心不是一个点，而是一个暗（或亮）斑，这给测量 r_K 带来困难。另外镜面上可能沾有微小灰尘，从而引起附加光程差，这也给测量带来较大的系统误差。为消除附加光程差的影响，我们可取两个暗条纹半径的平方差值来计算 R，设附加光程差为 a，测第 K 级暗条纹的光程差：

$$\delta = 2(e_K \pm a) + \frac{\lambda}{2} = (2K+1)\frac{\lambda}{2}$$

即

$$e_K = K\frac{\lambda}{2} \pm a$$

代入（2）式得

$$r_K^2 = 2(K \cdot \frac{\lambda}{2} \pm a)R = KR\lambda \pm 2aR$$

若取第 m,n 级暗条纹，则对应暗环半径为

$$r_m^2 = mR\lambda \pm 2aR$$
$$r_n^2 = nR\lambda \pm 2aR$$

两式相减得

$$r_m^2 - r_n^2 = (m-n)R\lambda$$

与附加光程差 a 无关。

为解决测半径无法定圆心的困难，取暗环的直径替换半径，得

$$D_m^2 - D_n^2 = 4(m-n)R\lambda$$

所以透镜面的半径

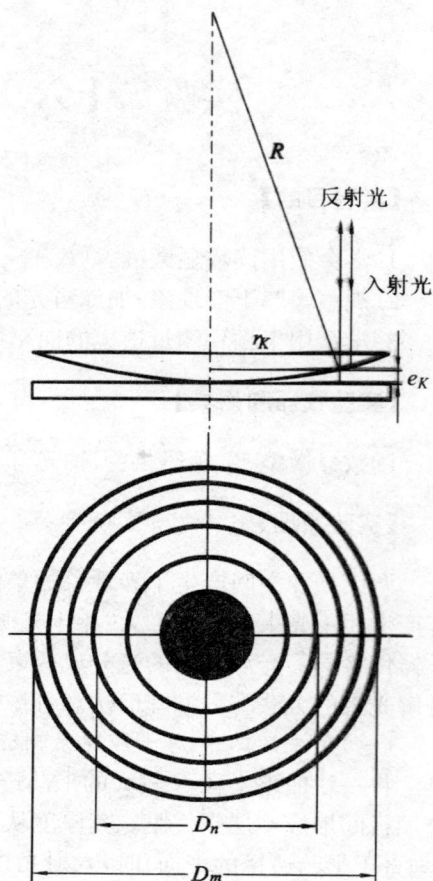

图 4-19　牛顿环装置及其形成的光路图

$$R = \frac{D_m^2 - D_n^2}{4(m-n)\lambda} \tag{4}$$

(二)用劈尖测细丝的直径

取两块光学平面玻璃板,使其一端接触,另一端夹着待测直径的细丝(细丝与接触棱边相平行)。这样在两玻璃板之间形成一个空气劈尖,如图 4-20 所示。当平行单色光垂直射入玻璃板时,由空气劈尖上表面反射的光束和下表面反射的光束就有一定的光程差。当这两束光在劈尖上表面相遇发生干涉时,就呈现出一组与玻璃接触的棱边相平行,间隔相等,且明暗相间的干涉条纹。

设入射的单色光波长为 λ,在劈尖厚度为 e 处发生干涉的两束光的光程差为

$$\delta = 2ne + \frac{\lambda}{2}$$

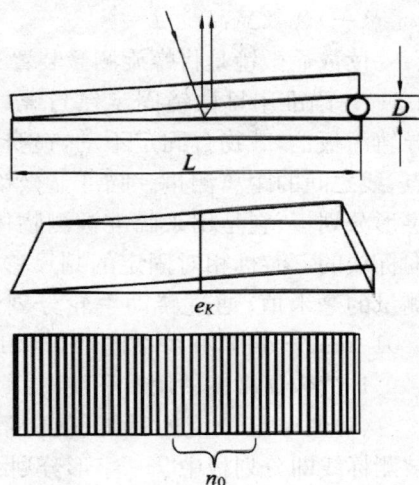

图 4-20　劈尖的干涉

式中,n 为劈尖中媒质的折射率(空气劈尖 $n \approx 1$),$\lambda/2$ 为光线从劈尖下表面反射时发生的半波损失。

如在这里要形成暗条纹,光程差必须满足下述干涉条件:

$$\delta = 2e_K n + \frac{\lambda}{2} = (2K+1)\frac{\lambda}{2} \tag{5}$$

其中:$K = 0,1,2,\cdots$ 为干涉条纹的级数。上式可简化为

$$e_K = \frac{K\lambda}{2n} \tag{6}$$

由(5)式可见,当 $e_K = 0$ 时

$$\delta = \frac{\lambda}{2}$$

可见两玻璃板的接触棱边呈现零级暗条纹,又由(6)式可见,对于空气劈尖($n \approx 1$),两相邻暗条纹所对应的劈尖空气层厚度相差为 $\lambda/2$。

若金属丝距劈尖棱边为 L,且所处空气层厚度为 D(细丝直径),由棱边到细丝处暗条纹总数为 N,则显然有

$$D = \frac{N\lambda}{2n} \tag{7}$$

由于 N 数值很大,一条条地数容易数错,故先测出单位长度的暗条纹数 n_0,再测出劈尖的总长 L,则 $N = n_0 \times L$,于是(7)式可改写为

$$D = \frac{n_0 L\lambda}{2n} \tag{8}$$

本实验用的单色光源为钠光灯,其光波波长 $\lambda = 5.893 \times 10^{-7}$ m,劈尖媒质为空气 $n = 1$,实验测出 n_0 及 L 代入(8)式即可求出细丝的直径 D。

【实验装置】

（一）读数显微镜

读数显微镜是将螺旋测微装置和显微镜组合起来作为精确测量长度用的仪器（见图4-21）。瞄准用显微镜固定在与螺母相连结的导轨溜板上，载物台固定不动，镜身移动，进行点、线之间的距离测量。瞄准显微镜中有"＋"字形分划板，它是用来瞄准被测物体基准和纵向标线的。游标相对固定的刻尺移动，可读出测量的毫米值；通过转动手轮分划值，可读到0.01 mm分划值，并可估读到0.001 mm位。

1.读数显微镜的调节和使用：

（1）调节显微镜的目镜，使能清晰地看到被测标线即分划板中"＋"字形分划线。

（2）上下移动显微镜筒，改变物镜到待测物间的距离，使待测物的像清晰，再仔细调节镜筒的上下位置，使从目镜中看到的分划线与待测物的像两者之间无视差。

（3）转动手轮移动显微镜，使"＋"字形分划线的中心处正好对准待测长度的一端，记下读数，然后再转动手轮对准长度的另一端，记下读数，两读数之差即为待测长度。

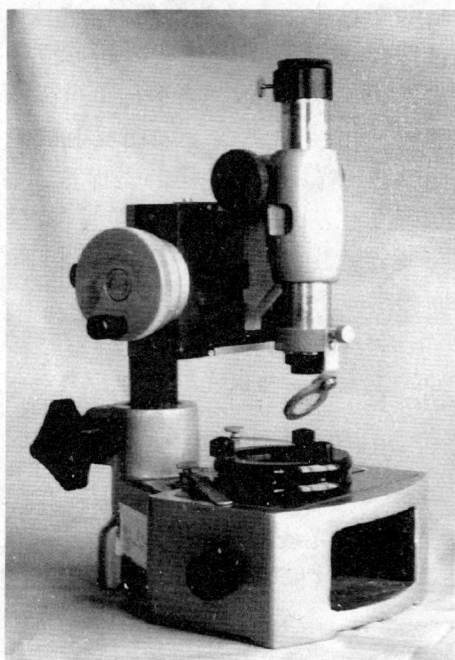

图 4-21　读数显微镜

2.使用读数显微镜时要注意的问题：

（1）显微镜的移动方向和被测两点间连线相平行。

（2）调节时镜筒应避免碰到待测物体。

（3）防止回程误差的产生。移动显微镜使其从相反方向对准同一目标的两次读数将略有不同，由此而产生的测量误差称为回程（空回）误差。仪器回程误差产生的原因是：此类仪器的机械传动是由螺栓的螺纹与板形齿条的螺纹的相互作用来实现的，两组螺纹咬合必定存在一定的间隙，在测量过程中，转动方向的改变会造成螺纹咬合面的改变，而造成仪器的空转。防止回程误差对实验数据的影响的方法是在测量时应向同一方向转动手轮去对准目标。

（二）其他实验用具

1.钠光灯。钠光灯是一种气体放电光源，它在可见光区域发射两条极强的黄色谱线（又称D线），其波长分别为5.890×10^{-7} m和5.896×10^{-7} m，由于两者接近，通常取平均值5.893×10^{-7} m作为钠灯黄光的波长。钠光灯配有低压电源。

2.牛顿环装置。牛顿环装置为一平凸透镜与光学平板玻璃叠放在一起，装在一个特制的框中。框的周围有三个螺钉，可用来改变干涉条纹的中心位置。调整时螺钉不要拧得太紧而使两玻璃面接触处变形，影响平凸透镜凸面的曲率半径；但也不要太松，否则会使干涉条纹位置不稳定。

3.劈尖。劈尖为两块叠放在一起的光学平板玻璃,一端密切接触,另一端夹入一细丝,装在特制的方框架中。框架的两长边有四个螺钉,用来固定劈尖。

【实验内容及步骤】

(一)测量牛顿环装置中凸透镜的曲率半径

1.调整实验装置:

(1)将牛顿环放在读数显微镜平台中间位置上,移动镜筒对准牛顿环,并使显微镜两边的可移动范围大致相等。

(2)用钠光灯发出的单色光照射到牛顿环上方固定在显微镜筒上的斜45°玻璃片上,光线经过它反射后,能垂直地投射到牛顿环上,再经牛顿环反射后透过45°玻璃片而进入显微镜。

(3)按读数显微镜的调节方法调节目镜,清晰地看到分划线,并使分划线中横线与读数显微镜的主标尺平行(即与显微镜移动方向平行)。调节显微镜镜筒的上下位置(物距),使干涉条纹清晰,并使干涉条纹像与分划线间无视差。

(4)移动牛顿环装置的位置,使分划线中点基本上对准牛顿环中心。然后转动测微手轮移动镜筒,定性地观察干涉条纹的分布,使左右都能清晰地观察到40多级暗环。

2.观察牛顿环产生的等厚干涉的特征:认真观察干涉条纹的形状、粗细及条纹间隔的特征,并作出解释。

3.测牛顿环中干涉环的直径:

(1)转动手轮使显微镜筒从牛顿环中心($K=0$)开始向左移动,同时利用镜筒的竖直分划线数出移过去的暗环数。中央圆斑算作圆环序数的零级($K=0$),然后第一个暗环为$K=1$,一直数到33环。

(2)反向转动手轮,使镜筒自左向环中心移动,当竖线移到第30,29,28,27,26和10,9,8,7,6各级暗环的中间位置时(这时竖线经暗条纹的中间位置并与该环相切),分别读出这些暗环的位置,记入表4-8中。

(3)继续向同一方向转动手轮,使镜筒自左向右越过环的中心,当竖线移到第6,7,8,9,10和26,27,28,29,30各级暗环时,分别读出它们的位置,记入表4-8中。

4.将测量数据代入(4)式,间接计算出凸透镜的曲率半径R。

(二)用劈尖测细丝的直径

1.将劈尖置于显微镜前平台上,再将装有斜45°玻璃板的装置正放于劈尖装置的上方,然后用钠光灯作光源,调整好仪器装置(同上述)。

2.认真观察劈尖的干涉条纹的特征。改变细丝在玻璃板之间的位置,观察条纹的变化,并作出解释。

3.测出某K级暗条纹到$K+\Delta K$级(ΔK取20)暗条纹间垂直距离ΔL,得出单位距离内的干涉条纹数$n_0=\Delta K/\Delta L$,在不同的位置重复测量三次,取平均值进行计算。然后测出细丝到劈尖棱边的距离L,则由(8)式可求得细丝直径D。

【数据表格及数据处理】

表 4-8　测定凸透镜的曲率半径

环的级数 m		30	29	28	27	26
环的位置	左(mm)					
	右(mm)					
环的直径 D_m(mm)						
环的级数 n		10	9	8	7	6
环的位置	左(mm)					
	右(mm)					
环的直径 D_n(mm)						
D_m^2(mm^2)						
D_n^2(mm^2)						
$D_m^2 - D_n^2$(mm^2)						

　　实验数据处理:用逐差法求出环的直径平方差的平均值及平均误差,并以此计算曲率半径 R。

$$\overline{D_m^2 - D_n^2} = \frac{1}{5}\sum_{i=6}^{10}(D_{i+20}^2 - D_i^2) = \underline{\hspace{2cm}}(\text{mm}^2)$$

$$\overline{\Delta(D_m^2 - D_n^2)} = \frac{1}{5}\sum_{i=6}^{10}\mid \overline{(D_m^2 - D_n^2)} - (D_{i+20}^2 - D_i^2)\mid = \underline{\hspace{2cm}}(\text{mm}^2)$$

$$\overline{R} = \frac{\overline{D_m^2 - D_n^2}}{4(m-n)\lambda} = \underline{\hspace{2cm}}(\text{mm})$$

$$\overline{\Delta R} = \frac{\overline{\Delta(D_m^2 - D_n^2)}}{4(m-n)\lambda} = \underline{\hspace{2cm}}(\text{mm})$$

$$R = \overline{R} \pm \overline{\Delta R} = \underline{\hspace{2cm}} \pm \underline{\hspace{2cm}}(\text{mm})$$

$$E_R = \frac{\overline{\Delta R}}{R} \times 100\% = \underline{\hspace{2cm}}(\%)$$

表 4-9　用劈尖测细丝的直径($\Delta K = 20$ 级)　　　　　　　　　　　　　　　　单位:mm

项目	1	2	3	平均值
X_i				
X_{i+20}				
$\Delta L = \mid X_{i+20} - X_i \mid$				
$\Delta(\Delta L)$				

　　实验数据处理:自行设计。

【实验后记】

【思考题】

1. 比较牛顿环与劈尖干涉条纹的异同点,试回答为什么把这种干涉称为等厚干涉?

2. 实验中为什么要测量多组数据? 应采用什么方法处理数据? 为什么要这样处理?

3. 牛顿环的干涉条纹中心依照公式推导应是暗斑,若实验时出现中心为亮斑的情况,试解释其可能的原因。若平凸透镜、间隙介质、平板玻璃三者折射率分别为 n_1,n_2,n_3,且满足 $n_1<n_2<n_3$,则其产生的牛顿环中心是亮斑还是暗斑?

4. 实验中,若平板玻璃片上有局部微小的凸起,将导致干涉条纹畸变,试问此处牛顿环将局部内凹还是外凸? 为什么?

5. 用白光照射牛顿环时,干涉条纹有何特征? 通过实验观察并作出解释。

第五章　　近代物理实验

实验二十七　　迈克耳逊干涉仪

【实验目的】

1. 了解迈克耳逊干涉仪的构造原理和调节方法。
2. 测定氦-氖激光的波长。
3. 观察钠光的等倾干涉和等厚干涉现象。

【实验仪器和用具】

迈克耳逊干涉仪、氦-氖激光器、钠光灯、扩束镜及支架、水平尺等。

【实验原理】

(一)迈克耳逊干涉仪的构造及原理

迈克耳逊干涉仪是利用光的干涉原理来测定微小的长度变化和光波波长的重要光学仪器。迈克耳逊本人曾和他的合作者用此仪器完成了著名的迈克耳逊-莫雷"以太漂移"实验,用它来测定过长度的标准。

迈克耳逊干涉仪的光路如图 5-1 所示,构造实物如图 5-2 所示。

在干涉仪相互垂直的两臂上有两个平面镜 M_1 和 M_2,镜背面各有三个螺钉,用来粗调镜面的方位,M_2 另有微调螺钉可对镜面方位进行细调。平面镜 M_2 的位置固定不能移动。M_1 由精密丝杠控制,通过转动粗调对零手轮和微调手轮能使 M_1 沿臂轴在滑道上前后移动。

平面镜 M_1 位置的读数由以下几个部分组成:从平面镜 M_1 滑道侧面的米尺上(最小刻度为 1 mm)读出米以上位;从对零窗口内受粗调对零手轮控制的刻度鼓轮(最小刻度为 1×10^{-2} mm)读出毫米以下两位;从细调手轮上(最小刻度为 1×10^{-4} mm)读出 10^{-3} mm,10^{-4} mm 位和估读的 10^{-5} mm 位数据。固定于迈克耳逊干涉仪上的 G_1 和 G_2 是两块材料和厚度都相同的光学平玻璃板。它们相互平行,并与仪器两臂成 45°角。G_1 的表面镀有一层半透银膜,因而同时具有反射和透射能力,使入射光分成强度近似相等的反射光和透射光,故 G_1 称为分光板。G_2 用来补偿光程,即使经 M_1 和 M_2 反射的光线在玻璃中有相等的光程,故 G_2 称为补偿板。

来自光源的光射到分光板 G_1 后被分成两束光。其中,反射光 1 射向 M_1,透射光 2 射向 M_2,两束光又分别被 M_1,M_2 反射,最后都到达观察屏处。在两光束的光程差小于该光线的相干长度的条件下,此两束光为相干光,故在观察屏处可看到光的干涉图样。

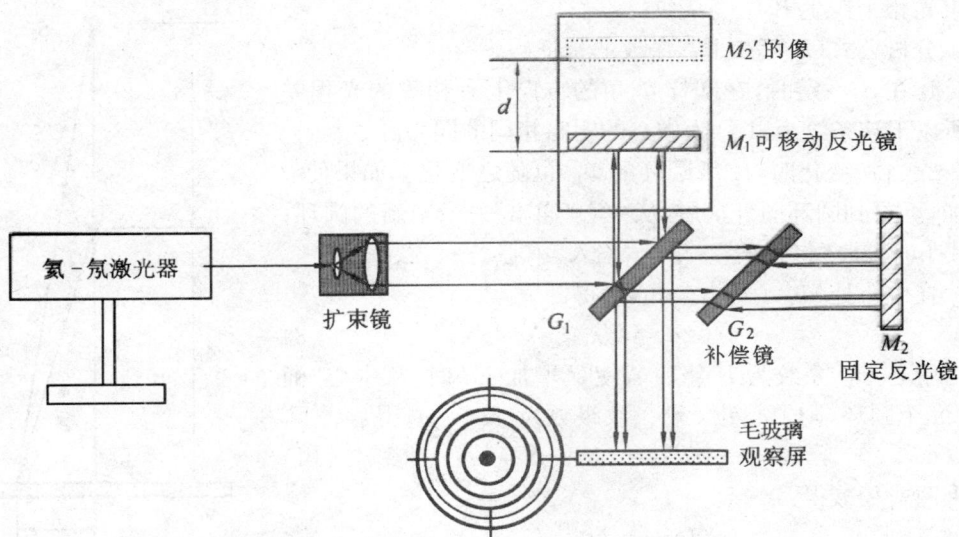

图 5-1　迈克耳逊干涉仪的光路图

(二),点光源产生的非定域干涉

　　迈克耳逊干涉仪所产生的两相干光束是从 M_1 和 M_2 反射来的,而 M_2 被 G_1 所镀银膜反射形成虚像 M_2',在 M_1 附近(如图 5-1)。在研究干涉图样时,M_2' 与 M_2 是等效的。

　　将激光束用透镜会聚后,可看成是线度很小、强度足够的点光源。由于光的反射效应,在 M_1 和 M_2' 的后面相当于有两个虚点光源 S_1 和 S_2',且相距为 $2d$,如图 5-3 所示。此两点光源 S_1 和 S_2' 发出球面波在空间内处处相干,故称非定域干涉。将观察屏置于与 S_2',S_1 的延长线相垂直的位置上,当 M_1 与 M_2' 相平行时,屏上可得明暗相间的干涉条纹。

　　由图 5-3 可知,当 $Z \gg 2d$,且 Φ 角很小时,两束相干光的光程差

$$\delta = 2d\cos\Phi \qquad (1)$$

当光程差满足

$$\delta = 2d\cos\Phi = K\lambda \qquad (2)$$

图 5-2　迈克耳逊干涉仪

两束光相干产生 K 级亮条纹。

分析公式(2)可知干涉条纹的特征:

1. 在 d 一定时,在同样 Φ 角的方向上有相等的光程差 δ,所以干涉条纹为以 P 为中心的明暗相同的同心圆。

2. 当 d 变化时,K 级圆环的 Φ_K 也随之变化。如果使 d 增加,可看到圆环向外扩展,从中心"涌出"一个个新的圆环;d 减小时,圆环将收缩,一个个"陷入"中心。

在中心处($\Phi=0$),由公式(2)得:

$$2d = K\lambda \tag{3}$$

中心干涉条纹为 K 级。若使 d 增加 Δd 时,从中心"涌出"N 个圆环,则中心处干涉条纹级数为$(K+N)$,得:

$$2(d + \Delta d) = (K + N)\lambda \tag{4}$$

以上两式相减得:

$$2\Delta d = N\lambda$$

或

$$\lambda = \frac{2\Delta d}{N} \tag{5}$$

所以,改变光程(空气层厚度)d,读出"涌出"或"陷入"的环数 N,即可用公式(5)求出入射单色光的波长。

(三)等倾干涉

见图 5-1,当平面镜 M_2 与 M_1 相垂直时,M_2' 与 M_1 相平行,构成一厚度为 d 的空气层,其折射率为1。来自扩展光源上某一点入射角为 φ 的入射光,经空气层两表面反射,成为两相互平行的反射光,见图 5-4,其光程为

$$\delta = \overline{AC} + \overline{CB} - \overline{AD}$$
$$= \frac{2d}{\cos\Phi} - 2d\tan\Phi\sin\Phi$$
$$= 2d\left(\frac{1}{\cos\Phi} - \frac{\sin^2\Phi}{\cos\Phi}\right)$$
$$= 2d\cos\Phi \tag{6}$$

由公式(6)可见,当 d 一定时,光程差只决定于倾角 Φ,故由反射光1,2形成的干涉条纹具有等倾的性质,称等倾干涉。条纹的形状为明暗相间的同心圆。又因相干光1,2相互平行,在无穷远处相干,故属定域干涉,定域于无

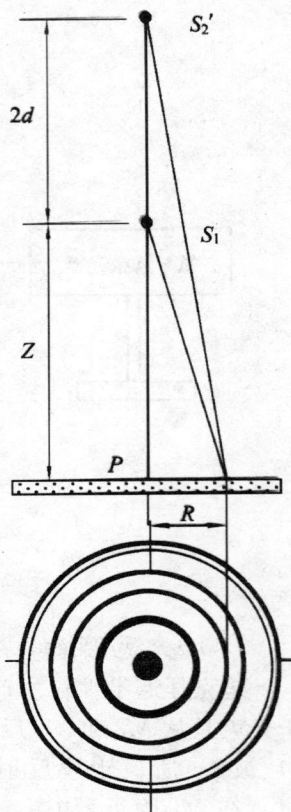

图 5-3　非定域干涉

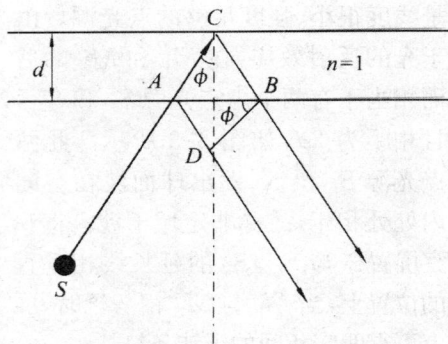

图 5-4　等倾干涉原理

穷远处。为了观察其干涉图样,可用透镜会聚或用放松的眼睛迎着反射光直接观察,干涉图样将出现在透镜焦平面上,其中心在透镜的光轴上。和非定域干涉相似,等倾干涉图样以中心的条纹等级 K 最大;当 d 增加时,圆环从中心"涌出"。

（四）等厚干涉

当平面镜 M_2 与 M_1 不严格垂直时，M_2' 与 M_1 有一很小的夹角，形成空气层劈尖。此时，在 M_1 表面附近产生等厚干涉。观察等厚干涉条纹，可把眼睛聚焦于 M_1 附近，将看到如图 5-5 的图样。在 M_2' 与 M_1 的交叉处附近，等厚干涉条纹为直条纹；离开交叉处两侧，条纹逐渐变弯曲，而且弯曲的方向相反；如果增大 M_2' 与 M_1 的夹角 θ，将使条纹变细变密，直至不能分辨。

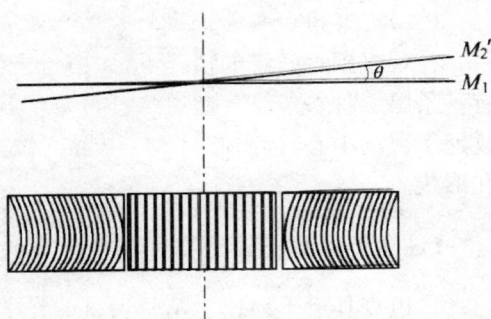

图 5-5　等厚干涉纹

【实验内容】

（一）仪器调整

1. 调节仪器水平：把水准仪放在迈克耳逊干涉仪的滑道上，用地脚螺丝调节水平。

2. 光路调节：点亮 He-Ne 激光器，使激光束水平地射向分光板 G_1 中心部位。光束被 G_1 分光后，如图 5-1 所示，经 M_1，M_2 反射，最后射在与光路垂直放置的观察屏（或墙）上，并出现两排亮点。调平面镜 M_2 后背的三个螺钉，使两排亮点中间重合。然后，在激光器与 G_1 间放置扩束镜（会聚透镜），使光束均匀地照亮 G_1。此时在观察屏上将出现干涉条纹。如果屏上得不到完整的同心圆条纹或因条纹太密而不清晰，可用微调螺丝进行细调，使圆心上、下或左右移动，直到出现完整而清晰的同心圆条纹。

3. 读数系统的调节：先调细调手轮，使刻度指"零"，再缓缓转动粗调手轮，使对零窗口上指示线指"0"刻度线。

4. 调整时必须都向读数增加（或减少）方向转动。经此调整后如果倒转，必须重新进行上述调整，否则测量数据无效。

（二）测量氦-氖激光的波长

1. 观察非定域干涉条纹的特征及圆环从中心"涌出"或"陷入"的现象。

2. 在检查读数系统确已调整好之后，在适当位置记下 M_1 的初始读数 X_0，然后每"涌出"50 个亮圆环记录一次 M_1 的位置读数 X，连续作十组，直至涌出 500 环为止。

3. 用逐差法处理数据，计算氦-氖激光的波长 λ，写出表达式 $\lambda \pm \Delta\lambda$（数据表格自己设计）。

（三）观察定域干涉

1. 观察并描述等倾干涉条纹的特征及其变化规律。去掉观察屏，以钠光灯替代激光器作为扩展光源。利用钠光灯透光口上的"＋"字线调节迈克耳逊干涉仪，眼睛放松向 M_1 方向观察。

2. 调 M_2 背后三个螺钉（粗调），使视场中两"＋"字线合二为一，此时可观察到等倾干涉条纹。再调微调螺丝使条纹清晰，并得到完整的干涉条纹。

（四）观察并描述等厚干涉条纹的特征及其变化规律

先调调零手轮减小 d，使 M_2' 与 M_1 接近重合（将 M_1 在主尺上的位置调整到 32 mm 附近处）。再稍微转动螺丝，使视场中两"＋"字线横向错开，即可调出等厚干涉条纹。

（五）观察用白光源产生的等厚干涉条纹的特征（选作）

在观察到直条纹的情况下，用白色光代替单色光。转动细调手轮，可找到干涉条纹中有一条黑（或白）条纹。此黑（或白）条纹就是 M_2 与 M_1 相交的位置所在。使黑（或白）条纹处于视场中心，读出此时 M_1 位置读数。观察并描述白光产生的等厚干涉的条纹色彩和形状。

【注意事项】

1. 迈克耳逊干涉仪为精密贵重的光学仪器，凡镜面、光学玻璃板（G_1，G_2）等严禁用手触摸、擦拭，不要落上灰尘、水渍，以免弄脏损坏。如必须清理，应由专职人员用酒精、乙醚混合液轻拭。

2. 在实验中要避免未经扩束的激光束射入眼中，以免造成眼睛的视网膜损伤。

3. 测量过程中，必须消除传动机构间的回空行程（返转误差），并检查读数装置是否已调整好，微调手轮必须单方向转动，否则测量数据无效。

4. 实验完毕关闭电源，经实验指导教师检查仪器后再加上仪器罩。

【实验数据处理】

表 5-1 干涉条纹级数与 M_1 反光镜一维位置坐标实验数据

级数 n	M_1 位置坐标 d(mm)	级数 n	M_1 位置坐标 d(mm)	250 级环位置差 Δd(mm)	绝对误差 $\Delta(\Delta d)$(mm)
0					
50		300			
100		350			
150		400			
200		450			
250		500			

对 250 级条纹对应的 M_1 一维坐标值作逐差法处理，计算 $\lambda_{氦氖}$。

【思考题】

1. 试说明迈克耳逊干涉仪的设计思想。

2. 为什么说迈克耳逊干涉仪应用的是薄膜干涉的原理？

3. 公式 $2d\cos\Phi_K = K\lambda$ 说明了哪些物理量之间的相互关系？为什么说越靠近中心的干涉条纹级数 K 越大？当 λ 一定时，减小 d，条纹从中心"涌出"还是"陷入"？为什么？在实验中验证你对上述问题的分析结果。

4. 用白色光观测等厚干涉，并使黑（或白）色条纹位于视场中心。如果在干涉仪的光路中插入一块折射率为 n，厚度为 L 的均匀薄玻璃片，干涉条纹将移动位置（或消失），当移动 M_1（应该向什么方向移动？为什么？）经过 Δd 距离后，黑（或白）色条纹再次出现在视场中心。如果空气折射率为 1，试证明：$\Delta d = nL - 1$。

实验二十八 密立根油滴仪实验

美国物理学家密立根（R. A. Millikan）在 1909 年到 1917 年通过实验测量微小油滴上所带电荷的电量，证明任何带电物体所带的电量 q 为基本电荷 e 的整数倍，明确了电荷的不连续性，并精确地测定出基本电荷 e 的数值。由于密立根油滴实验设计巧妙、原理清楚、设备简单、结果准确，所以它是历史上一个著名而有启发性的物理实验，1923 年密立根荣获诺贝尔物理学奖。

【实验目的】

1. 通过对带电油滴在重力场和静电场中运动的测量，证明电荷的不连续性，并测量基本电荷 e 的大小。
2. 通过实验中对仪器的调整、油滴的选择、跟踪、测量及数据处理，培养学生科学的实验方法。
3. 了解现代测量技术在试验中的应用。

【实验仪器】

计算机、密立根油滴仪、钟表油、喷雾器。

图 5-6 密立根油滴仪

【实验原理】

一个质量为 m 带电量为 q 的油滴处在两块平行板之间，在平行板未加电压时，油滴受重力的作用而加速下降，由于空气阻力 f_e 的作用，下降一段距离后，油滴将匀速运动，速度为 V_g，此时 f_e 与 mg 平衡。如图 5-7 所示。

由斯托克斯定律知，黏滞阻力为

$$f_r = 6\pi a\eta V_g = mg \tag{1}$$

式中，η 为空气黏滞系数，a 为油滴的半径。

此时在平行板上加电压 V，油滴处在场强为 E 的静电场中，其所受静电场力 qE 与重

力 mg 相反,如图 5-8 所示。

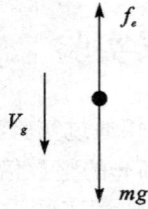

图 5-7　静电平衡作用示意图　　　图 5-8　静电场作用示意图

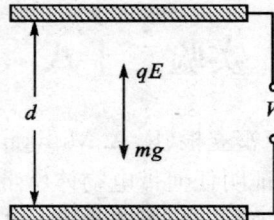

当 qE 大于 mg 时,油滴加速上升,由于 f_r 的作用,上升一段距离后,将以 V_e 的速度匀速上升,于是有

$$\begin{cases} 6\pi a\eta V_e + mg = qE = q \cdot \dfrac{V}{d} \\ 6\pi a\eta V_g = mg \end{cases} \tag{2}$$

由(2)式可知,为了测定油滴所带的电荷量 q,除应测平行板上所加电压 V、两块平行板之间距离 d、油滴匀速上升的速度 V_e 和 V_g 外,还需知油滴质量 m。由于空气中的悬浮和空气表面张力的作用,可将油滴视为圆球,其质量为

$$m = \frac{4}{3}\pi a^3 \rho \tag{3}$$

由(2)和(3)式得油滴半径为

$$a = \sqrt{\frac{9\eta V_g}{2\rho g}} \tag{4}$$

由于油滴半径 a 小到 10^{-6} m,所以,空气的黏滞系数 η 应修正为

$$\eta' = \frac{\eta}{1 + \dfrac{b}{pa}} \tag{5}$$

将(5)式代入(4)式,得

$$a = \sqrt{\frac{9\eta V_g}{2\rho g\left(1 + \dfrac{b}{pa}\right)}} \tag{6}$$

于是,带电油滴质量 m 为

$$m = \frac{4}{3}\pi\rho\left[\frac{9\eta V_g}{2\rho g\left(1 + \dfrac{b}{pa}\right)}\right]^{\frac{3}{2}} \tag{7}$$

设油滴匀速下降和匀速上升的距离相等,均为 l,则有

$$V_g = \frac{1}{t_g} \qquad\qquad V_e = \frac{1}{t_e}$$

所以油滴所带的电荷量为

$$q = \frac{18\pi}{\sqrt{2\rho g}}\left[\frac{\eta l}{1 + \dfrac{b}{pa}}\right]^{\frac{3}{2}} \cdot \frac{d}{V}\left(\frac{1}{t_e} + \frac{1}{t_g}\right) \cdot \left(\frac{1}{t_g}\right)^{\frac{1}{2}} \tag{8}$$

令(8)式中

$$K=\frac{18\pi}{\sqrt{2\rho g}}\left[\frac{\eta l}{1+\frac{b}{pa}}\right]^{\frac{3}{2}}\cdot d$$

则(8)式变为

$$q=K\cdot\left(\frac{1}{t_e}+\frac{1}{t_g}\right)\cdot\left(\frac{1}{t_g}\right)^{\frac{1}{2}}\cdot V^{-1} \tag{9}$$

该式就是动态法测量油滴带电荷的公式。

实验时,将 K_2 拨至"0V"挡位,让油滴自由下落 l 距离,测得所用时间 t_g,再加上电压 V(K_2 拨至"提升"挡位),使油滴上升相同的 l 时,测得所用时间 t_e,代入(9)式便求得油滴所带电荷量的 q 值。

若调节平行板间电压,使油滴不动,$V_e=0$,$t_e\to\infty$,则(9)式变为

$$q=K\left(\frac{1}{t_g}\right)^{\frac{3}{2}}\cdot\frac{1}{V} \tag{10}$$

该式就是静态法测量油滴带电荷的公式。实验时,只需测得油滴自由下落距离 l 所用的时间 t_g 和油滴平衡时所加的电压 V,便可求得 q 的值。

密立根实验仪的基本结构:

1. 油滴盒:油滴盒 1 是个重要部件,由精密加工的平板垫在胶木圆环上,在上电极板 7 中心有一个 0.4 mm 的油雾落入孔 2,在胶木圆环上开有显微镜观察孔、照明孔和一个备用孔,备用孔为采用紫外线等手段改变油滴带电量时使用,在上电极板的上方有一个可以左右移动的压簧,保证上电极板与下电极板 8 始终平行。油滴盒外套有防风罩 3、照明灯,照明灯采用聚光半导体发光器件,其光路与 CCD 显微镜光路的夹角为 $150°\sim160°$。在照明座左上方有一个安全开关。当取下油雾室时,平行电极就自动断电。油滴盒整体固定在油雾盒基座 9 上,如图 5-9 所示。

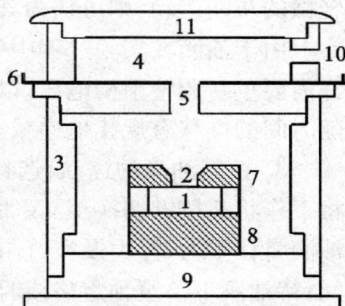

图 5-9　油滴盒和油雾室结构

2. 油雾室:油雾室 4 放置在防风罩上,可以取下。油雾室底中心有一个落油孔 5 和一个挡 6,用来开关油雾孔。旁边有一个喷雾口 10,喷雾器产生油雾由此喷入。为了防止灰尘和空气中的水分落入,油雾室顶部有上盖板 11。

【实验内容与步骤】

说明:其中有"★"号标志的步骤为微机型仪器特有操作。

学习控制油滴在视场中的运动,并选择合适的油滴测量元电荷,要求测得 5 个以上不同的油滴。

(一)调整实验装置

1. 水平调节:调整实验仪底部的旋钮,将实验台调平,使平衡电场方向与重力方向平行以免引起实验误差。

2. 喷雾器调整:将少量钟表油缓慢倒入喷雾器的储油腔内,使油淹没提油管下方,油

不要太多,以免实验过程中不慎将油倾倒至油滴盒内堵塞落油孔。将喷雾器竖起,用手挤压气囊,使提油管内充满油。

★(3)登录微机型仪器,写入姓名、学号,设定参数(983;76.0;1.8;9.8;5)和视频(SVHS3;端口制式 PAL),开启视频,打开电源,从喷雾口喷入油滴,此时屏幕上应出现油滴的图像,好似漫天繁星。若没见到像,则需调整成像旋钮使其前后移动或检查是否有油喷出。

(二)选择适当的油滴并练习控制油滴

1. 选择适当的油滴:要做好油滴实验,所选的油滴体积要适中,大的油滴虽然比较亮,但一般带的电荷多,下降速度太快,不容易测准确;太小则受布朗运动的影响明显,测量结果涨落很大,也不容易测准确。因此应该选择质量适中,而带电不多的油滴。

选择方法:如要选择带电量少的油滴,应将仪器置于工作、提升状态,电压调整至 400 V 以上。喷入油滴后,观察提升速度较慢且体积适中的油滴,同时调整平衡电压旋钮使选中的油滴趋于平衡,平衡电压应在 150~350 V 之间。

2. 平衡电压的确认:仔细调整平衡电压旋钮使油滴平衡在某一格线上,等待一段时间,观察油滴是否飘离格线,如向同一方向飘动,则需重新调整;如基本稳定在格线上下做轻微的布朗运动,则可认为其基本达到了力学平衡。

由于油滴在实验过程中处于挥发状态,在对同一油滴进行多次测量时。每次测量前都需要重新调整平衡电压,以免引起较大的实验误差。事实证明,同一油滴的平衡电压将随时间的推移有规律地递减,且对实验误差的影响较大。

3. 控制油滴的运动:选择适当的油滴,调整平衡电压旋钮使油滴平衡在某一格线上,将工作状态按键切换至 0V 状态,绿色指示灯点亮,此时上下极板同时接地,电场力为零,油滴将在重力、浮力及空气阻力的作用下做下落运动,同时计时器开始记录油滴下落的时间;待油滴下落至预定格线时,将按键切换至工作状态(平衡、提升按键处于平衡状态),此时油滴将停止下落,计时器关闭,可以通过确认键将此次测量数据记录到屏幕上。

将工作状态按键切换至工作状态,红色指示灯点亮,此时仪器根据平衡、提升按键的不同分两种情形:如置于平衡状态,则可以通过平衡电压调节旋钮调整平衡电压;如置于提升状态,则极板电压将在原平衡电压的基础上再增加 200~300 V 的电压,用来向上提升油滴。

★确认键用来实时记录屏幕上的电压值以及计时值。最多可记录 5 组数据,循环刷新。

(三)平衡测量法测量过程

1. 开启电源,将工作状态按键切换至工作状态,红色指示灯点亮,将平衡、提升按键置于平衡状态。

2. 用喷雾器向喷雾杯中喷入油雾,此时屏幕上出现大量油滴,选取适当的油滴仔细调整平衡电压旋钮使油滴平衡在某一起始格线上。

3. 将工作状态按键切换至 0 V 状态,此时油滴开始下落,同时计时器开始记录油滴下落的时间。

4. 等油滴下落至预定格线时,将按键快速切换至工作状态,此时油滴将停止下落,计时器关闭,可以通过确认键将此次测量数据记录到屏幕上。

5. 将平衡、提升按键置于提升状态，油滴被向上提升，当回到略高于起始位置时，迅速置回平衡状态，然后将工作状态按键切换至 0 V 状态使油滴下落靠近起始位置。

★6. 重新调整平衡电压，点击"新建数据"重复以上三步。

7. 每测完一个油滴将每次的电压和下落时间分别输入到左边空格计算出电荷值、电子数、电子电荷和误差。

★8. 待测完三次后点击"新建油滴"重新测量并将数据记录到屏幕上。要求至少测三个油滴，每个油滴测三次。

★9. 测完后点击"生成报告"，并记录数据。

【实验数据记录和数据处理要求】

表 5-2　非微机型实验测定数据记录表

项目	电压 V (V)	下落时间 t_g (s)	带电荷量值 q (c)	电子数 n	电子电荷 e(c)	平均电子电荷 e_i(c)	相对偏差 E(%)
1							
2							
3							
4							
5							
6							

根据平衡法公式得到基本电荷：

$\bar{e}=(e_1+e_2+e_3+e_4+e_5+e_6)/6=$＿＿＿＿＿＿(C)

绝对误差　$\overline{\Delta e}=$＿＿＿＿＿＿(C)

相对误差 $E_e = $ _____ (%)

【思考题】

1. 如何判断油滴盒内两平行极板是否水平？如果不水平对实验有何影响？

2. 为什么向油雾室喷油时，一定要使电容器的两平行极板短路？这时平行电压的换向开关置于何处？

3. 应选什么样的油滴进行测量？选太小的油滴对测量有什么影响？选太大或带电太多的油滴存在什么问题？

4. 你对本实验的数据处理有没有更好的意见？谈谈你的想法？

5. 利用某一颗油滴的实验数据，计算出作用在该油滴上的浮力，将其大小与重力、黏滞力、电场力相比较。

（本实验内容由叶帆、李良国负责编写）

实验二十九　偏振光的研究

【实验目的】

1. 学习偏振光的基本概念和物理特性；
2. 掌握偏振光测量的基本方法。

【实验仪器】

导轨，激光器，光电检流计，偏振片等。

【实验原理】

(一)偏振光的概念

光的波动形式在空间传播中属于电磁波，它的电矢量 E 与磁矢量 H 相互垂直。E 和 H 均垂直于光的传播方向，故光波是横波。实验证明光效应主要由电场引起，所以电矢量 E 的方向定为光的振动方向。

自然光源(如日光、各种照明灯等)发射的光是由构成这个光源的大量分子或原子发出的光波的合成。这些分子或原子的热运动和辐射是随机的，它们所发射的光振动，出现在各个方向的几率相等，这样的光叫做自然光。

自然光经过媒质的反射、折射或者吸收后，在某一方向上振动比另外方向上强，这种光称为部分偏振光。如果光振动始终被限制在某一确定的平面内，则称为平面偏振光，也称为线偏振光或完全偏振光。偏振光电矢量 E 的端点在垂直于传播方向的平面内的运动轨迹是一圆周的，称为圆偏振光，是一椭圆的则称为椭圆偏振光。

(二)获得线偏振光的方法

将自然光变成偏振光称作起偏，可以起偏的器件分为反射式和透射式两种：

1. 反射式起偏器：自然光在两种媒质的界面处反射和折射，当入射角 φ_b 满足 $\tan\varphi_b = n_1/n_2$ 时，反射光成为振动方向垂直于入射面的线偏振光，这个规律称布儒斯特定律，φ_b 称为布儒斯特角或起偏角，而折射光为部分偏振光。

如果自然光以入射角 φ_b 投射在多层的玻璃堆上，经过多次反射后，透射出的光也接近于线偏振光，其振动面平行于入射面。

2. 透射式起偏器：晶体起偏器：利用某些晶体的双折射现象可以获得较高质量的线偏振光，如尼科尔棱镜，这类偏光器件价格昂贵。

偏振片：一般用具有网状分子结构的高分子化合物——聚乙烯醇薄膜作为片基，将这种薄膜浸染具有强烈二向色性的碘，经过硼酸水溶液的还原稳定后，再将其单向拉伸 4～5 倍以上而制成。这种偏振片称 H 偏振片。此外用其他方法还可制成 K 偏振片和 L 偏振片。

（三）马吕斯定律

自然光通过偏振片变成光强为 I_0，振幅为 A 的线偏振光，再垂直入射到另一块偏振片上，出射光强为：

$$I = I_0 \cos2\theta$$

这就是马吕斯定律，其中 θ 为两偏振片透振方向之间的夹角。

（四）波片的偏光作用

单轴晶体制成厚度为 L，表面平行于光轴的片，称波片。波片有正晶体或负晶体之分。一束振幅为 A 的线偏振光垂直入射在波片表面上，且振动方向与光轴夹角为 θ，在晶体内分解成 o 光和 e 光，振幅分别是 $A_o = A\sin\theta$，$A_e = A\cos\theta$。经过波片后，两光产生位相差：

$$\Delta\varphi = 2\pi(n_o - n_e)L/\lambda_0$$

式中，λ_0 为光在真空中的波长；n_o，n_e 为晶片对 o 光和 e 光的折射率。

因为波片能使 o 光或 e 光的位相推迟，又称为位相推迟器。

o 光和 e 光振动方向相互垂直，频率相同，位相差恒定，由振动合成可得：

$$\frac{x^2}{A_e^2} + \frac{y^2}{A_o^2} - \frac{2xy}{2A_eA_o}\cos^2\Delta\varphi = \sin^2\Delta\varphi$$

这是椭圆方程式，代表椭圆偏振光。

当 $\Delta\varphi = 2k\pi(k = 1,2,3,\cdots)$ 及 $A_o = A_e$ 时，合成振动为圆偏振光。

【实验操作步骤】

（一）准备工作

在导轨平台上靠近两端各放置光源及光电接收器，检流计数显箱后面板有两排插孔，上面两孔接插硅光电池，旁边的换挡开关向上拨到光电池挡。

先对激光器调焦：把接收器换成白屏，轻旋激光器上调焦镜，观察白屏上光斑最小（约 2～3 mm）即可。

撤掉白屏换上接收器，如图 5-10。利用激光器调整架调节光束发射角度，与二维磁力滑座联调使光信号进入接收器，二维滑座为光电接收器专用。

在光路中放置一偏振片，调到 0°，轻旋半导体激光头使检流计数值较大（半导体激光在水平和垂直两个方向上发散角的差值较大，这两方向的光能量也有差别）。

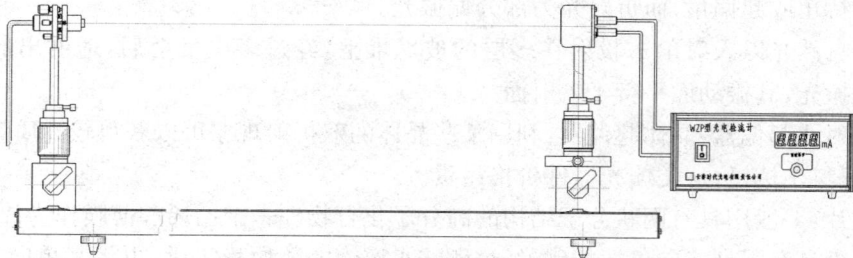

图 5-10　实验装置调整示意图

（二）光的偏振现象、起偏和检偏

有几种方法可产生平面偏振光，如：反射和折射产生偏振、二向色晶体的选择吸收（如人造偏振片）产生偏振、晶体双折射产生偏振。

如图 5-11，在光源和接收器之间放置偏振片，此为起偏器，在起偏器和接收器之间放置另一偏振片称为检偏器，旋转检偏器观察到接收器中光强发生变化。

由偏振片转盘刻度值可知，当起偏器、检偏器的偏振化方向平行时，光最强，当起偏器、检偏器的偏振化方向垂直时，光最暗。将检偏器旋转一周，光强变化四次，两明两暗。

固定检偏器，旋转起偏器可产生同样的现象。

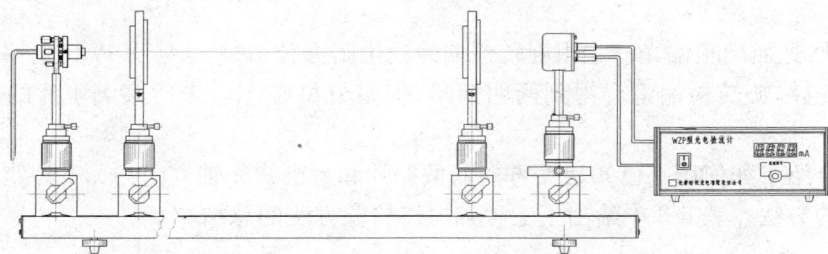

图 5-11　实验装置工作示意图

通过实验我们知道光通过偏振片后成为偏振光，偏振片起到了起偏器和检偏器的作用。

（三）验证马吕斯（Malus）定律

观察偏振光通过检偏器后光强的变化，通过检偏器后的光强 I_0 为 $I_0 = I\cos^2\theta$（马吕斯定律），其中 θ 为偏振光偏振面与检偏器主截面的夹角，改变 θ 角可以改变透过检偏器的光强。I 为两偏振片主截面平行（$\theta=0$）时的透射光强。

依照实验一的方法安置仪器，使起偏和检偏器正交，记录光电接收的示值 I_0，然后将检偏器间隔 15°转动一次并记录一次，直至转动 90°为止。重复上述实验几次，利用所得实验数据验证马吕斯定律。实验数据记入表格 5-4。

（四）七种偏振态的检验和鉴别

一共有七种偏振态，现将检验方法介绍如下：

1. 线偏光：用在偏振片平面内旋转一圈的偏振片（即检偏镜）迎着光进行检验，由马吕斯定律可知，将出现两个明亮方位和两个暗方位，且暗光强应是零（简称两明两零）。

2. 圆偏光：光用旋转的检偏镜检查时，光强将无变化。若让圆偏光先通过一片 $\lambda/4$ 片偏振片，我们将圆偏光等效成两个振动互相垂直、振幅相等、位相差为 $\pi/2$ 片的线偏光。其中一个沿 $\lambda/4$ 片光轴振动，另一个垂直于光轴而振动。当通过 $\lambda/4$ 片后，它俩之间将有 $\pi/2\pm(2k+1)\pi/2$ 的位相差，即相当于有 0°或 π 的位相差，合成的结果将是一个振动方向于正方形对角线方向的线偏光。再用旋转的检偏镜对它检验，将获得两明两零。

3. 自然光：自然光通过旋转的检偏镜，光强将无变化。先让自然光通过 $\lambda/4$ 片，则将仍然是自然光，若用旋转的检偏镜再检查，仍然是光强没有变化。

4. 自然光加圆偏光：用旋转的检偏镜检查，同样得到光强不变的结果。若让这种光先通过 $\lambda/4$ 片，再旋转检偏镜，则将得到两明两暗，而不是两明两零。暗光强不为零的原因在于待检光中有自然光的成分。

　　5. 圆偏光：椭圆偏光通过旋转的检偏镜将得到两明两暗。暗时检偏镜透振方向就是椭圆的短轴方向。让椭圆偏光先通过 λ/4 片，并使 λ/4 片光轴处于椭圆短轴方位，则从 λ/4 片出射的将是线偏光，并且其振动一定处于由椭圆长短轴组成的矩形的对角线方向上。然后再用旋转检偏镜对它检验，就会得到两明两零的结果。

　　6. 自然光加线偏光：先用旋转检偏镜检查，得到两明两暗，暗方位和线偏光振动方向垂直。用 λ/4 片放置在待检光路里，使其光轴处于暗时的检偏镜透振方向上，则待检光通过 λ/4 片后状态不变。旋转检偏镜再对出射光检查，将还是两明两暗，且暗方位和以前相同。

　　7. 自然光加椭圆偏光　先用旋转检偏镜找出暗方位，再将 λ/4 片以其光轴平行于暗方位插入光路，旋转检偏镜会得到两明两暗，但暗方位必定与未插入 λ/4 片的暗方位不同。

　　以上介绍了如何用一已知透振方向的偏振片和一已知光轴方向的 λ/4 片鉴别各种不同偏振态的方法。表 5-3 中给出了七种偏振态检验方法的总结。

表 5-3　鉴别各种偏振态的方法和步骤

第一步 旋转检偏镜	第二步 在检偏镜前插入 λ/4 片	第三步 再旋转检偏镜	结论
光强无变化	光轴方位任意	两明两零	圆偏光
	光轴方位任意	光强无变化	自然光
	光轴方位任意	两明两暗	自然光加圆偏光
两明两暗	—	—	线偏光
两明两暗（使检偏镜处于暗方位）	旋转 λ/4 片，使光强最暗，即使其光轴与检偏镜透振方向平行或垂直	两明两零	椭圆偏光
		两明两暗 暗方位同前	自然光加线偏光
		两明两暗 暗方位同前	自然光加椭圆偏光

【实验数据记录表格】

表 5-4　验证马吕斯（Malus）定律实验数据　　　　　　　　　$I_o =$＿＿＿＿（　　）

θ	90°	85°	80°	75°	70°	65°	60°
$\cos^2\theta$							
$I_o\cos^2\theta$							
$I_{实测}$							

(续表)

θ	55°	50°	45°	40°	35°	30°	25°
$\cos^2\theta$							
$I_o\cos^2\theta$							
$I_{实测}$							

θ	20°	15°	10°	5°	0°
$\cos^2\theta$					
$I_o\cos^2\theta$					
$I_{实测}$					

数据处理要求：分析 $I_{实测}$ 与 $I_o\cos^2\theta$ 的数值相关性。

【实验注意事项】

1. 不要用眼睛直视激光束,否则会造成视网膜的永久性损伤;
2. 不准用手直接触摸仪器、元件的光学表面。

【思考题】

有三块外形相同的偏振器件,已知它们是偏振片、$\lambda/2$ 波片和 $\lambda/4$ 波片(对钠光而言),你可用什么方法借助于钠光灯将它们鉴别出来?

(本实验内容由王春香负责编写)

实验三十　夫兰克-赫兹实验

【实验目的】

1. 通过测定汞或氩原子的第一激发电压,证明原子能级的存在。
2. 了解夫兰克-赫兹实验的设计思想和方法。

【实验仪器和用具】

夫兰克-赫兹实验仪。

【实验原理】

1913 年丹麦物理学家玻尔根据光谱学的研究、卢瑟福的原子核模型和普朗克、爱因斯坦的量子理论,提出了一个氢原子模型,并指出原子存在能级。该模型在预言氢光谱的观察中取得了显著成功。根据玻尔的原子理论,原子光谱中的每根谱线表示原子从某一较高能态向另一较低能态跃迁时的辐射。

1914 年德国物理学家夫兰克和赫兹对勒纳用来测量电离电位的实验装置作了改进,他们同样采取"慢"电子(几个到几十个电子伏特)与单元素气体原子碰撞的办法,但着重观察碰撞后电子发生什么变化(勒纳则观察碰撞后离子流的情况)。通过实验测量得知电子和原子碰撞时会交换某一定值的能量,且可以使原子从低能级激发到高能级,这直接证明了原子发生跃变时吸收和发射的能量是分立的、不连续的;它证明了原子能级的存在,也从而证明了玻尔理论的正确。因此夫兰克和赫兹获得了 1925 年诺贝尔物理学奖。

玻尔的原子理论指出:

1. 原子只能较长久地处在一些稳定状态(简称为定态)。原子在这些状态时,不发射或吸收能量,原子在各定态时有一定的能量,其数值是彼此分隔的。原子的能量不论通过什么方式发生改变,它只能使原子从一个定态跃迁到另一个定态。

2. 原子从一个定态跃迁到另一个定态而发射或吸收辐射时,辐射频率是一定的。如果用 E_m 和 E_n 代表有关两定态的能量,辐射的频率 υ 决定于如下关系:

$$h\upsilon = E_m - E_n \tag{1}$$

式中,普朗克常数 $h = 6.63 \times 10^{-34} \text{ J} \cdot \text{s}$。

为了使原子从低能级向高能级跃迁,可以通过具有一定能量的电子与原子相碰撞进行能量交换的方式来实现。

设初速度为零的电子在电位差为 U_0 的加速电场作用下,获得能量 eU_0。当具有这种能量的电子与稀薄气体的原子(比如汞原子或氩原子)发生碰撞时就会发生能量交换。如以 E_1 代表原子的基态能量,E_2 代表原子的第一激发态的能量时,那么当原子获得从电子传递来的能量恰好为

$$eU_0 = E_2 - E_1 \tag{2}$$

时，原子的最外层电子就会从基态跃迁到第一激发态。而相应的电位差 U_0 就称为该原子的第一激发电位。测出这个电位差 U_0，就可以根据（2）式求出汞原子的基态和第一激发态之间的能量差（其他元素的原子第一激发电位亦可依此法求得）。

夫兰克-赫兹实验的原理图如图 5-12 所示。

在充汞（或氩）的夫兰克-赫兹管（简称 F-H 管）中，电子由热阴极发出，在阴极（K）和栅极（G）之间的加速电压 U_{GK} 使电子加速。在板极（A）和栅极（G）之间加有反向拒斥电压 U_{AG}。忽略空间电荷的分布后，管内空间电位分布如图 5-13 所示。当电子通过 KG 空间进入 GA 空间时，如果具有较大的能量（$\geqslant e\,U_{GK}$）就能冲过反向拒斥电场而到达板极（A）形成板极电流 I_A，由微电流放大器测出。如果电子在 KG 空间与原子碰撞，把自己一部分能量传递给原子而使其激发，则电子将因本身能量的减小，以致通过栅极后不足以克服拒斥电场而被折回栅极（G）。这时，通过电流计的电流将显著减小。

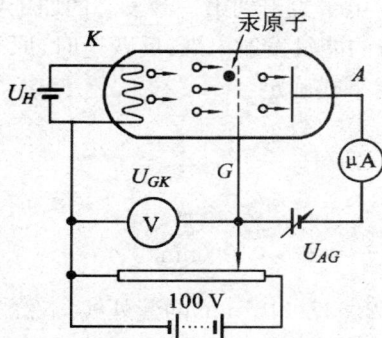

图 5-12　实验原理图

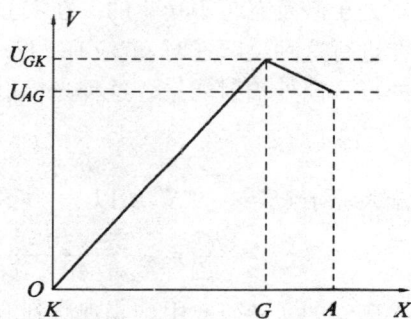

图 5-13　F-H 管内空间电位分布

实验时，使栅极电压 U_{GK} 逐渐增加并观察微电流放大器的电流指示。如果原子能级确实存在，而且基态与第一激发态之间有确定的能量差，就能观察到如图 5-14 所示的 I_A-U_{GK} 曲线。该曲线反映了汞（或氩）原子在 KG 空间与电子进行能量交换的情况。当 KG 空间电压逐渐增加时，电子在 KG 空间被加速而获得越来越大的能量。但起始阶段由于电压较低，电子的能量较小，即使在运动中与原子相撞（为弹性碰撞），电子的能量也几乎不会减小。这样，穿过栅极的电子所形成的板流 I_A 将随着 U_{GK} 的增加而增大。

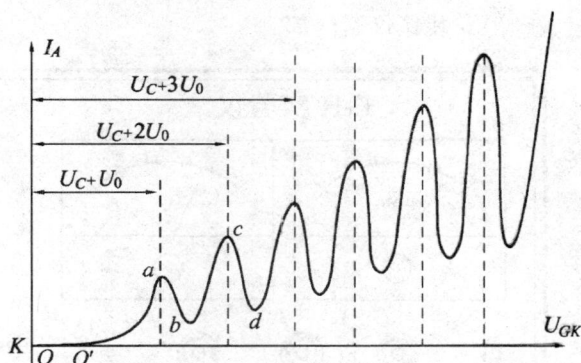

图 5-14　汞原子的 I_A-U_{GK} 曲线

图中 $O'O$ 段电压是由于 F-H 管的 K 极与 G 极之间存在接触电位差 U_C 而出现的。

当 KG 间电压增加到（U_0+U_C）时，电子在栅极附近与原子相撞（非弹性碰撞），将自己从加速电场中获得的能量全部传递给原子，使其从基态激发到第一激发态，而这些电子本身由于把全部能量传递给了原子,它即使穿过了栅极也不能克服反向拒斥电场,从而被折回栅极(被筛选掉),所以板流 I_A 将显著减小。随着 U_{GK} 增加,电子的能量也随之增加,在与原子相碰撞后还留下足够的能量,这就可以克服拒斥电场而到达板极 A,这时电流又开始上升。直到 KG 间电压增加到($2U_0+U_C$)时,电子在 KG 间又会因第二次非弹性碰撞而失去能量,因而又造成第二次板流 I_A 的下降(如图中曲线的 cd 段)。同理,凡是当

$$U_{GK}=nU_0+U_C \qquad n=1,2,3,\cdots \qquad (3)$$

时,板流 I_A 都会相应下降,形成图 5-8 所示那样起伏变化的 I_A-U_{GK} 曲线。而两相邻的板流 I_A 开始下降处的 U_{GK} 之差,即($U_{GK})_{n+1}-(U_{GK})_n$ 应该是原子的第一激发电位 U_0。

本实验就是要通过实际测量来证实原子能级的存在,并测定出汞(或氩)原子的第一激发电位(公认值为 $U_{0汞}=4.9$ V,$U_{0氩}=13.1$ V)。

原子处于激发态是不稳定的。在实验中被"慢"电子轰击到第一激发态的原子要跳回基态。在进行这种反跃迁时,就应有 eU_0 电子伏特的能量发射出来;反跃迁时,原子是以光量子的形式向外辐射能量。这种光辐射的波长由下式确定

$$eU_0=h\gamma=h\frac{c}{\lambda} \qquad (4)$$

对于汞原子 $U_0=4.9$ V,所以

$$\lambda=\frac{hc}{eU_0}=\frac{6.63\times10^{-34}\times3.00\times10^8}{1.60\times10^{-19}\times4.9}=2.5\times10^2(\text{nm})$$

从光谱学的实验研究中确实观测到波长为 $\lambda=2.537\times10^2$ nm 的紫外线。

如果在 F-H 管中充以其他气体,则也可以得到它们相应的第一激发电位。

【实验装置】

F-H 系列夫兰克-赫兹实验仪是一种复合型实验仪,不需加热的夫兰克-赫兹管(氦、氖、氩等)安装在仪器内部。

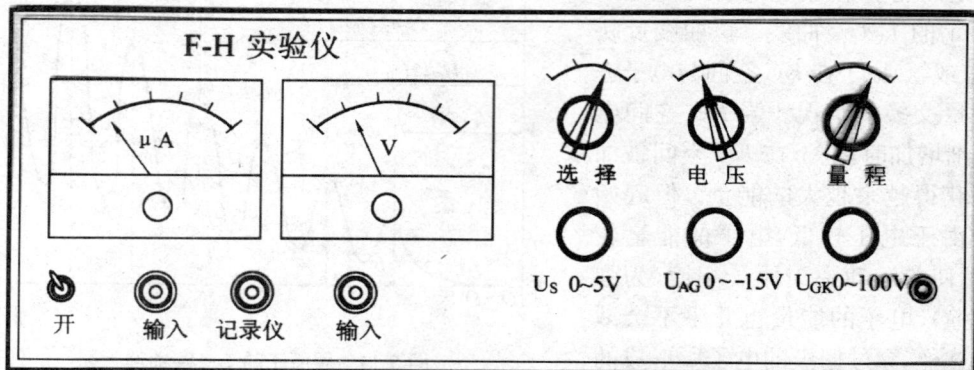

图 5-15　F-H 系列夫兰克-赫兹实验仪

F-H 实验仪各个旋钮的功能如下:

1. 栅极电压(U_S)可调范围:0.0~5.0 V。

2. 灯丝电压(U_H)(在仪器背板上)可调范围:0.0～15.0 V。

3. 反向拒斥电压(U_{AG})可调范围:0.0～－15.0 V。

4. 控制栅压电源:机内可提供0～100 V可手动调节的直流电压,用以控制栅极电源(U_{GK}),另外,还提供周期约2 ms的幅度可调的锯齿波电压,供示波器显示和函数记录仪记录使用。

5. 微电流测量:采用数字集成放大器,输入阻抗极高($\geqslant 10^{10}$ Ω),测量范围为10^{-8}～10^{-13} A。在仪器面板上附有示波器、记录仪的输出端子,在仪器背面板上附有计算机输出端子。

【实验内容及步骤】

(一)准备工作

接通微电流测量放大器电源,让其预热。将仪器"栅压选择"开关拨向"M",此时栅压指示电表会缓慢来回摆动,然后再拨向"DC",预热25 min后,进行"零点"校测。将"工作状态"旋钮拨向"激发"位置,"倍率"旋钮拨在"零点"挡位调零。调零时要反复调节,务求正确。待仪器正常稳定工作之后,方可联机进行测试。

(二)激发电位测量

准备工作完成,即可进行原子的第一激发电位的测量实验:

1. 先进行粗略观察:将测量放大器"倍数"旋钮拨到×10^{-5},旋动"栅极调节"旋钮,缓慢增加U_{GK}电压值,全面观察一次I_A的起伏变化情况。当"μA"表至满刻度时可以相应改变"倍率"旋钮,扩大量程读出I_A值。

2. 再从0 V起仔细调节U_{GK},细心观察I_A的变化:加速栅压U_{GK}每升高1.0 V记录相应的板极电流I_A的值,记入数据表格。选取适当比例在坐标纸上作出I_A-U_{GK}曲线,并进行误差分析,求出所测量的第一激发电位值。

3. 为全面地了解I_A-U_{GK}变化规律和准确测出U_0值,也可适当改变U_H值(如$U_H=3.0$ V,3.4 V)来进行测量。将在不同测试条件下测绘的曲线描绘于同一坐标纸中作一比较。

(三)用示波器观察I_A-U_{GK}的变化波形

1. 将慢扫描示波器Y轴用专用线接到测量放大器后盖输出端,一根接向"示波器",一根接向"地"。示波器扫描速度放慢(1～10 s),Y轴增益为×1。

2. "灯丝电压"调至3.0 V,"倍率"旋钮拨到×10^{-3}或×10^{-4}。

3. 将"栅压选择"拨向"M",此时示波器屏幕上可以看到一条完整的I_A-U_{GK}变化曲线。数一数曲线的峰谷数值,并与同条件下的手控记录情况作比较。

【实验数据记录与处理】

表5-5　实验数据记录表　　　　　测试条件:$U_H=$＿＿＿＿＿(V);$U_{AG}=$＿＿＿＿＿(V);$t=$＿＿＿＿＿(℃)

U_{GK}(V)	0.0	1.0	2.0	3.0	4.0	5.0	6.0	7.0	8.0	9.0
I_A(μA)										
U_{GK}(V)	10.0	11.0	12.0	13.0	14.0	15.0	16.0	17.0	18.0	19.0
I_A(μA)										

（续表）

U_{GK} (V)	20.0	21.0	22.0	23.0	24.0	25.0	26.0	27.0	28.0	29.0
I_A (μA)										
U_{GK} (V)	30.0	31.0	32.0	33.0	34.0	35.0	36.0	37.0	38.0	39.0
I_A (μA)										
U_{GK} (V)	40.0	41.0	42.0	43.0	44.0	45.0	46.0	47.0	48.0	49.0
I_A (μA)										
U_{GK} (V)	50.0	51.0	52.0	53.0	54.0	55.0	56.0	57.0	58.0	59.0
I_A (μA)										
U_{GK} (V)	60.0	61.0	62.0	63.0	64.0	65.0	66.0	67.0	68.0	69.0
I_A (μA)										
U_{GK} (V)	70.0	71.0	72.0	73.0	74.0	75.0	76.0	77.0	78.0	79.0
I_A (μA)										
U_{GK} (V)	80.0	81.0	82.0	83.0	84.0	85.0	86.0	87.0	88.0	89.0
I_A (μA)										
U_{GK} (V)	90.0	91.0	92.0	93.0	94.0	95.0	96.0	97.0	98.0	99.0
I_A (μA)										

表 5-6　实验数据　　　　　测试条件：$U_H=$_____(V)；$U_{AG}=$_____(V)；$t=$_____(℃)

U_{GK} (V)	0.0	1.0	2.0	3.0	4.0	5.0	6.0	7.0	8.0	9.0
I_A (μA)										
U_{GK} (V)	10.0	11.0	12.0	13.0	14.0	15.0	16.0	17.0	18.0	19.0
I_A (μA)										
U_{GK} (V)	20.0	21.0	22.0	23.0	24.0	25.0	26.0	27.0	28.0	29.0
I_A (μA)										
U_{GK} (V)	30.0	31.0	32.0	33.0	34.0	35.0	36.0	37.0	38.0	39.0
I_A (μA)										
U_{GK} (V)	40.0	41.0	42.0	43.0	44.0	45.0	46.0	47.0	48.0	49.0
I_A (μA)										
U_{GK} (V)	50.0	51.0	52.0	53.0	54.0	55.0	56.0	57.0	58.0	59.0
I_A (μA)										
U_{GK} (V)	60.0	61.0	62.0	63.0	64.0	65.0	66.0	67.0	68.0	69.0
I_A (μA)										
U_{GK} (V)	70.0	71.0	72.0	73.0	74.0	75.0	76.0	77.0	78.0	79.0
I_A (μA)										

（续表）

U_{GK}(V)	80.0	81.0	82.0	83.0	84.0	85.0	86.0	87.0	88.0	89.0
I_A(μA)										
U_{GK}(V)	90.0	91.0	92.0	93.0	94.0	95.0	96.0	97.0	98.0	99.0
I_A(μA)										

实验数据处理：作出 I_A-U_{GK} 曲线，利用逐差法求出_____的第一激发电位

$$U_0 = \text{_____} (V)$$

$$E_0 = \frac{|U_{0\text{理论值}} - U_{0\text{实验值}}|}{U_{0\text{理论值}}} \times 100\% = \text{_____} \%$$

【实验后记】

【思考题】

1. 夫兰克-赫兹实验使用什么方法测量汞原子的能级差，从而证明原子能级的存在？
2. 夫兰克-赫兹管内为何要设计反向拒斥电压？其大小对 I_A-U_{GK} 曲线有何影响？
3. 夫兰克-赫兹的灯丝电压大小对 I_A-U_{GK} 曲线有何影响？

[附] FH-ⅢB 夫兰克-赫兹实验仪使用方法

（一）面板功能结构

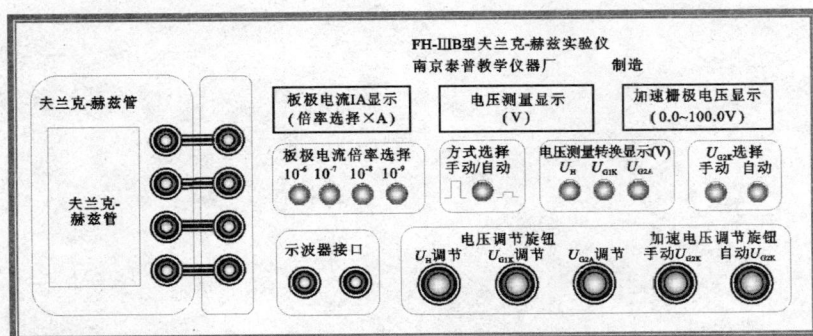

图 5-16　FH-ⅢB 夫兰克-赫兹实验仪

(二)使用说明

1. 实验前将所有旋钮逆时针旋到底。

2. 将仪器面板上的"电源输出端"输出插孔和"夫兰克-赫兹管功能端"输入插孔按照电路图接好。

3. 插上电源,将电源开关置于"ON"位置,数字表发光表明电源已接通,将仪器预热 5 分钟。

4. 将"手动-自动"按键置于"手动"挡方式,逆时针将"扫描调节"旋钮旋到底。

5. 将"U_H,U_{G1K},U_{G2A}电压测量转换开关"按键置"U_H"挡,使 U_H 指示 2.80 V(即灯丝电压 U_H 为 2,80 V),

6. 将"U_H,U_{G1K},U_{G2A}电压测量转换开关"按键置"U_{G1K}",使 U_{G1K} 指示 2.00 V(即第一栅极电压 U_{G1K} 为 2.00 V)。

7. 将"U_H,U_{G1K},U_{G2A}电压测量转换开关"按键置"U_{G2A}"挡,使 U_{G2A} 指示 6.00 V(板极至第二栅极的拒斥电压 U_{G2A} 为 6.00 V)。

8. 将"电压显示切换"开关置于"U_{G2K}"挡,调节"U_{G2K}"旋钮,使电压表显示 0.0 V 即阴极至第二栅极电压 U_{G2K}(加速电压)为 0.0 V。

9. 缓慢调节"U_{G2K}"旋钮,同时观察电流表指示数值的变化。随着加速电压 U_{G2K} 的增加,电流表的指示值出现周期性的峰值和谷值。

10. 记录相应的电压值 U_{G2K} 和电流值 I_A,作出以电压 U_{G2K} 为横坐标,电流 I_A 为纵坐标的实验曲线。电流 I_A 的值为电流表指示的数值×倍率(A 安培)。

11. 将"U_H,U_{G1K},U_{G2A}电压测量转换开关"按键置"U_H" 挡,使 U_H 指示 3.20V(即灯丝电压 U_H 为 3.20 V),重复上述操作,记录相应数据,进行数据处理。

12. 进行自动测量时,需将"手动-自动"开关置于"自动"挡,同时将"U_{G2K}"旋钮逆时针旋到底,将"倍率转换"置于"10^{-8}"挡,并将"U_{SCAN}"扫描调节旋钮逆时针旋到底。将面板上的"X 输出"接到接到示波器的"CH1"通道上,再将面板上的"Y 输出"接到示波器的"CH2"通道上,将示波器置"X-Y"方式,顺时针调节"U_{SCAN}"扫描调节旋钮,观察示波器上出现的相应的电流变化曲线。如果发现波形上端切顶,则表明阳极电流过大,引起放大器失真,应该立即减小灯丝电压 U_H。

实验三十一 用光电效应测普朗克常数

普朗克常数(公认值 $h = 6.626\ 19 \times 10^{-34}$ J·s)是自然界中一个非常重要的普适物理量,我们可以用光电效应法简单而较精确地测出普朗克常数。在研究光电效应这一重要物理现象的过程中,著名物理学家爱因斯坦和密立根都作出了杰出的贡献,并因此分别于1921年和1923年获得诺贝尔物理学奖。通过本实验测定普朗克常数也有助于我们进一步理解光电效应及量子理论。

【实验目的】

1. 通过光电效应实验进一步理解光的量子性,验证爱因斯坦方程。
2. 用光电效应测出普朗克常数。

【实验仪器和用具】

GP-1A 型微电流测量放大器,GPh-1 型光电管,高压汞灯,NG 型滤色片。

【实验原理】

对光电效应早期的大量研究所积累的基本实验事实是:

1. 光电发射率(光电流 I)与光强 P 成正比,如图 5-17(a),(b)所示。
2. 光电效应存在一个域频率 v_0 (或称截止频率),当入射光的频率低于域值时,不论光的强度如何都不会有光电子产生,如图 5-17(c)。
3. 光电子的动能与光强无关,但与入射光的频率成正比,如图 5-17(d)所示。
4. 光电效应是瞬时效应,一经光线照射,光电子会立即产生。

然而用麦克斯韦的经典电磁理论无法对上述实验事实作出圆满的解释。

1905 年爱因斯坦大胆地把 1900 年普朗克在进行黑体辐射研究过程中提出的辐射能量不连续的观点应用于光辐射,提出了"光量子"概念,从而给光电效应以正确的、符合实验事实的理论解释。爱因斯坦认为从一点发出的光不是按麦克斯韦电磁理论指出的那样以连续分布的形式把能量传播到空间,而是频率为 v 的光以 hv 为能量单位(光量子)的形式一份一份地向外辐射。至于光电效应,则是具有能量为 hv 的一个光量子作用于金属中的一个自由电子,并把它的能量全部传递给这个电子而造成的。如果电子脱离金属表面耗费的能量为 W_S,则由于光电效应而逸出金属表面的电子的初动能为

$$E = hv = W_S \quad \text{或} \quad \frac{1}{2}m_e V^2 = hv - W_S \tag{1}$$

式中:h 为普朗克常数;v 为入射光频率;m_e 为电子质量;V 为光电子逸出金属表面时的初速度;W_S 为受光照射的金属材料的逸出功。此方程即为爱因斯坦方程。在(1)式中,$\frac{1}{2}m_e V^2$ 是没有受到空间电荷阻止时,从金属中逸出的光电子的最大初动能。由式(1)可

见,入射到金属表面的光频率越高,光电效应产生的逸出电子的最大初动能必然也越大,如图 5-17(d)所示。

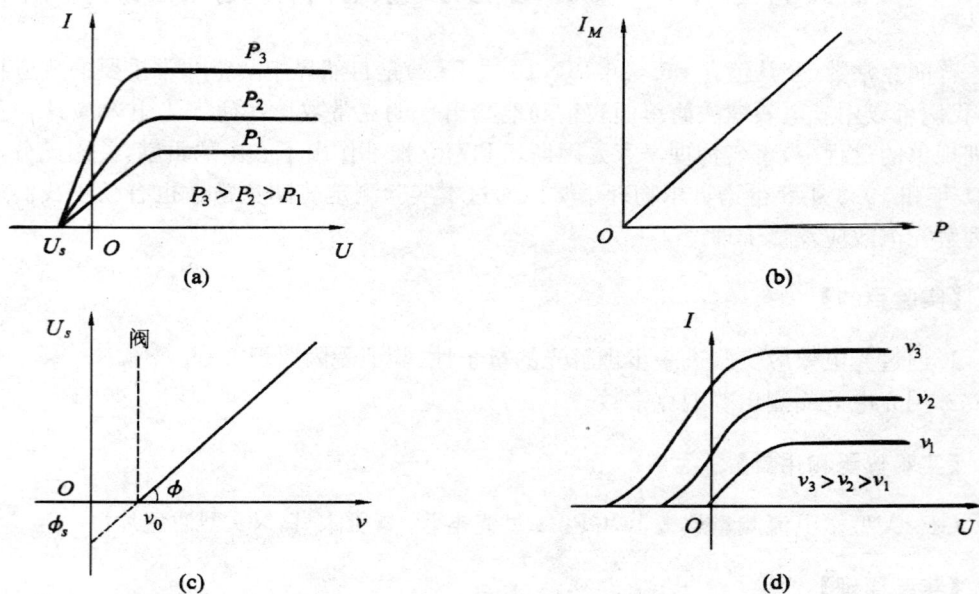

图 5-17　光电效应的特性

正因为光电子具有初动能,所以即使加速电位差 $U_{AK}=U_A-U_K=0$,仍然能有光电子落到阳极而形成光电流,甚至当阳极的电位低于阴极电位时也会有光电子落到阳极,直到加速电位差为某一负值 U_S 时,所有光电子被遏止而不能到达阳极,这时光电流才为零,如图 5-17(a)。这个 U_S 被称为光电效应的截止电位(或称截止电压)。显然,此时有

$$eU_s - \frac{1}{2}m_eV^2 = 0 \tag{2}$$

代入(1)式即有

$$eU_S = h\upsilon - W_S \tag{3}$$

由于金属材料的逸出功 W_S 是金属的固有属性,对于给定的金属材料,W_S 是一个定值,它与入射光的频率无关。令 $W_S=h\upsilon_0$,υ_0 为阀频率,即具有阀频率 υ_0 的光子的能量恰恰等于逸出功 W_S。我们将(3)式改写为

$$U_S = (h\upsilon - W_S)/e = \frac{h}{e}(\upsilon - \upsilon_0) \tag{4}$$

(4)式表明:截止电压 U_S 是入射光频率 υ 的线性函数。当入射光频率 $\upsilon=\upsilon_0$ 时,截止电压 $U_S=0$,没有光电子逸出。上式的斜率 $K=\dfrac{h}{e}$ 是一个正常数。故

$$h=eK \tag{5}$$

其中,电子电量 $e=1.60\times10^{-19}$C。由此可见,只要用实验方法作出不同频率下的 U_S-υ 实验曲线,并求其斜率 K,就可通过(5)式求出普朗克常数 h。

　　图 5-18 是用光电管进行光电效应实验,并测量普朗克常数的实验原理图。频率为 v,强度为 p 的光线照射到光电管阴极上,即有光电子从阴极逸出。在阴极 K 和阳极 A 之间加上反向电压 U_{KA},它使电极 K,A 之间建立起的电场对阴极逸出的光电子起到减速作用。随着 U_{KA} 的增加,到达阳极的光电子数量将逐渐减少,当 $U_{KA}=U_S$ 时光电流降为零。光电流的变化如图 5-19 中虚线所示。

　　然而,因光电管极间漏电,入射光照射阳极或入射光从阴极反射到阳极造成阳极光电子发射。虽然由此产生的电流很小,但是构成了光电管的反向电流,如图 5-19 中点线所示。由于它们的存在使正向光电流曲线下移,形成图中实线所示的实际光电效应曲线。此时的截止电压 U_S 可由实测光电流曲线的抬头点 a 来读取。

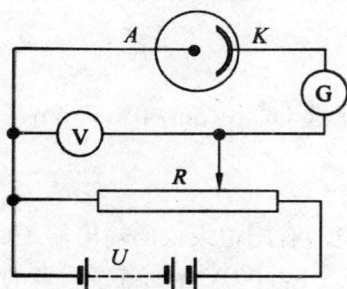

图 5-18　实验原理图　　　　　　　　　图 5-19　I-U 特性曲线

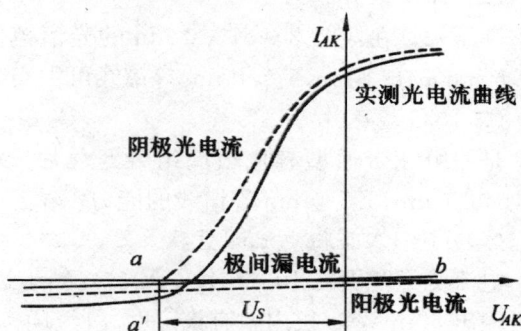

　　用不同频率 v 的光照射光电管,可以得到与之相对应的各条 I-U 特性曲线及截止电压 U_S 值。在直角坐标中作出 $U_S\text{-}v$ 关系曲线,如果它是一条直线,就证明了爱因斯坦光电效应方程的正确性。

　　由该直线的斜率 K 即可求出普朗克常数($h=eK$)。另外,由该直线与坐标横轴的交点可求出该光电管阴极的截止频率 v_0(阈频率),由该直线的延长线与坐标纵轴的交点又可求光电极的逸出电位 U_S,见图 5-17(c)。

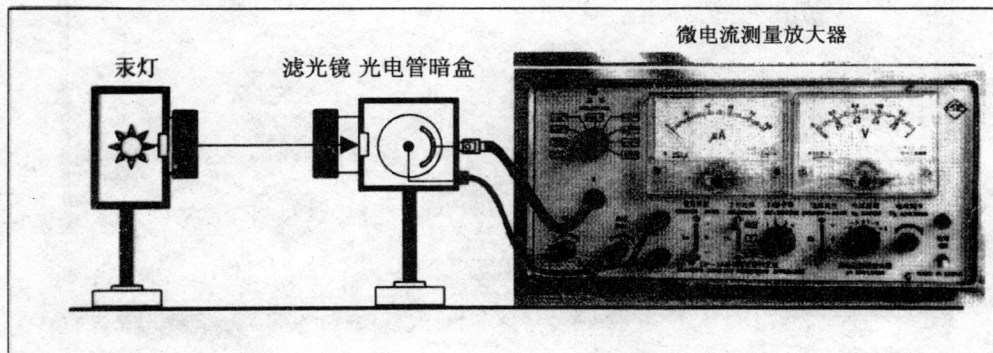

图 5-20　仪器装配及接线图

【仪器介绍】

GP-1 型普朗克常数测定仪如图 5-20 所示,包括高压汞灯、滤色片、光电管和微电流测量放大器等四个部分。其各部分性能介绍如下:

(一)GPh-1 型光电管

阳板 A 为镍圈,阴极 K 为银-氧-钾,光谱范围为 340～700 nm,光窗为无铅多硼硅玻璃,最高灵敏波长约在 410 nm 左右,阴极光灵敏度约为 1 $\mu A \cdot lm^{-1}$,暗电流约 10^{-12} A。

为了避免杂散光和外界电磁场对微弱光电流的干扰,光电管安装在铝质暗盒中。暗盒窗口有 5 mm 的光阑孔,并可安放滤色片,以便取得各种单色光进行实验。

(二)高压汞灯

高压汞灯在 302.3～872.0 nm 的光谱范围内有 365.0 nm,404.7 nm,435.8 nm,491.6 nm,546.1 nm,577.0 nm 等谱线可供实验使用。

(三)NG 滤色片

是一组宽带通型有色玻璃组合滤色片。它具有滤选 365.0 nm,404.7 nm,435.8 nm,546.1 nm,577.0 nm 等谱线的能力。

(四)GP-1A 型微电流测量放大器

电流测量范围在 10^{-8}～10^{13} A,分六挡十进变换,机后有配记录仪的输出端子(满刻度可输出 50 mV)。机内附有稳定度≤1×10^{-3},-3.00～+3.00 V 精密连续可调的光电管工作电源;电压量程分为 -3.00～-2.00 V,-2.00～-1.00 V,-1.00～0.00 V,0.00～1.00 V,1.00～2.00 V,2.00～3.00 V 六段,读数精度为 0.02 V;为配合 X-Y 函数记录仪自动描绘光电管的 I-U 特性曲线,本机器还可输出幅度为 3.00 V、周期约 50 s 的锯齿波,为适应不同性能的光电管,锯齿波分为 -3.00～0.00 V,-2.50～0.50 V,-2.00～1.00 V,-1.50～1.50 V 等四段。

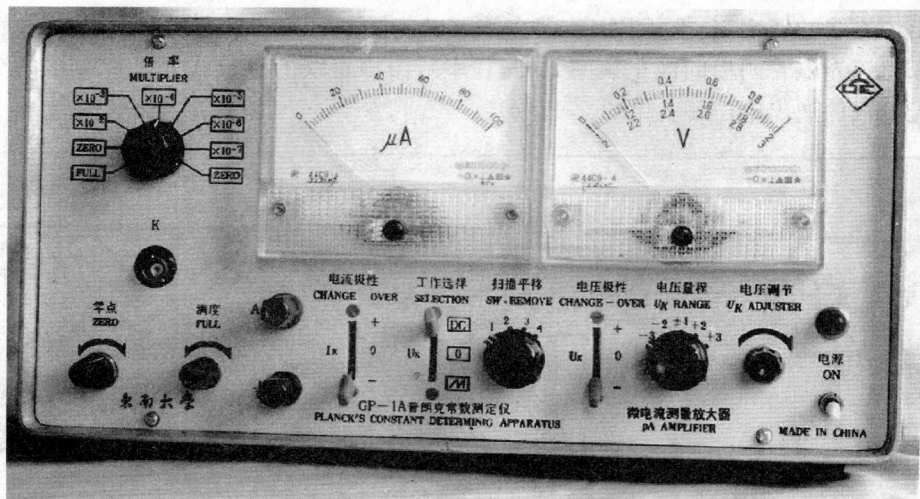

图 5-21   GP-1A 微电流测量放大器

【实验内容及步骤】

(一)测试前的准备

1. 认真阅读有关仪器使用说明书,了解仪器操作方法和使用注意事项。

2. 按图 5-20 安置实验系统。用遮光罩盖住光电管暗盒光阑孔,接通电源将仪器预热 20~30 min。然后调整微电流测量放大器的零点和满度。

(二)测量光电管的暗电流

1. 连接好光电管暗盒与测量放大器之间的屏蔽电缆、地线和阳极电源线。

2. 盖好光电管暗盒的遮光罩。

3. 测量放大器的"倍率"旋钮置于 $\times 10^{-6}$ 挡。

4. "工作选择"置于"直流"。

5. 顺时针慢慢转动"电压调节"旋钮增加电压(由 -3.00 V 开始),并合理改变"电压极性"和"电压量程"旋钮。

6. 仔细记录从 -3.00~$+3.00$ V 电压范围内,每隔 0.20 V 电压的相应电流值(电流值=倍率×电流表读数),即光电管的暗电流,实验测量结果记入表 5-7。

表 5-7　光电管的暗电流实验测量结果

U(V)	-3.00	-2.80	-2.60	-2.40	-2.20	-2.00	-1.80	-1.60	-1.40	-1.20	-1.00
I ($\times 10^{-12}$ A)											
U(V)	-0.80	-0.60	-0.40	-0.20	0.00	0.20	0.40	0.60	0.80	1.00	1.20
I ($\times 10^{-12}$ A)											
U(V)	1.40	1.60	1.80	2.00	2.20	2.40	2.60	2.80	3.00		
I ($\times 10^{-12}$ A)											

7. 在坐标图上作光电管的暗电流实验曲线。

(三)测量光电效应的 I-U 特性

1. 让光源出光口对准光电管暗盒窗口,使暗盒与光源间相距 $L \approx 30$ cm 远。

2. 测量放大器"倍率"置于 $\times 10^{-5}$ 挡,取下暗盒遮光罩,换上滤光片。

3. 估计抬头点的电压 U_S:"电压调节"从 -3.00 V 调起,慢慢增加,先观察一遍改变电压时电流的变化情况,并记下电流开始有明显变化时的电压值 $U_{S估}$,以便精确测量。

4. 在上述粗测的基础上进行精确测量记录。在估计的抬头点电压值 $U_{S估}$ 位置的 ± 0.40 V 范围内,电压每变化 0.02 V,测量相应的光电流的数值记入表 5-8,以便精确测定"抬头点"电压值 U_S。

5. 更换滤色片,重复上述步骤 1,2。

表 5-8　实验原始数据记录表格　　　　　　　　汞灯与光电管距离 $L=$＿＿＿＿＿（cm）

	$U(V)$										
	$I(\times 10^{-11} A)$										
365 nm	$U(V)$										
	$I(\times 10^{-11} A)$										
	$U(V)$										
	$I(\times 10^{-11} A)$										
	$U(V)$										
	$I(\times 10^{-11} A)$										
405 nm	$U(V)$										
	$I(\times 10^{-11} A)$										
	$U(V)$										
	$I(\times 10^{-11} A)$										
	$U(V)$										
	$I(\times 10^{-11} A)$										
436 nm	$U(V)$										
	$I(\times 10^{-11} A)$										
	$U(V)$										
	$I(\times 10^{-11} A)$										
	$U(V)$										
	$I(\times 10^{-11} A)$										
546 nm	$U(V)$										
	$I(\times 10^{-11} A)$										
	$U(V)$										
	$I(\times 10^{-11} A)$										
	$U(V)$										
	$I(\times 10^{-11} A)$										
577 nm	$U(V)$										
	$I(\times 10^{-11} A)$										
	$U(V)$										
	$I(\times 10^{-11} A)$										

6. 在坐标图上作出不同入射光频率所对应的光电效应实验的 U-I 曲线。

7. 从曲线上认真找出光电流开始变化的"抬头点"，确定截止电压 U_s，并记入表 5-9。

表 5-9　入射光频率 v 与抬头点电压 U_s 的实验关系　　　　　　距离 $L=$＿＿＿＿＿（cm）

波长 λ ($\times 10^{-9}$ m)	365.0	404.7	435.8	546.1	577.0	$h_{实验}$ ($\times 10^{-34}$ J·s)	$\dfrac{\lvert h_{实验}-h_{公认}\rvert}{h_{公认}}$ $\times 100\%$
频率 v ($\times 10^{14}$ Hz)	8.214	7.408	6.879	5.490	5.196		
$U_s(V)$							

（四）实验数据处理

根据表5-9中实验数据作出U_S-v曲线。如果光电效应遵从爱因斯坦方程，则U_S-v曲线应是一条直线。求出此直线的斜率K，代入公式（5）求出普朗克常数h，并算出所得测量值与公认值之间的百分偏差。

【注意事项】

1.测试前，一定要了解仪器功能和使用方法，要熟悉"电压量程"和"电压调节"这几个旋钮的配合使用情况。

2.光源的出光口要对准光电管暗盒的光阑孔。实验中，尤其在更换滤色片时，尽量不要让它们的相对位置（如距离、高度、方位等）发生变化。

3.换滤色片时，光源出光口要加遮光罩，不要让强光直接射入光电管，以免影响光电管的使用寿命。

4.检查光电管、记录仪和测量放大器的接线，电压输出A_2不要接地短路，以免损坏电源。

5.测试中电流开始增加的"抬头点"不易确定，所以测试必须认真仔细，否则很可能造成实测误差变大。

6.测量放大器的锯齿波正向与反向扫描时间是不同的，用它控制记录仪自动测绘时，正向与反向测绘的曲线略有差异。

【实验后记】

【思考题】

预习部分：

1.光电效应的物理实质？

2.爱因斯坦方程的内容及物理意义是什么？如何解释光电效应的规律？

3.试从爱因斯坦方程说明测定普朗克常数h的基本原理。

复习部分：

1.实验中改变入射光的照度，对测量I-U曲线有何影响？

2.影响本实验准确度的主要因素是什么？

追加实验　普朗克常数的测定（黄岛校区用）

【实验内容及步骤】

（一）手动操作

1. 测试前准备：

（1）将测试仪及汞灯电源接通，预热 20 分钟。

（2）把汞灯及光电管暗箱遮光盖盖上，将汞灯暗箱光输出口对准光电管暗箱光输入口，调整光电管与汞灯距离为约 40 cm 并保持不变。

（3）用专用连接线将光电管暗箱电压输入端与测试仪电压输出端（后面板上）连接起来（红-红，蓝-蓝）。

（4）将"电流量程"选择开关置于所选挡位，仪器在充分预热后，进行测试前调零，旋转"调零"旋钮使电流指示为 00.0。

（5）用高频匹配电缆将光电管暗箱电流输出端 K 与测试仪微电流输入端（后面板上）连接起来。

2. 测光电管的伏安特性曲线：

（1）将电压选择按键置于 $-2\text{ V}-+30\text{ V}$；将"电流量程"选择开关置于 10^{-11} A 挡；将直径 2 mm 的光阑及 435.8 nm 的滤色片装在光电管暗箱光输入口上：①从低到高调节电压，记录电流从零到非零点所对应的电压值作为第一组数据，以后电压每变化一定值记录一组 U_{AK} 与 I 值数据到表 5-10 中（要求：U_{AK} 为 2 V 前，电压的变化为每 0.05 V 时记录一次 I 值，2 V 后，电压的变化为每 2 V 时记录一次 I 值）。②在 U_{AK} 为 30 V 时，将"电流量程"选择开关置于 10^{-10} A 挡，记录光阑分别为 2 mm，4 mm，8 mm 时对应的电流值于表 5-11 中。

（2）换上直径 4 mm 的光阑及 546.1 nm 的滤光片，重复①②测量步骤。

（3）用表 5-10 数据在坐标纸上作对应于以上两种波长及光强的伏安特性曲线。

（4）由于照在光电管上的光强与光阑面积成正比，用表 5-11 数据验证光电管的饱和光电流与入射光强成正比。

3. 测普朗克常数 h：

（1）理论上，测出各频率的光照射下阴极电流为零时对应的 U_{AK}，其绝对值即该频率的截止电压，然而实际上由于光电管的阳极反向电流、暗电流、本底电流及极间接触电位差的影响，实测电流并非阴极电流，实测电流为零时对应的 U_{AK} 也并非截止电压。

（2）光电管制作过程中阳极往往被污染，沾上少许阴极材料，入射光照射阳极或入射光从阴极反射到阳极之后都会造成阳极光电子发射，U_{AK} 为负值时，阳极发射的电子向阴极迁移构成了阳极反向电流。

（3）暗电流和本底电流是热激发产生的光电流与杂散光照射光电管产生的光电流，可以在光电管制作或测量过程中采取适当措施以减少或消除它们的影响。

（4）极间接触电位差与入射光频率无关，只影响 U_0 的准确性，不影响 U_0-v 直线斜率，对测定 h 无影响。

此外,由于截止电压是光电流为零时对应的电压,若电流放大器灵敏度不够,或稳定性不好,都会给测量带来较大误差。本实验仪器的电流放大器灵敏度高,稳定性好。

本实验仪器采用了新型结构的光电管。由于其特殊结构使光不能直接照射到阳极,由阴极反射照到阳极的光也很少,加上采用新型的阴、阳极材料及制造工艺,使得阳极反向电流大大降低,暗电流也很少。

由于本仪器的特点,在测量各谱线的截止电压 U_0 时,可不用难于操作的"拐点法",而用"零电流法"或"补偿法"。

零电流法是直接将各谱线照射下得的电流为零时对应的电压 U_{AK} 的绝对值作为截止电压 U_0。此法的前提是阳极反向电流、暗电流和本底电流都很小,用零电流法测得的截止电压与真实值相差很小。且各谱线的截止电压都相差 ΔU,U_0-v 曲线的斜率无大的影响,因此对 h 的测量不会产生大的影响。

补偿法是指先调节电压使电流 U_{AK} 为零后,保持 U_{AK} 不变,遮挡汞灯光源,此时测得的电流 I_1 为电压接近截止电压时的暗电流和本底电流。重新让汞灯照射光电管,调节电压 U_{AK} 使电流值至 I_1,将此时对应的电压 U_{AK} 的绝对值作为截止电压。此法可补偿暗电流和本底电流对测量的影响。

4. 实验测量:将电压选择开关按键置于 $-2\,V$—$+2\,V$ 挡;将"电流量程"选择开关置于 $10^{-13}\,A$ 挡,将测试仪电流输入电缆断开,调零后重新接上;将 4 mm 的光阑及 365 nm 的滤色片装在光电管暗箱光输入口上。

从低到高调节电压,用"零电流法"或"补偿法"测量该波长对应的 U_0,并将数据记于表 5-12 中。

依次换上 404.7 nm,435.8 nm,546.1 nm,576.9 nm 的滤色片,重复以上测量步骤。

(二)自动操作

1. 原理:在自动测试方式下,普朗克常数测试仪内的单片机自动产生加于光电管 AK 极的扫描电压。在"截止电压测试"方式时,扫描电压为 $-2.3\sim0\,V$。分辨率为 0.009 V。在"伏安特性测试"方式时,扫描电压为 $0\sim30\,V$,分辨率为 0.12 V。机内的单片机同时控制数据采集系统,将光电流采入内存。一旦接受到 PC 机发出的命令时,立即将数据送给 PC 机。PC 机把接收到的数据用图形和字符同时显示出来。在"截止电压测试"方式下,只要接收到两条或以上(最多 5 条)曲线,即可自动计算出截止电压、V-v 直线的斜率 K、普朗克常数值 h 以及相对误差等,还可画出 V-v 线。只要曲线达到 5 条,也可手动算出 K,h 及相对误差值。在"伏安特性测试"方式时,可画出伏安特性曲线,从中可观察到各曲线的饱和段。以上两种方式都能将数据存盘或从硬盘中调出。而"收发预存数据"方式是测试单片机 PC 机通讯用的,能正确画出 5 条预存于单片机内存中的 5 条短曲线,即说明单片机与 PC 机通讯正常,利用这 5 条曲线还可进行"手动计算"。

2. 测试软件说明:

(1)菜单项:菜单项分为"文件"、"设置"和"数据库"三个主菜单。

"文件"又分为"打开一组曲线"、"打开一条曲线"、"保存一组曲线"、"另存为"、"打印屏幕"、"退出"。在"截止电压测试"方式或"伏安特性测试"方式时,只要画出一条以上曲线即可"保存一组曲线"到硬盘中,这时保存的文件名为"PLK1. dat"(对应于 365 nm)到"PLK5. dat"(对应于 577 nm)。只有画出来的曲线才是有效数据,其余曲线保存的是"零"数据。而"另存为"要操作者先取名,若取为 B,则保存的文件名为 B1. dat (对应于365nm)～B5. dat (对应于 577 nm)。"打开一组曲线"为同时打开 PLK1. dat 到 PLK5. dat 等 5 条曲线,"打开一条曲线"则为打开任何一条已存的. dat 文件 。"打印屏幕"则将包括数据和图形的整个画面全部打印出来。

"设置"包括"工作方式"、"串口选择"、"键盘输入计算 PLK 常数"。工作方式分为"收发预存数据"、"截止电压测试"、"伏安特性测试",上面已做了简要说明。"串口选择"可选择通讯口为串口 1 或串口 2。"键盘输入计算 PLK 常数"是利用键盘输入 5 组截止电压数据,即可算出普朗克常数值及相对误差。

"数据库"包括"添加"、"更新"、"删除"、"浏览"四项。

(2)测试按钮:

"示例":将自动生成的 5 条线显示出来,可通过"手动计算"和"自动计算"算出结果。

"发送":发送命令给普朗克常数测试仪。

"画图":接收普朗克常数测试仪采集到的数据,并以字符和图形方式显示出来。

"擦除":清除画面中的图形显示并清空由普朗克常数测试仪送来的采集数据。

"手动计算":在"截止电压测试"方式下,用鼠标从左到右依次单击屏幕上所选的点,选出 5 组截止电压值或拐点值,单击"手动计算"后 ,则在最下面的文本框中显示 K 值、h 值和相对误差值,并显示出 V-v 直线。

"自动计算":在"截止电压测试"方式下,画面上已显示 2 条以上(最多 5 条)曲线时,单击"自动计算"后 ,即在"采样值或自动计算值"文本框中显示出截止电压、K 值、h 值和相对误差值,并显示出 V-v 直线。

"清空采样值":清空在"采样值或自动计算值"文本框中显示的内容。

3. 测试步骤:为了采样数据稳定,应在普朗克常数测试仪开机 15 分钟以后进行测试。在"截止电压测试"时,电流量程固定在 10^{-13} A,在"伏安特性测试"时,电流固定在 10^{-11} A 或 10^{-10} A。

(1)普朗克常数测试仪软件执行后,即进入截止电压测试方式,通讯口默认设置为串口 1,滤波片设置为 356 nm,光阑设置为 4 mm,数据库显示为最后一条记录。

(2)可选"收发预存数据",验证通讯口是否正常。

(3)在"截止电压测试"和"伏安特性测试"方式下,应注意滤光片和光栏的设置应和普朗克常数测试仪上所用的实际光片和光栏相一致。

(4)在"截止电压测试"和"伏安特性测试"方式下,若更改工作方式或更改工况(如更改滤光片或光栏),为使数据稳定,须等待 2 分钟以后再进行新的测试操作。

(5)测试时首先按"发送",然后按"画图",这样就可自动采集数据并画出曲线。若工况未改变,再按"发送"和"画图",前一次收到的一条曲线的数据就被新数据所取代。从"截止电压测试"转到"伏安特性测试"或测量中途从"伏安特性测试"转到"截止电压测试"时,应立即按"发送"和"画图"一次,所画数据再次被擦除,然后继续测量。

（6）用"自动计算"或"手动计算"得到测试结果。

（7）按菜单项的说明将结果存盘。注意在"伏安特性测试"下保存结果时，选"另存为"，所取名字应与在"截止电压测试"下的文件名有区别，在打开伏安特性曲线时，也应在"伏安特性测试"方式下，选取"打开一条曲线"。

（8）可对数据库进行各种操作。在"截止电压测试"时，固定一种工况进行多次测量并比较结果。

【数据表格】

表 5-10　测定 $I\text{-}U_{AK}$ 关系的实验数据记录表　　　　　光阑　4 mm　　　　$U_{AK}=$＿＿＿＿＿～＿＿＿＿＿ V

	$U_{AK}(\text{V})$								
	$I(\times10^{-11}\text{A})$								
	$U_{AK}(\text{V})$								
365 nm	$I(\times10^{-11}\text{A})$								
	$U_{AK}(\text{V})$								
	$I(\times10^{-11}\text{A})$								
	$U_{AK}(\text{V})$								
	$I(\times10^{-11}\text{A})$								
	$U_{AK}(\text{V})$								
	$I(\times10^{-11}\text{A})$								
	$U_{AK}(\text{V})$								
405 nm	$I(\times10^{-11}\text{A})$								
	$U_{AK}(\text{V})$								
	$I(\times10^{-11}\text{A})$								
	$U_{AK}(\text{V})$								
	$I(\times10^{-11}\text{A})$								
	$U_{AK}(\text{V})$								
	$I(\times10^{-11}\text{A})$								
	$U_{AK}(\text{V})$								
436 nm	$I(\times10^{-11}\text{A})$								
	$U_{AK}(\text{V})$								
	$I(\times10^{-11}\text{A})$								
	$U_{AK}(\text{V})$								
	$I(\times10^{-11}\text{A})$								

（续表）

	$U_{AK}(\text{V})$									
	$I(\times 10^{-11}\,\text{A})$									
	$U_{AK}(\text{V})$									
546 nm	$I(\times 10^{-11}\,\text{A})$									
	$U_{AK}(\text{V})$									
	$I(\times 10^{-11}\,\text{A})$									
	$U_{AK}(\text{V})$									
	$I(\times 10^{-11}\,\text{A})$									
	$U_{AK}(\text{V})$									
	$I(\times 10^{-11}\,\text{A})$									
	$U_{AK}(\text{V})$									
577 nm	$I(\times 10^{-11}\,\text{A})$									
	$U_{AK}(\text{V})$									
	$I(\times 10^{-11}\,\text{A})$									
	$U_{AK}(\text{V})$									
	$I(\times 10^{-11}\,\text{A})$									

表 5-11　测定 I_M-P 关系的实验数据　　　　　　　　　　　　　　　　$U_{AK} = $ _____ V

365 nm	光阑孔 $\Phi(\text{mm})$	2	4	8
	$I(\times 10^{-10}\,\text{A})$			
405 nm	光阑孔 $\Phi(\text{mm})$	2	4	8
	$I(\times 10^{-10}\,\text{A})$			
436 nm	光阑孔 $\Phi(\text{mm})$	2	4	8
	$I(\times 10^{-10}\,\text{A})$			
546 nm	光阑孔 $\Phi(\text{mm})$	2	4	8
	$I(\times 10^{-10}\,\text{A})$			
577 nm	光阑孔 $\Phi(\text{mm})$	2	4	8
	$I(\times 10^{-10}\,\text{A})$			

表 5-12　测量 U_0-v 关系的实验数据　　　　　　　　　　　　　　　　光阑孔 $\Phi = $ _____ mm

波长 $\lambda_1(\text{nm})$	365.0	404.7	435.8	546.1	577.0
频率 $v_1(\times 10^{14}\,\text{Hz})$	8.214	7.408	6.879	5.490	5.196
截止电压 $U_{01}(\text{V})$					

【数据处理要求】

可用以下三种方法之一处理表 5-12 的实验数据,得出 U_0-v 直线的斜率 K。

1. 根据线性回归理论,U_0-v 直线的斜率 K 的最佳拟合值为:

$$k = \frac{\overline{v} \cdot \overline{U_0} - \overline{v \cdot U_0}}{\overline{v}^2 - \overline{v^2}}$$

其中:$\overline{v} = \dfrac{1}{n} \displaystyle\sum_{i=1}^{n} v_i$　　　　　表示频率 v 的平均值

$\overline{v^2} = \dfrac{1}{n} \cdot \displaystyle\sum_{i=1}^{n} vi^2$　　　　表示频率 v 的平方的平均值

$\overline{U_0} = \dfrac{1}{n} \displaystyle\sum_{i=1}^{n} U_{01}$　　　　表示截止电压 U_0 的平均值

$\overline{v \cdot U_0} = \dfrac{1}{n} \displaystyle\sum_{i=1}^{n} v_i \cdot U_{01}$　表示频率 v 与截止电压 U_0 的积的平均值

2. 根据 $k = \dfrac{\Delta U_0}{\Delta V_0} = \dfrac{U_m - U_n}{v_m - v_n}$,可用逐差法求出两个 k,将其平均值作为所求 k 的数值。

3. 可用表 5-12 的数据在坐标纸上作 U_0-v 直线,由图求出直线斜率 k,计算出直线斜率求出 k 后,可用 $h = ek$ 求出普朗克常数,并与 h 的公认值相比较,求出相对误差。式中 $e = 1.602 \times 10^{-19} C$,公认值 $h_0 = 6.626 \times 10^{-34} J \cdot S$。

【注意事项】

1. 高压汞灯关闭后,不要立即开启电源。必须待灯丝冷却后,再开启。否则会影响汞灯管寿命。

2. 光电管应保持在干燥的暗箱内,实验中也应尽量地减少光照。实验结束后,应及时关闭汞灯。

3. 滤光片要保持清洁,禁止用手触摸其表面。

4. 在光电管不使用时,要断掉施加在光电管阳极与阴极间的电压,保护光电管,防止意外的光线照射。

【思考题】

1. 实验测得的光电流特性曲线与理想的光电流特性曲线有何不同? 为什么不同?

2. 为什么会出现反向光电流? 如何减少反向光电流?

3. 你所测得的 h 值是偏大还是偏小? 试从实验现象中分析说明产生误差的原因。

（本附录内容由孙瑛和刘美萍负责编写）

实验三十二　声光效应的实验研究

声光效应是指光通过某一受到超声波扰动的介质时发生衍射的现象,这种现象是光波与介质中声波相互作用的结果。早在 20 世纪 30 年代就开始了声光衍射的实验研究。60 年代激光器的问世为声光现象的研究提供了理想的光源,促进了声光效应理论和应用研究的迅速发展。声光效应为控制激光束的频率、方向和强度提供了一个有效的手段。利用声光效应制成的声光器件,如声光调制器、声光偏转器和可调谐滤光器等,在激光技术、光信号处理和集成光通讯技术等方面有着重要的应用。

【实验目的】

1. 了解声光效应的原理;
2. 了解喇曼-纳斯衍射和布喇格衍射的实验条件和特点;
3. 通过对声光器件衍射效率、中心频率和带宽等的测量,加深对其概念的理解;
4. 测量声光偏转和声光调制曲线。

【实验仪器简介】

一套完整的 SO2000 声光效应实验仪配有:已安装在转角平台上的 100 MHz 声光器件、半导体激光器、100 MHz 功率信号源、LM601 CCD 光强分布测量仪及光具座。每个器件都带有 Φ10 的立杆,可以安插在通用光具座上。在终端,如果用示波器进行实验,则构成了示波器型 SO2000;如果用计算机进行实验,则构成了微机型 SO2000(微机型 SO2000 还需配备 USB100 数据采集盒及工作软件)。

1. 声光器件(声速 $V=3\,632$ m/s,介质折射率 $n=2.386$):声光器件的结构示意图如图 5-22 所示。它由声光介质、压电换能器和吸声材料组成。

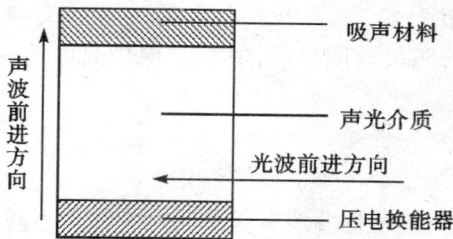

图 5-22　声光器件的结构　　　　　图 5-23　转角平台

本实验采用的声光器件中的声光介质为钼酸铅,吸声材料的作用是吸收通过介质传播到端面的超声波以建立超声行波。将介质的端面磨成斜面或成牛角状,也可达到吸声的作用。压电换能器又称超声发生器,由铌酸锂晶体或其他压电材料制成。它的作用是将电功率换成声功率,并在声光介质中建立起超声场。压电换能器既是一个机械振动系统,又是一个与功率信号源相联系的电振动系统,或者说是功率信号源的负载。为了获得

最佳的电声能量转换效率,换能器的阻抗与信号源内阻应当匹配。声光器件有一个衍射效率最大的工作频率,此频率称为声光器件的中心频率,记为 f_c。对于其他频率的超声波,其衍射效率将降低。规定衍射效率(或衍射光的相对光强)下降 3 dB(即衍射效率降到最大值的 $1/\sqrt{2}$)时两频率间的间隔为声光器件的带宽。

声光器件安装在一个透明塑料盒内,置于转角平台上,见图 5-23。盒上有一插座,用于和功率信号源的声光插座相连。透明塑料盒两端各开一个小孔,激光分别从这两个孔射入和射出声光器件,不用时用贴纸封住以保护声光器件。旋转转角平台的旋转手轮可以转动转角平台,从而改变激光射入声光器件的角度。

2. 功率信号源:SO2000 功率信号源专为声光效应实验配套,输出频率范围为 80～120 MHz,最大输出功率 1 W。面板上的各输入/输出信号和表头含义如下:

等幅/调幅:做基本的声光衍射实验时,要打在"等幅"位置,否则信号源无输出;做模拟通信实验时,要打在"调幅"位置。

调制:输入信号插座。等幅/调幅开关处于"调幅"位置时,此位置接上"模拟通信发送器",从"调制"端口输入一个 TTL 电平的数字信号,就可以对声功率进行幅度调制,频率范围 0～20 kHz。调制波的解调可用光电池加放大电路组成的"光电池盒"来实现。具体方法是,移去 CCD 光强分布测量仪,安置上"光电池盒","光电池盒"再与"模拟通信接收器"相连。将 1 级衍射光对准"光电池盒"上的小孔,适当调节半导体激光器的功率,就可以用喇叭或示波器还原调制波的信号,进行模拟通信实验。模拟通信收发器的介绍见下文。

声光:输出信号插座。用于连接声光器件,将功率信号源的电信号传入声光器件,经压电换能器转换为声波后注入声光介质。

测频:输出信号插座。接频率计,用于测量功率信号源输出信号的频率。

频率旋钮:用于改变功率信号源的输出信号的频率,可调范围 80～120 MHz。逆时针到底是 80 MHz,顺时针到底是 120 MHz。

功率旋钮:用于调节功率信号源的输出功率,逆时针减小,顺时针变大。面板上的毫安表读数作功率指示用,读数值×10 约等于功率毫瓦数。

＊ 使用时,为保证声光器件的安全,不要长时间处于功率最大位置!

3. CCD 光强分布测量仪:其核心是线阵 CCD 器件。CCD 器件是一种可以电扫描的光电二极管列阵,有面阵(二维)和线阵(一维)之分。LM601/501 CCD 光强仪所用的是线阵 CCD 器件,性能参数如表 5-13。CCD 器件的光敏面至光强仪前面板距离为 4.5 cm。

表 5-13　LM601/501 CCD 光强仪性能参数

型号	光敏元素	光敏元尺寸	光敏元中心距	光谱响应范围	光谱响应峰值
LM601S	2 700 个	11 μm×11 μm	11 μm	0.3～0.9 μm	0.56 μm
LM601	2 592 个	11 μm×11 μm	11 μm	0.3～0.9 μm	0.56 μm
LM501	2 048 个	14 μm×14 μm	14 μm	0.2～0.9 μm	0.56 μm

LM601/501 CCD 光强仪后面板各插孔标记含义如下,其输出波形见图 5-24。

同步:Q9 头,示波器型用。启动 CCD 器件扫描的触发脉冲,主要供示波器触发用。"同步"的含意是"同步扫描",与示波器的触发端口相连。

信号:Q9 头,示波器型用。CCD 器件接收的空间光强分布信号的模拟电压输出端,与示波器的某一路信号端口相连。

DB9 插头:微机型用,连至 USB100 计算机数据采集盒。

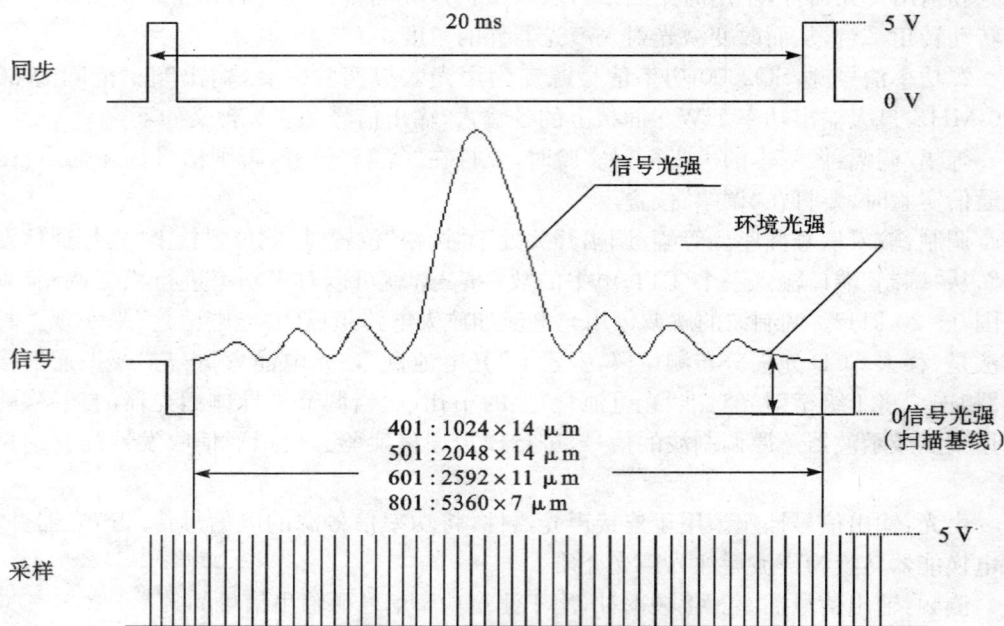

图 5-24　LM601 CCD 光强仪波形图

4. 半导体激光器:半导体激光器输出光强稳定,功率可调,寿命长。在后面板上有一只调节激光强度的电位器,在盒顶和盒侧各有一只做 X-Y 方向微调的手轮。性能参数见激光器外壳上的铭牌。

5. 光具座:0. 8 m 长,配 3 只马鞍座,其中一只可横、纵向移动,一般用于安置 CCD 光强仪或光电池盒用。SO2000 的各部件的底端都有螺口用以旋入直径为 10 mm 的立杆,拧紧后插入各马鞍座里,旋紧马鞍座的立杆旋钮,再将马鞍座置于光具座上,待各部件位置调节好后,旋紧马鞍座侧面的旋钮即可完成固定。

6. 示波器和频率计:声光效应实验只需一台单踪示波器即可,而模拟通信实验需要一台双踪示波器。频率计的量程需大于 150 MHz。

声光效应实验仪可完成基本声光效应实验和在此基础上的声光模拟通信实验,这两种实验的安装、连线分别介绍如下。

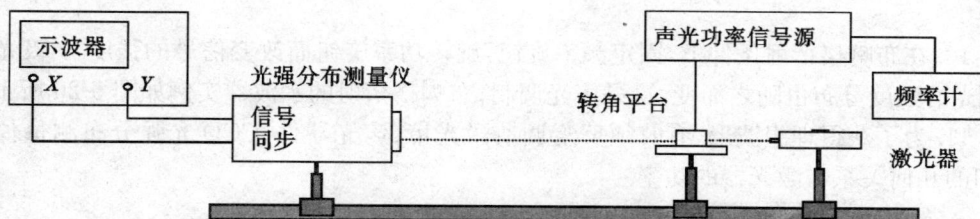

图 5-25 示波器型声光效应实验安装图

声光效应实验安装图如图 5-25 所示,本实验中需用到下列电线或电缆:

1. 光强分布测量仪到示波器:同型号 2 根,每根均为双 Q9 插头。这两根线中,一根连接光强分布测量仪的"信号"和示波器的测量输入通道,另一根连接光强分布测量仪的"同步"和示波器的外触发同步通道。

2. 功率信号源到转角平台上的声光器件:1 根。其一头为 Q9 插头,连接声光器件,一头为莲花插头,连接功率信号源的"声光"插座,此时,功率信号源要打在"等幅"上;当使用模拟通信收发器时,要打在"调幅"上。

实验设备使用过程如下:

1. 完成安装后,开启除功率信号源之外的各部件的电源。

2. 仔细调节光路,使半导体激光器射出的光束准确地由声光器件外塑料盒的小孔射入、穿过声光介质,由另一端的小孔射出,照射到 CCD 采集窗口上,这时衍射尚未产生(声光器件尽量靠近激光器)。

3. 用示波器测量时,将光强仪的"信号"插孔接至示波器的 Y 轴,电压挡置 0.1～1 V/格挡,扫描频率一般置 2 ms/格挡;光强仪的"同步"插孔接至示波器的外触发端口,极性为"＋"。适当调节"触发电平",在示波器上可以看到一个稳定的类似图 5-25 所示的单峰波形;用计算机测量时,连接 USB 采集盒和 CCD 光强仪,再用 USB 线将 USB 采集盒与计算机相连。启动工作软件即可采集、处理实验波形和数据。

4. 如在示波器顶端只有一直线而看不到波形,这是 CCD 器件已饱和所致。可试着减弱环境光强、减小激光器的输出功率,问题就可得以解决。

5. 如果在示波器上看到的波形不怎么光滑,有"毛刺",大多由于 CCD 采光窗上落有灰尘。可通过转动活动马鞍座侧面的旋钮来移动 CCD 光强分布测量仪或改变光束的照射位置来解决这个问题。

6. 得到满意的波形后,打开功率信号源的电源。

7. 微调转角平台旋钮,改变激光束的入射角,可获得布喇格衍射或喇曼-纳斯衍射。本实验的声光器件是为布喇格衍射条件设计制造的,并不满足喇曼-纳斯衍射条件。如有条件,最好另配一套中心频率为 10 MHz 左右的声光器件和功率信号源,专门研究喇曼-纳斯衍射。这里为降低成本,本实验只对喇曼-纳斯衍射作定性观察。

8. 实际调节时,可在 CCD 采集窗口前置一白纸,在纸上看到正确的图形后再让它射入采集窗口。

9. 在布喇格衍射条件下,将功率信号源的功率旋钮置于中间值,固定,旋转频率旋钮而改变信号频率,0 级光与 1 级光之间的衍射角随信号频率的变化而变化。这是声光偏转。

　10. 在布喇格衍射条件下,固定频率旋钮,旋转功率旋钮而改变信号的强度,0 级光与 1 级光的强度分布也随之而变,这是声光调制;布喇格衍射的示波器实例如图 5-26 所示。

　11. 为了获得理想波形,有时须反复调节激光束、声光器件、CCD 光强分布测量仪等之间的几何关系与激光器的功率。

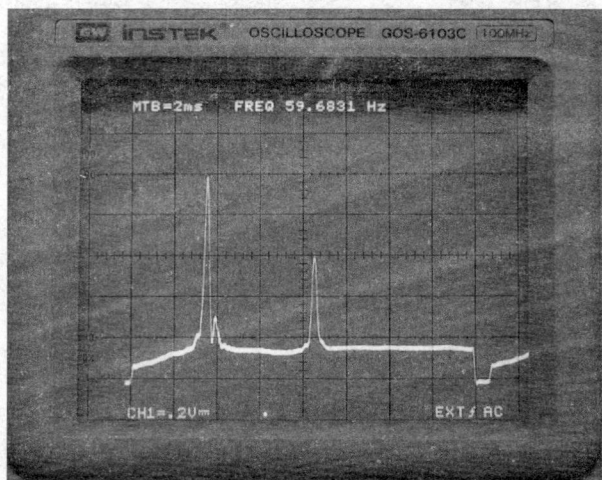

图 5-26　布喇格衍射的 0 级光和 1 级光

【实验原理】

　当超声波在介质中传播时,将引起介质的弹性应变,作时间上和空间上的周期性的变化,并且导致介质的折射率也发生相应的变化。当光束通过有超声波的介质后就会产生衍射现象,这就是声光效应。有超声波传播着的介质如同一个相位光栅。

　声光效应有正常声光效应和反常声光效应之分。在各向同性介质中,声-光相互作用不导致入射光偏振状态的变化,产生正常声光效应。在各向异性介质中,声-光相互作用可能导致入射光偏振状态的变化,产生反常声光效应。反常声光效应是制造高性能声光偏转器和可调滤光器的物理基础。正常声光效应可用喇曼-纳斯的光栅假设作出解释,而反常声光效应不能用光栅假设作出说明。在非线性光学中,利用参量相互作用理论,可建立起声-光相互作用的统一理论,并且运用动量匹配和失配等概念对正常和反常声光效应都可作出解释。本实验只涉及各向同性介质中的正常声光效应。

　设声光介质中的超声行波是沿 y 方向传播的平面纵波,其角频率为 w_s,波长为 λ_s,波矢为 k_s。入射光为沿 x 方向传播的平面波,其角频率为 w,在介质中的波长为 λ,波矢为 k。介质内的弹性应变也以行波形式随声波一起传播。由于光速大约是声波的 10^5 倍,在光波通过的时间内介质在空间上的周期变化可看成是固定的。

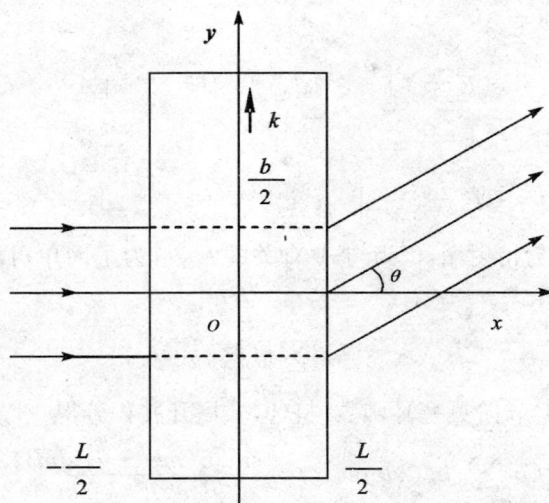

图 5-27 衍射示意图

由于应变而引起的介质折射率的变化由下式决定

$$\Delta\left(\frac{1}{n^2}\right)PS \tag{1}$$

式中，n 为介质折射率，S 为应变，P 为光弹系数。通常，P 和 S 为二阶张量。当声波在各向同性介质中传播时，P 和 S 可作为标量处理，如前所述，应变也以行波形式传播，所以可写成

$$S=S_0\sin(\omega_s t-k_s y) \tag{2}$$

当应变较小时，折射率作为 y 和 t 的函数可写作

$$n(y,t)=n_0+\Delta n\sin(\omega_s t-k_s y) \tag{3}$$

式中，n_0 为无超声波时的介质折射率，Δn 为声波折射率变化的幅值，由（1）式可求出

$$\Delta n=-\frac{1}{2}n^3 PS_0$$

设光束垂直入射（$k\perp k_S$）并通过厚度为 L 的介质，则前后两点的相位差为

$$\begin{aligned}\Delta\Phi&=k_0 n(y,t)L\\&=k_0 n_0 L+k_0\Delta nL\sin(\omega_s t-k_s y)\\&=\Delta\Phi_0+\delta\Phi\sin(\omega_s t-k_s y)\end{aligned} \tag{4}$$

式中，k_0 为入射光在真空中的波矢的大小，右边第一项 $\Delta\Phi_0$ 为不存在超声波时光波在介质前后二点的相位差，第二项为超声波引起的附加相位差（相位调制），$\delta\Phi=k_0\Delta nL$ 。可见，当平面光波入射在介质的前界面上时，超声波使出射光波的波阵面变为周期变化的皱折波面，从而改变了出射光的传播特征，使光产生衍射。

设入射面上 $x=\frac{L}{2}$ 的光振动为 $E_i=Ae^{it}$，A 为一常数，也可以是复数。考虑到在出射面 $x=-\frac{L}{2}$ 上各点相位的改变和调制，在 xy 平面内离出射面很远一点处的衍射光叠加结

果为

$$E \propto A \int_{-\frac{b}{2}}^{\frac{b}{2}} e^{i[(\omega t - k_0 n(y,t)L) - k_0 y \sin\theta]} \mathrm{d}y$$

写成一等式时，

$$E = C e^{i\omega t} \int_{-\frac{b}{2}}^{\frac{b}{2}} e^{i\delta\Phi \sin(k_s y - \omega_s t)} e^{-ik_0 y \sin\theta} \mathrm{d}y \tag{5}$$

式中，b 为光束宽度，θ 为衍射角，C 为与 A 有关的常数，为了简单可取为实数。利用一与贝塞耳函数有关的恒等式

$$e^{ia\sin\theta} = \sum_{m=-\infty}^{\infty} J_m(a) e^{im\theta}$$

式中，$J_m(a)$ 为（第一类）m 阶贝塞耳函数，将(5)式展开并积分得

$$E = Cb \sum_{m=-\infty}^{\infty} J_m(\delta\Phi) e^{i(\omega - m\omega_s)t} \frac{\sin[b(mk_s - k_0\sin B)/2]}{b(mk_s - k_0\sin\theta)/2} \tag{6}$$

上式中与第 m 级衍射有关的项为

$$E_m = E_0 e^{i(\omega - m\omega_s)t} \tag{7}$$

$$E_0 = Cb J_m(\delta\Phi) \frac{\sin[b(mk_s - k_0\sin\theta)/2]}{b(mk_s - k_0\sin\theta)/2} \tag{8}$$

因为函数 $\sin x/x$ 在 $x=0$ 时取极大值，因此有衍射极大的方位角 θ_m 由下式决定：

$$\sin\theta_m = m\frac{k_s}{k_0} = m\frac{\lambda_0}{\lambda_s} \tag{9}$$

式中，λ_0 为真空中光的波长，λ_s 为介质中超声波的波长。与一般的光栅方程相比可知，超声波引起的有应变的介质相当于一光栅常数为超声波长的光栅。由(7)式可知，第 m 级衍射光的频率 w_m 为

$$w_m = w - mw_s \tag{10}$$

可见，衍射光仍然是单色光，但发生了频移。由于 $w \gg w_s$，这种频移是很小的。

第 m 级衍射极大的强度 I_m 可用(7)式模数平方表示：

$$I_m = I_0 J_m^2(\delta\Phi) \tag{11}$$
$$I_m = E_0 E_0^* = C^2 b^2 J_m^2(\delta\Phi)$$

式中，E_0^* 为 E_0 的共轭复数，$I_0 = C^2 b^2$。

第 m 级衍射极大的衍射效率 η_m 定义为第 m 级衍射光的强度与入射光强度之比。由(11)式可知，η_m 正比于 $J_m^2(\delta\Phi)$。当 m 为整数时，$J_{-m}(a) = (-1)^m J_m(a)$。由(9)式和(11)式表明，各级衍射光相对于零级对称分布。

当光束斜入射时，如果声光作用的距离满足 $L < \lambda_S^2/2\lambda$，则各级衍射极大的方位角 θ_m 由下式决定

$$\sin\theta_m = \sin i + m\frac{\lambda_0}{\lambda_s} \tag{12}$$

式中，i 为入射光波矢 k 与超声波波面之间的夹角。上述的超声衍射称为喇曼-纳斯衍射，有超声波存在的介质起一平面相位光栅的作用。

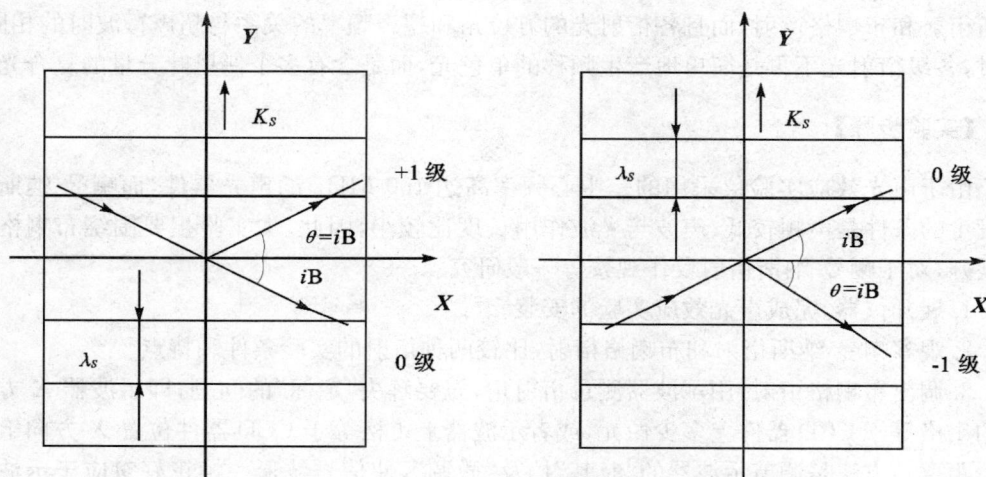

图 5-28　布喇格衍射

当声光作用的距离满足 $L > 2\lambda_S^2/\lambda$，而且光束相对于超声波波面以某一角度斜入射时，在理想情况下除了 0 级之外，只出现 1 级或者 −1 级衍射。如图 5-28 所示。这种衍射与晶体对 X 光的布喇格衍射很类似，故称为布喇格衍射。能产生这种衍射的光束入射角称为布喇格角。此时的有超声波存在的介质起体积光栅的作用。可以证明，布喇格角满足

$$\sin i_B = \frac{\lambda}{2\lambda_S} \tag{13}$$

式(13)称为布喇格条件。因为布喇格角一般都很小，故衍射光相对于入射光的偏转角 Φ 为

$$\Phi = 2i_B \approx \frac{\lambda}{\lambda_s} = \frac{\lambda_0}{V_s}f_s \tag{14}$$

式中，V_s 为超声波波速，f_s 为超声波频率，其他量的意义同前。在布喇格衍射的情况下，一级衍射光的衍射效率为

$$\eta = \sin^2\left[\frac{\pi}{\lambda_0}\sqrt{\frac{M_2 L P_s}{2H}}\right] \tag{15}$$

式中，P_s 为超声波功率，L 和 H 为超声换能器的长和宽，M_2 为反映声光介质本身性质的一个常数，$M_2 = (n^6 P^2)/(\rho v_s)$，$\rho$ 为介质密度，P 为光弹系数。在布喇格衍射下，衍射光的频率也由(10)式决定。

理论上布喇格衍射的衍射效率可达到 100%，喇曼-纳斯衍射中一级衍射光的最大衍射效率仅为 34%，所以实用的声光器件一般都采用布喇格衍射。

由(14)式和(15)式可看出，通过改变超声波的频率和功率，可分别实现对激光束方向的控制和强度的调制，这是声光偏转器和声光调制器的物理基础。从(10)式可知，超声光栅衍射会产生频移，因此利用声光效应还可制成频移器。超声频移器在计量方面有重要应用，如用于激光多普勒测速仪等。

以上讨论的是超声行波对光波的衍射。实际上，超声驻波对光波的衍射也产生喇曼-

纳斯衍射和布喇格衍射,而且各衍射光的方位角和超声频率的关系与超声行波时的相同。不过,各级衍射光不再是简单地产生频移的单色光,而是含有多个傅里叶分量的复合光。

【实验步骤】

由于声光效应实验仪采用的是中心频率高达 100 MHz 的声光器件,而喇曼-纳斯衍射发生的条件是声频较低、声波与光波作用长度比较小,因此,本实验主要围绕布喇格衍射展开,对于喇曼-纳斯衍射仅作观察等一般研究。

1. 展开仪器,完成声光效应实验的安装。

2. 观察喇曼-纳斯衍射和布喇格衍射,比较两种衍射的实验条件和特点。

3. 调出布喇格衍射,用示波器测量衍射角,先要解决"定标"的问题,即示波器 X 方向上的 1 格等于 CCD 器件上多少像元,或者示波器上 1 格等于 CCD 器件位置 X 方向上的多少距离。方法是调节示波器的"时基"挡及"微调",使信号波形一帧正好对应于示波器上的某个刻度数。以图 5-27 为例,波形一帧正好对应于示波器上的 8 格,则每格对应实际空间距离为 2 592 个像元÷8 格×11 μm = 3 564 μm = 3.564 mm,每小格对应实际空间距离为 3.564 mm÷5=0.712 8 mm,0 级光与 1 级光的偏转距离为 0.712 8 mm×12.5 小格=8.91 mm。

4. 用微机测量衍射角,则只需在软件上直接读出 X 方向上的距离(ch 值)和光强度值(A/D 值)。

5. 布喇格衍射下测量衍射光相对于入射光的偏转角 Φ 与超声波频率(即电信号频率)f_s 的关系曲线,并计算声速 V_s。测出 6～8 组(Φ, f_s)值,在课堂上用计算器作直线拟合求出 Φ 和 f_s 的相关系数。课后作 Φ 和 f_s 的关系曲线。注意式(13)和(14)中的布喇格角 i_B 和偏转角 Φ 都是指介质内的角度,而直接测出的角度是空气中的角度,应进行换算,声光器件 $n=2.386$。由于声光器件的参数不可能达到理论值,实验中布喇格衍射不是理想的,可能会出现高级次衍射光等现象。调节布喇格衍射时,使 1 级衍射光最强即可,此时 1 级光强于 0 级光。测量数据记入表 5-14。

6. L 是声光介质的光出射面到 CCD 线阵光敏面的距离,注意不要忘了加上 CCD 器件光敏面至光强仪前面板的距离 4.5 mm;V_s 的计算见式(14)。请参见图 5-25 中左边的波形和关系曲线,即声光偏转测量,其波形是用多点曝光法获得的。

7. 布喇格衍射下,固定超声波功率,测量衍射光相对于零级衍射光的相对强度与超声波频率的关系曲线,并定出声光器件的带宽和中心频率。

8. 布喇格衍射下,将功率信号源的超声波频率固定在声光器件的中心频率上,测出衍射光强度与超声波功率,并作出其声光调制关系曲线。请参见图 5-25 中右边的波形和关系曲线,即声光调制测量,其波形是用多点曝光法获得的。

9. 测定布喇格衍射下的最大衍射效率,衍射效率＝I_1/I_0,其中,I_0 为未发生声光衍射时"0 级光"的强度,I_1 为发生声光衍射后 1 级光的强度。

10. 在喇曼-纳斯衍射(光束垂直入射,两个 1 级光强度相等)下,测量衍射角 θ_m 并与理论值比较。

11. 在喇曼-纳斯衍射下,在声光器件的中心频率上测定 1 级衍射光的衍射效率,并与布喇格衍射下的最大衍射效率比较。超声波功率固定在布喇格衍射最佳时的功率上。在观察和测量以前,应将整个光学系统调至共轴。

【实验数据记录表格】

表 5-14 数据记录表

次数	0 级光与 1 级光的偏转距离(mm)	L(mm)	Φ	f_s(MHz)	V_s
1					
2					
3					
4					
5					
6					
7					
8					
9					
10					

【思考题】

1. 为什么说声光器件相当于相位光栅?

2. 声光器件在什么实验条件下产生喇曼-纳斯衍射? 在什么实验条件下产生布喇格衍射? 两种衍射的现象各有什么特点?

3. 调节喇曼-纳斯衍射时,如何保证光束垂直入射?

4. 声光效应有哪些可能的应用?

[附] 其他的几种测量

1. 在布喇格衍射下,测量声光偏转量,计算超声波声速。

由式(14)得:超声波波速 $V_s = \dfrac{\lambda_0 f_s}{\Phi}$,本实验中采用的光源为 $\lambda_0 = 650$ nm 的半导体激光器,其中 f_s 为超声波频率。由于偏转角 Φ 比较小,则 $\Phi \approx \dfrac{\Delta L}{L}$ (ΔL 为 0 级光与 1 级光的偏转距离,L 为声光介质的光出射面到 CCD 线阵光敏面的距离,注意要加上 CCD 器件光敏面至光强仪前面板的距离 4.5 mm)。

表 5-15 数据记录及处理

次数	0 级光与 1 级光的偏转距离(μm)	L(mm)	Φ	f_s(MHz)	V_s(m/s)
1	$(1\,905 - 1\,271) \times 11 = 6\,974$	424.5	0.016 4	90.52	3 581.41

（续表）

次数	0 级光与 1 级光的偏转距离(μm)	L(mm)	Φ	f_s (MHz)	V_s (m/s)
2	（1 920－1 270）×11＝7 150	424.5	0.016 8	92.63	3 574.68
3	（1 939－126 9）×11＝7 370	424.5	0.017 4	95.60	3 579.16
4	（1 968－126 8）×11＝7 700	424.5	0.018 1	99.74	3 574.13
5	（1 557 －847）×11＝7 810	424.5	0.018 4	102.86	3 634.01
6	（2 046－1 275）×11＝8 481	424.5	0.020 0	110.56	3 597.01
7	（2 066－1 281）×11＝8 635	424.5	0.020 3	113.2	3 617.22
8	（2 109－1 290）×11＝9 009	424.5	0.021 2	118.76	3 637.35

$$\overline{V_s} = 3\ 599.37 \text{ m/s}$$

$$\eta = \frac{V_s - \overline{V_s}}{V_s} = \frac{3\ 632 - 3\ 599.37}{3\ 632} \times 100\% \approx 0.90$$

利用坐标纸或计算机办公软件绘制出 Φ 和 f_s 的声光偏转关系曲线图，如图 5-29 所示。

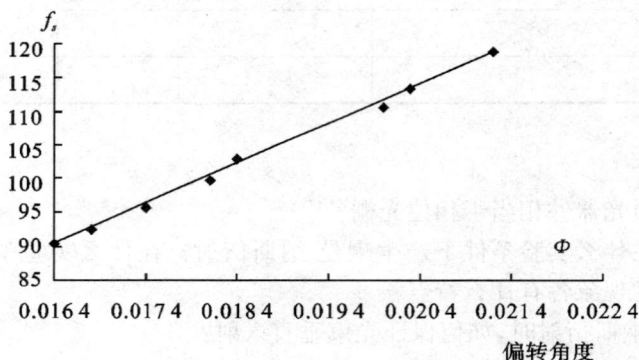

图 5-29　入射光的偏转角与超声波频率的关系曲线

2. 在布喇格衍射下，固定超声波功率，测量衍射光相对于 0 级衍射光的相对强度与超声波的频率，作出其 I_d-f_s 关系曲线图，并确定声光器件的中心频率及带宽，如表 5-16。

表 5-16　数据记录

f_s	I_d	f_s	I_d	f_s	I_d	f_s	I_d
90.0	6.62	94.5	7.80	100.0	9.36	105.0	8.03
91.5	6.91	96.0	8.32	100.4	9.40	106.5	7.57
92.0	7.08	97.5	8.80	102.0	9.03	108.0	7.02
93.0	7.38	99.0	9.18	103.5	8.52	110.0	6.60

利用坐标纸或计算机办公软件绘制出 I_d-f_s 关系曲线图如图 5-30。

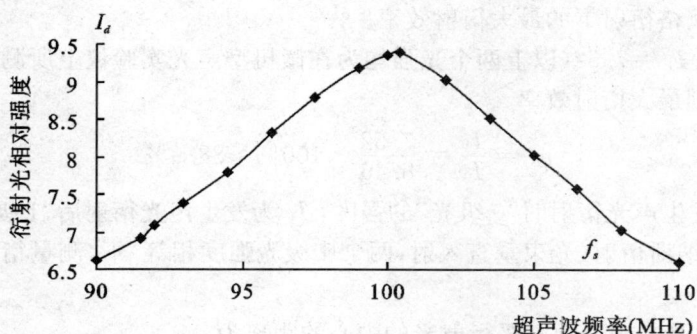

图 5-30　衍射光相对强度与超声波频率关系曲线

从而确定出声光器件的中心频率 $f_0 = 100.4$ MHz(仪器铭牌给出参考值为 $f_0 = 100.0$ MHz)

带宽(衍射效率降到最大值的 $1/\sqrt{2}$ 时)$\Delta f_s = [(100.4 - 90.2) + (109.8 - 100.4)]/2 = 9.8$ MHz

3. 在布喇格衍射下,将功率信号源的超声波频率固定在声光器件的中心频率上,记录衍射 0 级光光强(I_0)和 1 级光光强度(I_1)以及超声波功率(P_s),并作出其相对声光调制曲线(P_s 近似地用功率信号源的板流 i_s 表征)。

表 5-17　数据记录

I_0	I_1	P_s	I_0	I_1	P_s
7.0		0	4.76	3.98	50
6.32		10	4.14	4.80	60
6.02	2.30	20	3.45	5.34	70
5.71	2.86	30	3.01	6.22	80
5.23	3.26	40	3.10	6.30	90

利用坐标纸或计算机办公软件绘制出 I_d-f_s 关系曲线图如图 5-31 所示。

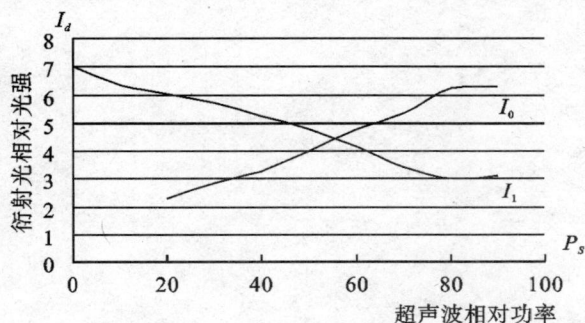

图 5-31　衍射光相对强度与超声波功率的相对声光调制曲线

4. 测定布喇格衍射下的最大衍射效率。

$I_0 = 8.46$，$I_1 = 7.52$（以上两个光强均为在微机型声光实验仪上所测的相对光强，示波器型类同），则最大衍射效率

$$\eta_B = \frac{I_1}{I_0} = \frac{7.52}{8.46} \times 100\% \approx 88.9\%$$

其中，I_0 为未发生声光衍射时"0 级光"的强度，I_1 为发生声光衍射后"1 级光"的强度。

5. 在喇曼-纳斯衍射（光束垂直入射，两个 1 级光强度相等）下，测量衍射角 θ_m 并与理论值比较。

+1 级衍射光的中心距 0 级衍射光的中心的距离为：

$$D_{+1} = 光敏元数 \times 光敏尺寸 = (1\ 655 - 970) \times 11\ \mu m = 7.535\ mm$$

-1 级衍射光的中心距 0 级衍射光的中心的距离为：

$$D_{-1} = (970 - 273) \times 11\ \mu m = 7.667\ mm$$

则　　　$$D_1 = \frac{D_{+1} + D_{-1}}{2} = \frac{7.535 + 7.667}{2} = 7.601\ mm,\ L = 424.5\ mm,$$

由于 θ_1 比较小，则有　　　$$\theta_1 \approx tg\theta_1 = \frac{D_1}{L} = \frac{7.601}{424.5} \approx 0.017\ 9$$

理论值　　　$$\theta_1 \approx \sin\theta_1 = 1 \times \frac{\lambda_0}{\lambda_s} = \frac{\lambda_0}{V_s/f_0} = \frac{650 \times 10^{-3}}{3\ 436/100.3} \approx 0.018\ 0$$

6. 在喇曼-纳斯衍射下，在声光器件的中心频率上测定 1 级衍射光的衍射效率，并与布喇格衍射下的最大衍射效率比较。

此时超声波功率固定在布喇格衍射最佳时的功率上。$I_0 = 7.73$，$I_1 = 1.90$（以上两个光强均为在微机型声光实验仪上所测的相对光强，示波器型类同），则最大衍射效率

$$\eta_R = \frac{I_1}{I_0} = \frac{1.90}{7.73} \times 100\% \approx 24.6\ \%$$

结论：综上比较 $\eta_B \gg \eta_R$，即布喇格衍射效率远大于喇曼-纳斯衍射效率，从理论上也可以得出此结论，原理部分也已经介绍了，布喇格衍射效率可以达到 100%，而喇曼-纳斯衍射最大衍射效率仅为 34%，所以实用的声光器件一般都采用布喇格衍射。

（本实验项目内容由邓剑平负责编写）

实验三十三　氢原子光谱

【实验目的】

1. 了解棱镜摄谱仪的基本原理和结构,学会其调节和使用方法。
2. 拍摄氢原子光谱并测量它的特征谱线的波长。
3. 测定氢原子的里德堡常数,验证巴尔麦经验公式。

【实验仪器和用具】

小型棱镜摄谱仪,氢灯,交流电弧发生器,照相底片,阿贝比长仪。

【实验原理】

氢原子光谱的研究,对原子结构理论的发展起过非常重要的作用。通过实验测得的氢光谱线的波长与运用玻尔理论计算的结果十分吻合。因此,氢光谱实验就成为玻尔原子结构理论的重要实验基础。

（一）氢原子光谱

气体在放电过程中会发出线光谱,1885 年瑞士物理学家巴尔麦根据实验结果,得出在可见光区域氢光谱谱线波长的经验公式:

$$\lambda = \lambda_0 \frac{n^2}{n^2 - 4} \tag{1}$$

式中,λ_0 为一常数($\lambda_0 = 3.645\,6 \times 10^{-7}$ m),n 为大于 2 的正整数(3,4,5,…)。由上式求出的氢谱线称为巴尔麦线系。以后为了更清楚地表明谱线的分布规律,又把上式改写成:

$$\frac{1}{\lambda} = R_H \left(\frac{1}{2^2} - \frac{2}{n^2} \right) \tag{2}$$

式中,R_H 称为氢原子的里德堡常数,经实验精确测定 $R_H = (109\,677.581 \pm 0.008)$ cm^{-1}。

当式中 n 取 3,4,5 时,由(2)式求出的谱线为氢的特征谱线 H_α,H_β,H_γ。

在实验所得出的上述经验公式的基础上,玻尔建立了氢原子模型的理论,并成功地解释了氢原子光谱的规律。根据玻尔理论,每条谱线是对应于原子中的电子由一个能级跃迁到另一个较低能级释放能量的结果。并通过理论分析推得里德堡常数为

$$R_H = \frac{2\pi^2 m e^4}{c h^3} = 109\,737.303 \text{ cm}^{-1} \tag{3}$$

（二）棱镜摄谱仪的原理和结构

摄谱仪的主要作用是把含有各种波长的复色光分解成近似单色光的线光谱,并将光谱用照相底片记录下来。

摄谱仪按分光方式分为棱镜摄谱仪和光栅摄谱仪两种。

本实验选用小型棱镜摄谱仪(WPL 型),其光学原理图如图 5-32 所示,外观结构如图 5-33 所示。

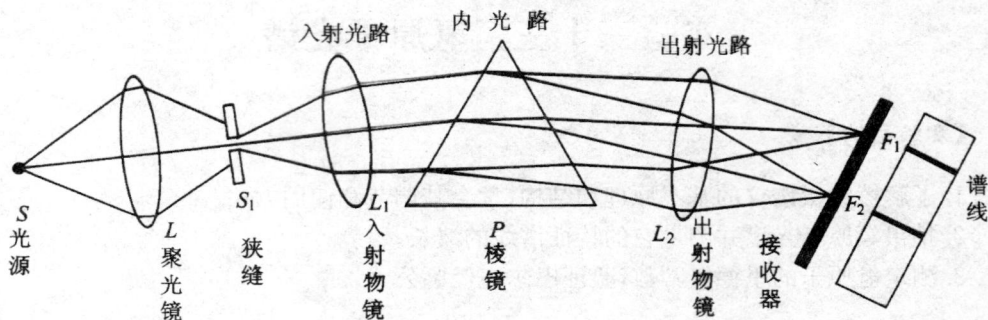

图 5-32　小型棱镜摄谱仪光学原理图

棱镜摄谱仪主要由以下三部分组成：

1. 入射光管：由狭缝 S_1 和透镜 L_1 组成。透镜 L_1 的作用是使 S_1 发出的光变成平行光入射棱镜。故 S_1 应位于 L_1 的焦平面上。狭缝为仪器的精密部件，它可影响到最后所得光谱的清晰、细锐程度，其宽度可用刻度轮来调节。

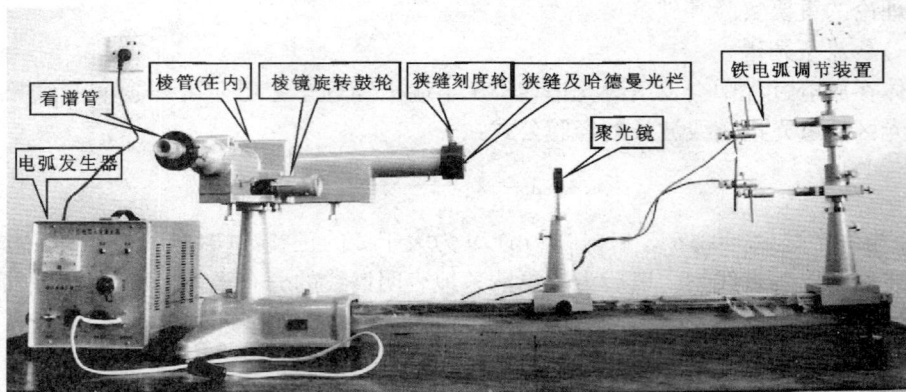

图 5-33　WPL 型小型棱镜摄谱仪外观结构图

2. 棱镜及其旋转机构：棱镜的分光作用是基于棱镜材料对不同波长的光有不同的折射率。常用的材料有玻璃（可见光），水晶（紫外光），NaCl、KBr（红外光）等。

仪器选用的棱镜为恒偏向角棱镜，将其置在棱镜台的设计位置时，可以保持中心波长光线的偏向角恒为 90°。研究可见光时，中心波长一般取 435.8 nm（为汞光谱中的一条蓝色谱线的波长）。如要改变中心波长，可调节棱镜旋转鼓轮，改变棱镜方位，并由鼓轮上的刻度读出所调中心波长的值。

3. 光谱接收部分：光谱接收部分实际上是一个照相装置，主要由透镜和照相底片夹组成。被棱镜分解而得的各种不同波长的单色平行光，由透镜 L_2 分别会聚在透镜焦平面（F）的不同位置上，并按波长排列，组成了一排由许多细线（狭缝像）组成的（线）光谱（如图 5-32 所示）。每一条细线为对应某一定波长的光谱线（如图中 F_1 和 F_2 即为对应某两种波长的光谱线)。

要拍摄到整个可见光波段都清晰的光谱,必须使照相底片与成像面(透镜的焦平面)完全重合。为此:①出射物镜的位置可调。由物镜调焦手轮调节,并由出射光管的上部窗口读出其调焦位置。②插入摄谱暗箱后部的底片盒与出射光管的倾斜度可调。调节的倾斜度可从暗箱上读出。

为在一张底片上拍摄多组光谱,底片盒可顺暗箱后部的滑道上下调节。仪器还为直接观察光谱配有看谱管,它由可调狭缝和目镜组成。

【实验内容】

(一)调节摄谱仪,观察光谱

1. 外光路调节:分别将实验中使用的光源(汞灯、氢灯、铁电弧等)调节到仪器入射光管的光轴上。点燃光源,调节聚光镜 L 使在仪器狭缝盖的中央出现一光斑,其大小恰好能覆盖狭缝。

2. 内光路调节:调狭缝 S_1 到透镜 L_1 的距离,使其位于 L_1 的焦平面上。用出射物镜调焦手轮调节透镜 L_2 的位置,使所得光谱位于照相底片上。内光路调节效果的优劣,只凭直接观察难以判断,需要经过多次拍片进行比较判断,于是实验室已事先根据确定的位置调好。

3. 观察光谱:分别点燃汞灯、氢灯、铁电弧等光源,在已经过光路调节的摄谱仪的出射光管一端接上看谱管。调看谱管上的狭缝和目镜,使从目镜中看到明亮清晰的光谱线。调棱镜旋转鼓轮,改变中心波长,观察不同波长的谱线。取下看谱管,装上摄谱暗箱,光谱将出现在暗箱后部的毛玻璃屏上,调棱镜旋转鼓轮,使指示线对准鼓轮上的刻度 436.8 nm,用放大镜观察。调毛玻璃屏的倾斜度,使光谱的全部谱线都清晰细锐。

(二)拍摄光谱

摄谱仪调整好后,即可拍摄待测元素的光谱,并进一步测量光谱中各谱线的波长。为此,在拍摄待测光谱时,还要拍摄作为测量对比的、谱线波长为已知的参考光谱(一般用铁电弧的光谱)。为了测量准确,必须保证相继拍摄待测光谱和参考光谱时底片无任何微小的位移,使拍到的两种光谱中相同波长的两条谱线在底片上应处在一条铅直线上,为实现上述目的,拍摄时在狭缝外侧插一"哈德曼光阑",其结构如图 5-34,上有三个小孔(上、下、左、右部相互错开)和三条竖刻线(都隔相等的距离)。左右移动光阑,可使光线从不同的小孔射到狭缝上,把狭缝分上、中、下三段来使用,哪一个小孔对准狭缝,由竖刻线指出。操作时只要小心移动光栏,使三小孔依次对准狭缝,在不移动底片的情况下,依次拍摄下三条光谱(此三条光谱作为一组),如图 5-35,波长的测量就在此同一组光谱间进行。

升降底片盒,可在底片的另一位置,再次使用"哈特曼光栏"拍摄另一组光谱。

(三)测量待测谱线的波长

测量采用"线性插入法"。即在一个较小波长范围内,我们认为摄谱仪的色散是均匀的,那么谱线在底版上的位置与波长呈线性关系。如图 5-35 为属同一组的待测光谱和参考光谱,设待测光谱线波长为 λ_x,它在底片上位置为 d_x;在参考光谱中选两条比较靠近 d_x

的并较清晰的有明显特征的谱线,设它们的波长为 λ_1 和 λ_2,在底片上位置为 d_1 和 d_2,根据线性关系有:

三小孔及对应标志

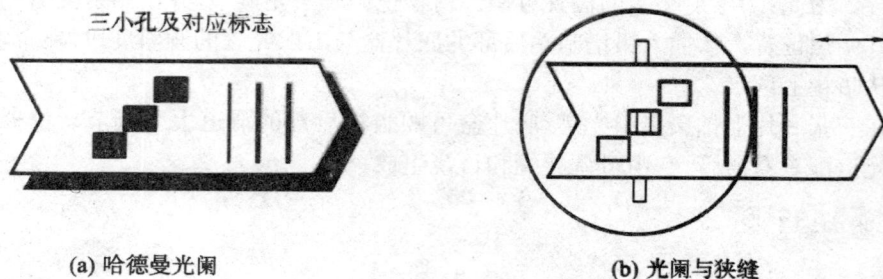

(a) 哈德曼光阑　　　　　　　　**(b) 光阑与狭缝**

图 5-34　哈德曼光阑

$$\frac{\lambda_x - \lambda_1}{\lambda_2 - \lambda_1} = \frac{d_x - d_1}{d_2 - d_1}$$

$$\lambda_x = \lambda_1 + \frac{d_x - d_1}{d_2 - d_1} \cdot (\lambda_2 - \lambda_1)$$

式中,参考光谱(铁电弧光谱)的谱线波长 λ_1,λ_2 都已知可查,位置 d_x,d_1 和 d_2 可在阿贝比长仪上精确测量。

【实验步骤和注意事项】

(一)调节仪器和观察光谱

1.调节光源及会聚透镜的高低位置。

2.摄谱仪的内光路已调好,只需一一进行检查,检查内容包括:狭缝宽度和位置,出射物镜调焦位置。

3.调节中心波长、底片盒倾斜度和其上下高度的起始位置。

4.先后装上看谱管和摄谱暗箱(用毛玻璃)观察光谱。

(二)制定拍摄计划

拍摄计划包括:拍摄对象(光源)、拍摄顺序和曝光时间(实验室提供)。

注意:把待测光谱安排在同一组三条光谱的中间位置。

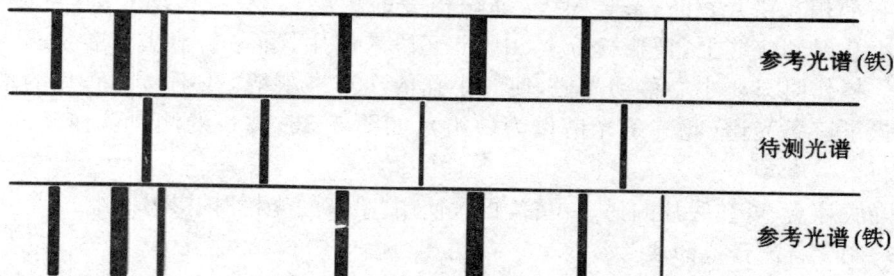

参考光谱(铁)

待测光谱

参考光谱(铁)

图 5-35　线性插入法测谱线波长

（三）装底片

底片在暗室中装入底片盒，并将此盒插入暗箱后部。

注意：不要随意打开底片盒的前后盖使底片在室内光线下感光。拍摄前摄谱仪狭缝前的遮光板必须盖住狭缝。

（四）拍摄光谱

在用"哈德曼光栏"拍摄同一组的三条光谱时，只允许轻轻操作光栏和控制曝光时间的遮光板。

注意：严格保持暗箱不动。不要"重拍"和"漏拍"

（五）冲　片

显影和定影在暗室中进行，时间由实验室提供。

（六）测量待测谱线波长

先观察和正确辨认谱线。测量在阿贝比长仪上进行。底片的乳胶面向上用玻璃压在看谱（对线）显微镜下。测量前先阅读阿贝比长仪的说明书（或本实验附录），弄清其使用和读数方法。

【数据处理】

1. 测出氢光谱特征谱线的波长（最少测两条）。

表 5-18　测量数据记录表格

	参考光谱		待测光谱		参考光谱	
	$\lambda_1(\times10^{-10}$ m)	$d_1(\times10^{-3}$ m)	$\lambda_x(\times10^{-10}$ m)	$d_x(\times10^{-3}$ m)	$\lambda_2(\times10^{-10}$ m)	$d_2(\times10^{-3}$ m)
1						
2						
3						
4						
5						
6						

2. 找出各特征谱线对应的 n 值，作出 $\dfrac{1}{\lambda}$ - $\left(\dfrac{1}{2^2}-\dfrac{1}{n^2}\right)$ 曲线。

3. 求出里德堡常数 R_H。

【实验后记】

【附录】

(一)交流电弧发生器

交流电弧发生器是光谱实验中常用的一种光源。在弧光放电过程中,因高温使电极物质蒸发,在两电极间形成原子和离子蒸气,它们被激发而产生线光谱。为维持两电极间的电弧需要一个电压,本实验室使用 WJD-2 型交流电弧发生器,这是一种轻便式交流电弧和低压火花两用发生器。

1.交流电弧发生器仪器的使用:

(1)工作场所应备有 220 V 交流单相电源,电流的最大允许值不小于 10 A,有可靠的接地线将仪器接地。

(2)仪器在接电源前按后面板上文字符号的指示与摄谱仪上的上、下电极相连。插入带开关的遥控线。

(3)前、后面板上的旋钮开关分别选择"遥控"、"电弧"、"6 A"和"0.8 mm"等功能,此时两电极间隙应为 0.8 mm。

(4)拉出电阻箱,此时接通电源,用遥控线上的开关即可遥控电极产生电弧。

2.注意事项:

(1)操作要注意人身安全:仪器接地必须可靠,操作时穿戴绝缘手套、靴鞋。

(2)电极带电:在调节电极位置、间隙和清除间隙中铁屑时均应断开发生器的电源。

(3)工作中不得接触电极和电阻箱,以免触电或被高温烧伤。

(4)电弧有强烈的紫外线,对人眼有害,操作者应戴防护眼镜。

(5)尽可能缩短放电时间,减少对室内空气的污染。

(二)阿贝比长仪

比长仪是一种精密测量距离的光学仪器,本实验使用 6 w(WBJ)型阿贝比长仪,如图5-36 所示。仪器的主要部件是两固定的显微镜,左侧为看谱(对线)显微镜,右侧为读数显微镜。

显微镜下有可以左右移动的载物平台,转动"微调手轮",可使平台左右微动,松开"制动螺钉"可直接推动平台。

测量前先调节看谱显微镜的目镜,使目镜视场中两对"双分划线"清晰,并调"双分划线"的方位,使其与载物平台移动的方向相垂直。

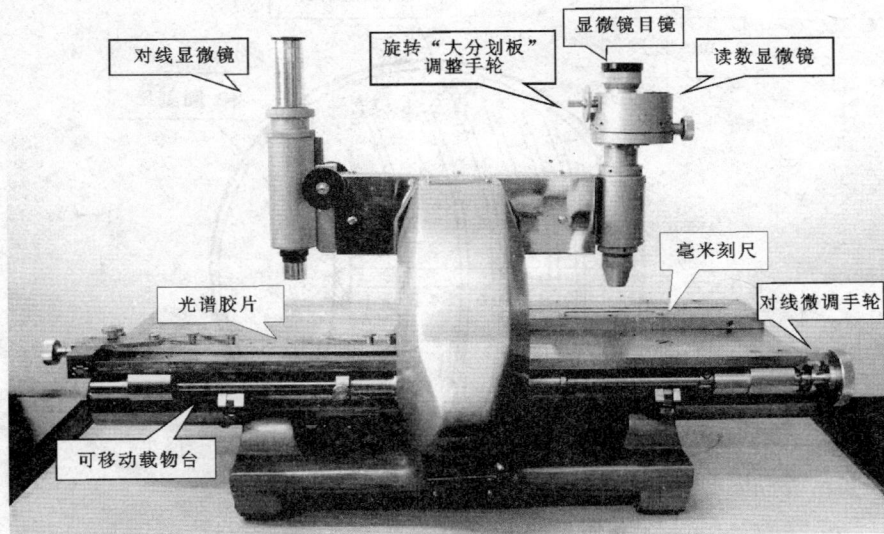

图 5-36　阿贝比长仪外观结构图

　　将光谱底片置于载物平台上、看谱显微镜的下方。调显微镜镜筒使光谱底片清晰并与"双分划线"之间无视差。移动平台观察光谱,寻找待测谱线,使待测谱线夹在一对"双分划线"的正中间,并相互平行,此时由读数显微镜读出的读数 d_x 即表示该待测谱线的位置。在不变动底片在平台上位置的情况下,移动平台,继续寻找其他谱线进行测量,所得数据代入公式(3)即可求出待测谱线的波长 λ_x。

　　在实际测量中,应使平台向一个方向移动。根据实验要求,按谱线排列的顺序测出参考谱线和待测谱线的位置 d_1,d_x 和 d_2。比长仪的读数由三个部分组成,这三个部分的刻线在读数显微镜的视场中如图 5-37 所示。

　　固定于载物平台上的"毫米刻尺",每一小格为 1 mm。

　　装于读数显微镜内的"固定分划板"上有 0～10 的"1/10 mm 刻尺",即每一小格为 1 $\times 10^{-1}$ mm。

　　读数显微镜内还有一个可通过调整手轮使其旋转的"大分划板",它不能同时全部出现在视场中。大分划板上有一个将圆周 100 等分的"圆刻尺",每一小格表示 1×10^{-3} mm。在"圆刻尺"的外围还有"双螺旋线",转动"大分划板"调整手轮时,可看到"圆刻尺"在旋转,而"双螺旋线"也在相应地移动。

　　读数前先调节读数显微镜的目镜和镜筒,使以上三种刻线全部清晰地出现在视场中。再旋转"大分划板"调整手轮移动"双螺旋线",使处于"双螺旋线"范围内的"毫米刻尺"的某一刻线(如图中 46)恰好夹在某一对"双螺旋线"中间。

　　此时的读数为:

　　"毫米刻尺"的读数 $a=46(\times 1\ \text{mm})$;

　　"固定分划板"上"1/10 毫米刻尺"的读数 $b=2(\times 10^{-1}\ \text{mm})$;

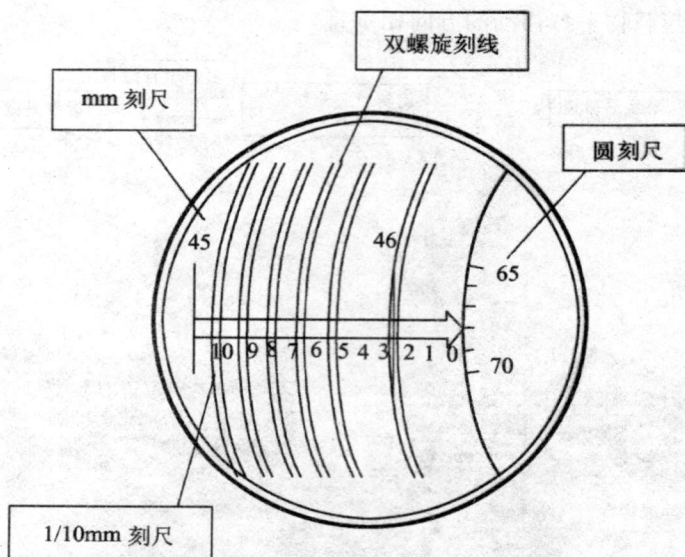

图 5-37　阿贝比长仪中读数显微镜中视场

　　"双螺旋线"相应的"圆刻尺"的读数 $c=68.1(\times 10^{-3} \text{ mm})$；

　　总读数为：$d = a + b + c = 46.268\,1\,(\text{mm})$

　　因"毫米刻尺"固定于载物平台，而"1/10 毫米刻尺"装于读数显微镜内，随显微镜一起移动，所以上述读数 d 表示"1/10 毫米刻尺"的"0"刻线在"毫米刻尺"上的位置。若当此时看谱显微镜内"双分划线"恰好对准某一光谱线，则此读数 d 也即表示该光谱线的一维相对位置坐标。

实验三十四 微波光学实验

【实验目的】

1. 了解微波的基本特征。
2. 学会使用微波分光仪测定微波波长。
3. 学会利用布拉格衍射研究模拟晶体结构参数。

【实验仪器和用具】

DH926 微波分光仪。

【实验原理】

微波技术是近代发展起来的一门尖端科学技术,在国防和通讯等方面有广泛的应用,在科学研究中也是一种重要的观测手段。微波通常是指波长大约为 0.1~10 cm 的电磁波,在电磁波的波谱上,它的一端与超高频无线电波相连,一端与远红外线相连。

微波与可见光都属于电磁波,只是其波长要比可见光的波长大得多,微波的反射、折射、衍射、干涉、偏振等现象同可见光的这些现象的实验结果是一致的,故延用光学的相关名称,但因其波长的不同,又采用与一般光学实验不同的测试装置来检测。

(一)电磁波

电磁场的传播在无源的区域,有以下三种类型的传播方式:

1. 横电磁波(TEM 波):横电磁波电场和磁场的方向都垂直于场的传播方向,即在传播方向上没有分量。

例如:在自由空间中或同轴线(如图 5-38)中传播的电磁波。

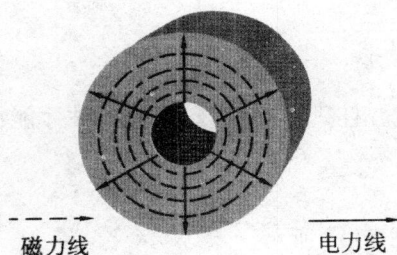

磁力线   电力线

图 5-38 同轴线中的 TEM 波   图 5-39 矩形波导管

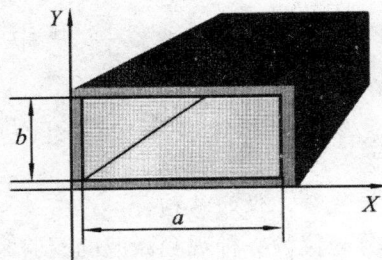

2. 横电波(TE 波):电场完全垂直于传播方向,即只有横向分量,没有纵向(传播方向)分量;磁场既有横向分量,也有纵向分量。

例如:在波导管中传播的即为此种横电波(TE 波),矩形波导管的结构如图 5-39 所示。当横电波在沿着无耗、均匀和无限长的矩形波导管 Z 轴方向传播时,它在 XY 面中的

电场和在 XZ 面中的磁场分布如图 5-40 所示。

横电波的传播由图可知：

(1)电场只有 E_Y 分量,而 $E_X = E_Z = 0$。

(2)磁场有 H_X,H_Z 分量,而 $H_Y = 0$。

(3)沿 X 方向电场形成半个驻波,宽壁的中心处电场最大;两侧靠窄壁处电场为零,沿 Y 方向电场是均匀的。

(4)沿 X 方向,H_X 和 H_Z 也变化半个驻波。中心处 H_X 为最大,而 H_Z 为零;两侧处 H_X 为零,而 H_Z 为最大;沿 Y 方向 H_X,H_Y,H_Z 都是均匀的。

(5)电磁场在 Z 方向形成一行波。在 Z 方向,E_Y 最大处,H_X 也最大;E_Y 为零处,H_X 也为零。场的这种结构即是行波的特点。

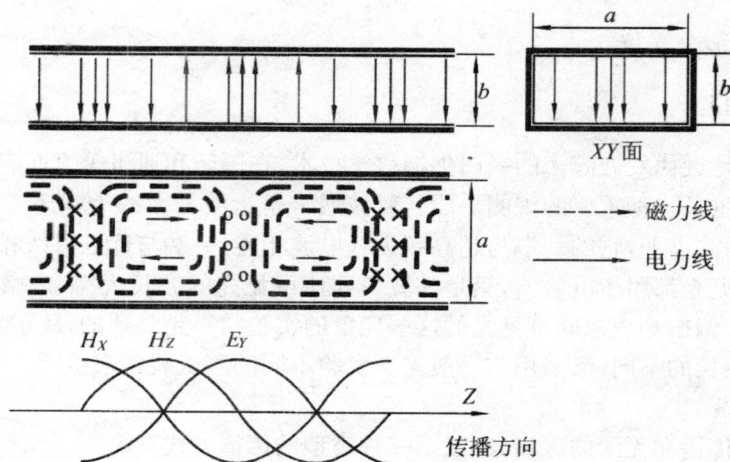

图 5-40　TE 波的电磁场结构图

此种横电波在矩形波导中传播的波长：

$$\lambda_V = \frac{\lambda}{\sqrt{1 - (\frac{\lambda}{\lambda_c})^2}} \qquad (1)$$

其中,$\lambda = c/f$ 为自由空间波长;$\lambda_c = 2a$ 为临界波长。且只有在 $\lambda < \lambda_c$ 时电磁波才能在波导中传播。

(二)微波分光仪的结构

微波分光仪为一种观测微波的实验装置,如图 5-41 所示。

它主要由以下几个部分组成:0～360°分度转盘,固态讯号发生器,可变衰减器,发射喇叭天线,接收喇叭天线,晶体检波器,微安表。它们分别组成了微波讯号的产生、发射和接收。为完成各种微波实验,仪器还配有各种附件,可按实验要求装置在刻度转盘上或立柱上。

固态讯号发生器产生的微波讯号具有单一的波长,相当于光学中的单色光。微波讯号的幅度大小可由可变衰减器来改变,然后通过发射喇叭天线发射。微波信号与固定在转盘上的实验部件发生作用后,由接收喇叭天线接收,经晶体检波器将其转变为直流讯号,最后送到微安表,我们可以在微安表上读出微波讯号幅度的大小。

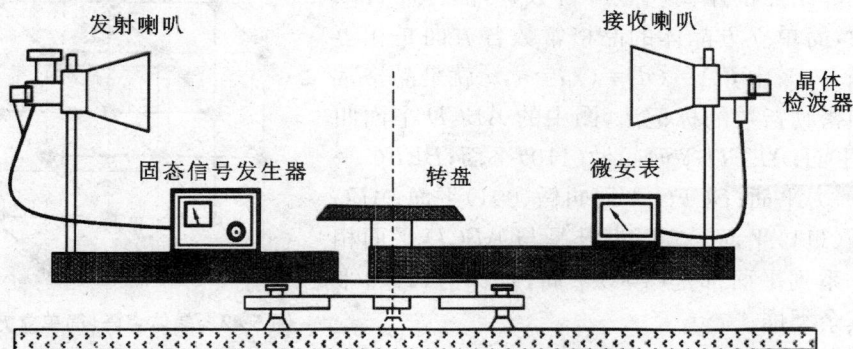

图 5-41　DH926 微波分光仪结构图

(三)测量微波波长的原理

本实验测量微波波长是利用了迈克耳逊干涉仪的工作原理(可参考迈克耳逊干涉仪光路示意图)。由发射喇叭发出的平面微波,在其前进方向上放置呈 45°的半透射板(半透半反的玻璃板)于刻度转盘上,它将入射微波分为两束:一束射向固定反射板,另一束射向可移动反射板。由于两金属材料的反射板对微波有近乎全反射的作用,两束波将再次回到半透射板并到达接收喇叭。

设微波的波长为 λ,经固定反射板和经可移反射板的两束反射波到达接收喇叭时的波程差设为 δ。则当

$$\delta = K\lambda \quad (K = 0, \pm 1, \pm 2, \cdots) \tag{2}$$

时,两束波干涉加强,得到各级极大值。同理,当

$$\delta = (2K+1)\frac{\lambda}{2} \quad (K = 0, \pm 1, \pm 2, \cdots) \tag{3}$$

时,两束波干涉减弱,得到各级极小值。

将可移反射板移动一段距离 L,则两束波的程差就改变了 $2L$。假定从某一个极小值开始移动可移反射板,使接收喇叭收到的讯号出现 N 个极小值,读出移动距离 L,则有

$$2L = [2(K+N)+1]\frac{\lambda}{2} - (2K+1)\frac{\lambda}{2} = N\lambda$$

故

$$\lambda = 2\frac{L}{N} \tag{4}$$

由公式(4)即可算出微波的波长。

(四)微波的布拉格衍射

晶体最基本的特点是它具有空间点阵式的周期性结构,近代晶体结构测定的结果肯定了这个特点。晶体因内部的原子、离子排列方式的不同而组成不同的晶系,最简单的一种叫简单立方晶系,其点阵结构如图 5-42。实际晶体中氯化钠(NaCl)的结构就是简单立方晶体。在晶体学和 X 射线结构分析中,对于特定取向的某些平面,通常采用密勒指数标记法。

晶体的最小单位——晶胞(见图 5-43)。晶体点阵中两相邻结点的距离叫点阵常数,对晶体而言叫晶格常数,简单立方晶体的晶格常数各方向是相等的。如图 5-43 中 $OA=OE=OG=a$,a 就是晶格常数。按照密勒指数的标记法,图中的 $ABCD$ 平面叫做(100)平面;$AEFD$ 平面叫做(110)平面;$BEFC$ 平面叫做(010)平面;$DCFG$ 平面叫做(001)平面;AEG 平面叫做(111)平面。实际上凡是与 $ABCD$ 平面相平行的一系列平面都是(100)平面,统称为(100)平面群。其余类推。

图 5-44 为简单立方点阵投影在 XY 平面而得。图中实线为(100)平面群,相邻两平面之间距离 $d=a$;虚线为(110)平面群,相邻两平面之间距离 $d=0.707a$。

现在以(100)平面群为例,讨论晶体平面群对 X 射线的作用。当 X 射线射到(100)平面群上,从相邻两个平面上的 O 点及 Q 点反射的波程差为

$$PQ+QR=2d\sin\alpha$$

其中:α 为衍射角。当

$$2d\sin\alpha=n\lambda \tag{5}$$

其中 $n=1,2,3,\cdots$ 此时两束波相互加强。式(5)是 X 射线衍射的基本公式,称为布拉格公式。

当波长一定时,对指定的点阵平面群来说,n 数值不同,衍射的方向也不同,$n=1,2,3$,相应的衍射角为 α_1,α_2,α_3,并称为一级、二级和三级衍射。

微波的布拉格衍射实验是模拟晶体对 X 射线的布拉格衍射。以微波代替 X 射线,因微波的波长(本实验约为 3.2 cm)约为 X 射线波长(约 0.1 nm)的几千万倍。因此用微波作衍射实验,衍射物的尺寸可用到厘米级。本实验就以"晶格常数"为 4 cm 的模拟晶体(以小铅球代表晶格上的原子)代替实际晶体。所以用微波代替 X 射线可以简易、直观地进行布拉格衍射实

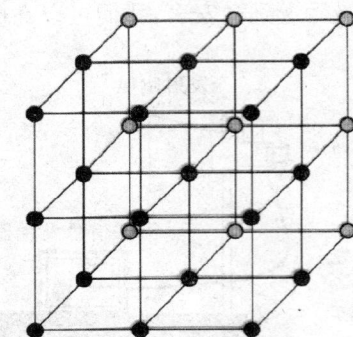

图 5-42　晶体点阵(简单立方晶体)

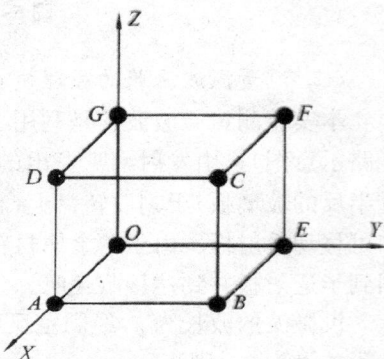

图 5-43　简单立方晶体的"晶胞"

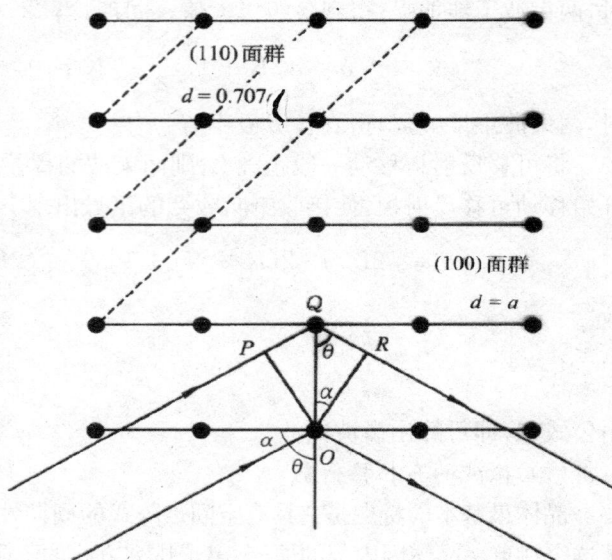

图 5-44　布拉格衍射

验,验证布拉格公式。

如果微波的波长为 3.2 cm,平面群(100)相邻两平面之间的距离 $d=40$ mm,则相应的一级、二级衍射角为

$$\alpha_1 = \sin^{-1}(\frac{\lambda}{2d}) = 23.6°$$

$$\alpha_2 = \sin^{-1}(\frac{2\lambda}{2d}) = 53.1°$$

由于 $$\frac{3\lambda}{2d} = 1.2 > 1$$

故 α_3 不存在,只能有两个衍射强度的极大。对于(110)面群,只能有一个衍射强度的极大。

【实验步骤】

(一)实验准备

1.阅读仪器说明书中有关内容,了解 DH926 型微波分光仪的结构和完成各项实验需用的配件,并了解其装配方法。

2.检查固态讯号发生器是否正常。在连线插入"输出"插孔之前,接通电源,按下 AJ1,电表应指向 10 V(约为满刻度的 2/3),按下 AJ,电表应指零,此时仪器正常。

3.接线、通电预热。将连线的黑色鳄鱼夹夹住固态源的金属部分,红色鳄鱼夹夹住固态源下方伸出的引线上;连线的另一端插入发生器的"输出"插孔。通电预热约 20 min,固态讯号发生器即可正常工作。

4.注意:①接线时不要短路;②固态源上各螺丝不要扭动,以免损坏和改变仪器的性能。

(二)用迈克耳逊干涉法测微波波长

1.调节微波分光仪,使装于固定臂和活动臂上的位置指针分别指向 0 和 180。如果要使活动臂不自由摆动,可使用锁紧螺丝。调两喇叭天线的方向,使它们的轴线重合并通过分度盘的中心,然后用螺丝固定。

2.装配仪器,转动活动臂使其指向分度盘 90。装上读数机构和两反射板,两反射板的法线都应指向分度盘中心。把半透射板插入支座后置于分度盘上,并使半透射板与喇叭天线的轴线成 45°角。

3.测量前,先使可移反射板顺读数装置移动,观察微安表读数的变化情况。若电流超过 100 μA,调节可变衰减器使微波讯号衰减。

4.测量时,使可移反射板移到读数机构的一端,先找到一个微安表读数为零(或接近零)时的位置,并从读数机构上读数(一维坐标)。然后转动读数机构上的手柄使反射板移动,从微安表找出 N 个极小值时读数机构上的读数,从而确定与 N 相应的 L 值,代入(4)式即可求出微波波长。重复 5 次,求出 λ 和 $\pm\Delta\lambda$。

(三)微波布拉格衍射强度分布的测量

1.用模板将模拟晶体调整为简单立方点阵,晶格常数 40 mm。将模拟晶体装在带有圆盘的支座上,将其固定在分度盘上,并使圆盘上一刻线对准分度盘的 0°刻线,此时模拟

晶体的(100)面群的法线将与分度盘 0°刻线一致。

2. 为了避免微波直接由发射喇叭进入接收喇叭,测量时入射角的取值范围最好在 30°~70°之间。测量前先慢慢转动分度盘改变微波入射角,同时转动活动臂使其始终对准反射波(即反射角＝入射角)。观察微安表读数的变化情况,若超量程则调节可调衰减器。

3. 为测量方便,本实验为测量入射角 θ 与微波信号强度的关系,在反射角等于入射角的前提下,测量入射角 θ 每改变 1°微波信号强度(微安表)的读数。

4. 分别测量(100)面群和(110)面群衍射的数据。

5. 以微安表读数为纵坐标,入射角为横坐标,作布拉格衍射强度分布曲线。由曲线确定衍射强度极大时的入射角 θ,并由 $\alpha=90°-\theta$ 求出一级、二级衍射角 α。最后将实验所得的衍射角与用布拉格公式求出的衍射角数值进行比较。

注意:要分清入射角 θ 与衍射角 α。

【实验数据记录表格】

表 5-19　用迈克耳逊干涉法测微波波长

		$I_峰$	$I_谷$	$I_峰$	$I_谷$	$I_峰$	$I_谷$	$I_峰$	$I_谷$	$I_峰$	$I_谷$	$I_峰$	$I_谷$
自左向右	$I(\mu A)$												
	$X_{坐标}(cm)$												
自右向左	$I(\mu A)$												
	$X_{坐标}(cm)$												

实验数据处理:利用逐差法计算

$$\lambda=\bar{\lambda}\pm\overline{\Delta\lambda}=\underline{\hspace{2cm}}\pm\underline{\hspace{2cm}}(cm)$$

表 5-20　微波布拉格衍射强度分布的测量　　　　　　　　　　　　衍射群面:_____

θ	30°	31°	32°	33°	34°	35°	36°	37°	38°	39°
$I_{测量}(\mu A)$										
θ	40°	41°	42°	43°	44°	45°	46°	47°	48°	49°
$I_{测量}(\mu A)$										
θ	50°	51°	52°	53°	54°	55°	56°	57°	58°	59°
$I_{测量}(\mu A)$										
θ	60°	61°	62°	63°	64°	65°	66°	67°	68°	69°	70°
$I_{测量}(\mu A)$											

实验数据处理:

1. 利用实验数据绘出 I-θ 实验曲线。

2. 并根据 I-θ 实验曲线的峰值确定:

$$\alpha_1 = \underline{\hspace{4cm}} (\mathrm{cm});$$
$$\alpha_2 = \underline{\hspace{4cm}} (\mathrm{cm})。$$

【实验后记】

第六章　综合应用实验

实验三十五　模拟电冰箱制冷系数的测量

电冰箱是一种利用蒸发吸热方式制冷的机器。本实验通过模拟电冰箱实验装置的使用,了解电冰箱的工作原理,并加深对热学基本知识,如热力学定律、等温、等压、绝热、循环等过程的理解。

【实验目的】

1. 近一步理解热力学第一定律在等值过程中的应用及热力学第二定律。
2. 理解电冰箱的制冷原理。
3. 掌握电冰箱的制冷系数的测量方法。

【实验仪器】

MB-2 型模拟电冰箱实验装置、D51 功率计两只、$-50.0℃\sim50.0℃$ 温度计一只。

模拟电冰箱实验装置(仪器结构如图 6-1 所示)简介如下:

1. 冷冻室。其组成是在杜瓦瓶中盛 2/3 深度的含水酒精作冷冻物;用蛇形管蒸发制冷剂吸热;用加热器平衡制冷剂蒸发时的吸热量,并用马达带动搅拌器使冷冻室内温度均匀。温度计用于读取冷冻室内含水酒精的温度,以判定是否已达到了热平衡。

2. 冷凝器。即散热器,在实验装置的背后,接"冷凝器入口 B"和"冷凝器出口 E"。

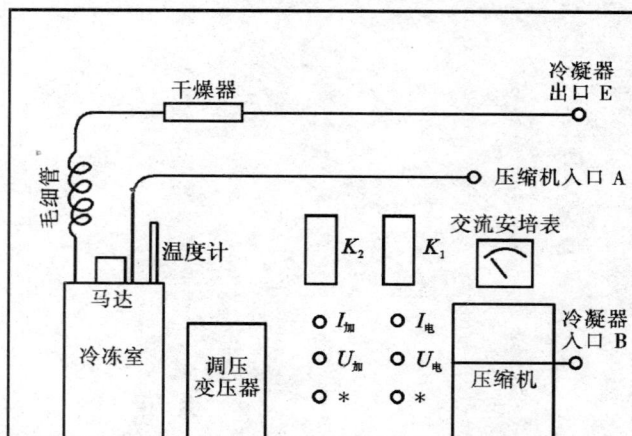

图 6-1　模拟电冰箱实验装置

3. 干燥器和毛细管。干燥器内装有吸湿剂,用于滤除制冷剂(含水酒精)中可能存在的微量水分和杂质,防止在毛细管中产生冰堵塞或脏堵塞。内径小于 0.2 mm 的毛细管用于制冷剂节流膨胀,产生焦耳-汤姆孙效应。

4. 压缩机和电流表。压缩机压缩制冷剂使其压力由低变高。电流表用于监测压缩机的工作电流,当电流大于 1 A 时,制冷系统可能有堵塞情况发生。电流表后装有通电延时器,以防压缩机启动时电流过载。

小型电冰箱压缩机的内部包括压缩机和电动机两部分,由电动机拖动压缩机做功。电动机因种种损耗,输向压缩机的功率小于输入电动机的电功率 $P_电$,其效率 $\eta_电 \approx 0.8$;压缩机也因种种损耗,用于压缩气体的功率小于电动机输向压缩机的功率,其效率 $\eta_压 \approx 0.65$。因此,压缩机对制冷剂做功的功率(简称压缩机功率)

$$P = \eta P_电 = \eta_电 \eta_压 P_电 = 0.52 P_电$$

5. 接线柱 I, U,* 和调压变压器。接线柱共两组,$I_加, U_加$,* 组用于接测量加热功率的功率计;$I_电, U_电$,* 组用于接测量压缩机电功率的功率计。

调压变压器用于调节加热器电压 U,以改变加热功率。

6. 开关 K_1 为压缩机电源开关,K_2 为加热器电源开关。

【实验原理】

在自然界中,热量是可以相互传递的。把两个温度不同的物体放在一起,原来温度高的物体,温度将逐渐下降,而原来温度低的物体,温度将逐渐升高,最终两物体的温度趋于相等。这就是说热量能从温度较高的物体传给温度较低的物体,但是不能自发地由低温物体流向高温物体而不引起其他变化,这即是热力学第二定律的克老修斯说法。

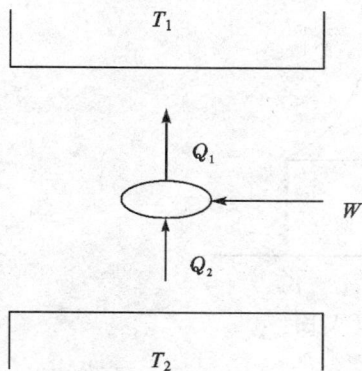

图 6-2 制冷机的传热过程　　　　图 6-3 电冰箱结构示意图

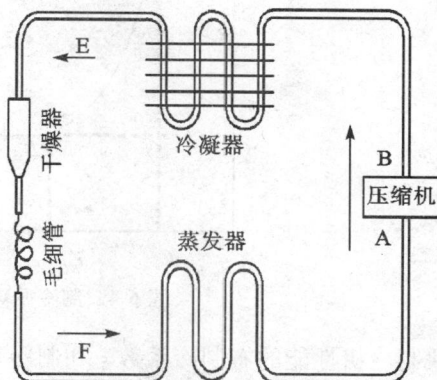

这时我们只是说热量不能自发地反向流动,也就是说,要使热量从低温物体流向高温物体必须要对环境留下某些不能消除的影响,即外界对系统做功。例如,利用一台水泵可以把水从低处提升到高处。对于热量,道理也类似于水,消耗一定的能量,通过某种逆向热力学循环,就能使热量从低温的物体流向高温的物体(图 6-2)。随着对这种循环的应用目的不同,可以把这样的过程称为热泵或制冷。如果是对系统热端的利用,就称之为热

泵;反之对系统冷端进行利用,称之为制冷。

如图 6-2 所示外界对系统做一定的功,使它从冷端(T_2)吸收热量 Q_2,向热端(T_1)放出热量 Q_1。由热力学第一定律,有

$$Q_2 = Q_1 - W \tag{1}$$

利用此循环可以把热量不断从低温物体传到高温物体,达到制冷的目的,电冰箱即是这样的一种制冷机器。

电冰箱的制冷系统如图 6-3 所示。图 6-4 则是制冷循环过程的 P-V 图。此循环主要有以下 4 个过程:

1.压缩过程(绝热过程)。在压缩过程中,由于压缩机活塞的运动速度很快,可近似地看成与外界没有热量交换的绝热压缩。在 P-V 图中(图 6-4)$A \to B$ 是一条绝热线,绝热线下的面积,即为压缩机对系统所做的功 W。

2.冷凝过程(等压过程)。从压缩机排出的制冷剂刚进入冷凝器时是过热蒸汽(B 点),它被空气冷却成过冷液体直到 E 点。一般情况下,进入毛细管之前的制冷剂是过冷液体,这是等压过程,在 P-V 图中 $B \to E$ 是一条水平线,在此过程中制冷剂放出热量 Q_1。

3.减压过程(绝热过程)。制冷剂通过毛细管时,由于摩擦和紊流,在流动方向产生压力下降,此即焦耳-汤姆逊节流过程,在 P-V 图中 $E \to F$ 是一条绝热线。

4.蒸发过程(等压过程)。从毛细管出口经过蒸发器进入压缩机吸入口的制冷剂在通过蒸发器的过程中从周围吸收热量,成过热蒸气被压缩机吸入(A 点),在 P-V 图中 $F \to A$ 是一条水平线。在此过程中制冷剂吸收热量 Q_2。

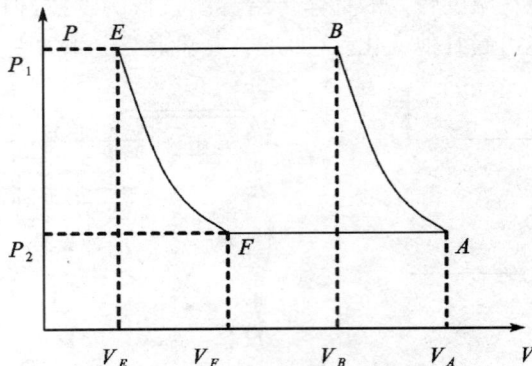

图 6-4　制冷循环过程的 P-V 图

反映制冷机性能的有制冷系数 ε 和制冷量 Q。

根据热力学第二定律制冷机的制冷系数

$$\varepsilon = \frac{Q_2}{W} \tag{2}$$

上式表示,压缩机对系统所做的功 W 越小,自低温热源吸取的热量 Q_2 越多,则制冷系数 ε 越大,越经济。制冷系数是反映制冷机制冷特性的一个参数,它可以大于 1,也可以小于 1。

制冷量 Q 表示单位时间内制冷剂通过蒸发器吸收的热量。Q 可以用补偿法测量。

由于制冷剂吸收热量,蒸发器(冷冻室)的温度就会下降,根据热平衡原理,可在冷冻室装入一电加热器而补充热量,当冷冻室内温度维持一定值时,制冷量 Q 在数值上将约等于电加热器的电功率 $P_{加}$,即 $Q \approx P_{加}$。于是式(2)应为

$$\varepsilon = \frac{Q_2}{W} = \frac{QT}{PT} = \frac{P_{加}}{P} \tag{3}$$

式中:T 为时间;P 为压缩机功率,$P = \eta P_{电} = 0.52 P_{电}$。

【实验要求】

1. 向冷冻室(杜瓦瓶)内倒入约 2/3 深度浓度为 50% 的含水酒精,再连接线路,闭合电键 K_1 后压缩机开始工作。一旦停机,再启动时必须等 5 min 以后。

2. 闭合电键 K_2,调节调压器改变加热器的加热功率,用功率表分别测出不同平衡温度下压缩机的电功率和加热器功率。

3. 计算不同温度时电冰箱的制冷系数,作出 ε-t_0 关系曲线。

【实验数据记录和数据处理】

表 6-1　实验数据记录表格　　　　　　　　　　　　　　室温 $t=$ ＿＿＿＿ ℃

冷冻室温度 t_0(℃)	−5.0	−10.0	−15.0	−20.0	−25.0
压缩机电功率 $P_{电}$(W)					
压缩机功率 $P = 0.52P_{电}$(W)					
加热器功率 $P_{加} \approx Q$(W)					

依据实验测量数据,做出下面的工作曲线:

1. 作 P-t_0 关系曲线。
2. 作 Q-t_0 关系曲线。
3. 作 ε-t_0 关系曲线,说明其含意。

【思考题】

1. 根据制冷系数与温度的关系曲线说明应怎样合理使用电冰箱?
2. 本实验中制冷量是怎样测定的? 如何修正使之更为准确?

(本实验内容由库建国负责编写)

实验三十六　　传感器系列实验

　　传感器是新技术革命和信息社会的重要技术基础,是现代科技的开路先锋,传感器技术与通信技术、计算机技术一起构成信息产业的三大支柱。传感器技术是测量技术、半导体技术、计算机技术、信息处理技术、微电子学、光学、声学、精密机械、仿生学、材料科学等众多学科相互交叉的综合性高新技术密集型前沿技术之一。该技术已广泛应用于航天、航空、国防科研、信息产业、机械、电力、能源、交通、冶金、石油、建筑、邮电、生物、医学、环保、材料、灾害预测预防、农林、渔业生产、食品、烟酒制造、机器人、家电等诸多领域,可以说几乎渗透到每个领域。

　　传感器是能感受规定的被测量,并按一定的规律性换成可用输出信号的器件或装置,通常由敏感元件和转换元件组成。而敏感元件是传感器中能直接感知或响应被测量的元件;转换元件是传感器中能把敏感元件感知的或响应的被测量的信号转换成适于传输、处理或测量的电信号的部分。传感器又称换能器或变换器,有时也称为敏感元件,如把温度传感器称为热敏元件。随着科学和技术的发展,传感器向小型化、集成化和智能化方向发展。随着制作工艺的进步,特别是微/纳米加工技术的利用,传感器不断向小型化方向发展。同时它还向功能集成(多种传感检测功能的结合)、结构集成(把传感器同其预处理电路集成起来,甚至将 A/D 转换器件与发射装置等也集成在一起)和技术集成(多种技术的集成)方向发展。传感器与智能技术(人工智能)的结合,开发出硅膜片压力敏感元件同精度和漂移修正结合的智能型传感器。有的智能型传感器不仅有感知功能与信号处理功能,还有识别判断能力,如美国开发的灵捷传感器(又称为灵捷器件)。

　　由于传感器应用领域多、面又广,因此其品种和规格繁多,构成相对复杂。下面从传感器的构成角度进行简要介绍。

　　1. 能量变换型:它是无源型传感器,无须外加电源。传感器的功能就是将被测对象的信号能量变换成电压或电流信号能量。其组成比较简单,一般是敏感元件与转换元件合一的,只需构成转换电路就可将电信号输出。为了提高传感品质,减少附加效应引起的信号失真(即降低噪声),除上述基本组成外,还要添加一些必要的组成组元,例如:在声发射传感器的敏感-变换元件(压电晶体或压电陶瓷件)上附加声匹配并起降低声波反射作用的背衬件就是这类组元。

　　2. 有源型:它要求提供外加能量才能将信号转换成电信号,如声表面波传感器、感应同步器等。其外加电源供给转换电路。

　　3. 阻抗变换型:这类传感器首先把感受到的被测量信号变换成电路中的阻抗参数(电阻、电容或电感量),再由有外加电流的变换电路输出对应的电信号。

　　4. 中间变量型:这类传感器的敏感元件感受到的信号要经过中间变量的变换后才能从变换电路中输出相应的电信号。如力传感中,敏感元件受力后变换成变形或应力/应变,只有通过应变片等转换元件才能使之变换成变换电路中的阻抗参数变化,才有可能通过有源的变换电路输出电信号。有时这种中间变换要进行多次,其中有的中间变换也可以是无源型的变换。

5. 参比补偿器型:这类传感器利用有补偿功能敏感元件与传感用的敏感元件相对比,补偿消除环境温度或电源波动的影响,如用温度补偿片与压电元件构成可以减少温度变化影响的压电式压力传感器。

6. 差动型:采用差动的构成方式,以提高传感器的品质(灵敏度、线性度等),消除或降低环境变化的影响,如精密检测用的线性可调差动传感器(LVDT)。

此外,还有自成闭环系统的反馈型构成方式。其中的敏感元件或变换元件兼有反馈功能,使传感器自成闭环系统,如差动电容力平衡式加速度传感器。

下面介绍了三种典型的传感器,通过实验学习,希望对传感器有一定的了解。

传感器实验 1　箔式应变片性能——单臂电桥

【实验目的】

1. 观察了解箔式应变片的结构及粘贴方式。
2. 测试应变梁变形的应变输出。
3. 比较各桥路间的输出关系。

【实验仪器】

直流稳压电源(±4 V 挡)、电桥、差动放大器、箔式应变片、测微头(或双孔悬臂梁、称重砝码)、电压表。

【实验原理】

本实验说明箔式应变片及单臂直流电桥的工作原理。

应变片是最常用的测力传感元件。当用应变片测试时,应变片要牢固地粘贴在测试体表面,当测件受力发生形变,应变片的敏感栅随同变形,其电阻值也随之发生相应的变化。通过测量电路,转换成电信号输出显示。

电桥电路是最常用的非电量电测电路中的一种,当电桥平衡时,桥路对臂电阻乘积相等,电桥输出为零,在桥臂四个电阻 R_1,R_2,R_3,R_4 中,电阻的相对变化率分别为 $\Delta R_1/R_1$,$\Delta R_2/R_2$,$\Delta R_3/R_3$,$\Delta R_4/R_4$,当使用一个应变片时,$\sum R = \dfrac{\Delta R}{R}$;当两个应变片组成差动状态工作时,则有 $\sum R = \dfrac{2\Delta R}{R}$;用四个应变片组成两个差动对工作,且 $R_1=R_2=R_3=R_4=R$ 时,有 $\sum R = \dfrac{4\Delta R}{R}$。

由此可知,单臂、半桥、全桥电路的灵敏度依次增大。

【实验内容及步骤】

1. 仪器调零:开启仪器电源,差动放大器增益置 100 倍(顺时针方向旋到底),"+、−"输入端用实验线对地短路。输出端接数字电压表,用"调零"电位器调整差动放大器输出电压为零,然后拔掉实验线。调零后电位器位置不要变化。

如需使用毫伏表,则将毫伏表输入端对地短路,调整"调零"电位器,使指针居"零"位。拔掉短路线,指针有偏转是有源指针式电压表输入端悬空时的正常情况。调零后关闭仪器电源。

2. 按图 6-5 将实验部件用实验线连接成测试桥路。桥路中 R_1,R_2,R_3 和 W_D 为电桥中的固定电阻和直流调平衡电位器,R 为应变片(可任选上、下梁中的一片工作片)。直流激励电源为±4 V。测微头装于悬臂梁前端的永久磁钢上,并调节使应变梁处于基本水平状态。

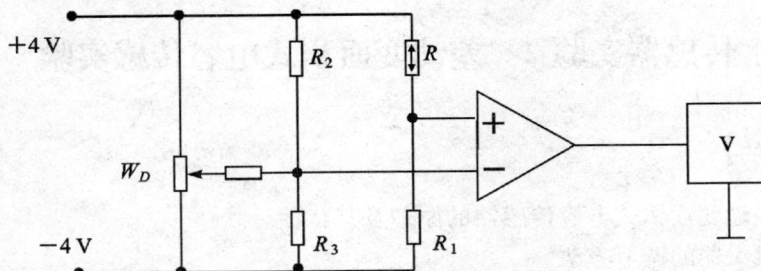

图 6-5　实验原理图

3. 开启仪器电源：确认接线无误后开启仪器电源，并预热数分钟。调整电桥 W_D 电位器，使测试系统输出为零。

4. 实际测量：旋动测微头，带动悬臂梁分别作向上和向下的运动，以悬臂梁水平状态下电路输出电压为零为起点，向上和向下移动各 5 mm，测微头每移动 0.5 mm 记录一个差动放大器输出电压值，并列表。（或在双孔悬臂梁称重平台上依次放上砝码，进行上述实验。）

表 6-2　实验数据记录表

X(mm)							
V(V)							
X(mm)							
V(V)							

实验小组每一位同学操作一次，记录数据填入表 6-2 中。根据表中所测数据计算灵敏度 S，$S= \Delta V/\Delta X$，并在坐标图上做出 V-X 关系曲线。

【注意事项】

1. 实验前应检查实验接插线是否完好，连接电路时应尽量使用较短的接插线，以避免引入干扰。

2. 接插线插入插孔，以保证接触良好，切忌用力拉扯接插线尾部，以免造成线内导线断裂。

3. 稳压电源不要对地短路。

传感器实验 2　差动变面积式电容传感实验

【实验目的】

1. 了解差动变面积式电容传感器的原理及其特性。
2. 掌握放大器的调节方法。
3. 了解差动电容传感器在小位移、荷重及振动测量方面的应用。

【实验所需部件】

电容传感器、电容变换器、差动放大器、F/V 表、低通滤波器、毫伏表、低频振荡器、测微头、示波器、砝码。

【实验原理】

（一）工作原理

两平行极板组成的电容器，如果不考虑边缘效应，其电容量为

$$C = \frac{\varepsilon S}{\delta}$$

当被测量的变化使上式中的 δ，S 或 ε 任一参数发生变化时，电容量 C 也就随之变化，这就是电容式传感器的工作原理。

（二）结构原理

差动变面积式电容传感器的结构一般为两固定极板之间有一块可动极板，可动极板 1，固定极板 2 和 3，极板 2 和极板 3 在结构上相互绝缘并固定不动，可动极板 1 与 2、3 之间可做相对移动并保持间距不变。当可动极板位于中间时，分别与 2 和 3 构成初始电容 C_1 和 C_2，只要结构对称，可保证 $C_1 = C_2$，这在结构上较易做到。令初始电容为 C_0，当可动极板左右移动时，如左移，则左边电容增大 C，右边电容减小 C，故形成差动结构。由于平板电容的电容大小与极板的正对面积成正比，因此，这种电容式传感器有良好的线性输出。因平板电容的容量非常小，故实际结构多做成若干对极板平行设置来增大电容值，以得到较大的电容变化。另外，电荷在空气中非常容易逃逸。为保证测试精度应考虑静电屏蔽问题，可以设置金属屏蔽外壳。产生的电容变化量需通过一定的测量电路才能将其转换成电压或电流信号输出，实现对可动极板移动的非电量的测定。利用此装置可进行小位移测量，作电子秤，可作振动测量。

　　所用测量电路主要有以下几种：第一种是简单的交流电桥，通过将变压器的次级线圈中点接地，与差动电容构成差动电桥。其输出与电容的相对变化率成正比，因无法判别其方向，故实际应用时需加相敏检波器才行。这种测量电路结构较简单，但精度低，一般用于测量精度较低的检测系统中。第二种常用电路是紧耦合电桥，这种电路的工作原理与第一种相似，区别在于它采用了两个固定的紧耦合电感线圈，因此它的灵敏度在一定条件

下为恒定值,不受电源频率波动的影响。第三种测量电路是调频电路,这种电路的工作原理是把电容传感器当作振荡器电路的一部分,当电容传感器的输出电容有变化时引起振荡频率的改变,通过测量振荡器的频率变化就能测出传感器的电容变化,进而导出引起电容变化的非电量。因振荡器的频率受传感器的电容调制,所以称作调频电路。这种电路结构较复杂,但灵敏度高,抗干扰能力强,与单片机配合使用能取得良好的效果。

(三)性能测试原理

性能测试主要是依据 CSY 系列传感器系统试验仪进行,利用上面的螺旋测微机构来带动传感器动片的移动,进而改变电容的大小,形成差动变化,将其送到电容变换模块转换成电压信号,再由电压放大器进一步放大,最后由液晶电压表显示出来。

【实验内容及步骤】

(一)静态及动态特性

1.将有关旋钮旋转到初始位置:差动放大器增益旋钮置于中间,F/V 表置于 V 表的 2 V 挡。

2.按图 6-6,图 6-7 接线。F/V 表打到 20 V,调节测微头,使输出为零。

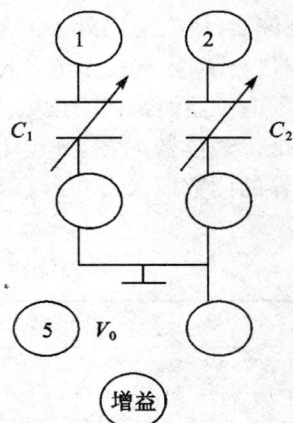

图 6-6 电容变换器

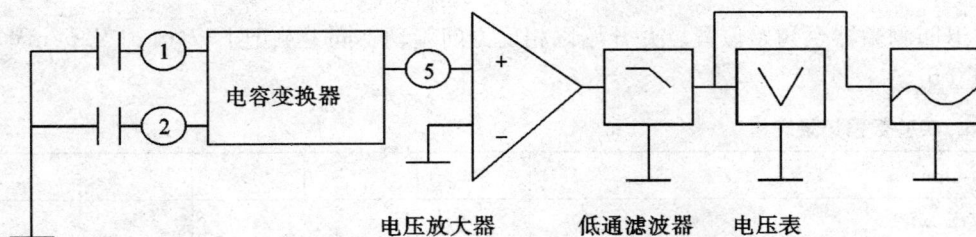

图 6-7 电原理图

3.转动测微头,每次 0.1 mm,记下此时测微头的读数及电压表的读数填入表 6-3,直至电容动片与上(或下)静片覆盖面积最大为止。

表 6-3　实验数据记录表格

X(mm)				
V(mV)				

4.退回测微头至初始位置。并开始以相反方向旋动。同上法,记下 X(mm)及 V(mV)值填入表 6-4。

表 6-4　实验数据记录表格

X(mm)				
V(mV)				

5.计算系统灵敏度 S。$S=\Delta V/\Delta X$(式中 ΔV 为电压变化,ΔX 为相应的梁端位移变化),并作出 V-X 关系曲线。

6.卸下测微头,断开电压表,接通激振器,用示波器观察输出波形。

(二)位移测量

1.接好电路,对毫伏表和差动放大器调零。

2.调节电容传感器的输出电位器,使之输出处最大位置(顺时针转至尽头)。让平台处于水平自由位置,令差动放大器"−"输入端接于电容传感器的输出端"③",毫伏表量程接±0.5 V。调节差动放大器调零电位器使毫伏表读数为零。

3.装上测微器并调节之,使毫伏表读数为零,并记下此时测微头的读数。旋动测微器,每次 0.5 mm,记下此时测微器的读数填入表 6-5,直至动片与下(或上)定片覆盖面积最大为止。

表 6-5　实验数据记录表格

d(mm)				
V(mV)				
d(mm)				
V(mV)				

退回测微器至初始位置。并开始以相反方向旋动。同上法记下 d(mm)及 v(mV)填入表 6-6。

表 6-6　实验数据记录表格

d(mm)				
V(mV)				
d(mm)				
V(mV)				

根据上面两表的数据作出 $d(\mathrm{mm})$-$V(\mathrm{mV})$ 曲线,求出非线性范围内的灵敏度。

(三)电子秤的定标

保持各单元的旋钮位置。

1.取下测微器,让平台处于自由状态,调节差动放大器的调零电位器使毫伏表指示为零。

2.称重定标:在平台上加不同重量的砝码进行定标,将结果填入表 6-7。

表 6-7　实验数据记录表格

$W(\mathrm{g})$							
$V(\mathrm{V})$							
$W(\mathrm{g})$							
$V(\mathrm{V})$							

根据表 6-7 数据作出 W-V 曲线,决定非线性误差低于 2% 的线性范围,在非线性范围内标定值。

3.在平台上加上一个重量未知的重物,记下毫伏表的读数。

4.根据实验结果得出重物的重量。

(四)振幅测量

1.按照上面的接线,将低频振荡器输出接到激荡器,幅度旋钮调到适当位置。

2.保持低频振荡器的幅度不变,用示波器观察低通滤波器的输出,读出峰-峰电压值,记下实验数据,填入表 6-8。

表 6-8　实验数据记录表格

$F(\mathrm{Hz})$							
$V_{0p\text{-}p}(\mathrm{V})$							
$F(\mathrm{Hz})$							
$V_{0p\text{-}p}(\mathrm{V})$							

3.根据实验结果作出平台的振幅-频率特性曲线,指出自振频率的大概值。

【注意事项】

1.电容传感器中点的接地一定要可靠,否则不能形成完全差动结构,将影响测试效果。

2.测微头位置要正确,如松动应及时旋紧以免影响动片的位移精度。

3.电压放大增益要适中,以获得合适的输出电压值。

4.拆线时要先旋松再拔出接头,以免损坏连接导线。

5.策动频率达到平台自振频率时,振幅将大大增加,为不使平台振坏,要注意选择低频振荡器的振幅,不使平台振动过大。

【思考题】

1.为何实际测试结果与理论预测存在较大差距,试分析其中的可能原因。

2.如何进一步提高差动变面积式电容传感器的性能?

3.如何改善和扩大其线性范围?

传感器实验3　　光纤位移传感实验

【实验目的】

1. 通过本次实验使同学们全面了解光纤传感器的工作原理、功能和特点。
2. 掌握光纤位移传感器的结构原理及其性能标定的方法。
3. 学会这种传感器的静态和动态性能测试。

【实验所需部件】

光纤传感器、低通滤波器、差动放大器、测微头、低频振荡器和振动台。

【实验原理】

光纤传感器是依靠光在光纤中传导时受到被测对象的影响使光的强度、波长、相位或频率等参数发生改变,通过检测接收光的各个参数来对被测量进行检测或控制的一种传感器。光纤的导光原理如图 6-8 所示,它由导光的芯体玻璃和包在外面的玻璃纤维组成,最外层是用塑料或橡胶做成的保护外套。因此,光纤具有一定的机械强度,且柔软可任意弯曲。纤芯由比头发还细的玻璃纤维、石英或塑料等透明度良好的光介质构成,其折射率远远大于包层,使得理论上光在里面能产生全反射,实现光的完全传输,不存在损失。当然,实际上由于光在传输时有费涅耳反射损耗、光吸收损耗、全反射损耗及弯曲损耗等。因此,光纤也是不可能百分之百地将入射光的能量传输到目的地的,所以当光纤传感器的光路很长时应考虑对其进行补偿。

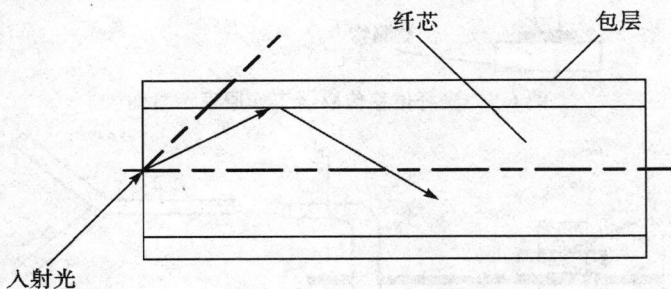

图 6-8　导光原理示意图

通常按光纤在传感器中所起的作用不同,将光纤传感器分成功能型(或称为传感型)和非功能型(传光型、结构型)两大类。功能型光纤传感器使用单模光纤,它在传感器中不仅起传导光的作用,而且又是传感器的敏感元件。它的工作原理是利用光纤本身的传输特性受被测物理量作用发生变化,而使光纤中传导光的特性(如光强、相位、偏振态、波长)被调制这一特点。因此,这类光纤传感器又分为光强调制型、相位调制型、偏振态调制型和波长调制型等四种。典型的功能型光纤传感器有:利用光纤在高电场下的泡克耳效应制作的光纤电压传感器。这种传感器的特点是:由于光纤本身是敏感元件,因此加长光纤的长度,可以提高传感器的灵敏度。尤其是利用种种干扰技术对光的相位变化进行测量的光纤传感器,具有超高灵敏度。但这类传感器在制造上技术难度较大,结构比较复杂,且调试困难。

非功能型光纤传感器中,光纤本身只起传光作用,并不是传感器的敏感元件。它是利用在光纤端面或在两根光纤中间放置光学材料、机械式或光学式的敏感元件感受被测物理量的变化,使透射光或反射光强度随之发生变化。所以这种传感器也叫传输回路型光纤传感器,也有并不需要外加敏感元件的形式,它的工作原理是:光纤把测量对象辐射的光信号或测量对象反射、散射的光信号直接传导到光电元件上,实现对被测物理量的检测。为了得到较大的受光量和传输光的功率,这种传感器所使用的光纤主要是孔径大的阶跃型多模光纤。该光纤传感器的特点是结构简单、可靠,技术上容易实现,便于推广应用,但灵敏度较低,测量精度也不高。

本次实验所用的光纤传感器属于反射光强调制型,它是通过改变反射面与光纤端面之间的距离来改变光纤输出光的强度。其工作原理如图 6-10 中第 3,4,5,6 部分所示,光源发出的光经发送光纤传导到被测物的表面反射回来,由接收光纤传导到光电检测元件上。由于当被测物体移动时光纤端面到反射面之间的距离产生变化导致反射光的强度不同,进一步使得光电元件的输出信号发生改变,从而建立输出电压与被测物体位移之间的函数关系,完成对微小位移的检测。

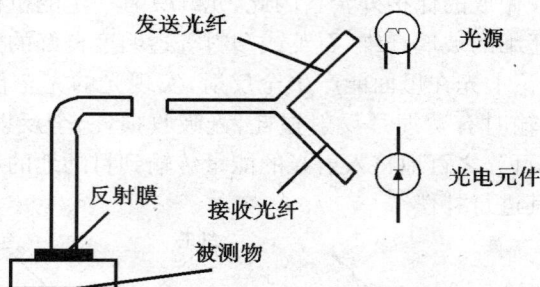

图 6-9 光纤位移传感器工作原理示意图

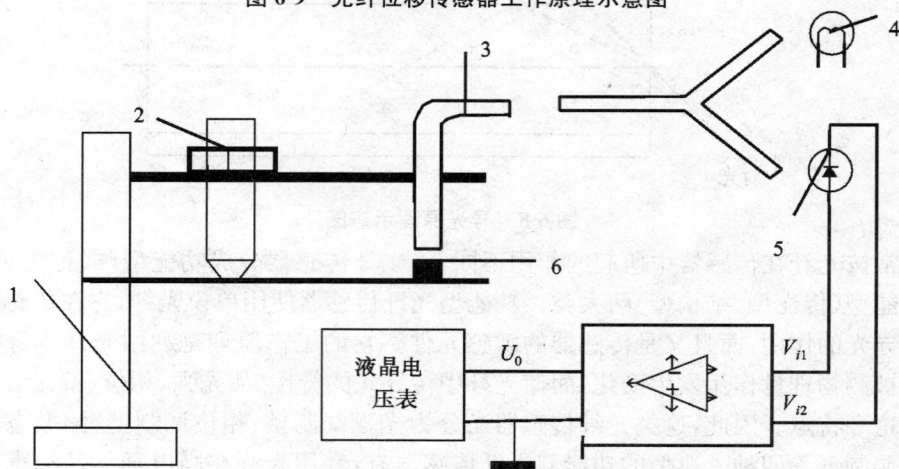

图 6-10 静态标定原理框图

传感器的反射面可以是被测物的表面,也可以是专门的反射膜。Y 形光纤束由约几百根到几千根直径为几十微米的阶跃型多模光纤集束而成。它被分成纤维数目大致相等、长度相同的两束,一束为发送光纤,它与光源耦合;另一束是接收光纤,被测物体表面的反射光由它拾取后传导到光电元件后转换成电信号输出。发送光纤束和接收光纤束在汇集处端面的分布形式有好几种,如随机分布、对半分布及同轴分布等,不同的分布方式有不同的光强与位移的特性曲线,其中随机分布形式最好。采用这种分布方式的光纤位移传感器,其灵敏度和线性度都较好,因此,光纤位移传感器所使用的光纤一般都是随机分布。

光纤位移传感器一般用于小位移的检测,主要应用于零件的椭圆度、锥度、偏斜度及镀层的不平度等检测中,也可用于微弱振动的检测。

光纤位移传感器性能测试的基本原理是利用 YL-CG 型传感器实验台所提供的螺旋测微头来产生标准位移,对反射光强调制型光纤位移传感器进行静态特性的标定和动态特性的检测。原理框图如图 6-10 所示:其中由固定架 1、螺旋测微头 2、光纤 3 和反光膜 6 组成微位移信号产生系统部分;光源 4、光纤 3 和光电转换器 5 来实现位移信号的传输、接收和转换;差动放大器对转换成的电信号进行放大处理,由液晶电压表进行显示。

动态测试时由低频振荡器驱动振动台,使反光膜产生位移,此时应拆去测微头。处理电路部分应再加上低通滤波器和示波器。

【实验内容】

1.仔细观察反射光强调制型光纤位移传感器的结构及组成,了解其性能特点和实际应用情况。

2.对传感器进行静态标定,按图 6-10 所给的原理框图,接好线路。每改变一下反光膜的位置,就能得到一个不同的输出电压值,以一定的位移间隔(如 0.05 mm)进行反复测量。最后根据得到的测量结果算出系统灵敏度,完成对传感器的静态标定工作。

3.对传感器进行动态性能测试,对原电路进行适当改进,拆掉测微头,接上低频振荡器,使悬臂梁能产生小幅度低频振动,在处理电路里面加上低通滤波器和示波器,改变振荡频率或振荡幅度,观察输出信号的变化情况,根据上面的静态标定结果测量出振动的幅度和频率。

【实验步骤】

1.观察实验台的光纤传感器结构,注意它是由两束光纤混合后组成 Y 形光纤,其探头截面为半圆分布。

2.在振动台面上贴上反射片,液晶电压表置 2 V 挡。

3.如图 6-10 所示接线,由于光/电转换电路已在实验台内部接好,故可将电信号直接经差动放大器放大。

4.仔细接好线路,经指导教师检查同意后方可通电;旋转螺旋测微头,使光纤探头与振动台面上的反光片接触,将差动放大器增益置于中间位置,调节差动零位电位器,使其输出(电压表)为零,用手轻压振动台使台面离开探头,观察电压读数由小—大—小的变化,调节差动放大器增益将最大值控制在 1 V 左右,同时,反复调整零位。

5.转动螺旋测微器,每隔 0.05 mm 读出电压表的读数,填入表 6-9 内。

表 6-9　位移与输出电压

X(mm)								
V(V)								

g)计算出系统灵敏度 $K_V = \Delta V/\Delta X$,作出 V-X 曲线,估算出此传感器的线性范围。

【注意事项】

1.进行静态标定时应注意周围光线的影响,要保持周围自然光稳定不变,否则会影响测量结果。

2.开始标定前应先对差动放大器进行零位调整,由于光纤传感器的灵敏度很高,故标定时必须仔细地调整测微头的位移,以确保标定精度。

(本实验内容由李良国、张长莲负责编写)

[附] CSY-998 型传感器系统实验仪

CSY-998 型传感器系统实验仪是由浙江大学杭州高联传感技术有限公司研制生产的一种专门用于传感器与自动检测技术课程实验教学的仪器,该实验仪如图 6-11 所示。

图 6-11　CSY-998 型传感器系统实验仪

它主要由各类传感器(包括应变式、压电式、磁电式、电容式、霍尔式、热电偶、热敏电阻、差动变压器、涡流式、气敏、湿敏、光纤传感器等)、测量电路(包括电桥、差动放大器、电容放大器、电压放大器、电荷放大器、涡流变换器、移相器、相敏检波器、低通滤波器等)及其接口插孔组成。该系统还提供了直流稳压电源、音频振荡器、低频振荡器、F/V 表、电机控制等。

主要技术指标：

1. 差动变压器量程：$\geqslant 5$ mm。

2. 电涡流位移传感器量程：$\geqslant 1$ mm。

3. 霍尔式传感器量程：$\geqslant 1$ mm。

4. 电容式传感器量程：$\geqslant 2$ mm。

5. 热电偶：铜-康铜。

6. 热敏电阻：温度系数：负；25℃阻值：10 kΩ。

7. 光纤传感器：半圆分布、LED 发光管。

8. 压阻式压力传感器量程：10 kPa(差压)供电：$\leqslant 6$ V。

9. 压电加速度计：安装共振频率：$\geqslant 10$ kHz。

10. 应变式传感器：箔式应变片阻值：350 Ω。

11. PN 结温度传感器：灵敏度约−2.1 mV/℃。

12. 差动放大器：放大倍数 1～100 倍可调。

注意事项：

1. 应在确保接线无误后才能开启电源。

2. 选插式插头应避免拉扯，以防插头折断。

3. 对从电源、振荡器引出的线要特别注意，不要接触机壳造成断路，也不能将这些引线到处乱插，否则，很可能引起仪器损坏。

4. 用激振器时不要将低频振荡器的激励信号开得太大，以免梁的振幅过大而损坏。

5. 音频振荡器接低阻负载(小于 100 Ω)时，应从 LV 口输出，不能从另两个电压输出插口输出。

实验三十七　声速测定

【实验原理】

首先介绍超声波与压电陶瓷换能器。频率 20 Hz 至 20 kHz 的机械振动在弹性介质中传播形成声波,高于 20 kHz 称为超声波。超声波的传播速度就是声波的传播速度,而超声波具有波长短,易于定向发射等优点。声速实验所采用的声波频率一般都在 20 Hz ~60 kHz 之间。在此频率范围内,采用压电陶瓷换能器作为声波的发射器、接收器效果最佳。

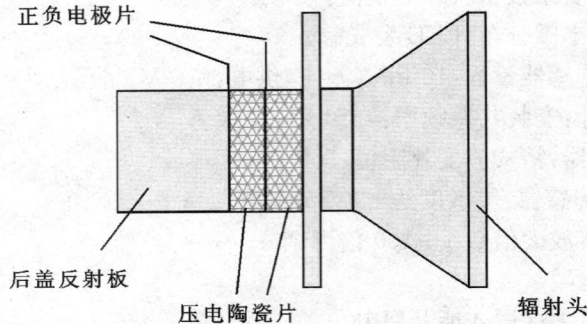

图 6-12　纵向换能器的结构简图

压电陶瓷换能器根据它的工作方式,分为纵向(振动)换能器、径向(振动)换能器及弯曲振动换能器。声速实验中所用的大多数采用纵向换能器。图 6-14 为纵向换能器的结构简图。

(一)共振干涉法(驻波法)测量声速

假设在无限声场中,仅有一个点声源 S1(发射换能器)和一个接收平面(接收换能器 S2)。当点声源发出声波后,在此声场中只有一个反射面(即接收换能器平面),并且只产生一次反射。

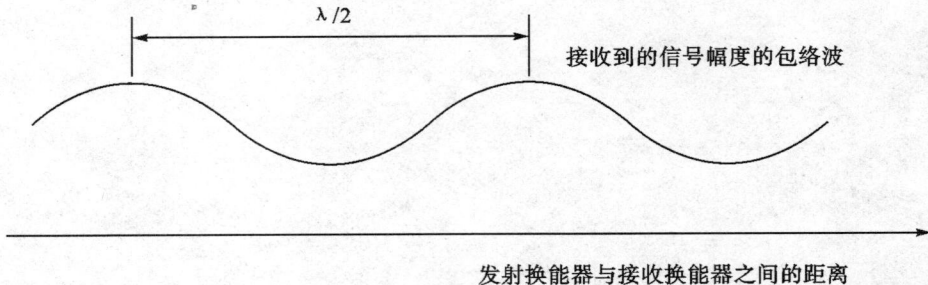

图 6-13　换能器间距与合成幅度

在上述假设条件下，发射波 $\xi_1 = A\cos(\omega t + 2\pi x/\lambda)$。在 S2 处产生反射，反射波 $\xi_2 = A_1\cos(\omega t + 2\pi x/\lambda)$，信号相位与 ξ_1 相反，幅度 $A_1 < A$。ξ_1 与 ξ_2 在反射平面相交叠加，合成波束 ξ_3

$$\xi_3 = \xi_1 + \xi_2 = (A_1 + A_2)\cos(\omega t - 2\pi x/\lambda) + A_1\cos(\omega t + 2\pi x/\lambda)$$
$$= A_1\cos(2\pi x/\lambda)\cos\omega t + A_2\cos(\omega t - 2\pi x/\lambda)$$

由此可见，合成后的波束 ξ_3 在幅度上，具有随 $\cos(2\pi x/\lambda)$ 呈周期变化的特性，在相位上，具有随 $(2\pi x/\lambda)$ 呈周期变化的特性。

实验装置按图 6-18 所示，图中 S1 和 S2 为压电陶瓷换能器。S1 作为声波发射器，它由信号源供给频率为数十千赫的交流电信号，由逆压电效应发出一平面超声波；而 S2 则作为声波的接收器，压电效应将接收到的声压转换成电信号。将它输入示波器，我们就可看到一组由声压信号产生的正弦波形。由于 S2 在接收声波的同时还能反射一部分超声波，接收的声波、发射的声波振幅虽有差异，但二者周期相同且在同一线上沿相反方向传播，二者在 S1 和 S2 区域内产生了波的干涉，形成驻波。我们在示波器上观察到的实际上是这两个相干波合成后在声波接收器 S2 处的振动情况。移动 S2 位置（即改变 S1 和 S2 之间的距离），从示波器显示上会发现，当 S2 在某位置时振幅有最小值。根据波的干涉理论可以知道：任何两相邻的振幅最大值的位置之间（或二相邻的振幅最小值的位置之间）的距离均为 $\lambda/2$。为了测量声波的波长，可以在一边观察示波器上声压振幅值的同时，缓慢地改变 S1 和 S2 之间的距离。示波器上就可以看到声振动幅值不断地由最大变到最小再变到最大，两相邻的振幅最大之间的距离为 $\lambda/2$；S2 移动过的距离亦为 $\lambda/2$。超声换能器 S2 至 S1 之间的距离的改变可通过转动鼓轮来实现，而超声波的频率又可由声速测试仪信号源频率显示窗口直接读出。

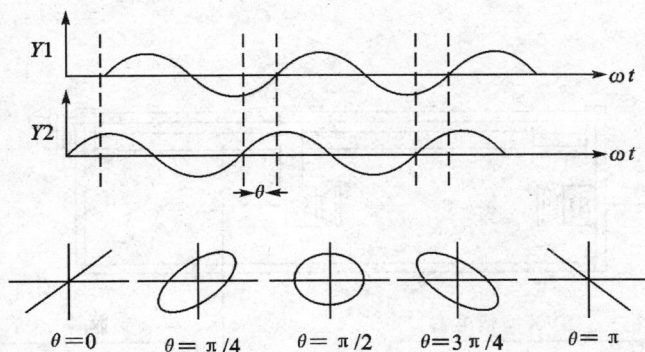

图 6-14　用李萨如图观察相位变化

在连续多次测量相隔半波长的 S2 的位置变化及声波频率 f 以后，我们可运用测量数据计算出声速，用逐差法处理测量的数据。

（二）相位法测量原理

由前述可知入射波 ξ_1 与反射波 ξ_2 叠加，形成波束 ξ_3，即

$$\xi_3 = A_1\cos(2\pi x/\lambda)\cos\omega t + A_2\cos(\omega t - 2\pi x/\lambda)$$

即对于波束：
$$\xi_1 = A\cos(\omega t - 2\pi x/\lambda)$$

由此可见,在经过 Δx 距离后,接收到的余弦波与原来位置处的相位差(相移)为 $\theta = 2\pi\Delta x/\lambda$。如图 6-14 所示。因此能通过示波器,用李萨如图法观察测出声波的波长。

(三)时差法测量原理

连续波经脉冲调制后由发射换能器发射至被测介质中,声波在介质中传播,经过 t 时间后,到达 L 距离处的接收换能器。由运动定律可知,声波在介质中传播的速度可由以下公式求出：
$$速度 V = 距离 L/时间 t$$

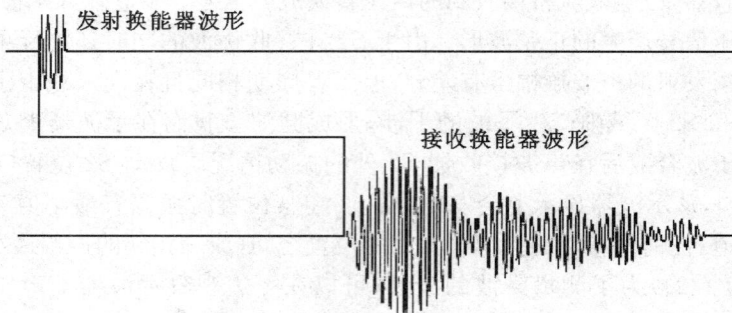

图 6-15　发射波与接收波

通过测量两换能器发射接收平面之间距离 L 和时间 t,就可以计算出当前介质下的声波传播速度。

【实验过程】

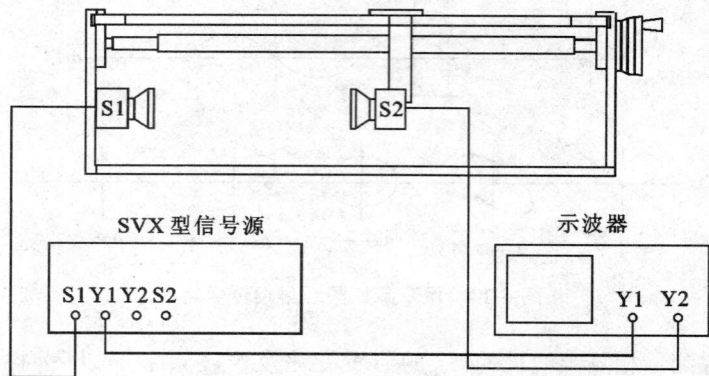

图 6-16　驻波法、相位法连线图

1. 仪器在使用之前,加电开机预热 15 min。在接通市电后,自动工作在连续波方式,选择的介质为空气的初始状态。

2.驻波法测量声速。

(1)测量装置的连接。如图 6-16 所示,信号源面板上的发射端换能器接口(S1),用于输出一定频率的功率信号,将其接至测试架的发射换能器(S1);信号源面板上的发射端的发射波形 Y1,接至双踪示波器的 CH1(Y1),用于观察发射波形;接收换能器(S2)的输出接至示波器的 CH2(Y2)

(2)测定压电陶瓷换能器的最佳工作点。只有当换能器 S1 的发射面和 S2 的接收面保持平行时才有较好的接收效果;为了得到较清晰的接收波形,应将外加的驱动信号频率调节到换能器 S1,S2 的谐振频率点处,这时才能较好地进行声能与电能的相互转换(实际上有一个小的通频带),以得到较好的实验效果。按照调节到压电陶瓷换能器谐振点处的信号频率,估计一下示波器的扫描时基 t/div,并进行调节,使在示波器上获得稳定波形。

超声换能器工作状态的调节方法如下:各仪器都正常工作以后,首先调节发射强度旋钮,使声速测试仪信号源输出合适的电压(8～10 V_{P-P} 之间),再调整信号频率(在 25～45 kHz),选择合适的示波器通道增益(一般 0.2～1 V/div 之间的位置),观察频率调整时接收波的电压幅度变化,在某一频率点处(34.5～37.5 kHz 之间)电压幅度最大,此频率即是压电换能器 S1,S2 相匹配频率点,记录频率 F_N,改变 S1 和 S2 间的距离,适当选择位置,重新调整,再次测定工作频率,共测 5 次,取平均频率 f。

(3)测量步骤。将测试方法设置到连续波方式,合适选择相应的测试介质。完成前述(1)、(2)步骤后,观察示波器,找到接收波形的最大值。然后转动距离调节鼓轮,这时波形的幅度会发生变化,记录下幅度为最大时的距离 L_{i-1},距离由数显尺(数显尺原理说明见附录 2)或在机械刻度上读出,再向前或者向后(必须是一个方向)移动距离,当接收波经变小后再到最大时,记录下此时的距离 L_i。即有波长 $\lambda_i = 2 | L_i - L_{i-1} |$,多次测定用逐差法处理数据。

3.相位法/李萨如图法测量波长的步骤:将测试方法设置到连续波方式,合适选择相应的测试介质。完成前述 2 中(1)、(2)步骤后,将示波器打到"X-Y"方式,并选择合适的通道增益。转动距离调节鼓轮,观察波形为一定角度的斜线,记录下此时的距离 L_{i-1};距离由数显尺(数显尺原理说明见附录 2)或在机械刻度尺上读出,再向前或者向后(必须是一个方向)移动距离,使观察到的波形又回到前面所说的特定角度的斜线,记录下此时的距离 L_i。即有波长 $\lambda_i = | L_i - L_{i-1} |$。

4.干涉法/相位法测量数据处理:已知波长 λ_i 和频率 f_i(频率由声速测试仪信号源频率显示窗口直接读出),则声速 $C_i = \lambda_i \times f_i$。

因声速还与介质温度有关,所以必要时请记下介质温度 $t℃$。

5.时差法测量声速步骤:按图 6-17 所示进行接线。将测试方法设置到脉冲波方式,并选择相应的测试介质。将 S1 和 S2 之间的距离调到一定值(≥50 mm),再调节接收增益,使显示的时间差值读数稳定,此时仪器内置的计时器工作在最佳状态。然后记录此时的距离值和信号源计时器显示的时间值 L_{i-1},t_{i-1}。移动 S2,如果计时器读数有跳字,则微调(距离增大时,顺时针调节;距离减小时,逆时针调节)接收增益,使计时器读数连续准确变化。记录下这时的距离值和显示的时间值 L_i,t_i。则声速 $C_i = (L_i - L_{i-1})/(t_i -$

t_{i-1}）。

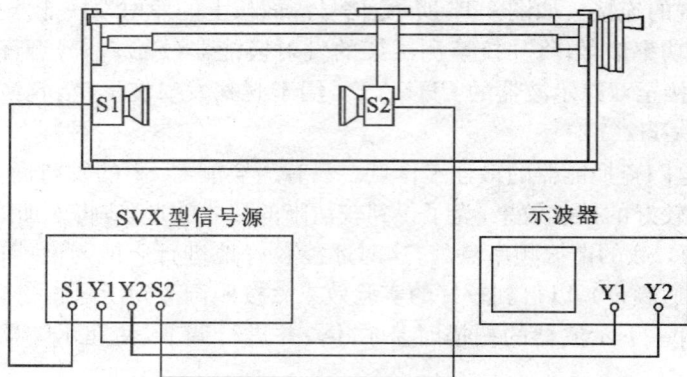

图 6-17　时差法测量声速接线图

　　当使用液体为介质测试声速时,先在测试槽中注入液体,直至把换能器完全浸没,但不能超过液面线。然后将信号源面板上的介质选择键切换至"液体",即可进行测试,步骤相同。

　　6*. 固体介质中的声速测量:在固体中传播的声波是很复杂的,它包括纵波、横波、扭转波、弯曲波、表面波等,而且各种声速都与固体棒的形状有关。金属棒一般为各向异性结晶体,沿任何方向可有三种波传播,只在特殊情况下为纵波。

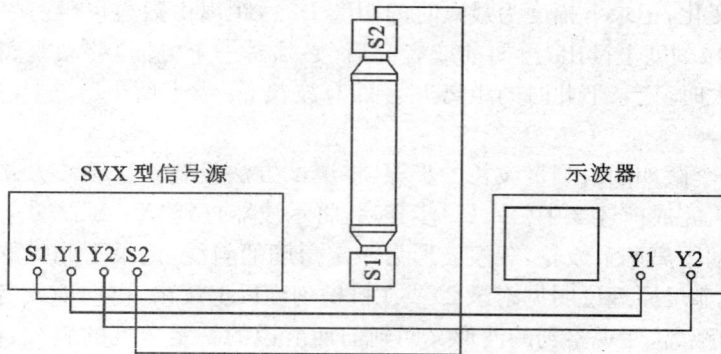

图 6-18　测量固体介质中声速的接线图

　　固体介质中的声速测量需另配专用的 SVG 固体测量装置,用时差法进行测量。

　　实验提供两种测试介质:塑料棒和铝棒。每种材料有长、中、短三根样品,塑料棒的长度分别为 160 mm,120 mm,80 mm;金属棒的长度分别为 180 mm,130 mm,80 mm。对于每种材料的固体棒,只需测两根样品,即可按上面的方法算出声速:

$$C_i = (L_i - L_{i-1})/(t_i - t_{i-1})$$

　　测量时,按图 6-18 接线。由于固体中声波的衰减很小,为了减小干扰,建议将连续波的频率调到 30 kHz 以下。将接收增益调到适当位置(一般为最大位置),以计时器不跳字为好。介质选择为"固体"。将发射换能器(标有 T)发射端面朝上竖立放置,在发射端面和固体棒的端面上涂上适量的耦合剂。再把固体棒放在发射面上,使其紧密接触并对准,然后将接收换能器(标有 R)接收端面放置于固体棒端面上并对准,利用接收换能器的自重与固体棒端面接触。由于接收换能器的自重不变,所以这样得到的数据是很稳定的。若不稳定,可能是接触面上有灰尘,或耦合剂太少,可重新放置或增加耦合剂,使其接触良好,读数稳定准确为止。

提示:金属棒的计时读数在 $33\sim55\ \mu s$ 之间,塑料棒的计时读数在 $55\sim110\ \mu s$ 为正常值,跳字或者大于这个范围的一般是没有接触好。

【实验数据记录】

声速在标准大气压下与传播介质空气的温度关系为:$V=(331.45+0.59t)$ m / s

实验室环境温度 $t=$ _____(℃)

表 6-10　压电陶瓷换能器系统最佳工作频率

f(kHz)							
I_{p-p}(格)							
f(kHz)							
I_{p-p}(格)							

利用实验数据中 $I_{P-P\max}$ 所对应的频率,确定系统最佳工作频率 $f_0=$ _____
(kHz)。

表 6-11　共振干涉法测量波长　　　　　　　　工作频率 $f_0=$ _____(　　)

I_{P-P}	$I_{P-P\max 1}$	$I_{P-P\max 2}$	$I_{P-P\max 3}$	$I_{P-P\max 4}$	$I_{P-P\max 5}$	$I_{P-P\max 6}$
L_i(cm)						
I_{P-P}	$I_{P-P\max 1}$	$I_{P-P\max 2}$	$I_{P-P\max 3}$	$I_{P-P\max 4}$	$I_{P-P\max 5}$	$I_{P-P\max 6}$
L_i(cm)						

利用逐差法处理数据 $\bar{\lambda}=2\times\dfrac{1}{3^2}\sum\limits_{i=1}^{3}(L_{i+3}-L_i)=$ _____(　　)

由此得到声速 $V=\bar{\lambda}\cdot\bar{f}=$ _____(　　)

表 6-12　相位比较法测量波长　　　　　　　　工作频率 $f_0=$ _____(　　)

i	1	2	3	4	5	6
L_i(cm)						

利用逐差法处理数据 $\bar{\lambda}=\dfrac{1}{3^2}\sum\limits_{i=1}^{3}(L_{i+3}-L_i)=$ _____

由此得到声速 $V=\bar{\lambda}\cdot\bar{f}=$ _____

表 6-13　时差法测量声速

i	1	2	3	4	5	6	7	8
L_i (cm)								
t_i (10^{-6} s)								

i	9	10	11	12	13	14	15	16
L_i (cm)								
t_i (10^{-6} s)								

利用逐差法处理数据：$V = \dfrac{1}{8}\sum\limits_{i=1}^{8}\left[(L_{i+8}-L_i)/(t_{i+8}-t_i)\right] = $ ＿＿＿＿＿＿＿＿

5. 实验测得的声速值与公认值比较写出其百分差值。

【实验数据处理】

1. 自拟表格记录所有的实验数据，表格要便于用逐差法求相应位置的差值和计算 λ。

2. 以空气介质为例，计算出共振干涉法和相位法测得的波长平均值 λ，及其标准偏差 S_λ，同时考虑仪器的示值读数误差为 0.01 mm。经计算可得波长的测量结果 $λ = ±Δλ$。

3. 按理论值公式 $V_s = V_0\sqrt{\dfrac{T}{T_0}}$，算出理论值 V_s。

式中，$V_0 = 331.45$ m/s 为 $T_0 = 273.15$ K 时的声速，$T = (t+273.15)$ K。

或按经验公式 $V = (331.45+0.59t)$ m/s，计算 V。t 为介质温度(℃)。

4. 计算出通过两种方法测量的 V 以及 $ΔV$ 值，其中 $ΔV = V-V_s$。

将实验结果与理论值比较，计算百分比误差。分析误差产生的原因。可写为在室温为＿＿＿＿℃时，用共振干涉法（相位法）测得超声波在空气中的传播速度为 $V = $ ＿＿＿＿＿±＿＿＿＿＿ m/s，$\delta = \dfrac{\Delta V}{\Delta s} = $ ＿＿＿＿＿%。

5. 列表记录用时差法测量塑料棒及金属棒的实验数据：

三根相同材质，但不同长度待测棒的长度。

每根测试棒所测得相对应的时间。

用逐差法求相应的差值，然后计算出声速，并与理论声速传播测量参数进行比较，并计算百分误差。

6. 声速测量值与公认值比较：

(1)空气中声速按理论值公式 $V_s = V_0\sqrt{\dfrac{T}{T_0}}$，求得 V_s。

式中，$V_0 = 331.45$ m/s 为 $T_0 = 273.15$ K 时的声速，$T = (t+273.15)$ K。

或按经验公式 $V = (331.45+0.59t)$ m/s，计算 V。t 为介质温度(℃)。

(2)液体中的声速

表 6-14　　液体中的声速

介质	温度(℃)	声波速度(m/s)
海水	17	1 510~1 550
普通水	25	1497
菜子油	30.8	1450
变压器油	32.5	1425

(3)固体中的纵波声速：

铝：$C_棒 = 5\ 150$ m/s，　　　　　　$C_块 = 6\ 300$ m/s

铜：$C_棒 = 3\ 700$ m/s，　　　　　　$C_块 = 5\ 000$ m/s

钢：$C_棒 = 5\ 050$ m/s，　　　　　　$C_块 = 6\ 100$ m/s

玻璃：$C_棒 = 5\ 200$ m/s，　　　　$C_块 = 5\ 600$ m/s

硬塑料：$C_棒 = 1\ 500~2\ 200$ m/s，　　　$C_块 = 2\ 000~2\ 600$ m/s

注：以上数据仅供参考。由于介质的材料成分和温度的不同，实际测得的声速范围可能会较大。

【实验思考题】

1.声速测量中共振干涉法、相位法、时差法有何异同？

2.为什么要在谐振频率条件下进行声速测量？如何调节和判断测量系统是否处于谐振状态？

3.为什么发射换能器的发射面与接收换能器的接收面要保持互相平行？

4.声音在不同介质中传播有何区别？声速为什么会不同？

【实验仪器简介】

(一)SV—DH 系列声速测试仪

SV-DH 系列声速测试仪不但覆盖了基础物理声速实验中常用的两种测试方法，而且，在上述常规测量方法基础上还可以用工程中实际使用的声速测量方法——时差法进行测量。在时差法工作状态下，使用示波器，可以非常明显、直观地观察声波在传播过程中经过多次反射、叠加而产生的混响波形。

SV-DH 系列声速测试仪是由声速测试仪(测试架)和声速测试仪信号源两个部分组成的。下列声速测试仪都可增加固体声速测量装置，用于固体声速的测量。

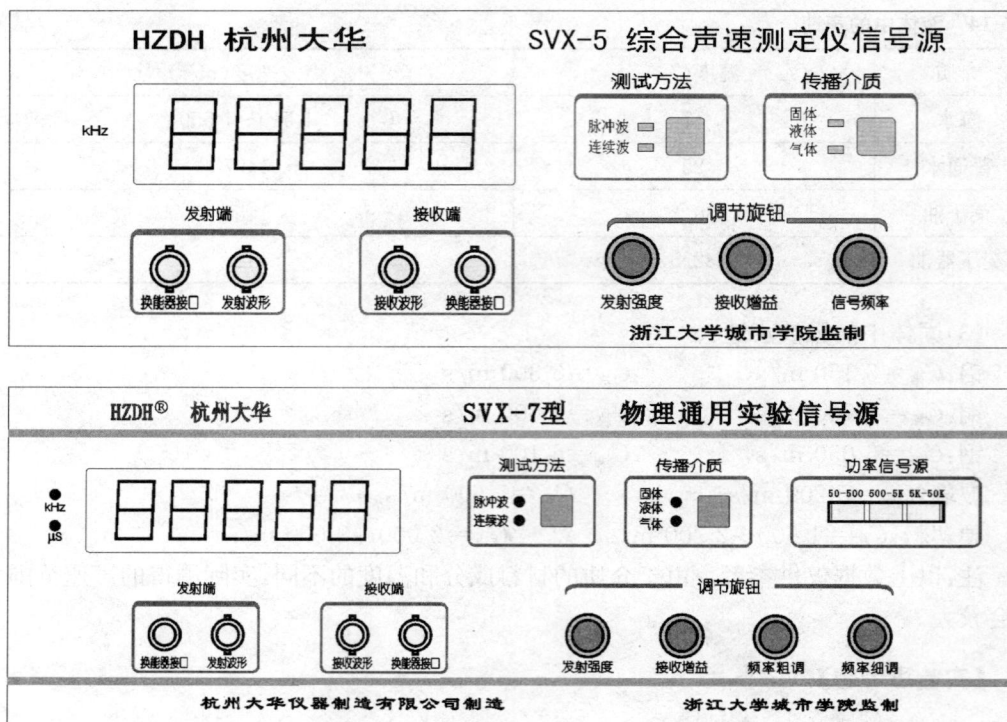

图 6-19　SVX-5、SVX-7 声速测试仪信号源面板

调节旋钮的作用：

信号频率：用于调节输出信号的频率；

发射强度：用于调节输出信号电功率（输出电压）；

接收增益：用于调节仪器内部的接收增益。

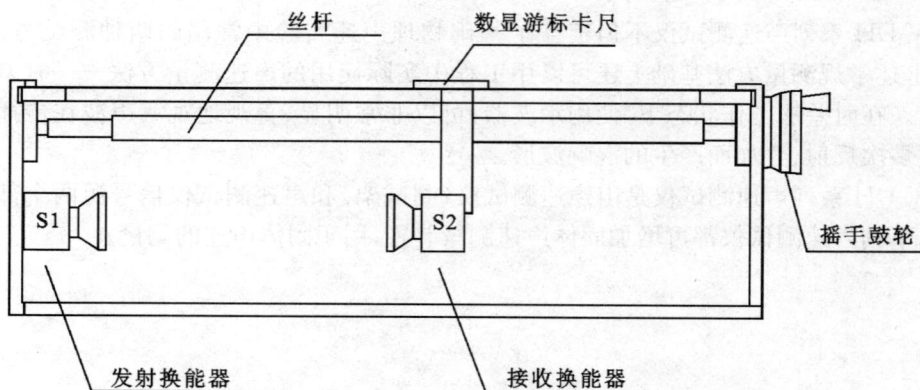

图 6-20　声速测试架外形示意图

（二）数显容栅尺说明

电容位移测量装置包括一个可相对于测量装置纵向移动的带状标尺（10），测量装置内有几组电极（22至25），通过线路（27）与电子装置连接。带尺由金属制成，上面具有许多等间隔的矩形窗孔（11）。带尺（10）与发射电极相对的接收电极（29）一起构成差动电容器，用来完成电容位移测量。

电容位移测量装置，包括一带状标尺和一测量装置，测量装置上有一系列的发射电极和含一个或多个接收电极的传感器，其位置可由差动电容传感器确定。把大测量极板分成数个小测量极板，这样由于转换功能的精度不够所造成的转换误差不会损害传感器的精度。

因此，误差为千分之一的不精确度相当于一米测量极板有一毫米的误差。另一方面，如果测量极板是一毫米的标尺则其转换误差只有一微米。如补偿分度方面的误差，通过几个刻度同时进行测量比较有利。在此情况下，几个顺次排列的基本电容就构成单个的或差动的电容。

为此，该测量装置的标尺由导电带尺构成，其上有数个间隔相等的窗口，带尺通过测量极板时，这些窗口与几个由基本电容器组成的电极一起，构成差动电容。此电容可变，它是带尺与测量极板相对位置的函数。

由于这些特点，这样的标尺结构很简单，然而在测量精度方面有一些优异性能。另一个优点就是带尺可在其弹性极限内拉长，这就有可能调整其长短，该带尺还可以接地，因此它不需任何电的连接。

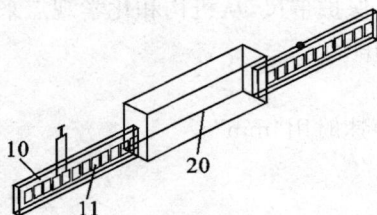

图 6-21　标尺和测量装置的透视图

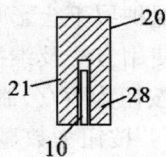

图 6-22　沿标尺垂直方向的剖面图

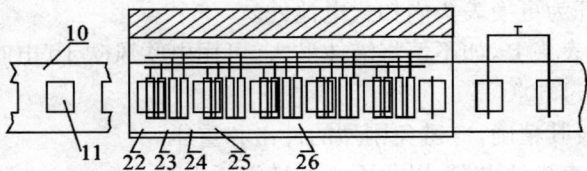

图 6-23　展示出发射电极的该测量装置的纵向剖面图

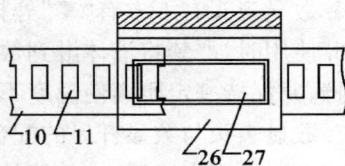

图 6-24　展示出接收电极的剖面

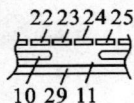

图 6-25　以示意图说明电极的排列图

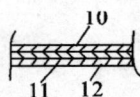

图 6-26　带介质零件的测量装置的剖面图

如图 6-21 和图 6-22 所示,该装置包括一个由金属带 10 构成的标尺和一个测量装置 20。带尺 10 上有间隔相等的矩形窗孔 11,相邻窗孔的中心轴线之间的距离设定为 T,测量装置 2。

带尺 10 安排在面 21 和 28 之间,发射电极的涂敷面包含 $2N$ 整数倍的电极在图中所示情况下 $2N=4$。

在本例中,如电极 22,23,24,25 之间的距离为 T,则 $T/2N$ 为 $T/4$。所以对带尺 10 窗孔中心轴线之间的距离值 T,计数 $2N$ 的话,即四个电极。在本例中各电极通过线 27 与电子装置连接,成为 N 个电极。从电的观点看,两个电极构成差动电容器极,另一级 N 个电极构成此差动电容器的第二电极。差动电容器的共用板是由接收电极 29 上位置与窗孔 11 相对应的部分构成。

因此,测量装置 20 的电极与带尺 10 的窗孔 11 组成一系列的差动电容器,它们按顺序连接以形成一个差动电容器。差动电容的变化与带尺的位移成比例,如果带尺的移动超过了规定值,电气装置就把发送电极的供电换过一个电极。

从电的观点看,刻度变化的方式是由 N 个电极形成的极板以 $T/2N$ 的极数来跟随带尺 10 的窗孔 11 的位移,在本例中即以 $T/4$ 的极数,这样可给出近似测量结果。接收电极必须与发射电极系列一样或比发射电极系列还长。在此情况下,整排发射电极的长度必须等于距离 T 的整数倍。在这两种情况下,为避免边缘效应和外部干扰,最好用位于测量装置主体上的涂敷面 29 将接收电极 29 围绕起来(如图 6-22 和图 6-23 所示)。

为了不让杂质落到带尺 10 的窗孔 11 上并保护带尺,从机构和化学观点来看,可用聚四氟乙烯制成。保护层不会影响这些装置的功能。

数显表头的使用方法及维护:

1. inch/mm 按钮为英/公制转换用,测量声速时用"mm"。

2. "OFF""ON"按钮为数显表头电源开关。

3. "ZERO"按钮为表头数字回零用。

4. 数显表头在标尺范围内,接收换能器处于任意位置都可设置"0"位。摇动丝杆,接收换能器移动的距离为数显表头显示的数字。

5. 数显表头右下方有"▼"处打开为更换表头内扣式电池处。

6. 使用时,严禁将液体淋到数显表头上,如不慎将液体淋入,可用电吹风吹干(电吹风用低挡,并保持一定距离使温度不超过 60℃)。

7. 数显表头与数显杆尺的配合极其精确,应避免剧烈的冲击和重压。

8. 仪器使用完毕后,应关掉数显表头的电源,以免不必要地消耗电池。

(本实验由李冉负责编写)

实验三十八 导热系数的测量

导热系数(热传导率)是反映材料热性能的物理量,传导是热交换三种(传导、对流和辐射)基本形式之一,是工程热物理、材料科学、固体物理及能源、环保等各个研究领域的重要课题,要认识导热的本质和特征,需了解分子运动论和粒子物理理论,而目前对导热机理的理解大多数来自固体物理的实验。材料的导热机理在很大程度上取决于它的微观结构,热量的传递依靠原子、分子围绕平衡位置的振动以及自由电子的迁移,在金属导体中电子流起支配作用,在绝缘体和大部分半导体中则以晶格振动起主导作用。因此,材料的导热系数不仅与构成材料的物质种类密切相关,而且与它的微观结构、温度、压力及杂质含量相联系。在科学实验和工程设计中所用材料的导热系数都需要用实验的方法测定。(粗略的估计,可从热学参数手册或教科书的数据图表中查寻。)

1882 年法国科学家 J•傅里叶奠定了热传导理论,目前各种测量导热系数的方法都是建立在傅里叶热传导定律基础之上,从测量方法来说,可分为两大类——稳态法和动态法,本实验采用的是稳态平板法测量材料的导热系数。

【实验目的】

1. 了解热传导现象的物理过程。
2. 学习用稳态平板法测量材料的导热系数。
3. 学习用作图法求冷却速率。
4. 掌握一种用热电转换方式进行温度测量的方法。

【实验仪器】

YBF-2 导热系数测试仪,保温杯,测试样品(硬铝、橡皮、牛筋、陶瓷、胶木板),塞尺。

【实验原理】

为了测定材料的导热系数,首先从热导率的定义和它的物理意义入手。热传导定律指出:如果热量是沿着 Z 方向传导,那么在 Z 轴上任一位置 Z_0 处取一个垂直截面积 dS (如图 6-27),以 $\dfrac{dT}{dz}$ 表示在 Z 处的温度梯度,以 $\dfrac{dQ}{dt}$ 表示在该处的传热速率(单位时间内通过截面积 dS 的热量),那么传导定律可表示成:

$$dQ = -\lambda \left(\frac{dT}{dz}\right)_{z_0} ds \cdot dt \tag{1}$$

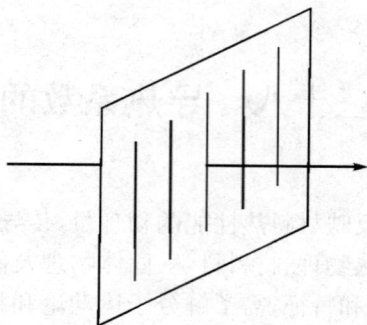

图 6-27　热导率示意图

式中的负号表示热量从高温区向低温区传导(即热传导的方向与温度梯度的方向相反)。式中比例系数 λ 即为导热系数,可见热导率的物理意义是:在温度梯度为一个单位的情况下,单位时间内垂直通过单位面积截面的热量。

利用(1)式测量材料的导热系数 λ,需解决的关键问题有两个:一个是在材料内造成一个温度梯度 $\dfrac{\mathrm{d}T}{\mathrm{d}z}$,并确定其数值;另一个是测量材料内由高温区向低温区的传热速率 $\dfrac{\mathrm{d}Q}{\mathrm{d}t}$。

(一)温度梯度 $\dfrac{\mathrm{d}T}{\mathrm{d}z}$ 的确定

为了在样品内造成一个温度的梯度分布,可以把样品加工成平板状,并把它夹在两块良导体——铜板之间(图 6-28),使两块铜板分别保持在恒定温度 T_1 和 T_2,就可使在垂直于样品表面的方向上形成温度的梯度分布。样品厚度可做成 $h \leqslant D$(样品直径)。这样,由于样品侧面积比平板面积小得多,由侧面散去的热量可以忽略不计,可以认为热量是沿垂直于样品平面的方向上传导,即只在此方向上有温度梯度。由于铜是热的良导体,在达到平衡时,可以认为同一铜板各处的温度相同,样品内同一平行平面上各处的温度也相同。这样只要测出样品的厚度 h 和两块铜板的温度 T_1,T_2,就可以确定样品内的温度梯度 $\dfrac{T_1 - T_2}{h}$,当然这需要铜板与样品表面的紧密接触,无缝隙,否则中间的空气层将产生热阻,使得温度梯度测量不准确。

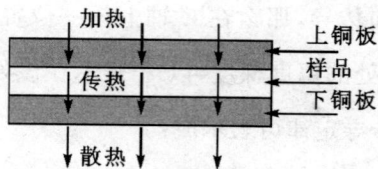

图 6-28　热传导关系示意图

为了保证样品中温度场的分布具有良好的对称性,把样品及两块铜板都加工成等大的圆形。

（二）传热速率 $\dfrac{\mathrm{d}Q}{\mathrm{d}t}$ 的确定

单位时间内通过一截面积的热量 $\dfrac{\mathrm{d}Q}{\mathrm{d}t}$ 是一个无法直接测定的量,我们设法将这个量转化为较为容易测量的量。为了维持一个恒定的温度梯度分布,必须不断地给高温侧铜板加热,热量通过样品传到低温侧铜块,低温侧铜板则要将热量不断地向周围环境散出。当加热速率、传热速率与散热速率相等时,系统就达到一个动态平衡状态,称之为稳态。此时低温侧铜板的散热速率就是样品内的传热速率,这样只要测量低温侧铜板在稳态温度 T_2 下散热的速率,也就间接测量出了样品内的传热速率。但是,铜板的散热速率也不易测量,还需要进一步作参量转换,我们已经知道,铜板的散热速率与共冷却速率(温度变化率 $\dfrac{\mathrm{d}Q}{\mathrm{d}t}$)有关,其表达式为:

$$\left.\frac{\mathrm{d}Q}{\mathrm{d}t}\right|_{T_2}=-mc\left.\frac{\mathrm{d}T}{\mathrm{d}t}\right|_{T_2} \tag{2}$$

式中的 m 为铜板的质量,c 为铜板的比热容,负号表示热量向低温方向传递。因为质量容易直接测量,c 为常量,这样对铜板的散热速率的测量又转化为对低温侧铜板冷却速率的测量。测量铜板的冷却速率可以这样测量:在达到稳态后,移去样品,用加热铜板直接对下金属铜板加热,使其温度高于稳定温度 T_2(大约高出 10℃ 左右)再让其在环境中自然冷却,直到温度低于 T_2,测出温度在大于 T_2 到小于 T_2 区间中随时间的变化关系,描绘出 T-t 曲线,曲线在 T_2 处的斜率就是铜板在稳态温度时 T_2 下的冷却速率。

应该注意的是,这样得出的 $\dfrac{\mathrm{d}T}{\mathrm{d}t}$ 是在铜板全部表面暴露于空气中的冷却速率,其散热面积为 $2\pi R_P^2+2\pi R_P h_P$(其中 R_P 和 h_P 分别是下铜板的半径和厚度),然而在实验中稳态传热时,铜板的上表面(面积为 πR_P^2)是样品覆盖的,由于物体的散热速率与它们的面积成正比,所以稳态时,铜板散热速率的表达式应修正为:

$$\frac{\mathrm{d}Q}{\mathrm{d}t}=-mc\frac{\mathrm{d}T}{\mathrm{d}t}\cdot\frac{\pi R_P^2+2\pi R_P h_P}{2\pi R_P^2+2\pi R_P h_P} \tag{3}$$

根据前面的分析,这个量就是样品的传热速率。

将上式代入热传导定律表达式,并考虑到 $\mathrm{d}s=\pi R^2$,可以得到导热系数:

$$\lambda=-mc\frac{2h_P+R_P}{2h_P+2R_P}\cdot\frac{1}{\pi R^2}\cdot\frac{h}{T_1-T_2}\cdot\left.\frac{\mathrm{d}T}{\mathrm{d}t}\right|_{T=T_2} \tag{4}$$

因为对一定材料的热电偶而言,当温度变化范围不大时,其温差电动势 ε 与待测温度的关系式为 $\varepsilon=\alpha(T-T_0)$(其中 T 为高温端的温度,T_0 为低温端的温度,α 为热电偶的热电势率),由此,在用(4)式计算时,可以直接以电动势代表温度值。

$$\lambda=-mc\frac{2h_P+R_P}{2h_P+2R_P}\cdot\frac{1}{\pi R^2}\cdot\frac{h}{\varepsilon_1-\varepsilon_2}\cdot\left.\frac{\mathrm{d}\varepsilon}{\mathrm{d}T}\right|_{T=T_2} \tag{5}$$

式中的 R 为样品的半径、h 为样品的高度、m 为下铜板的质量、c 为铜块的比热容、R_P 和 h_P 分别是下铜板的半径和厚度,ε_1 为稳态时上铜板的温差电动势,ε_2 为稳态时下铜板的温差电动势。右式中的各项均为常量或直接易测量。

【实验步骤】

1. 用游标卡尺测量样品、下铜板的几何尺寸多次测量、然后取平均值。其中铜板的比热容 $C=0.385$ kJ/(K·kg)。

2. 安置圆筒、圆盘时,须使放置热电偶的洞孔与杜瓦瓶位于同一侧。热电偶插入铜盘上的小孔时,要抹上些硅脂,并插到洞孔底部,使热电偶测温端与铜盘接触良好,热电偶冷端插在冰水混合物中根据稳态法,必须得到稳定的温度分布,这就要等待较长的时间,为了提高效率,可先将电源电压打到高挡,加热约 20 分钟后再打至低挡直至达到设定温度。然后,每隔 2 分钟读一下上、下铜板的温差电势值 ε_1 和 ε_2,当上、下铜板的温差电势值变化缓慢后,再每隔 30 s 分别读出上、下铜板的温差电势值 ε_1 和 ε_2,如在一段时间内样品上、下表面温度 ε_1,ε_2 示值都不变,即可认为已达到稳定状态。

3. 记录稳态时的 T_1,T_2 值后,移去样品,继续对下铜板加热,当下铜盘温差电势值比稳态时高出 0.3 mV 时,移去圆筒,让下铜盘所有表面均暴露于空气中,使下铜板自然冷却。每隔 10 s 读一次下铜盘的温差电势值 ε 并记录,直至温差电势值下降到稳态值以下 0.3 mV。作铜板的 ε-t 冷却速率曲线。(选取邻近的 T_2 测量数据来求出冷却速率。)

4. 根据(4)式计算样品的导热系数 λ。

5. 本实验选用铜-康铜热电偶测温度,温差 100℃时,其温差电动势约 4.0 mV,故应配用量程 0～20 mV,并能读到 0.01 mV 的数字电压表(数字电压表前端采用自稳零放大器,故无须调零)。由于热电偶冷端温度为 0℃,对一定材料的热电偶而言,当温度变化范围不大时,其温差电动势(mV)与待测温度(0℃)的比值是一个常数。由此,在用(4)计算时,可以直接以电动势值代表温度值。

【实验注意事项】

1. 稳态法测量时,要使温度稳定约 40 分钟左右,为缩短时间,可先将热板电源电压打在高挡,几分钟后,$T_1=4.00$ mV 即可将开关拨至低挡,通过调节电热板电压高挡、低挡及断电挡,使 T_1 读数在 ±0.03 mV 范围内,同时每隔 30 s 记下样品上、下圆盘 A 和 P 的温度 T_1 和 T_2 的数值,待 T_2 的数值在 3 分钟内不变即可认为已达到稳定状态,记下此时的 T_1 和 T_2 值。

2. 测金属(或陶瓷)的导热系数时,T_1,T_2 值为稳态时金属样品上下两个面的温度,此时散热盘 P 的温度为 T_3。因此测量 P 盘的冷却速率应为:

$$\frac{\Delta T}{\Delta t}\Big|_{T=T_3}$$

所以
$$\lambda=mc\frac{\Delta T}{\Delta t}\Big|_{T=T_3}\times\frac{h}{T_1-T_2}\times\frac{1}{\pi R^2}$$

测 T_3 值时要在 T_1,T_2 达到稳定时,将上面测 T_1 或 T_2 的热电偶移下来进行测量。

3. 圆筒发热体盘侧面和散热盘 P 侧面,都有供安插热电偶的小孔,安放发热盘时此两小孔都应与杜瓦瓶在同一侧,以免线路错乱,热电偶插入小孔时,要抹上些硅脂,并插到洞孔底部,保证接触良好,热电偶冷端浸于冰水混合物中。

4. 样品圆盘 B 和散热盘 P 的几何尺寸，可用游标卡尺多次测量取平均值。散热盘的质量 m 约为 0.8 kg，可用天平称量。

5. 本实验选用铜－康铜热电偶，温差 100℃时，温差电动势约为 4.27 mV，故应配用量程为 0～20 mV 的数字电压表，并能测到 0.01 mV 的电压（也可用灵敏电流计串联一电阻箱来替代）。

【实验仪器简介】

YBF—2 型导热系数测试仪

（一）概述

导热系数（热导率）是反映材料导热性能的物理量，它不仅是评价材料的重要依据，而且是应用材料时的一个设计参数，在加热器、散热器、传热管道设计、房屋设计等工程实践中都要涉及这个参数。因为材料的热导率不仅随温度、压力变化，而且材料的杂质含量、结构变化都会明显影响热导率的数值，所以在科学实验和工程技术中对材料的热导率常用实验的方法测定。

测量热导率的方法大体上可分为稳态法和动态法两类。本测试仪采用稳态法测量不同材料的导热系数，其设计思路清晰、简捷，实验方法具有典型性和实用性。测量物质的导热系数是热学实验中的一个重要内容。

本测试仪由加热器、数字电压表、计时秒表组成（采用一体化设计）

（二）主要技术指标

电源：AC(220±10%)V,(50/60)Hz。

数字电压表：3 位半显示，量程 0～20 mV，测量精度：0.1%。

数字计时秒表：计时范围为 0～100 min；最小分辨率 1 s；精度：10^{-5}。

测量温度范围：室温至 100℃。

加热电压：高端：AC 36 V；低端：AC 25 V。

散热铜板：半径：65 mm；厚度：7 mm；质量：815 g；参数已在每一块铜板上标注。

测试材料：硬铝、橡皮、牛筋、陶瓷、胶木板、空气等。

连续工作时间：大于 8 小时。

（三）仪器的面板图

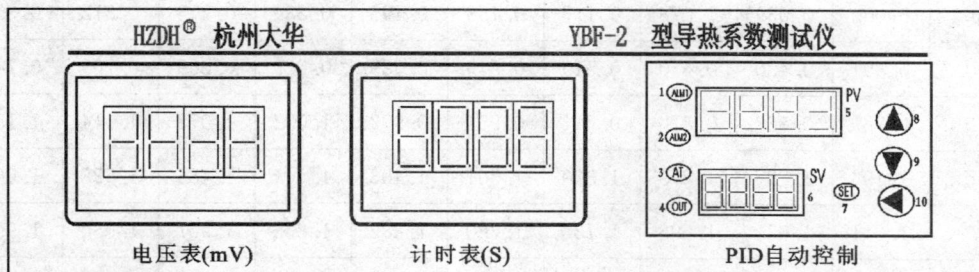

图 6-29 上面板图

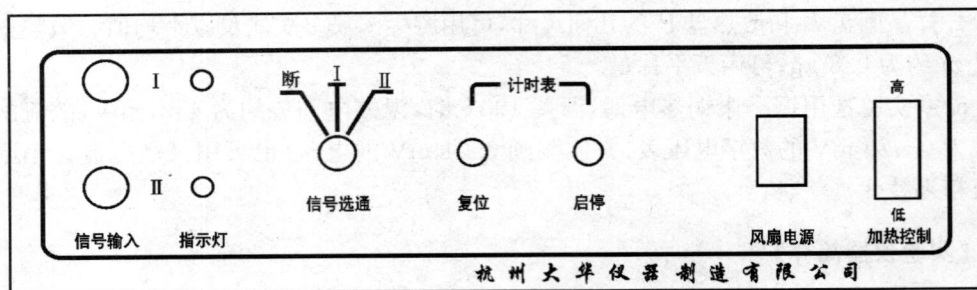

图 6-30　下面板图

(四)仪器维护与保养

使用前将加热盘与散热盘面擦干净。样品两端面擦净,可涂上少量硅油。以保证接触良好。注意,样品不能连续做试验,特别是橡皮、牛筋必须降至室温半小时以上才能进行下一次试验。

在实验过程中,如若移开电热板,就先关闭电源。移开热圆筒时,手应拿住固定轴转动,以免烫伤手。

实验结束后,切断电源,保管好测量样品。不要使样品两端划伤,以至影响实验的精度。数字电压表数字出现不稳定时先查热电偶及各个环节的接触是否良好。

仪器在搬运及放置时,应避免强烈振动和受到撞击。

仪器长时间不使用时,请套上塑料袋,防止潮湿空气长期与仪器接触。房间内空气湿度应小于 80%。

仪器使用时,应避免周围有强烈磁场源的地方。

长期放置不用后再次使用时,请先加电预热 30 min 后使用。

表 6-15　铜-康铜热电偶分度表

温度(℃)	热电势(mV)									
	0	1	2	3	4	5	6	7	8	9
−10	−0.383	−0.421	−0.458	−0.496	−0.534	−0.571	−0.608	−0.646	−0.683	−0.720
−0	0.000	−0.039	−0.077	−0.116	−0.154	−0.193	−0.231	−0.269	−0.307	−0.345
0	0.000	0.039	0.078	0.117	0.156	0.195	0.234	0.273	0.312	0.351
10	0.391	0.430	0.470	0.510	0.549	0.589	0.629	0.669	0.709	0.749
20	0.789	0.830	0.870	0.911	0.951	0.992	1.032	1.073	1.114	1.155
30	1.196	1.237	1.279	1.320	1.361	1.403	1.444	1.486	1.528	1.569
40	1.611	1.653	1.695	1.738	1.780	1.882	1.865	1.907	1.950	1.992
50	2.035	2.078	2.121	2.164	2.207	2.250	2.294	2.337	2.380	2.424

（续表）

温度(℃)	热电势(mV)									
	0	1	2	3	4	5	6	7	8	9
60	2.467	2.511	2.555	2.599	2.643	2.687	2.731	2.775	2.819	2.864
70	2.908	2.953	2.997	3.042	3.087	30131	3.176	3.221	3.266	2.312
80	3.357	3.402	3.447	3.493	3.538	3.584	3.630	3.676	3.721	3.767
90	3.813	3.859	3.906	3.952	3.998	4.044	4.091	4.137	4.184	4.231
100	4.277	4.324	4.371	4.418	4.465	4.512	4.559	4.607	4.654	4.701
110	4.749	4.796	4.844	4.891	4.939	4.987	5.035	5.083	5.131	5.179

表 6-16　部分材料的密度和导热系数

材料名称	(20℃)		导热系数 W/(m·K)			
	导热系数	密度	温度(℃)			
	W/(m·K)	(kg/m³)	−100	0	100	200
纯铝	236	2700	243	236	240	238
铝合金	107	2610	86	102	123	148
纯铜	398	8930	421	401	393	389
金	315	19300	331	318	313	310
硬铝	146	2800				
橡皮	0.13～0.23	1100				
电木	0.23	1270				
木丝纤维板	0.048	245				
软木板	0.044～0.079					

（本实验内容由王淑梅负责编写）

实验三十九　　全息成像实验

　　普通摄影是利用照相机将物体发出、反射光波的幅度和频率,根据透镜成像原理记录在感光材料上。由于普通摄影过程只记录了光波的振幅和频率因子,即光强度和颜色信息,而失去了反映物体景深的光波波动的位相因子,即发光物体的空间信息,因而普通摄影照片是二维的,我们看到的物体失去了原有的立体感,所以普通照片是不能完全反映被摄物体的真实面貌的。

　　为了在摄影过程中获得物体更加真实的写照,我们必须在记录载体上同时保存物体所发出或反射光波(简称物光)的振幅和位相信息。全息摄影就是利用光的干涉和衍射原理,引进与物光相干的参考光波,用干涉条纹的形式记录下物光的全部信息。即利用干涉原理把物光的振幅和位相信息转换为强度的函数,以干涉图样的形式记录在感光材料上,经过显影和定影处理后,干涉图样就固定在全息干版(记录载体)上,这就是我们通常所说的三维全息照片。

　　本实验就是利用激光的干涉和衍射特性,在全息干版上制作含有物光全部信息的衍射光栅,然后将全息干版在激光衍射下再现观察被摄物体的三维立体全息图像。

【实验目的】

1. 了解全息摄影的基本原理、实验装置以及实验方法。
2. 掌握激光全息摄影和激光再现的实验技术。
3. 通过观察全息图像的再现,弄清全息照片和普通照片的本质区别。

【实验仪器】

　　Laser—氦氖激光器,M_1 和 M_2—全反镜,S—分束镜,L—扩束镜,P—全息干版及支架,O—被摄物体,K—激光开关。另外,准备直尺、钢卷尺用来调整光路,以及准备光强测量仪,曝光定时器,暗房设备,安全绿灯,化学药剂等备用。

【实验原理】

　　物体发出的光包含光的振幅和光的位相两大部分信息,即:
$$O(x,y)=O(x,y)\exp[-j\phi(x,y)] \tag{1}$$
其中,$O(x,y)$ 为振幅,$\exp[-j\phi(x,y)]$ 为位相。普通摄影只能记录物体光波的振幅信息,而位相信息 $\exp[-j\phi(x,y)]$ 全部丢失,因此照片没有立体感。数学表达式为:
$$I=|O(x,y)\exp[-j\phi(x,y)]|^2=O^2 \tag{2}$$
　　实际上没有任何一种感光材料可以直接记录光波的位相,在全息摄影中我们利用光的干涉原理来记录光波的振幅和位相信息。如图 6-31 所示,激光器 L 发出的激光由分束镜 BS 将光线一分为二,透射光线经反射镜 M_2 反射再经过扩束后照射在被摄物体上,这束光线称为物光(O 光);反射光线经反射镜 M_1 反射再经过扩束后直接照射在感光材料上,因而称为参考光(R 光);两束光线在 P 处相干并形成干涉条纹,这些条纹记录了物光的所有振幅和位相信息。因此,用全息照相方法获得的底片并不直接显示被照物体的形象,而是一幅复杂的干涉条纹图像,这些条纹记录了物体的光学全息。在显微镜下可观察到它上面布满细密的亮暗条纹(如图 6-32 所示),这些条纹形状与原物形象没有任何几何上的相似性。

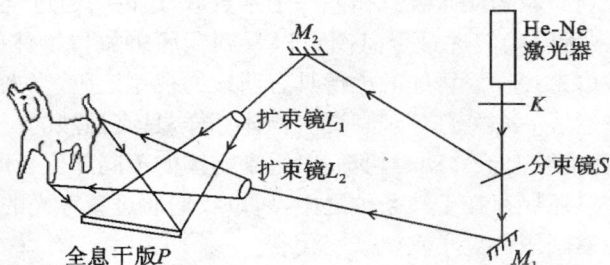

图 6-31　拍摄全息照相光路图

图 6-32　全息照相的部分放大图

其机理的理论推导如下:

物光为:
$$\boldsymbol{O}(x,y)=O(x,y)\exp[-j\phi(x,y)]$$

参考光为:
$$\boldsymbol{R}(x,y)=R(x,y)\exp[-j\psi(x,y)]$$

两光相干后总光强为:

$$
\begin{aligned}
I &= |\boldsymbol{O}(x,y)+\boldsymbol{R}(x,y)|^2 \\
&= |\boldsymbol{O}(x,y)|^2+|\boldsymbol{R}(x,y)|^2+\boldsymbol{O}(x,y)\boldsymbol{R}^*(x,y)+\boldsymbol{O}^*(x,y)\boldsymbol{R}(x,y) \\
&= |\boldsymbol{O}(x,y)|^2+|\boldsymbol{R}(x,y)|^2+2R(x,y)O(x,y)\cos[\psi(x,y)-\phi(x,y)]
\end{aligned}
\tag{3}
$$

式(3)说明全息图中包含着物光的振幅和位相信息,它们全部被记录在感光材料上,并以干涉条纹的形式表现出来。感光材料(全息干版或胶片)经过曝光、显影和定影后,即可得到一张菲涅耳全息图。

将制作好的全息干版放回原处,遮挡住物光(O光)并取走被摄物体,用原参考激光照明,则透过这张全息图的光为:

$$I_t = IR(x,y)\exp[-j\psi(x,y)] = |O(x,y)+R(x,y)|^2 R(x,y)\exp[-j\psi(x,y)]$$
$$= R\{O^2+R^2\}\exp[-j\psi(x,y)] + R^2 O(x,y)\exp[-j\varphi(x,y)]$$
$$+ 2R^2 \exp[-j\psi(x,y)]O(x,y)\exp[j\varphi(x,y)] \tag{4}$$

式(4)中的第二项与原物光光波只相差一个系数 R,这说明通过全息图的出射光包含原物光的全部信息。所以我们透过全息图可以看到在原来放置物体的地方有物体的虚像,就像物体没有被取走一样。物体的虚像具有明显的视差效应,当人们通过全息图观察物体的虚像时,就像通过一个"窗口"观察真实物体一样,具有强烈的三维立体感。当人眼在全息图前面左右移动或上下移动时,我们以看到物体的不同部位。即使全息干版破损、变小,但原物光的信息还保存在干涉条纹之中,所以我们通过参考光的照射同样可以看到物体的虚像,只是观察区域的大小发生了变化。

虚像是由全息图的-1级衍射光所形成的。另外还有直接透射光 0 级光,我们可以在直接透射光的对面用毛玻璃屏观看物体的实像,而且远离全息图也可观察到。全息图的$+1$级衍射光形成被摄物的实像,如图 6-33 所示。观察实像还可用参考光 R 的共轭光 R' 照射全息图,这时我们看到的实像是"悬浮"在干版之外,如图 6-33 所示。

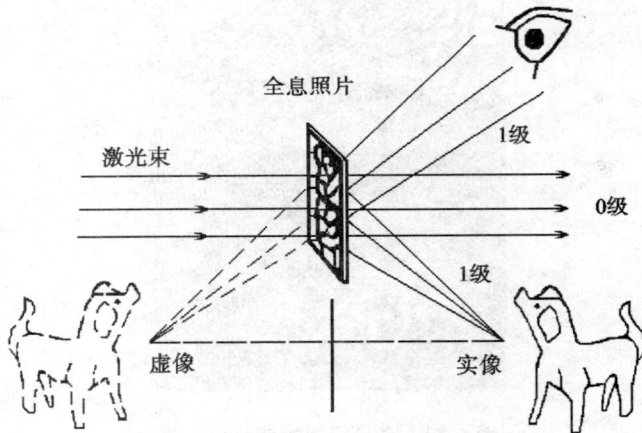

图 6-33   全息照相再现光路图

【实验内容】

1. 按图 6-34 布置好光路(在某些特殊情况下由实验室布置)。

2. 打开激光器电源开关,启动激光光源,当光线强度稳定后开始调整光路:

(1)调整光束等高;

(2)用自准法调整各光学元件,使其表面与激光束垂直。

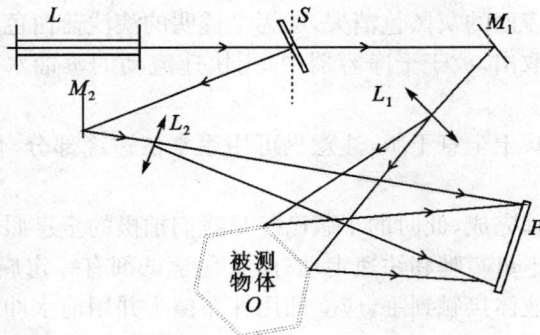

图 6-34　全息照相几何光路图

3. 调整分束镜 S 使物体反射光和参考光的光程基本相等,光程差控制在 5 cm 以内;同时使物体反射光和参考光之间的夹角处于 $30°\sim40°$ 之间,并且使物光和参考光的光强之比在 $1:5\sim1:10$ 之间,通常根据物体表面漫反射的情况来定,一般选择 $1:6$ 左右为宜(可用光强测量仪在固定全息干版的位置处测量;也可用毛玻璃或白纸放在这一位置,通过目测来大致判断物光与参考光的比例)。

4. 在全息干版支架上固定白屏或白纸,调节扩束镜 L_1 使激光均匀地照射在被摄物体上,调节物体的方位使物体漫反射光的最强部分均匀地反射在白屏上。调节扩束镜 L_2 使参考光均匀地照射在整个白屏上。这时物光和参考光在白屏上完全重叠。

5. 关闭激光光源和实验室所有灯光,打开暗示安全绿灯,拿掉全息干版支架上的白屏,换上全息干版,并将药膜面(手感发涩)朝着光的方向安装在全息干版支架上(注意,只可用手拿住干版边缘部分,切勿碰到干版中间部分)。在激光出射孔处挡上遮光板,然后打开激光光源,稳定 1~2 分钟后,移开遮光板,开始曝光,曝光时间可根据物光和参考光的强度选择合适的曝光时间,一般为 10~16 s,最好不要超过 20 s;时间一到,立即用遮光板挡住激光,然后关闭激光光源。(注意:在曝光过程中,轻微的震动和温度变化都会影响最后的照片质量,所以操作的同学动作要缓慢,旁边观察的同学要尽量保持静止,避免喧哗。)

6. 将曝光后的全息干版在暗室内进行常规的显影、停显、定影、漂白、水洗、干燥等处理,即可得到一张三维全息照相图,具体步骤如下:

显影:在弱绿光的暗室中,将已进行拍摄的全息干版的药膜面朝上放入显影液中,并轻轻左右晃动显影液容器,使之均匀地从全息干版的药膜面流过,显影时间一般不超过 1 分钟,时间约控制在 30~50 s;也可通过目测,当全息干版全部表面呈现较浅的灰黑色,则应立即停止显影,否则显影过度,无法成像。

停显:用夹子将全息干版从显影液中取出,置入停显液,同样方法轻轻晃动药剂容器,约 10~15 s 即取出。

定影:用夹子将全息干版从停显液中取出放入定影液,同样方法晃动药剂容器,时间控制在 2~5 min,此过程结束后,即可打开暗室灯光。

漂白:将表面已呈现灰黑色的全息干版置入漂白液中,同样方法晃动药剂容器,并搅拌溶液,直至全息干版表面的灰黑色消失,成为半透明的淡浅蓝白色取出。

水洗:将全息干版取出,放于干净容器中,用快速流动的蒸馏水冲洗 1～2 min,自来水冲洗也可。

干燥:使用电吹风吹干全息干版,注意只可用手拿住边缘部分,切勿碰到干版中间部分。

至此,整个冲洗过程完成,此时的干版已经是我们拍摄的全息照相图了。(注意:此过程中环境黑暗,暗室中不可喧哗和快速走动;而且化学试剂有一定腐蚀性,必须严格使用竹夹操作,若大量药剂液体接触到手,应立即用抹布擦干并用清水冲洗。)

7. 观察全息影像

将冲洗好的全息图彻底干燥后放回到干版支架上,拿去被摄物体,挡住物光,用扩束后的原参考光按照拍摄时候的照射方向均匀地照明整个全息干版,在全息图的后方就可以观察到重现的衍射虚像了。改变观察角度,我们便可以从全息干版里面看到在原来放置被摄物体的地方有一虚像,人眼上下左右缓慢地移动,可以看到物体的各个部位的亮度细节随之改变,即为三维全息图像,然后写下观察记录。

【实验思考题】

1. 全息摄影与普通摄影有何区别?

2. 全息摄影为何要将激光束分为物光和参考光? 为什么光程要基本相等?

3. 将全息图挡去一部分,为何再现图像仍然完整无缺? 这时再现图像中包含的信息是否减少了? 如果全息片不小心打碎了,用其中一小块来实现图像再现,试问对再现图像会有什么影响? 请说明理由。

（本实验内容由陈畅负责编写）

第七章　设计性实验

第一节　设计性实验的基本要求

按照教学大纲的基本要求,物理实验课在进行了一定数量的基础物理实验和近代物理综合性实验之后,为进一步加强对学生的独立实验能力的培养和训练,物理实验室将有选择地开设下列设计性实验项目。

学生设计性实验的计划学时为 4 学时。

为了保证设计性实验的质量,特对参加设计性实验的学生提出以下基本要求:

一、设计性实验的实施方案

参加设计性实验的学生应根据所选的实验课题和实验要求,自行查阅有关资料,运用已学过的物理实验理论知识和所掌握的实验操作技能,利用物理实验室提供的有关的实验设备,独立拟订出较完整的设计性实验的实施方案。

实验方案包括:实验设计的物理理论依据,具体的实验方法及其原理、具体的实验步骤、实验装置的原理图和连接图,实验数据记录表格,实验数据处理的方法和处理的过程。

实验方案完成后,应在操作实验前一周交实验指导教师批阅。

二、设计实验的实地操作

参加设计性实验的学生应携带考试证件(有学院验章的考试证)、计算器、直尺、铅笔等文具,实验教材和必要的参考资料。

学生要按照物理实验指导教师的安排,在规定的时间到指定的实验室对号入座,经指导教师许可后,学生可独立进行实验操作和测量实验数据。

在学生进行操作实验的过程中,实验指导教师要对参加实验的学生进行有关该实验问题的口头随机提问,学生应认真逐一回答。

在实验操作过程中,如发生下列情况,指导教师有权终止学生的实验操作:学生违反基本的实验操作规程,并可能发生意外损坏的;学生不了解该实验项目的基本操作要领,无法继续独立完成实验操作的;实验指导教师根据实验操作中发现的具体问题,认为有必要停止实验的。

学生完成操作实验后,经指导教师对原始数据认可后,关闭实验仪器的电源,整理好实验仪器和设备。

三、实验数据处理

设计实验操作完成后,实验学生必须在不离开实验室的情况下,完成实验数据处理。

实验数据处理包括：填写数据记录表格，作出实验数据图线，计算实验数据，得出实验结果，分析实验结果和实验中的问题。

　　上交设计实验的报告。

　　设计实验的成绩由设计实验实施方案(30%)、独立实验操作(40%)、实验数据处理(30%)三部分考查确定。

第二节　设计性实验项目

设 1　测薄金属片的体积

(一)实验任务

长约 10 cm,宽约 2 cm,厚约 1.5 mm 的薄金属片一块,选择合适的仪器,使测出体积的相对误差小于 2%(即 $\Delta V/V < 2\%$)。

(二)实验仪器

米尺(30 cm,1 mm)、游标卡尺(15 cm,0.02 mm)、螺旋测微器(2.5 cm,0.01 mm)。

(三)参考资料

本书"实验一长度测量"。

设 2　测量石蜡的密度

(一)实验任务

设水的密度已知($\rho_{水} = 1.000 \text{ g/cm}^3$),用流体静力称衡法测出石蜡的密度 $\rho_{石}$。

(二)实验仪器

物理天平(1 000 g,20 mg)、烧杯、水、辅助用重金属块(球)、待测石蜡块。

(三)实验提示

因 $\rho_{石} < \rho_{水}$,所以石蜡块不能直接全部浸入水中,故必须用重金属块将其坠入水中。

(四)参考资料

本书"实验二物体密度的测量"。

设 3　测单摆的周期

(一)实验任务

1.单摆Ⅰ,摆长 $L_1 \approx 1.00$ m,用秒表测其摆动周期 T_1,要求:$\Delta T_1/T_1 \leqslant 0.2\%$(秒表计时误差 $\Delta t = 0.2$ s)。

2.以单摆Ⅰ的周期 T_1 为标准,用复合法测单摆Ⅱ的摆动周期 T_2。

(二)实验仪器

单摆Ⅰ、单摆Ⅱ、秒表。

(三)实验提示

复合法测单摆摆动周期的思路是:若两单摆摆动周期不同,设 $T_2 < T_1$,从两单摆同时、同方向经过铅垂位置开始,至下次两单摆又同时、同方向经过铅垂位置时,若单摆Ⅰ共摆动了 n 个周期,则单摆Ⅱ就摆动了 $n+1$ 个周期(若 $T_2 > T_1$,则单摆Ⅱ就摆动了 $n-1$ 个周期),所以 $T_2 = nT_1/(n+1)$[或 $T_2 = nT_1/(n-1)$]。

设 4　弹簧振子谐振动的研究

（一）实验任务

1.改变振子质量,研究振子振动周期与振子质量间的关系,并用作图法求出弹簧倔强系数及弹簧的等效质量。

2.用焦利秤根据虎克定律测弹簧倔强系数。

（二）实验仪器

焦利秤、物理天平、砝码组、秒表、弹簧。

（三）实验提示

若弹簧质量不可忽略,其对振子振动的影响相当于在弹簧下中挂一质量 m_0（弹簧的等效质量）,其谐振动周期

$$T = 2\pi\sqrt{\frac{m + m_0}{K}}$$

（四）参考资料

本书"误差和数据处理的基本知识"中作图法及图解法处理数据的方法;

"实验七、实验八刚体转动实验"中处理数据的方法。

设 5　弹簧振子的研究

（一）实验目的

1.了解简谐振动的规律。

2.测量弹簧的倔强系数 k。

（二）实验仪器和用具

气垫导轨、毫秒计、弹簧、滑块、挡光片。

（三）实验要求

1.拟出实验原理和步骤,并进行实验。

2.利用作图法处理实验数据。

3.研究弹簧振子的振动周期与弹簧的倔强系数和有效质量的关系。

（四）实验提示

简谐振动方程为

$$x = A\cos\left(\frac{2\pi t}{T} + \Phi\right)$$

振动周期

$$T = 2\pi\sqrt{\frac{m}{k}}$$

两边取对数得

$$\lg T = \lg\frac{2\pi}{\sqrt{k}} + \frac{1}{2}\lg m$$

利用图解法,作 $\lg T$-$\lg m$ 实验图线,即可求得 k。

设 6　测定钨丝灯泡的伏安关系式

（一）实验任务

已知：钨丝灯泡的伏安关系为 $I=CU^n$，用实验方法测定 C,n。

（二）实验仪器

直流稳压电源、滑线变阻器、电流表、电压表、待测钨丝灯泡。

（三）实验提示

测出钨丝灯泡的伏安关系，利用作图法和图解法，求出 C,n。

（四）参考资料

本书"实验七、实验八刚体转动实验"中数据处理的方法。

设 7　用箱式电桥测铜丝电阻温度系数

（一）实验任务

用箱式电桥测出铜丝电阻的温度系数 α。

（二）实验仪器

QJ-23 型直流单臂电桥（0.2 级）、温度计、待测铜丝电阻及加热装置（烧杯、变压器油、加热丝以及调压变压器）。

（三）实验提示

在温度变化范围不大时，金属电阻随温度变化的关系为 $R_t=R_0(1+\alpha t)$，其中 R_t,R_0 分别为 t℃及 0℃时的阻值，α 即为电阻温度系数。

（四）参考资料

本书"误差和数据处理的基本知识"中作图法及图解法处理数据的方法；

"实验十八电位差计及其使用"。

设 8　自组电桥测电流表内阻

（一）实验任务

利用所给仪器设备自组电桥测出电流表的内阻。

（二）实验仪器

待测电流表（$I_g=100\ \mu A$，$R_g\approx2\times10^3\ \Omega$）、电阻箱（0.0～99 999.9 Ω，0.2 级）、滑线变阻器（50 Ω，110 Ω 各一只）、单刀单掷开关两只、直流稳压电源。

（三）实验提示

利用电桥测电阻时，被测电阻应作为电桥的一个平衡臂。本实验没另给指示电桥平衡的检流计，所以还要考虑怎样利用待测电流表来指示电桥的平衡状态。

（四）参考资料

本书"实验十七直流单臂电桥及其使用"。

设 9　用电位差计校准电压表

（一）实验任务

用 UJ36 型电位差计校准电压表（多量程电压表 1.5 V 挡），要求校正点在五个以上（增加和减小时各测一组取平均），作出校正曲线，并计算被校电压表的准确度等级。

（二）实验仪器

UJ36 型电位差计、电压表、直流稳压电源、滑线变阻器、电阻箱（ZX-21 型）（代标准电阻）、单刀单掷开关。

（三）实验提示

用 UJ36 型电位差计作为标准电压表来校准被校电压表，又考虑到 UJ36 测量范围为 $0\sim120$ mV，被校表 $V_m=1.5$ V，所以必须利用标准分压器。为减小测量误差，当被校表满度时，电位差计亦应接近测量上限，故应据此设计分压器（用电阻箱代替标准电阻构成分压器）。

（四）参考资料

本书"电磁学实验基础知识简介"、"实验十八电位差计及其使用"。

设 10　电子束在纵向电磁场作用下运动的研究

（一）实验任务

1. 熟悉电子和场实验仪的使用。

2. 了解电聚焦和电子在纵向磁场中螺旋运动的原理。

（二）实验用具

EF-4s 型电子和场实验仪、安培表、直流稳压电源、胶带、透明塑料膜、万用电表。

（三）实验要求

1. 在不同条件下，观测在纵向不均匀电场作用下电子束的运动规律，并测量几组实验数据。

2. 在纵向磁场作用下，观察不同 I_a 时的屏上光点移动，并描绘其轨迹变化。

（四）参考资料

本书"实验十九电子束的电偏转和磁偏转"中 EF-4s 型电子和场实验仪使用说明。

设 11　电子荷质比的测定

（一）实验任务

1. 观察磁控条件下，电子束运动的物理现象。

2. 掌握用磁聚焦法测定电子的荷质比。

（二）仪器用具

EF-4s 型电子和场实验仪、毫安表、直流稳压电源、万用电表。

（三）实验要求

1. 写出实验的基本原理。

2. 求出电子荷质比（e/m_e），并与公认值进行比较。

（四）参考资料

本书"实验十九电子束的电偏转和磁偏转"中 EF-4s 型电子和场实验仪使用说明。

设 12 利用光的等厚干涉测液体的折射率

（一）实验任务

利用光的等厚干涉测量待测液体的折射率,已知:空气折射率 $n_0 \approx 1.000$。

（二）实验仪器

读数显微镜、牛顿环装置、钠光灯、待测液体。

（三）实验提示

利用牛顿环装置分别测出空气隙及液体隙时干涉暗环直径,从而推算出待测液体的折射率。

（四）参考资料

本书"实验二十六光的等厚干涉及应用"。

设 13 利用布儒斯特定律测玻璃的折射率

（一）实验任务

1.分光计的调整和使用。

2.在分光计上利用布儒斯特定律测定待测玻璃的折射率。

（二）实验仪器

分光计、平面镜、钠光灯、玻璃三棱镜(待测)、检偏器。

（三）实验提示

利用检偏器在分光计上精确测出玻璃的布儒斯特角,从而计算其折射率。

设 14 利用最小偏向角测玻璃棱镜的折射率

（一）实验任务

1.分光计的调整和使用。

2.分光计上测玻璃棱镜的折射率。

（二）实验仪器

分光计、钠光灯、平面镜、待测玻璃三棱镜。

（三）实验提示

如图 7-1 所示,当光线 OP 以入射角 i_1,投射到棱镜 AB 面,经棱镜两次折射以 i_4 角从 AC 面出射,PO 与 $O'P'$ 间夹角 δ 称为偏向角。当 $i_1 = i_4$ 时,δ 最小称为最小偏向角 δ_{min}。由几何光学知 $i_1 = i_4$,则 $i_2 = i_3$,又 $i_2 + i_3 = A$,$n_0 \approx 1.000$,可推得:

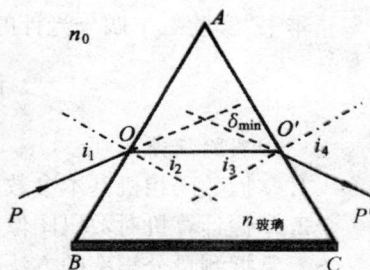

图 7-1 棱镜的折射

$$n_{玻璃} = \frac{\sin\dfrac{\delta_{min}+A}{2}}{\sin(\dfrac{A}{2})}$$

所以测出 A 及 δ_{min} 即可求得 $n_{玻璃}$。

（四）参考资料

本书"实验二十四分光计的调整和使用"。

设 15　极限法测玻璃棱镜折射率

（一）实验任务

1. 分光计的调节和使用。

2. 用折射极限法测玻璃棱镜的折射率。

（二）实验仪器

分光计、钠光灯、平面镜、待测棱镜。

（三）实验提示

用扩束光源（光源前挡一毛玻璃片形成漫射光源）沿棱镜 AB 面入射（掠入），在 AC 侧观测，所有入射光中以 $i=90°$ 为最大入射角（极限入射角），经棱镜两次折射以 $O'P'$ 自 AC 侧射出。所有以小于 $90°$ 入射的光，经折射后应全在 $O'P'$ 左侧，$O'T'$ 右侧无折射光，故在望远镜中应观察到如图 7-2 所示明暗分明的折射情况，而分界线即 $O'P'$ 的位置。

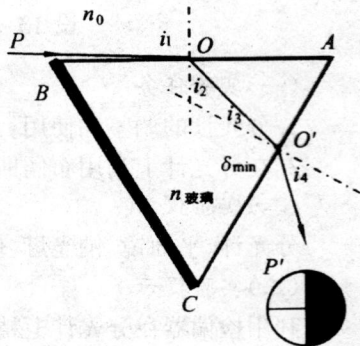

图 7-2　棱镜的折射

由几何光学知：

$$n_0 \cdot \sin i_1 = n \cdot \sin i_2$$
$$n \cdot \sin i_3 = n_3 \cdot \sin i_4$$

而 $n_0 = 1.000, i_1 = 90°, i_2 + i_3 = A$，可推得：

$$n = \sqrt{1 + (\frac{\sin i_4 + \cos A}{\sin A})^2}$$

通过实验测得 A 及 i_4，即可计算得 n。

（四）参考资料

本书"实验二十四分光计的调整和使用"。

设 16　数码相机参数的测定

（一）实验任务

1. 掌握数码相机基本参数的测量方法。

2. 掌握计算机对数码图像的处理方法。

3. 掌握测量分辨率的方法。

（二）实验要求

自己计算出分辨率并自拟方案测量。

（三）实验仪器

DSC-P8 数码相机、读数显微镜、计算机、三脚架、打印机等。

（四）实验提示

1.实验室可提供激光打印机、读数显微镜,自己设计拍摄图案。

2.设定线条宽度时,自拟方案。

3.把一把尺子放在距数码相机某距离处,用数码相机拍摄尺子的像,依此确定拍摄图案的最大尺寸。

设 17　自组显微镜、望远镜

显微镜和望远镜是日常生活中经常用到的光学仪器,通过自组显微镜和望远镜了解和加深对透镜和透镜组的成像规律的理解,通过实验了解透镜组的放大倍率和单个透镜的关系。

（一）实验任务

1.掌握显微镜的结构、原理,学会选择透镜组成显微镜。

2.掌握望远镜的结构、原理,学会选择透镜组成望远镜。

（二）实验要求

1.用透镜组成显微镜并测量其放大倍数。

(1)画出显微镜的设计光路图。

(2)测量并计算显微镜的放大倍数。

2.用透镜组成望远镜并测量其放大倍数。

(1)画出望远镜的设计光路图。

(2)测量并计算望远镜的放大倍数。

（三）实验仪器

光学平台、透镜架、基座、白炽灯光源、米尺。

（四）实验提示

1.通过凸透镜可以成虚像和实像的特性进行透镜的适当选择。

2.可选择多个透镜进行组合,并适当组合消除像差。

附录Ⅰ 附 表

物理学基本单位的定义

长度 单位:米(m)

1889 年第 1 届国际计量大会批准国际米原器(铂铱米尺)的长度为 1 米。

1927 年第 7 届计量大会又对米的定义作了如下严格的规定:国际计量局保存的铂铱米尺上所刻两条中间刻线的轴线在 0℃时的距离。

1960 年第 11 届国际计量大会对米的定义更改如下:1 m＝1 650 763.73λ,其中,λ 是 ^{86}Kr 在真空中 $2p_{10}\sim 5d_5$ 电子跃迁所发出光波的波长。

1983 年 10 月第 17 届国际计量大会正式通过了如下的新定义:"1 米是 1/299 792 458 秒的时间间隔内光在真空中行程的长度。"

质量 单位:千克(kg)

1889 年第 1 届国际计量大会批准了国际千克原器,并宣布今后以这个原器为质量单位。

1 kg 是保存在巴黎国际计量局"铂铱千克原器"的质量。

为了避免"重量"一词在通常使用中与质量意义发生含混,1901 年第 3 届国际计量大会中规定:千克是质量(而非重量)的单位,它等于国际千克原器的质量。这个铂铱千克原器按照 1889 年第 1 届国际计量大会规定的条件,保存在国际计量局。

时间 单位:秒(s)

最初,时间单位"秒"被定义为平均太阳日的 1/86 400。但是测量表明,平均太阳日不能保证必要的准确度。

为了比较精确地定义时间单位,1960 年第 11 届国际计量大会批准了国际天文学协会规定的以回归年为根据的定义:"秒为 1900 年 1 月 0 日历书时 12 时起算的回归年的 1/31 556 925.974 7。"

但是,这个定义的精确度仍不能满足当时的精密计量学的要求。于是,1967 年第 13 届国际计量大会规定:1 s＝9192 631 770 T,其中,T 是 ^{133}Cs 基态两个超精细能级之间电子跃迁所辐射的电磁波的周期。

电流 单位:安培(A)

1893 年在芝加哥召开的国际电学大会上引用于电流和电阻的所谓"国际"电学单位。

1908 年伦敦国际代表会议批准"国际"安培和"国际"欧姆的定义。

1933 年在第 8 届国际计量大会上,十分明确地一致要求采用所谓"绝对"单位来代替这些"国际"单位。

1948 年第 9 届国际计量大会正式决定废除这些"国际"单位,而采用下述电流单位的定义:在真空中,圆截面很小的两根平行的无限长直导体中通以强度相同的稳恒电流,如果两导体相距 1 m,在单位长度的导体上受到的作用力为 2.0×10^{-7} N 时,则此流过导体的电流为 1 A。

热力学温度(绝对温度) 单位:开尔文(K)

1954 年第 10 届国际计量大会规定了热力学温度单位的定义:选取水的三相点为基本定点,并定义其温度为 273.16 K。

1967 年第 13 届国际计量大会通过以"开尔文"的名称(符号 K)代替"开氏度"(符号 K),正式定义是:在一个标准大气压($1.013\ 25\times10^5$ N/m^2)下,1 K 是水的三相点的温度的 1/273.16。

发光强度 单位:坎德拉(cd)

1948 年第 9 届国际计量大会批准了国际计量委员会的决定,并同意给发光强度单位一个新的国际名称"坎德拉"(代号 cd)。

1967 年第 13 届计量大会正式通过了下列修改定义:在一个标准大气压($1.013\ 25\times10^5$ N/m^2)下,处于纯铂凝固温度下的黑体的 $1/600\ 000$ m^2 的光滑表面在垂直方向上的发光强度为 1 cd。

上述定义一直沿用到 1979 年。在使用中发现,各国的实验室利用黑体实物原器复现坎德拉时,相互之间发生了较大的差异。在此期间,辐射测量技术发展非常迅速,其精度已能同光度测量相比,可以直接利用辐射测量来复现坎德拉。

1979 年 10 月召开的第 16 届计量大会上正式决定,废除 1967 年的定义,对坎德拉作了如下的新定义:坎德拉为一光源在给定方向的发光强度,该光源发出频率为 540×10^{12} Hz 的单色辐射,且在此方向上的辐射强度为 1/683 W 每球面度。

物质的量 单位:摩尔(mol)

1959~1960 年,国际纯粹与应用物理学联合会(IUPAP)和国际纯粹与应用化学联合会(IUPAC)决定用碳的同位素碳——^{12}C 作为标准,把它的相对原子质量定为 12。

国际计量委员会根据国际纯粹与应用物理联合会、国际纯粹与应用化学联合会及国际标准化组织的建议,于 1967 年制定并于 1969 年批准了"摩尔"的定义,最后由 1971 年第 14 届国际计量大会通过其定义为:在一定量的某种物质中所含的结构粒子(原子、离子或分子)数目,如果等于 12×10^{-3} kg ^{12}C 所含的 ^{12}C 的原子数,就称这一定量数为 1 摩尔量的该物质。

附表 1　基本物理常数

真空中的光速	$c = 2.997\ 924\ 58 \times 10^8\ \text{m} \cdot \text{s}^{-1}$
电子的电荷	$e = 1.602\ 189\ 2 \times 10^{-19}\ \text{C}$
普朗克常数	$h = 6.626\ 176 \times 10^{-34}\ \text{J} \cdot \text{s}$
阿佛伽德罗常数	$N_0 = 6.022\ 045 \times 10^{23}\ \text{mol}^{-1}$
原子质量单位	$u = 1.660\ 565\ 5 \times 10^{-27}\ \text{kg}$
电子的静止质量	$m_0 = 9.109\ 534 \times 10^{-31}\ \text{kg}$
电子的荷质比	$e/m_0 = 1.758\ 804\ 7 \times 10^{11}\ \text{C} \cdot \text{kg}^{-1}$
法拉第常数	$F = 9.648\ 456 \times 10^4\ \text{C} \cdot \text{mol}^{-1}$
氢原子的里德伯常数	$R_H = 1.096\ 776 \times 10^7\ \text{m}^{-1}$
摩尔气体常数	$R = 8.314\ 41\ \text{J} \cdot \text{mol}^{-1} \cdot \text{K}^{-1}$
波耳兹曼常数	$k = 1.380\ 662 \times 10^{-23}\ \text{J} \cdot \text{K}^{-1}$
洛喜密德常数	$n = 2.687\ 19 \times 10^{25}\ \text{m}^{-3}$
万有引力常数	$G = 6.672\ 0 \times 10^{-11}\ \text{N} \cdot \text{m}^2 \cdot \text{kg}^{-2}$
标准大气压	$P_0 = 101\ 325\ \text{Pa}$
冰点的绝对温度	$T_0 = 273.15\ \text{K}$
标准状态下声音在空气中的速度	$V_\text{声} = 331.46\ \text{m} \cdot \text{s}^{-1}$
标准状态下干燥空气的密度	$\rho_\text{空气} = 1.293\ \text{kg} \cdot \text{m}^{-3}$
标准状态下水银的密度	$\rho_\text{水银} = 13\ 595.04\ \text{kg} \cdot \text{m}^{-3}$
标准状态下理想气体的摩尔体积	$V_\text{m} = 22.413\ 83 \times 10^{-3}\ \text{m}^3 \cdot \text{mol}^{-1}$
真空的介电系数(电容率)	$\varepsilon_0 = 8.854\ 188 \times 10^{-12}\ \text{F} \cdot \text{m}^{-1}$
真空的磁导率	$\mu_0 = 12.566\ 371 \times 10^{-7}\ \text{H} \cdot \text{m}^{-1}$

附表 2 国际制词头

因数		缩写词头	代号	
			国际	中文
倍数	10^{18}	exa	E	艾
	10^{15}	peta	P	拍
	10^{12}	tera	T	太
	10^{9}	giga	G	吉
	10^{6}	mega	M	兆
	10^{3}	kilo	k	千
	10^{2}	hecto	h	百
	10^{1}	deca	da	十
分数	10^{-1}	deci	d	分
	10^{-2}	centi	c	厘
	10^{-3}	milli	m	毫
	10^{-6}	micro	μ	微
	10^{-9}	nano	n	纳
	10^{-12}	pico	p	皮
	10^{-15}	femto	f	飞
	10^{-18}	atto	a	阿

附表 3 在 20℃ 时部分固体和液体的密度(ρ)

物质	密度($kg \cdot m^{-3}$)	物质	密度($kg \cdot m^{-3}$)
金	19 320	水晶玻璃	2 900~3 000
铜	8 960	窗玻璃	2 400~2 700
铝	2 698.8	冰(0℃)	880~920
铁	7 874	甲醇	792
银	10 500	乙醇	789.4
钨	19 300	乙醚	714
铂	21 450	汽车用汽油	710~720
锡	7 298	弗利昂—12	1 329
铅	11 350	变压器油	840~890
水银	13 546.2	石英	2 500~2 800
钢	7 600~7 900	甘油	1 260
		蜂蜜	1 435

附表 4　海平面上不同纬度处的重力加速度[①]

纬度(Φ)度	$g(\text{m}\cdot\text{s}^{-2})$	纬度(Φ)度	$g(\text{m}\cdot\text{s}^{-2})$
0	9.780 49	50	9.810 79
5	9.780 88	55	9.815 15
10	9.782 04	60	9.819 24
15	9.783 94	65	9.822 94
20	9.786 52	70	9.826 14
25	9.789 69	75	9.828 73
30	9.793 38	80	9.830 65
35	9.797 46	85	9.831 82
40	9.801 80	90	9.832 21
45	9.806 29		

①表中所列数值是根据公式

$g=9.780\ 49\times(1+0.005\ 288\times\sin^2\Phi-0.000\ 006\times\sin^2 2\Phi)$算出的,其中 Φ 为纬度。

附表 5　在 20℃ 时部分金属材料的杨氏弹性模量

金属材料	杨氏模量 $Y(\times10^9\ \text{N}\cdot\text{m}^{-2})$
钨	407
铬	235～245
合金钢	206～216
镍	203
碳钢	196～206
铁	186～206
铜	103～127
锌	78
金	77
银	69～80
铝	60～79

杨氏弹性模量的值与材料的结构、化学成分及其加工制造方法有关。因此,在某些情况下,Y 的值可能与表中所列的平均值不同。

附表 6 常见固体物质的热导率

导热物质	温度(K)	热导率 W/(cm・K)	绝热物质	温度(K)	热导率×10⁻³ W/(cm・K)
金刚石	273	6.6	石英玻璃	273	14
银	273	4.18	岩石	300	10~25
铜	273	4.0	云母	373	7.2
金	273	3.11	橡胶	298	1.6
铁	273	0.82	木材	300	0.4~3.5
铅	273	0.35	玻璃纤维	323	0.4
不锈钢	273	0.14	软木	273	0.3
镍铬合金	273	0.11	有机玻璃	303	0.2

附表 7 某些金属、合金的电阻率及温度系数[①]

金属或合金	电阻率(10^{-6}・Ω・m)	温度系数(℃⁻¹)
银	0.016	40×10^{-4}
铜	0.017 2	43×10^{-4}
金	0.024	40×10^{-4}
铝	0.028	42×10^{-4}
钨	0.055	48×10^{-4}
锌	0.059	42×10^{-4}
铁	0.098	60×10^{-4}
铂	0.105	39×10^{-4}
锡	0.12	44×10^{-4}
钢(0.10%~0.15%碳)	0.10~0.14	6×10^{-4}
铅	0.205	37×10^{-4}
锰镍合金	0.37~1.00	$(-0.03\sim+0.02)\times10^{-4}$
康铜	0.47~0.51	$(-0.04\sim+0.01)\times10^{-3}$
武德合金	0.52	37×10^{-4}
水银	0.958	10×10^{-4}
镍铬合金	0.98~1.10	$(0.03\sim0.4)\times10^{-4}$

①电阻率与金属中的杂质有关;表列数据是 20℃时的平均值。

附表8　摩擦起电序列（序列中两种物质摩擦时，位于上面的物质带正电）

根据希尔斯比	根据金斯	根据莱米开	根据赫西-蒙哥马利
石棉	猫皮	玻璃	羊毛
玻璃	玻璃	毛发	尼龙
云母	象牙	尼龙丝	粘胶丝
羊毛	绢	尼龙聚合物	木棉
猫皮	水晶	羊毛	绢
铅	手	绢	醋酸盐
绢	木材	粘胶人造丝	丙烯树脂
铝	硫	木棉	聚乙烯醇
纸	法兰绒	纸	达奈耳纤维
木棉	木棉	苎麻	维纶
封口蜡	虫胶	钢	聚乙烯
硬橡胶	弹性橡胶	硬质橡胶	聚四氟乙烯
黄铜	树脂	醋酸盐人造丝	
硫	硬质橡胶	合成橡胶	
白金	金属	奥纶丝	
生橡胶	棉火药	聚乙烯	

附表9　在常温下某些物质相对于空气的光的折射率

波长	H_α 线 (656.3×10^{-9} m)	D 线 (589.3×10^{-9} m)	H_β 线 (486.1×10^{-9} m)
水(18℃)	1.331 4	1.338 2	1.337 3
乙醇(18℃)	1.360 9	1.362 5	1.366 5
二氧化碳(18℃)	1.619 9	1.629 1	1.654 1
冕玻璃(轻)	1.512 7	1.515 3	1.521 4
冕玻璃(重)	1.612 1	1.615 2	1.621 3
燧石玻璃(轻)	1.603 8	1.608 5	1.620 0
燧石玻璃(重)	1.743 4	1.751 5	1.772 3
方解石(寻常光)	1.654 5	1.658 5	1.667 9
方解石(非常光)	1.484 6	1.486 4	1.490 8
水晶(寻常光)	1.541 8	1.544 2	1.549 6
水晶(非常光)	1.550 9	1.553 3	1.558 9

附表 10 不同金属、合金与铂(化学纯)构成热电偶的热电动势(热端 100℃,冷端 0℃时)

金属或合金	热电动势($\times 10^{-3}$ V)	连续使用温度(℃)	短时使用最高温度(℃)
镍铝合金 95%Ni+5%(Al,Si,Mn)	$-1.38$①	1 000	1 250
钨(W)	$+0.79$	2 000	2 500
手工制造的铁(Fe)	$+1.87$	600	800
康铜合金(60%Cu+40%Ni)	-3.50	600	800
考铜合金(56%Cu+44%Ni)	-4.00	600	800
制导线用铜(Cu)	$+0.75$	350	500
镍(Ni)	-1.50	1 000	1 100
镍铬合金(80%Ni+20%Cr)	$+2.50$	1 000	1 100
镍铬合金(90%Ni+10%Cr)	$+2.71$	1 000	1 250
铂铱合金(90%Pt+10%Ir)	$+1.32$	1 000	1 200
铂铑合金(90%Pt+10%Rh)	$+0.64$	1 300	1 600
银	$+0.72$	600	700

①1. 表中的"+"或"—"表示:该电极与铂组成热电偶时,其热电动势是正或负。当热电动势为正时,在处于 0℃的热电偶一端电流由金属(或合金)流向铂。

2. 为了确定表中所列任何两种材料构成的热电偶的热电动势,应当取这两种材料的热电动热的差值。例如,铜-康铜热电偶的热电动势等于$+0.75-(-3.5)=4.25\times 10^{-3}$(V)。

附表 11 几种常用元素的第一激发电位(U_0)和相应的谱线波长表

元素	钾(K)	锂(Li)	钠(Na)	镁(Mg)	汞(Hg)	氩(Ar)	氖(Ne)	氦(He)
U_0(V)	1.63	1.84	2.12	3.2	4.9	13.1	18.6	21.2
发光 λ (10^{-10} m)	7 664 7 699	6 707.8	5 890 5 896	4 571	2 537	811.5	640.2	584.3

附表 12　常用光源的谱线波长表（单位：$\times 10^{-9}$ m）

氢灯（H）		氦灯（He）			
656.28	红	706.52	红	471.31	蓝
486.13	绿蓝	667.82	红	447.15	蓝
434.05	蓝	587.56(D$_3$)	黄	402.62	蓝紫
410.17	蓝紫	501.57	绿	388.87	蓝紫
397.01	蓝紫	492.19	绿蓝		
氖灯（Ne）				钠灯（Na）	
650.65	红	621.73	橙	589.592(D1)	黄
640.23	橙	614.31	橙	588.995(D2)	黄
638.30	橙	588.19	黄	氦氖激光 He-Ne	
626.65	橙	585.25	黄	623.80	橙
汞灯（Hg）					
623.44	橙	546.07	绿（很强）	407.78	蓝紫
579.07	黄	491.60	绿蓝	404.66	蓝紫
576.96	黄	435.83	蓝（很强）		

附录Ⅱ　新增实验

新增实验一　三线摆法测定刚体的转动惯量

【实验目的】

1. 学会用三线摆法测定物体的转动惯量。
2. 学会用累积放大法测量周期运动的周期。
3. 验证转动惯量的平行轴定理。

【实验器材】

转动惯量测试仪,米尺,游标卡尺,待测圆环和待测圆柱。

【实验原理】

转动惯量是刚体转动惯性大小的量度,是表征刚体特性的一个物理量。刚体对于某一给定轴的转动惯量,是刚体中每一单元质量的大小与单元质量到转轴的距离的平方的乘积的总和。如果刚体的质量是连续分布的,则转动惯量可表示为:

$$I = \int r^2 \, \mathrm{d}m$$

转动惯量的大小除与物体质量有关外,还与转轴的位置和质量分布(即形状、大小和密度)有关。如果刚体形状简单,且质量分布均匀,可直接计算出它绕特定轴的转动惯量。用上式容易求出均匀钢块及钢环(或铝环)绕中心轴转动的转动惯量的理论值:

$$I_{块理} = \frac{1}{2} m_块 \, R_块{}^2$$

$$I_{环理} = \frac{1}{2} M_环 (R_内^2 + R_外^2)$$

但在工程实践中,我们常碰到大量形状复杂、且质量分布不均匀的刚体,理论计算将极为复杂,此时通常采用实验方法来测定。

转动惯量的测量,一般都是使刚体以一定的形式运动。通过表征这种运动特征的物理量与转动惯量之间的关系,进行转换测量。测量刚体转动惯量的方法有多种,三线摆法是具有较好物理思想的实验方法,它具有设备简单、直观、测试方便等优点。

增图1-1是三线摆实验装置的示意图。上、下圆盘均水平悬挂在横梁上。三个对称分布的等长悬线将两圆盘相连。上圆盘固定,下圆盘可绕中心轴OO'作扭摆运动。当下盘转动角度很小,且略去空气阻力时,扭摆的运动可近似看作简谐运动。根据能量守恒定律和刚体转动定律均可以导出物体绕中心轴OO'的转动惯量(推导过程见本实验附录)。

$$I_0 = \frac{m_0 g R r}{4\pi^2 H_0} T_0^2 \tag{1}$$

式中：m_0 为下盘的质量；r、R 分别为上下悬点离各自圆盘中心的距离；H_0 为平衡时上下盘间的垂直距离；T_0 为下盘作简谐运动的周期；g 为重力加速度。

将质量为 m 的待测物体放在下盘上，并使待测刚体的转轴与 OO' 轴重合。测出此时下盘运动周期 T_1 和上下圆盘间的垂直距离 H。同理可求得待测刚体和下圆盘对中心转轴 OO' 轴的总转动惯量为：

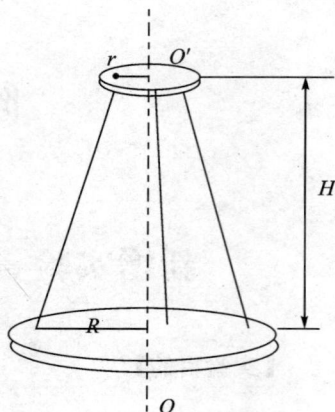

增图 1-1　三线摆实验装置图

$$I_1 = \frac{(m_0 + m) g R r}{4\pi^2 H} T_1^2 \tag{2}$$

如不计因重量变化而引起的悬线伸长，则有 $H \approx H_0$。
那么，待测物体绕中心轴 OO' 的转动惯量为：

$$I = I_1 - I_0 = \frac{g R r}{4\pi^2 H} \left[(m + m_0) T_1^2 - m_0 T_0^2\right] \tag{3}$$

因此，通过长度、质量和时间的测量，便可求出刚体绕某轴的转动惯量。

用三线摆法还可以验证平行轴定理。若质量为 m 的物体绕过其质心轴的转动惯量为 I_c，当转轴平行移动距离 x 时（增图 1-2 所示），则此物体对新轴 OO' 的转动惯量为 $I_{OO'} = I_c + mx^2$。这一结论称为转动惯量的平行轴定理。

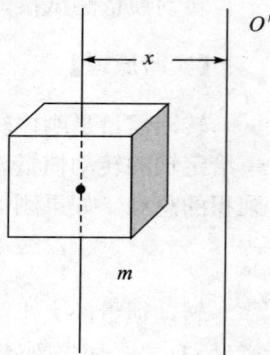

增图 1-2　平行轴定理

实验时将质量均为 m'，形状和质量分布完全相同的两个圆柱体对称地放置在下圆盘上。按同样的方法，测出两小圆柱体和下盘绕中心轴 OO' 的转动周期 T_x，则可求出每个柱体对中心转轴 OO' 的转动惯量：

$$I_x = \frac{1}{2} \left[\frac{(m_0 + 2m') g R r}{4\pi^2 H} T_x^2 - l_0\right] \tag{4}$$

如果测出小圆柱中心与下圆盘中心之间的距离 x 以及小圆柱体的半径 R_x，则由平行轴定理可求得

$$I'_x = m' x^2 + \frac{1}{2} m' R_x^2 \tag{5}$$

比较 I_x 与 I'_x 的大小，可验证平行轴定理。

【实验方法与步骤】

（一）基本物理量的测量

1. 用米尺测出上下圆盘三悬点之间的距离 a 和 b，然后算出悬点到中心的距离 r 和 R（等边三角形外接圆半径）。

2. 用米尺测出两圆盘之间的垂直距离 H_0；用游标卡尺测出待测圆环的内、外直径 $2R_1$、$2R_2$ 和小圆柱体的直径 $2R_x$。

3. 记录各刚体的质量。

（二）测定圆环对通过其质心且垂直于环面轴的转动惯量

1.水平调整：将水准仪放置在底座上，调整底座上的三个螺钉旋钮，直至底板上水准仪中的水泡位于正中间；再将水准仪放置在下圆盘表面上，调整上圆盘上的三个旋钮（调整悬线的长度），改变三悬线的长度，直至下盘水准仪中的水泡位于正中间。

2.调节光电门高度和长度，使挡光杆能经过光电门。转上盘制动杆使之处于中间位置。周期设定为30，并"置数"确认。

3.测量空盘绕中心轴 OO' 转动的运动周期 T_0：轻轻转动上盘，带动下盘转动，这样可以避免三线摆在作扭摆运动时发生晃动（注意扭摆的转角控制在5°以内）。周期的测量采用累积放大法，即用计时工具测量累积多个周期的时间，然后求出其运动周期（想一想，为什么不直接测量一个周期？）。本实验采用自动的光电计时装置，光电门应置于平衡位置，即应在下盘通过平衡位置时作为计时的起止时刻，且使下盘上的挡光杆处于光电探头的中央，且能遮住发射和接收红外线的小孔，然后开始"执行"测量，T_0 重复测量5次。

4.测出待测圆环与下盘共同转动的周期 T_1：将待测圆环置于下盘上，注意使两者中心重合，按同样的方法测出它们一起运动的周期 T_1，重复测量5次。

5.测出待测圆柱体与下盘共同转动的周期 T_2：将待测圆柱体置于下盘上，注意使两者中心重合（圆柱体放于下盘中间小孔），按同样的方法测出它们一起运动的周期 T_2，重复测量5次。

（三）用三线摆验证平行轴定理

将两圆柱体对称放置在下盘上，测出其与下盘共同转动的周期 T_x 和两小圆柱体的间距 $2x$。改变两圆柱体放置的位置，再次测量，共5次。

【实验数据表格】

增表 1-1　有关长度多次测量数据记录参考表

项目\次数	上盘悬孔间距 a(cm)	下盘悬孔间距 b(cm)	待测圆环		小圆柱体直径 $2R_x$(cm)
			外直径 $2R_1$(cm)	内直径 $2R_2$(cm)	
1					
2					
3					
4					
5					
平均					

$\bar{r}=\dfrac{\sqrt{3}}{3}\bar{a}=$ ＿＿＿＿＿ ；$\bar{R}=\dfrac{\sqrt{3}}{3}\bar{b}=$ ＿＿＿＿＿ ；下盘质量 $m_0=$ ＿＿＿＿＿ ；

待测圆环质量 $m=$ ＿＿＿＿＿ ；圆柱体质量 $m'=$ ＿＿＿＿＿ ；$H_0=$ ＿＿＿＿＿ 。

增表 1-2　累积放大法测周期数据记录表格

	下盘		下盘加圆环		下盘加圆柱体	
摆动 30 次所需时间（s）	1		1		1	
	2		2		2	
	3		3		3	
	4		4		4	
	5		5		5	
	平均		平均		平均	
周期	$T_0=$_____ s		$T_1=$_____ s		$T_2=$_____ s	

根据以上数据，求出待测圆环和圆柱的转动惯量，将其与理论值比较，求相对误差，并进行讨论。

增表 1-3　验证平行轴定理

次数 \ 项目	小孔间距 $2x$(m)	周期 T_x(s)	实验值(kg·m²) $I_x=\dfrac{1}{2}\left[\dfrac{(m_0+2m')gRr}{4\pi^2H}T_x^2-I_0\right]$	理论值(kg·m²) $I'_x=m'x^2+\dfrac{1}{2}m'R_x^2$	相对误差 E(%)
1					
2					
3					
4					
5					

由上表数据，分析实验误差，由得出的数据给出是否验证了平行轴定理的结论。

【思考题】

1. 用三线摆测刚体转动惯量时，为什么必须保持下盘水平？
2. 在测量过程中，如下盘出现晃动，对周期测量有影响吗？ 如有影响，应如何避免之？
3. 三线摆放上待测物后，其摆动周期是否一定比空盘的转动周期大？ 为什么？
4. 测量圆环的转动惯量时，若圆环的转轴与下盘转轴不重合，对实验结果有何影响？
5. 如何利用三线摆测定任意形状的物体绕某轴的转动惯量？
6. 三线摆在摆动中受空气阻尼，振幅越来越小，它的周期是否会变化？ 对测量结果影响大吗？ 为什么？

【附录】转动惯量测量式的推导

当下盘扭转振动，其转角 θ 很小时，其扭动是一个简谐振动，其运动方程为：

$$\theta=\theta_0\sin\frac{2\pi}{T_0}t \tag{6}$$

当摆离开平衡位置最远时，其重心升高 h，根据机械能守恒定律有：

$$\frac{1}{2}I\omega_0^2=mgh \tag{7}$$

即

$$I=\frac{2mgh}{\omega_0^2} \tag{8}$$

而

$$\omega=\frac{d\theta}{dt}=\frac{2\pi\theta_0}{T}\cos\frac{2\pi}{T}t \tag{9}$$

$$\omega_0=\frac{2\pi\theta_0}{T_0} \tag{10}$$

将（10）式代入（7）式得

$$I=\frac{mghT^2}{2\pi^2\theta_0^2} \tag{11}$$

从增图 1-3 中的几何关系中可得

$$(H-h)^2+R^2-2Rr\cos\theta_0=l^2=H^2+(R-r)^2$$

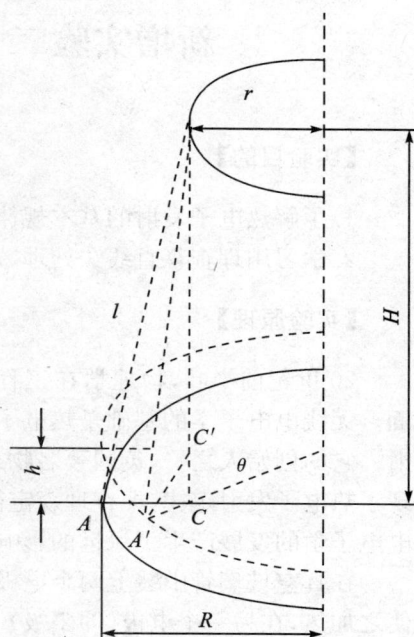

增图 1-3　公式(1)推导示意图

简化得

$$Hh-\frac{h^2}{2}=Rr(1-\cos\theta_0)$$

略去 $\frac{h^2}{2}$，且取 $1-\cos\theta_0\approx\theta_0^2/2$，则有 $h=\frac{Rr\theta_0^2}{2H}$，代入（11）式得

$$I=\frac{mgRr}{4\pi^2H}T^2 \tag{12}$$

即得公式（1）。

（本实验项目由李良国老师负责编写）

新增实验二　　金属电子逸出功的测定

【实验目的】

1. 了解热电子发射的基本规律,验证肖特基效应;
2. 学习用理查森直线法处理数据,测量电子逸出电位。

【实验原理】

20 世纪前半叶,物理学在工程技术方面最引人注目的应用之一是在无线电电子方面。无线电电子学的基础是热电子发射。当时名为热离子学的学科研究的就是热电子发射。它的创始人之一,英国著名物理学家查理森(Owen W. Richardson,1879—1959),发现了热电子发射定律,即查理森定律,为设计合理的电子发射机构是指明了道路,对无线电电子学的发展产生了深远的影响,并因此荣获 1928 年诺贝尔物理学奖。

在真空玻璃管中装上两个电极,其中一个用金属丝做成(一般称为阴极),并通过电流使之加热,在另一个电极(即阳极)上加一高于金属丝的正电位,则在连接这两个电极的外电路中就有电流通过。有电子从加热的金属丝中射出,这种现象称为热电子发射。研究各种材料在不同温度下的热电子发射,对于以热阴极为基础的各种真空电子器件的研制是极为重要的,电子的逸出电位正是热电子发射的一个基本物理参数。

根据量子理论,原子内电子的能级是量子化的。在金属内部运动着的自由电子遵循类似的规律:①金属中自由电子的能量是量子化的;②电子具有全同性,即各电子是不可区分的;③能级的填充要符合泡利不相容原理。根据现代的量子论观点,金属中电子的能量分布服从费米-狄拉克分布。在绝对零度时,电子数按能量的分布曲线如增图 2-1 中的曲线(1)所示,此时电子所具有的最大动能为 W_i,W_i 所处能级又称为费米能级。当温度升高时,电子能量分布曲线如增图 2-1 中的曲线(2)所示,其中少数电子能量上升到比 W_i 高,并且电子数随能量的升高以接近指数的规律减少。

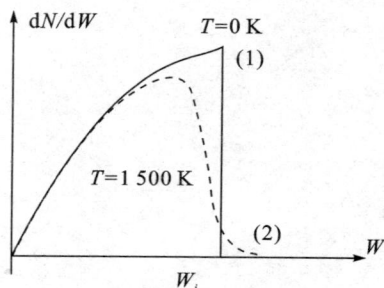

增图 2-1　电子能级分布曲线

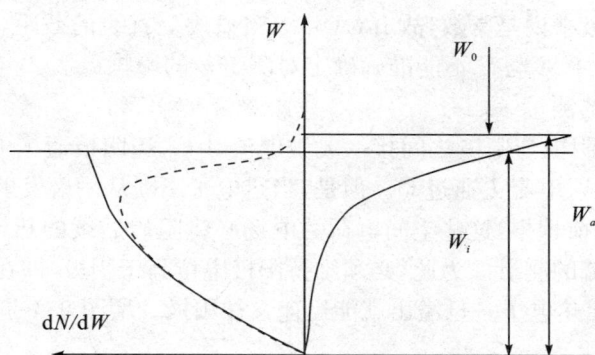

增图 2-2　势能壁垒图

由于金属表面存在一个厚约 10^{-10} 米左右的电子—正电荷电偶层,阻碍电子从金属表面逸出。也就是说金属表面与外界之间有势能壁垒 W_a,如增图 2-2,因此电子要从金属中逸出,必须具有至少大于 W_a 的动能,即必须克服电偶层的阻力作功,这个功就叫电子逸出功,以 W_0 表示,显然 $W_0 = W_a - W_i = e_0\varphi$。$W_0$ 的常用单位为电子伏特(eV),它表征要使处于绝对零度下的金属中具有最大能量的电子逸出金属表面所需要的给予的能量。φ 称为逸出电位,其数值等于以电子伏特表示的电子逸出功,单位为伏特(V)。

由上述可知:热电子发射是用提高阴极温度的办法以改变电子的能量分布,使动能大于 W_i 的电子增多,从而使动能大于 W_a 的电子数达到一可观测的大小。可见,逸出功的大小对热电子的发射强弱有决定性的作用。

根据以上理论,可以推导出热电子发射的查理森-杜希曼(S. Dushman)公式

$$I_e = AST^2 e^{-(e_0\varphi/kT)} \tag{1}$$

式中:I_e 为热电子发射的电流强度,单位为 A;S 为阴极金属的有效发射面积,单位为 cm^2;T 为热阴极绝对温度,单位为 K;$e_0\varphi$ 为阴极金属的逸出功,单位为电子伏特;k 为波尔兹曼常数 $k = 1.38 \times 10^{-23}(J \times K)$;$A$ 为与阴极化学纯度相关的系数。(1)式即为本实验的理论依据。从原理上看,似乎只要能测出式中有关的 I_e、S、A、及 T 等物理量,就可以求出逸出功 $e_0\varphi$ 的数值,请看下面的讨论。

1. A 与 S 两个量的处理

A 这个量直接与金属表面对发射电子的反射系数 R_e 有关,而 R_e 又与金属表面的化学纯度有很大的关系,其数值决定于势能壁垒。如果金属表面处理得不够洁净,电子管内真空度不够高,则所得的 R_e 值就有很大的差别,直接影响到 A 值。其次,由于金属表面是粗糙的,计算出的阴极发射面积与实际的有效面积 S 也可能有差异,因此,A 与 S 这两个量难以测定,甚至是无法测量。

为此,我们可以用理查森直线法(曲线取直)进行数据处理。将(1)式除以 T^2,再取自然对数,并将 e_0 和 k 的数值带入得

$$\ln(I_e/T^2) = \ln(AS) - 5.039 \times 10^3(\varphi/T) \tag{2}$$

从(2)式可以看出,$\ln(I_e/T^2)$ 和 $(1/T)$ 成线性关系。这样,以 $(1/T)$ 和 $\ln(I_e/T^2)$ 分别为横坐标、纵坐标,做出 $\ln(I_e/T^2) \sim (1/T)$ 图线,由直线的斜率即可确定 φ。由于 A 和 S

对于某一固定的阴极来说是常数,故 $\ln(AS)$ 一项只改变直线的截距,而并不影响直线的斜率,这就避免了由于 A 与 S 不能准确确定对测定 φ 的影响。

2. 发射电流 I_e 的测量

如增图 2-3,在阴极与阳极之间接一灵敏电流计 G,当阴极通一电流 I_f 时,产生热电子发射,相应的有发射电流 I_e 通过 G。但是,当热电子不断从阴极发射出来飞往阳极的途中,必然形成空间电荷积累,这些空间电荷的电场必将阻碍后续的热电子飞往阳极,这就严重地影响发射电流的测量。为此,必须维持阳极电位高于阴极,即在阳极与阴极之间加一个加速电场 E_a,使热电子一旦溢出就能迅速飞往阳极。增图 2-4 是测量 I_e 的示意图。

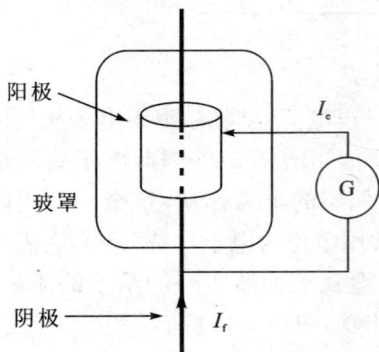

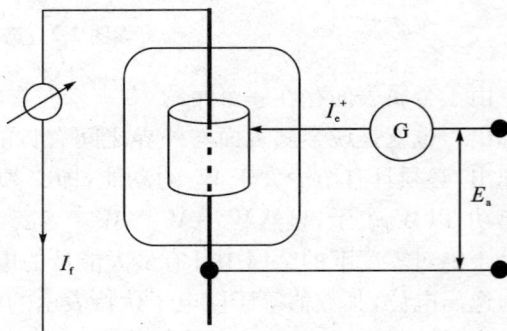

増图 2-3　測量 I_e 的原理图　　　　　增图 2-4　測量 I_e^+ 的示意图

外加速场 E_a 固然可以消去空间电荷积累的影响,然而正是由于 E_a 的存在,就不能不影响热电子的发射,即出现肖特基效应。所谓肖特基效应是指在热电子发射过程中受到阳极加速电场的作用影响,使热电子从阴极发射出来将得到一个辅助作用,因而增加了热电子发射的数量,实际测量值 I_e^+ 自然不是真正的 I_e 值,而必须做相应的处理。根据肖特基的研究,在加速电场 E_a 的作用下,热电子发射电流 I_e^+ 与 E_a 有如下关系:

$$I_e^+ = I_e e^{0.439 \times \sqrt{U_a}/2.303T} \tag{3}$$

上式中 I_e^+ 与 I_e 分别为在加速电场 E_a 及 $E_a = 0$ 时的发射电流。同样,对(3)式取以自然对数,得:

$$\ln(I_e^+) = \ln(I_e) + 0.439\sqrt{U_a}/2.303T \tag{4}$$

如果把阴极和阳极做成共轴圆柱形,r_1 和 r_2 分别为阴极和阳极的半径,U_a 为阳极电压,如忽略接触电位差及其他影响,加速电场可以表示为

$$E_a = U_a/r_1(\ln r_2 - \ln r_1)$$

则(4)式变为

$$\ln(I_e^+) = \ln(I_e) + (0.439/2.303T)/r_1(\ln r_2 - \ln r_1)\sqrt{U_a} \tag{5}$$

由(5)式可见,在阴极温度及管子结构一定的情况下,$\ln I_e^+$ 与 $\sqrt{U_a}$ 成线性关系,因此可以用作图法处理数据。以 $\sqrt{U_a}$ 为横坐标,$\ln I_e^+$ 为纵坐标作 $\ln I_e^+ \sim \sqrt{U_a}$ 实验关系,将这个直线型实验关系外推到 $\sqrt{U_a} = 0$ 处,获得截距数值 C,而 $C = \ln I_e$,由此可以间接获得不同温度条件(即不同 I_f 下的)下的 I_e 值,如增图 2-5 所示。

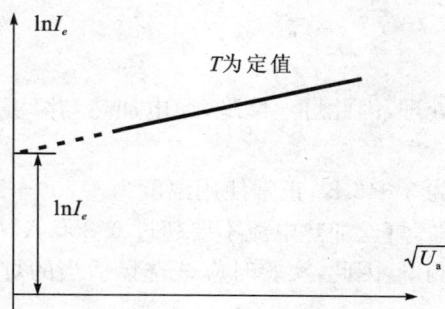

增图 2-5　$\ln I_e^+ \sim \sqrt{U_a}$ 关系曲线

3. 温度 T 的测量

在热电子发射公式的指数项中包括有温度 T,所以阴极温度测量的误差对实验结果影响很大,因此,准确地测定阴极温度是热电子发射实验研究的一个重要方面。

本实验采用通过测量阴极加热电流,利用灯丝电流与灯丝温度关系的数值表来确定阴极温度 T。应该指出:加热电流 I_f 与灯丝温度的关系并不是一成不变的,它与阴极的材料的纯度有关,管子的结构也影响阴极的热辐射。在增表 2-1 中我们给出 LB-MTP 金属电子逸出功实验仪的经验数据。

增表 2-1　阴极灯丝电流与阴极温度的经验关系

灯丝电流(A)	0.650	0.675	0.700	0.725	0.750	0.775	0.800
灯丝温度 (103 K)	1.96	2.00	2.04	2.08	2.12	2.16	2.20

本实验仪所用的电子管直热式理想二极管,阳极是用镍片制成的圆筒形电极(半径 $r_2 = 4.0$ mm),在阳极上有一个小孔以便用光测高温计(利用黑体辐射原理制成的商业化产品)测定阴极灯丝的温度。为了避免灯丝有冷端效应和电场边缘效应,在阳极两端装有两个保护电极,保护电极与阳极加同一电压,但其电流不计入热电子发射电流。

【实验仪器】

LM-MTP 金属电子逸出功实验仪的面板如增图 2-6 所示。

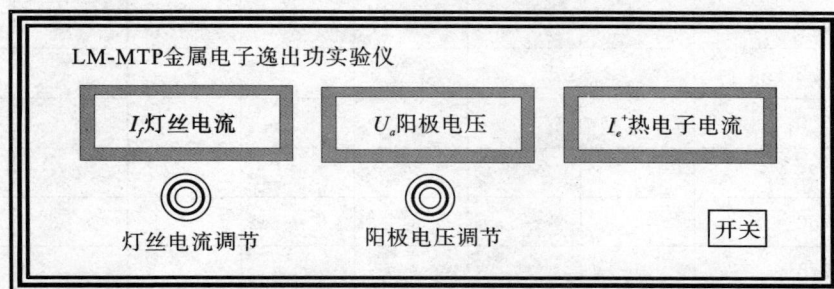

增图 2-6　实验仪面板

【仪器使用注意事项】

1. 电子管经过了老化处理,因此灯丝性脆,通电加热与降温以缓慢为宜,灯丝炽热后避免强烈震动。

2. 灯丝材料钨的熔点为 3 643 K,正常使用温度为 1 700～2 200 K,过高的灯丝温度会明显缩短管子的使用寿命,灯丝加热电流不要超过 0.800 A;过低的灯丝温度会导致热电子发射电流过小而无法测量,因此,实验时应该选择适当的灯丝工作温度范围,请参考增表 2-1 的范围使用。

3. 当改变灯丝加热电流后,由于灯丝温度上升趋稳的滞后性,每当调节灯丝加热电流后要略等片刻,待稳定后再进行测量。

【实验内容和实验方法】

1. 熟悉仪器,将灯丝加热电流和阳极电压旋钮逆时针旋到最小,接通电源!

2. 将灯丝加热电流调定在 0.650 A 保持不变,预热十分钟!

3. 改变阳极加速电压,使 U_a 分别为 16.0 V、25.0 V、36.0 V、49.0 V、64.0 V、81.0 V、100.0 V,测量对应的阴极发射电流 I_e^+,并计入实验数据记录表格;

4. 将灯丝加热电流以 0.025 A 间隔逐渐增大,每调整一次加热电流后要等待 2 分钟,再重复进行步骤 3 的测定,直至加热电流达到 0.800 A。

5. 根据所测定的实验数据在坐标纸上做出 $\ln I_e^+ \sim \sqrt{U_a}$ 直线,利用这条直线的截距 $C = \lg I_e$,求出不同温度条件下的 $\ln I_e$ 值;

6. 由 $\ln I_e$ 和 T 的值,做出 $\ln(I_e/T^2) \sim 1/T$ 直线,在该直线上标定两个计算点(一定不能用前面画直线用的数据点)的坐标,利用两点式求出该直线的斜率,间接求出金属电子逸出电位 φ,并与理论值进行比较计算出百分偏差: $E_\varphi = (\varphi - \varphi_0)/\varphi_0 \times 100\%$。

7. 降低灯丝阴极的加热电流到最小,关断电源,结束实验!

【实验数据记录表格】

增表 2-2　不同阳极加速电压 U_a 与灯丝加热电流下的阴极发射电流 I_e^+ (μA)

灯丝电流 I_f(A) ＼ $\sqrt{U_a}$	4.00	5.00	6.00	7.00	8.00	9.00	10.00
0.650							
0.675							
0.700							
0.725							
0.750							
0.775							
0.800							

根据所测实验数据做出的 $\ln I_e^+ \sim \sqrt{U_a}$ 直线,求出不同灯丝加热电流下的 $\ln I_e$ 值:

增表 2-3 数据处理表格

T (10^3 K)	1.96	2.00	2.04	2.08	2.12	2.16	2.20
$\ln I_e$							
$1/T$ (10^{-4} K)							
$\ln(I_e/T^2)$							

由 $\ln I_e$ 和 T 值,做出 $\ln(I_e/T^2) \sim 1/T$ 直线,用两点式求出直线斜率 k,间接求出金属电子逸出电位 φ,我们采用的灯丝材料钨的理论值 $\varphi_0 = 4.54$ V,计算出相对偏差 E_φ。

(本实验项目由李良国老师负责编写)

新增实验三　巨磁阻效应

【实验目的】

1. 了解巨磁阻效应原理,掌握巨磁阻传感器原理及其特性。
2. 学习巨磁阻传感器的定标方法,用巨磁阻传感器测量弱磁场。
3. 测量巨磁阻传感器敏感轴与被测磁场间夹角与传感器灵敏度的关系。
4. 测量巨磁阻传感器的灵敏度与工作电压的关系。

【实验仪器和用具】

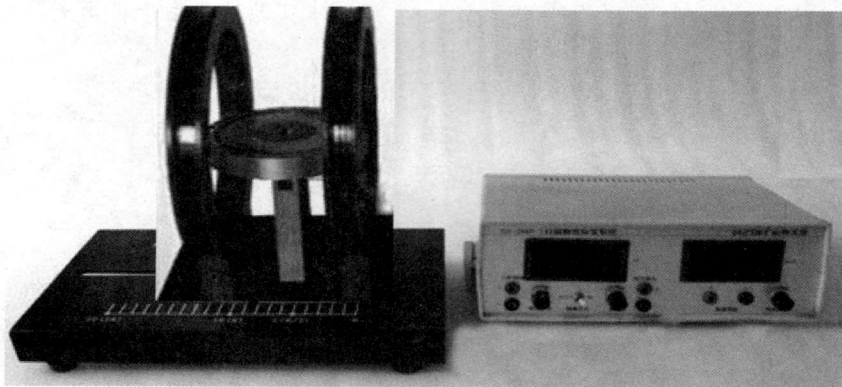

增图 3-1　　DH-GMR-2 巨磁阻效应实验仪

【实验原理】

巨磁电阻(GMR)效应是 1988 年发现的一种磁致电阻效应,由于相对于传统的磁电阻效应大一个数量级以上,因此名为巨磁电阻(Giant Magneto Resistanc),简称 GMR。磁电子学是一门以研究自旋极化电子的输运特性以及基于它的这些独特性质而设计、开发的在新的机理下工作的电子器件为主要内容的一门交叉学科。它研究的对象包括载流电子的自旋极化、自旋相关散射、自旋弛豫以及与此相关的性质及其应用等。对巨磁电阻效应的研究是磁电子学的一个重要内容。磁场作用于磁性多层膜中导电电子的自旋,导致膜电阻发生很大的变化,这种变化可以通过测量电阻或以电压方式反映出来。根据这种特点可以在许多领域得到应用。目前,磁电子学应用已发展到计算机磁头、巨磁电阻传感器、磁随机存贮器等许多领域,鉴于磁电子学技术的新颖性和复杂性,对于磁电子学的研究仍在持续不断地深入进行。

1. 巨磁电阻(GMR)原理

巨磁电阻(GMR)效应来自于载流电子的不同自旋状态与磁场的作用不同,因而导致电阻值的变化。这种效应只有在纳米尺度的薄膜结构中才能观测出来。采用特殊的结构设计,这种效应还可以适应各种不同的功能需要。见增图 3-2。

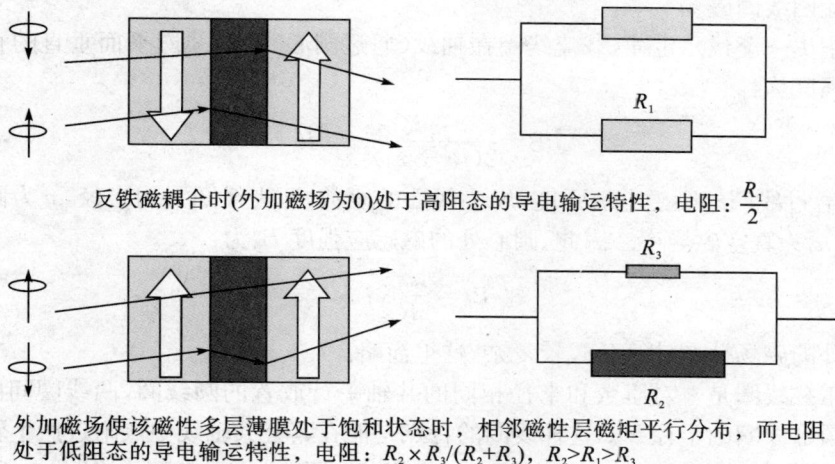

反铁磁耦合时(外加磁场为0)处于高阻态的导电输运特性,电阻:$\dfrac{R_1}{2}$

外加磁场使该磁性多层薄膜处于饱和状态时,相邻磁性层磁矩平行分布,而电阻处于低阻态的导电输运特性,电阻:$R_2 \times R_3/(R_2+R_3)$,$R_2>R_1>R_3$

增图 3-2　利用两流模型来解释 GMR 的机制

2. 巨磁电阻(GMR)传感器原理

巨磁电阻(GMR)传感器将四个巨磁电阻(GMR)构成惠斯登电桥结构,该结构可以减少外界环境对传感器输出稳定性的影响,增加传感器灵敏度。工作时,图中"电流输入端"接 5.0~15.0 V 的稳定电压,"输出端"在外磁场作用下输出电压信号。见增图 3-3。

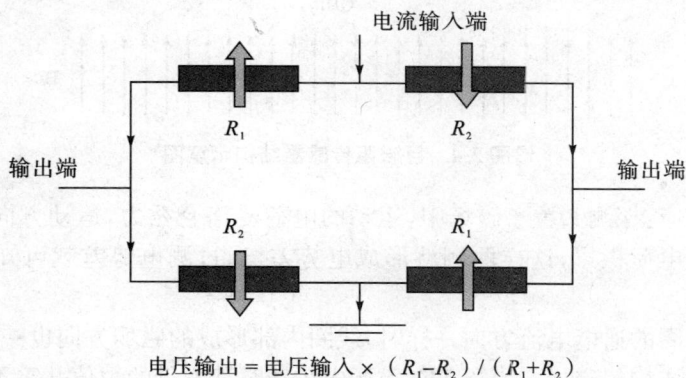

电压输出 = 电压输入 × $(R_1-R_2)/(R_1+R_2)$

增图 3-3　惠斯凳电桥在磁场传感器应用中的原理

巨磁电阻(GMR)传感器的输出:
$$U_{输出}=U_{out+}-U_{out-}=V_+ \cdot R_1/(R_1+R_2)-V_+ \cdot R_2/(R_1+R_2)$$
若 $R_1=R_2=R_1=R_2$,在无加场强时,$U_{输出}=U_{out+}-U_{out-}=0$
当存在外场强时,$U_{输出}=U_{out+}-U_{out-}=V_+ \cdot (R_1-R_2)/(R_1+R_2)$。
本实验采用的巨磁阻效应传感器有四组巨磁敏电阻 MR_1,MR_2,MR_3,MR_4,B 为磁场敏感方向,当 B 向的磁场在一定范围内增加变化时,巨磁敏电阻 MR_1,MR_3 的阻值会变大,MR_2,MR_4 的阻值会变小。在 T_1 与 T_3 端加一稳定电压 V_{cc},有一微弱磁场作用于 MR_1,MR_2,MR_3,MR_4 时,在 T_2,T_4 端会出现电压信号。

3.亥姆霍兹线圈的磁场

1)载流圆线圈磁场

根据毕奥—萨伐尔定律,载流线圈在轴线(通过圆心)并与线圈平面垂直的直线上某点的磁应强度为:

$$B=\frac{\mu_0 R^2}{2(R^2+x^2)^{3/2}}NI \tag{1}$$

式中,I 为通过线圈的励磁电流强度,N 为线圈的匝数,R 为线圈平均半径,x 为圆心到该点的距离,μ_0 为真空磁导率。因此,圆心处的磁感应强度 B_0 为:

$$B_0=\frac{\mu_0}{2R}NI \tag{2}$$

轴线外的磁场分布计算公式较复杂,这里简略。

亥姆霍兹线圈是一对匝数和半径相同的共轴平行放置的圆线圈,两线圈间的距离 d 正好等于圆形线圈的半径 R。这种线圈的特点是能在其公共轴线中点附近产生较广的均匀磁场区,故在生产和科研中有较大的实用价值,其磁场合成示意图如增图 3-4 所示。

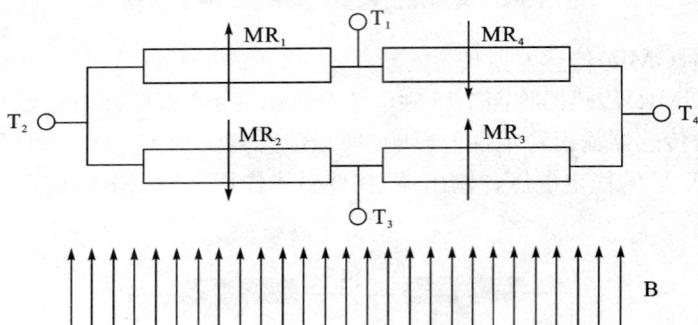

增图 3-4　巨磁阻传感器结构示意图

根据霍尔效应:探测头置于磁场中,运动的电荷受洛仑兹力,运动方向发生偏转。在偏向的一侧会有电荷积累,这样两侧就形成电势差,通过测电势差就可知道其磁场的大小。

当两通电线圈的通电电流方向一样时,线圈内部形成的磁场方向也一致,这样两线圈之间的部分就形成均匀磁场。当探头在磁场内运动时其测量的数值几乎不变。当两通电线圈电流方向不同时,在两线圈中心点的磁场强度应为 0。

设 Z 为亥姆霍兹线圈中轴线上某点离中心点 O 处的距离,则亥姆霍兹线圈轴线上任意点的磁感应强度为:

$$B'=\frac{1}{2}\mu_0 NIR^2\{[R^2+(\frac{R}{2}+Z)^2]^{-3/2}+[R^2+(\frac{R}{2}-Z)^2]^{-3/2}\} \tag{3}$$

而在亥姆霍兹线圈轴线上中心 O 处磁感应强度 B_O 为:

$$B'_O=\frac{\mu_0 NI}{R}\times\frac{8}{5^{3/2}} \tag{4}$$

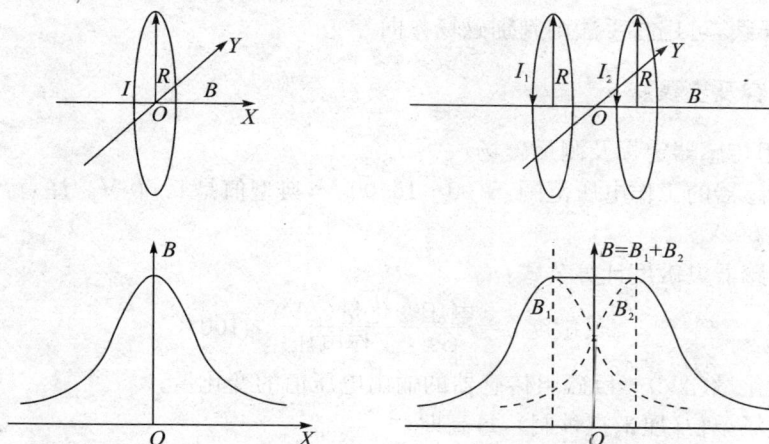

增图 3-5　亥姆霍兹线圈磁场分布图

在 $I=0.50$ A、$N=500$、$R=0.110$ m 的实验条件下,单个线圈圆心处的磁场强度为:

$$B_0=\frac{\mu_0}{2R}NI=\frac{4\pi\times10^{-7}\times500\times0.5}{2\times0.110}=1.43(\text{mT})$$

当两圆线圈间的距离 d 正好等于圆形线圈的半径 R,组成亥姆霍兹线圈时,轴线上中心 O 处磁感应强度 B_O 为:

$$B'_O=\frac{\mu_0 NI}{R}\times\frac{8}{5^{3/2}}=\frac{4\pi\times10^{-7}\times500\times0.5}{0.110}\times\frac{8}{5^{3/2}}=2.05(\text{mT})$$

当两圆线圈间的距离 d 不等于圆形线圈的半径 R 时,轴线上中心 O 处磁感应强度 B_O 按本实验所述的公式(1-3)计算。在 $d=\frac{R}{2}$、R、$2R$ 时,相应的曲线见增图 3-5。

一半径为 R,通以电流 I 的圆线圈,轴线上磁场的公式:

$$B=\frac{\mu_0 N_0 IR^2}{2(R^2+x^2)^{3/2}} \tag{5}$$

式中,N_0 为圆线圈的匝数,X 为轴上某一点到圆心 O 的距离,$\mu_0=4\pi\times10^{-7}H/m$。本实验取 $N_0=500$ 匝,$I=500$ mA,$R=110$ mm,圆心 O 处 $x=0$,可算得圆电流线圈磁感应强度 $B=1.43$ mT。(注:1 mT=10 Gs。)

2)亥姆霍兹线圈

所谓亥姆霍兹线圈为两个相同线圈彼此平行且共轴,使线圈上通以同方向电流 I,如增图 3-3 所示。理论计算证明:线圈间距 a 等于线圈半径 R 时,两线圈合磁场在轴上(两线圈圆心连线)$-\frac{a}{2}\sim\frac{a}{2}$ 范围内是比较均匀的,这时的亥姆霍兹线圈磁感应强度计算公式为:

$$B=\frac{\mu_0 N_0 I}{R}\times\frac{8}{5^{3/2}}$$

实验取 $N_0=500$ 匝,$I=500$ mA,$R=110$ mm,圆心 O 处 $x=0$,可算得圆电流线圈磁感应强度 2.05 mT。我们实验仪器的亥姆霍兹线圈红色接线柱是接的内铜导线,黑色接线柱是外铜导线,可用右手法则判别磁场方向。

【实验内容及步骤】

1.巨磁阻传感器定标及测量磁场

1.1　传感器的工作电压范围:5.00~15.00 V,典型值是 5.00 V。注意:工作电压值不要超过 16.50 V。

1.2　传感器灵敏度计算公式:

$$灵敏度\ \delta = \frac{电压变化量(\Delta V)}{Gs \times 工作电压} \times 100\% \tag{6}$$

其中:电压变化量(ΔV)—巨磁阻传感器的输出电压值的变化量;

　　Gs—磁场单位(厘米克秒制),每高斯;

　　工作电压—即V_{cc},传感器的工作电压值。

1.3　首先,将所有的旋钮按照面板上的方向标示,调到最小位置。按照面板标识连接所有的信号线。检查无误后,再开电源。

注:仪器上的V_{cc}为巨磁阻传感器的工作电压;V_i为巨磁阻传感器的输出电压。

1.4　正向磁场

1)按照增图 3-6 连接亥姆霍兹线圈的接线柱。

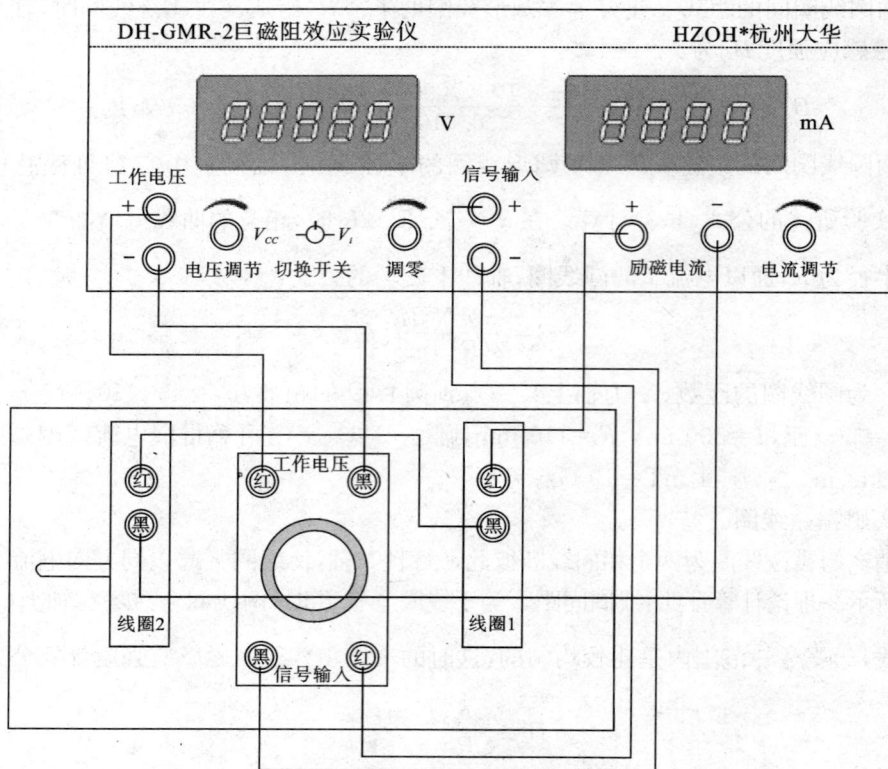

增图 3-6　实验接线示意图

2)将传感器转盘的角度刻度转到 0 刻度上。将显示"切换开关"打到"V_{cc}"端,调节"电压调节"旋钮,将传感器的"工作电压"调到 5.00 V,将"励磁电流"调到 300 mA。静置 3 分钟后,"励磁电流"调节到 0.0 mA。

（注解:在零磁场时,由于传感器的特性,它的四个电阻并不是两两相等,所以信号输出端产生不等电势。由于磁敏电阻存在磁滞效应,如果在测量之前没有将传感器的磁敏电阻单方向地磁化,由于磁敏电阻存在磁滞效应,它的零磁场电势会随着磁场的变化而产生漂移,但是漂到一定值会饱和。此时在零磁场调零,在单方向磁场测量,零磁零电势不会再漂移。感兴趣的同学可以做实验测试研究。）

3)将显示"切换开关"打到"V_i"端,按照表格 1 参数,将"工作电压"分别调到 5.00 V,10.00 V,15.00 V,进行灵敏度测量。（注意,每次改变巨磁阻工作电压后,传感器输出要重新调零。）如先将"工作电压"调到 5.00 V,"励磁电流"调节到 0.0 mA,"输入信号"调零。按照式(2)计算亥姆霍兹线圈磁感应强度 B,记录传感器电压输出值,计算 ΔU,$\Delta U = U_2 - U_1$。记录在增表 3-1 中。

增表 3-1　测量数据记录表格　　　　　　　　　　　　　　　工作电压＝_____ V

序号	励磁电流(mA)	线圈磁强度 B	传感器输出电压 U_i	ΔU	δ_i	$\bar{\delta}$
0	0.0					
1	10.0					
2	20.0					
3	30.0					
4	40.0					
5	50.0					
6	60.0					
7	70.0					
8	80.0					
9	90.0					
10	100.0					
11	110.0					
12	120.0					
13	130.0					
14	140.0					
15	150.0					
16	160.0					
17	170.0					
18	180.0					

（续表）

序号	励磁电流(mA)	线圈磁强度 B	传感器输出电压 U_i	ΔU	δ_i	$\bar{\delta}$
19	190.0					
20	200.0					
21	210.0					
22	220.0					
23	230.0					
24	240.0					
25	250.0					
26	260.0					
27	270.0					
28	280.0					
29	290.0					
30	300.0					

　　按照式(3)计算灵敏度 δ_i 及去除误差过大的数据求平均灵敏度 $\bar{\delta}$。分析其产生的原因。

　　注：本实验仪器的励磁电流负载能力是 $0\sim500$ mA。已经充分满足了实验要求。由于巨磁阻传感器线性范围为 -8.0 Gs$\sim+8.0$ Gs，饱和磁场为 15.0 Gs，亥姆霍兹线圈励磁电流到达一定值时，巨磁阻传感器输出已经饱和，输出变化很小，不需要继续增大励磁电流。（参考值：励磁电流 $I_{max}\leqslant300$ mA。）

　　1.5　反向磁场

　　1)交换亥姆霍兹线圈"励磁电流"的方向，即交换"励磁电流"的正负接线柱的位置。

　　2)将传感器转盘的角度刻度转到 0 刻度上。将显示"切换开关"打到" V_{α} "端，调节"电压调节"旋钮，使传感器的"工作电压"调到 5.00 V，将"励磁电流"调到 300 mA。静置 3 分钟后，"励磁电流"调节到 0.0 mA。

　　3)将显示"切换开关"打到" V_i "端，按照表格 1 参数，将"工作电压"分别调到 5.00 V，10.00 V，15.00 V，进行灵敏度测量。注意，每次改变巨磁阻工作电压后，传感器输出要重新调零。如先将"工作电压"调到 5.00 V，"励磁电流"调节到 0.0 mA，"输入信号"调零。上行测量和下行测量。按照式(2)计算亥姆霍兹线圈磁感应强度 B，记录传感器电压输出值，计算 ΔU，$\Delta U=U_2-U_1$。记录在表格中。实验测试完后，将"励磁电流"正接，使亥姆霍兹线圈磁场方向为正。

　　1.6　以亥姆霍兹线圈磁感应强度 B 为横坐标，以传感器输出的电压值 U_o 为纵坐标，画传感器的磁场电压输出曲线。观察其 S 形的饱和曲线。

　　2.巨磁阻传感器敏感轴与被测磁场间夹角与传感器灵敏度的关系

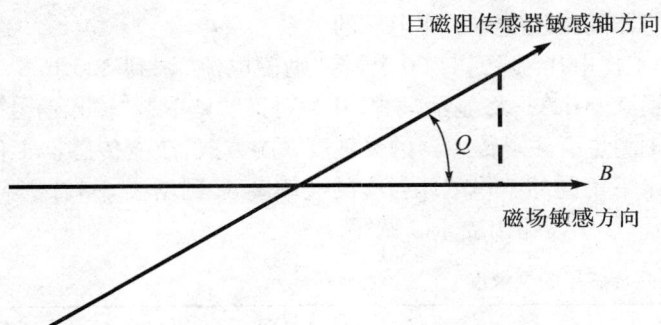

增图 3-7 巨磁阻传感器敏感轴与被测磁场的夹角 Q

在相同场强下,当外场强方向平行于传感器敏感轴方向时,传感器输出最大。当外场强方向偏离传感器敏感轴方向时,传感器输出与偏离角度成余弦关系。即传感器灵敏度与偏离角度成余弦关系。

$$\delta(\theta)=\delta(0)\cos\theta \qquad\qquad (3)$$

1)将传感器转盘的角度刻度转到 0 刻度上。将显示"切换开关"打到"V_{cc}"端,调节"电压调节"旋钮,使传感器的"工作电压"调到 5.00 V,将"励磁电流"调到 300 mA。静置 3 分钟后,"励磁电流"调节到 0.0 mA。

2)将传感器的"工作电压"分别调到 5.00 V,10.00 V,15.00 V 电压值。注意,每次改变巨磁阻工作电压后,传感器输出要重新调零。将显示"切换开关"打到"V_i"端,"输入信号"调零。参照增表 3-1 的灵敏度 δ 的测量方法,将"励磁电流"调节到 50 mA,即 B＝2.045 Gs。顺时针或逆时针转到 Q 角度会有一个对应的输出电压值,代入到公式(3)计算灵敏度 δ_θ。将传感器敏感轴与磁场间的夹角 Q 对应的传感器灵敏度 δ_θ,记录在增表 3-2 中。

增表 3-2 传感器敏感轴与磁场间的夹角 Q 对应的传感器灵敏度 δ_θ

工作电压＝_____ V;　励磁电流＝_____ mA

序号	角度	线圈磁强度 B（Gs）	传感器输出电压 U_i(V)	δ_i
0	60.0°			
1	45.0°			
2	30.0°			
3	0.0°			
4	30.0°			
5	45.0°			
6	60.0°			

3)参照增表 3-2,观察传感器敏感轴与磁场间的夹角 Q 对应的传感器灵敏度 δ_θ,与传感器敏感轴与磁场间的夹角 Q 为 0.0°时对应的传感器灵敏度 δ_0 的关系,是否满足余弦关系。考虑到有地磁场的影响,会与理论值有一定的误差。

3. 巨磁阻传感器的灵敏度与工作电压的关系

1) 传感器的"工作电压"调到 5.00 V，将"励磁电流"调到 300 mA。静置 3 分钟后，"励磁电流"调节到 0.0 mA。将显示"切换开关"打到"V_i"端，"输入信号"调零。

2) 参照表格 1 测量巨磁阻传感器的灵敏度 δ 的方式，改变传感器工作电压 5.00 V～15.00 V，分别记录下不同的工作电压对应的灵敏度 δ。到增表 3-3 中。应注意，每次改变巨磁阻工作电压后，传感器输出要重新调零。

增表 3-3   测量巨磁阻传感器的灵敏度

工作电压	5.00 V	6.00 V	7.00 V	8.00 V	9.00 V	10.00 V
灵敏度						
工作电压	11.00 V	12.00 V	13.00 V	14.00 V	15.00 V	
灵敏度						

3) 根据增表 3-3 数据，绘制巨磁阻传感器的灵敏度与工作电压的关系曲线，观察其对应的关系。

【实验注意事项】

使用磁性传感器时，应尽量避免铁质材料和可以产生磁性的材料在传感器附近出现；因此要注意仪器相互间的距离，即避免仪器之间的磁串扰。

（本实验项目由库建国老师负责编写）